ESV
ERICH
SCHMIDT
VERLAG

AF558907

# Öffentliches Rechnungs- und Prüfungswesen – Band 2

## Kosten- und Leistungsrechnung, Finanzierungs- und Wirtschaftlichkeitsrechnung

Von

Herbert K. Heidler

ERICH SCHMIDT VERLAG

**Bibliografische Information der Deutschen Nationalbibliothek**
Die Deutsche Nationalbibliothek verzeichnet diese Publikation in der Deutschen Nationalbibliografie; detaillierte bibliografische Daten sind im Internet über http://dnb.d-nb.de abrufbar.

**Weitere Informationen zu diesem Titel finden Sie im Internet unter**
ESV.info/978-3-503-18776-8

Gedrucktes Werk: ISBN 978-3-503-18776-8
eBook: ISBN 978-3-503-18777-5


www.ESV.info

Dieses Papier erfüllt die Frankfurter Forderungen der Deutschen Nationalbibliothek und der Gesellschaft für das Buch bezüglich der Alterungsbeständigkeit und entspricht sowohl den strengen Bestimmungen der US Norm Ansi/Niso Z 39.48-1992 als auch der ISO-Norm 9706.

Druck und Bindung: Strauss, Mörlenbach

# Vorwort

Die Lehrbücher „Öffentliches Rechnungs- und Prüfungswesen" richten sich an **Beschäftigte**, die in den Bereichen **Finanzen, Rechnungslegung, Prüfungswesen und Controlling** tätig sind, aber auch an Mandatsträger, Studierende an Universitäten und Fachhochschulen, Teilnehmer in Aus- und Fortbildungskursen und zur Vorbereitung auf **Finanz- und Bilanzbuchhalterprüfungen** im öffentlichen Bereich.

Band 1 befasst sich mit den Regelungen des Dritten Buches Handelsgesetzbuch (HGB) und deren Anwendung in der staatlichen Doppik. Die kommunale Doppik wird schwerpunktmäßig anhand der gesetzlichen Regelungen zum Neuen Kommunalen Finanzmanagement (NKF) dargestellt, wobei der Bezug zum HGB hergestellt wird. Da die Regelungen zur kommunalen Doppik überwiegend aus dem HGB abgeleitet sind, sind die Kenntnisse des HGB zum Verständnis des öffentlichen Rechnungswesens notwendig.

Der vorliegende Band 2 beinhaltet in Teil A die Kosten- und Leistungsrechnung mit Anwendungsbeispielen aus dem öffentlichen Bereich. Teil B stellt nach einer Einleitung zu den Begriffen der Außen- und Innenfinanzierung die statischen und dynamischen Methoden der Wirtschaftlichkeits- bzw. Investitionsrechnung dar. Spezielle Ausführungen zu Nutzen-Kosten-Untersuchungen, zur Berücksichtigung der Unsicherheit und zur Unternehmensbewertung vervollständigen die Darstellung.

Die Verweise auf die betriebswirtschaftliche Fachliteratur sollen den Mitarbeitern der öffentlichen Verwaltungen einen Zugang zu dieser Literatur verschaffen, um bei Bedarf notwendige Spezialfragen selbst abzuklären bzw. sich selbst das entsprechende Wissen anzueignen.

Die Lehrbuchreihe „Öffentliches Rechnungs- und Prüfungswesen" gliedert sich bisher in

Band 1: Doppelte Buchführung, Jahresabschluss und Neues Kommunales Finanzmanagement,

Band 2: Kosten- und Leistungsrechnung, Finanzierungs- und Wirtschaftlichkeitsrechnung,

Band 3: Jahresabschlussprüfung.

Für die kritische Durchsicht des Manuskripts bedanke ich mich insbesondere bei Frau Dipl.-Wirt.-jur. Katharina Dillkötter und Herrn Christoph Heidler, B.Sc.

Hagen, im April 2019 Herbert K. Heidler

# Inhaltsverzeichnis

## Abbildungsverzeichnis

## Abkürzungsverzeichnis

| | |
|---|---|
| AfA | Absetzung für Abnutzung |
| AHK | Anschaffungs- und Herstellungskosten |
| AO | Abgabenordnung |
| ÄZ | Äquivalenzziffer |
| BAB | Betriebsabrechnungsbogen |
| BHO | Bundeshaushaltsverordnung |
| BMF | Bundesministerium der Finanzen |
| BStBl. | Bundessteuerblatt |
| CAPM | Capital Asset Pricing Model |
| CFO | Chief Financial Officer |
| CSR | Corporate Social Responsibility |
| db | Deckungsbeitrag/Stück |
| DB | Deckungsbeitrag/Periode |
| DCF | Discounted Cash Flow |
| EBIT | Earnings before interest and taxes |
| EBITDA | Earnings before interest, taxes, depreciation and amortization |
| EStG | Einkommensteuergesetz |
| FEK | Fertigungseinzelkosten |
| FGK | Fertigungsgemeinkosten |
| FiBu | Finanzbuchhaltung |
| FIFO | First in, first out |
| GO | Gemeindeordnung NRW |
| GoB | Grundsätze ordnungsmäßiger Buchführung |
| GuV | Gewinn- und Verlustrechnung |
| GWG | Geringwertige Wirtschaftsgüter / Geringwertige Anlagegüter |
| HGB | Handelsgesetzbuch |
| HGrG | Haushaltsgrundsätzegesetz |
| HK | Herstellkosten |
| IDW | Institut der Wirtschaftsprüfer |

| | |
|---|---|
| IDW-HFA | Hauptfachausschuss des Instituts der Wirtschaftsprüfer |
| ILV | Interne Leistungsverrechnung |
| IKR | Industriekontenrahmen |
| KAG | Kommunalabgabengesetz |
| KGSt | Kommunale Gemeinschaftsstelle für Verwaltungsmodernisierung |
| KLR | Kosten- und Leistungsrechnung |
| KomHVO | Kommunalhaushaltsverordnung NRW |
| KSt | Kostenstelle |
| KW | Kapitalwert |
| LIFO | Last in, first out |
| LHO | Landeshaushaltsordnung |
| lmi | leistungsmengeninduziert |
| lmn | leistungsmengenneutral |
| LSP | Leitsätze für die Preisermittlung auf Grund von Selbstkosten |
| MEK | Materialeinzelkosten |
| MGK | Materialgemeinkosten |
| NKF | Neues Kommunales Finanzmanagement (NRW) |
| PPP | Public Private Partnership |
| PUG | Preisuntergrenze |
| RBF | Rentenbarwertfaktor |
| RW | Restwert |
| SGB | Sozialgesetzbuch |
| SsD | Standards staatliche Doppik |
| UW | Unternehmenswert |
| VerwGK | Verwaltungsgemeinkosten |
| VKR | Verwaltungskontenrahmen |
| VV | Verwaltungsvorschriften |
| WACC | Weighted Average Cost of Capital |
| ZÜ | Zahlungsüberschuss (Differenz zwischen Ein- und Auszahlungen) |

# A. Kosten- und Leistungsrechnung

# A.1 Grundbegriffe

## A.1.1 Betriebswirtschaftliche Entscheidungsprobleme in öffentlichen Verwaltungen

Trotz sprudelnder Steuereinnahmen der letzten Jahre hat sich die finanzielle Situation der Gebietskörperschaften Bund, Länder, Gemeinden nicht wesentlich verbessert. Gerade Großstädte befinden sich nach wie vor in einer finanziellen Krise und können ihre Aufgaben nicht mehr umfassend wahrnehmen.[1] So ist erkennbar, dass z.B. in vielen Städten (insbesondere im Westen der Bundesrepublik) die Infrastruktur (Straßen, Brücken etc.) zunehmend verfällt. Sparappelle und Kürzungen nach der sog. Rasenmähermethode allein reichen nicht, um Wege aus dieser Krise zu finden. Vielmehr muss die Politik gemeinsam mit den Mitarbeitern versuchen, mit Hilfe von Standardverfahren aus der Betriebswirtschaftslehre die Wirtschaftlichkeit der Leistungserstellung sicherzustellen und bisherige Leistungen kritisch hinterfragen. Voraussetzung hierfür ist, dass die Gebietskörperschaften (Bund, Länder, Gemeinden) die Kosten ihrer Leistungen kennen. Allzu oft ist dies nicht der Fall, weil die rechentechnischen Grundlagen nicht richtig angewandt werden oder betriebswirtschaftliche Kennzahlen überhaupt fehlen. Nachfolgend sind einige Entscheidungsprobleme aufgezählt, die sich nur mit betriebswirtschaftlichen Instrumenten lösen lassen:

- Entscheidung über öffentliche oder private Leistungserbringung,
- Entscheidung über Eigenfertigung oder Fremdbezug (Outsourcing),
- Entscheidung über den Verwaltungsstandort,
- Entscheidung über Einsatzgüter,
- Entscheidung über Umfang und Qualität der Leistungserbringung,
- Entscheidung im Prozess (Beschaffung, Produktion, Absatz) der Leistungserbringung,
- Entscheidung über die Höhe von Entgelten und Benutzungsgebühren,
- Finanzierungsentscheidungen (Außenfinanzierung, Innenfinanzierung).

Ziel dieses Lehrbuches ist es, den Mitarbeitern und politischen Führungskräften das notwendige Grundwissen zu vermitteln, damit sie wirtschaftliche Gesichtspunkte bei ihren Entscheidungen berücksichtigen und betriebswirtschaftliche Fragestellungen selbständig lösen können sowie ein Kosten- und Leistungsbewusstsein entwickeln. Es geht jedoch nicht nur um das Ziel, die Kosten einseitig zu senken. Vielmehr muss

---

[1] Vgl. Statistisches Bundesamt, Tabellenband zu den integrierten Schulden der Gemeinden und Gemeindeverbände, Stand 31.12.2017. Die Pro-Kopf-Verschuldung in kreisfreien Städten beträgt bis zu 14.500 €.

eine Absenkung der Kosten immer in Verbindung mit den jeweiligen Leistungen betrachtet werden. Es geht also primär darum, die Leistungen kritisch zu hinterfragen und zu vertretbaren, vielleicht sogar zu den geringstmöglichen Kosten anzubieten. Die Kosten sind vorteilhaft zu gestalten (zu managen). Die Kosten- und Leistungsrechnung sowie Investitions-/Wirtschaftlichkeitsrechnungen[2] sind dabei die typischen und erforderlichen Instrumente für ein wirksames **Kostenmanagement**.

MERKE: Kosten und Leistungen sind im Einklang zu beeinflussen. Kosten lassen sich optimieren, indem die Erbringung der Leistung optimiert wird.

Eng verwandt mit der Kosten- Leistungsrechnung sowie der Wirtschaftlichkeitsrechnung ist das Controlling. **Controlling** soll das Management bei der Planung, Steuerung und Kontrolle aller betrieblichen Bereiche unterstützen. Die erforderlichen Daten stammen primär aus dem externen und internen Rechnungswesen. Der Unterschied zur Kosten- und Leistungsrechnung besteht darin, dass hier insbesondere die richtigen Kosten für eine Kostenstelle oder für ein Produkt ermittelt werden und das Controlling dafür sorgen soll, dass die richtigen Führungsentscheidungen getroffen werden. Der **Controller** soll dabei abgestimmte Pläne, Budgets, Abweichungsanalysen und -interpretationen sowie Vorschläge zur Korrektur vorlegen. Darüber hinaus soll der Controller ein **interner betriebswirtschaftlicher Berater** aller Entscheidungsträger sein.

MERKE: Controlling unterstützt die Planung, Steuerung und Kontrolle als Führungsaufgabe des Managements. Die Kosten- Leistungsrechnung sowie die Wirtschaftlichkeitsrechnung gehören zu den Controllinginstrumenten; sie liefern die Informationen für die Planung, Steuerung und Kontrolle.

Voraussetzung für das richtige Verständnis der Kosten- und Leistungsrechnung sowie der Investitions-/Wirtschaftlichkeitsrechnung ist die Kenntnis der unterschiedlichen Bedeutungen der Größen Einzahlungen und Auszahlungen, Einnahmen und Ausgaben, Aufwendungen und Erträge sowie Kosten und Leistungen. Leider werden in den Gesetzen und im Sprachgebrauch die Begriffe häufig unsauber gebraucht, was zu Missverständnissen und schwerwiegenden Fehlern in Bilanz, G+V-Rechnung, Finanzrechnung oder Kosten- und Leistungsrechnung sowie zu Fehlentscheidungen mit nachteiligen finanziellen Auswirkungen führen kann. Zur Wiederholung der in Band 1[3] bereits dargestellten Unterschiede werden an dieser Stelle nochmals kurz die Begriffe Kosten und Leistungen in Abgrenzung zu den anderen Begriffspaaren hergeleitet.

---

[2] Die Begriffe Investitions- bzw. Wirtschaftlichkeitsrechnung werden synonym verwandt, da Wirtschaftlichkeitsrechnungen in der Regel Investitionen zum Gegenstand haben.

[3] Vgl. Heidler, H., Öffentliches Rechnungs- und Prüfungswesen Band 1, Doppelte Buchführung, Jahresabschluss und Neues Kommunales Finanzmanagement, 2018, S. 39 f.

## A.1.2 Herleitung der Begriffe Kosten und Leistungen

Die folgenden kommunalgesetzlichen Regelungen aus der KomHVO NRW, die die unterschiedlichen betriebswirtschaftlichen Rechengrößen beinhalten, finden sich sinngemäß auch in den Vorschriften anderer Bundesländer sowie teilweise im Haushaltsgrundsätzegesetz für das staatliche Rechnungswesen wieder:[4]

**§ 11 KomHVO NRW**
(1) Die **Erträge** und **Aufwendungen** sind in ihrer voraussichtlich dem Haushaltsjahr zuzurechnenden Höhe, die **Einzahlungen** und **Auszahlungen** in Höhe der im Haushaltsjahr voraussichtlich eingehenden oder zu leistenden Beträge zu veranschlagen; sie sind sorgfältig zu schätzen, soweit sie nicht errechenbar sind.
(2) Die **Erträge, Aufwendungen, Einzahlungen** und **Auszahlungen** sind in voller Höhe und getrennt voneinander zu veranschlagen, soweit in dieser Verordnung nichts anderes bestimmt ist.

**§ 17 KomHVO NRW**
Nach den örtlichen Bedürfnissen der Kommune soll eine **Kosten**- und **Leistungs**rechnung zur Unterstützung der Verwaltungssteuerung und für die Beurteilung der Wirtschaftlichkeit und Leistungsfähigkeit bei der Aufgabenerfüllung geführt werden.

**§ 43 KomHVO NRW**
Als aktive Rechnungsabgrenzungsposten sind vor dem Abschlussstichtag geleistete **Ausgaben**, soweit sie **Aufwand** für eine bestimmte Zeit nach diesem Tag darstellen, anzusetzen.

Als passive Rechnungsabgrenzungsposten sind vor dem Abschlussstichtag eingegangene **Einnahmen**, soweit sie einen **Ertrag** für eine bestimmte Zeit nach diesem Tag darstellen, anzusetzen.

### A.1.2.1 Grundbegriffe des Rechnungswesens

Während das externe Rechnungswesen (Finanzbuchhaltung) die Stromgrößen Auszahlung/Einzahlung, Ausgabe/Einnahme und Aufwand/Ertrag kennt, arbeitet die Kosten- und Leistungsrechnung als internes Rechnungswesen mit dem Begriffspaar Kosten und Leistungen.

**Auszahlung/Einzahlung:** Jeder Abgang/ Zugang der liquiden Mittel (Kasse, Bank) innerhalb der Periode. Nur der reine Zahlungsstrom wird betrachtet. Auszahlungen sind Abgänge von liquiden Mitteln, Einzahlungen sind Zugänge von liquiden Mitteln. Als Saldo von Einzahlungen und Auszahlungen ergibt sich der sog. **Cashflow**.

[4] Vgl. z.B. § 1a Abs. 2 HGrG, § 6 Abs. 3 HGrG. § 7 Abs. 3 BHO beinhaltet darüber hinaus eine **Muss**vorschrift für die Kosten- und Leistungsrechnung in geeigneten Bereichen.

**Ausgabe/Einnahme:** Ausgaben und Einnahmen entstehen bereits durch schuldrechtliche Verpflichtungen und umfassen neben den Ein- und Auszahlungen die Zugänge und Abgänge an Forderungen und Verbindlichkeiten. Ausgaben sind der Wert aller beschafften Güter und Dienstleistungen in einer Periode. Einnahmen sind der Wert aller veräußerten Leistungen in einer Periode. Die alternative Definition betrachtet das sog. Geldvermögen, das wie folgt ermittelt wird:

Zahlungsmittel
+ Forderungen
./. Verbindlichkeiten
= Geldvermögen

| | |
|---|---|
| **Ausgabe:** | Ist jede Abnahme des Geldvermögens. |
| **Einnahme:** | Ist jede Zunahme des Geldvermögens. |

**Aufwand/Ertrag:** Aufwand ist der Wert aller während einer Abrechnungsperiode verbrauchten Sachgüter, Dienstleistungen und Abgaben, die in der Erfolgsrechnung der Geschäftsbuchhaltung erfasst werden. Aufwendungen verringern den Gewinn (bzw. erhöhen den Verlust). Ertrag ist der Wert aller in einer Abrechnungsperiode erbrachten Leistungen. Erträge erhöhen den Gewinn (oder vermindern den Verlust). Der Saldo von Erträgen und Aufwendungen ergibt somit einen **Gewinn** (Jahresüberschuss) oder **Verlust** (Jahresfehlbetrag). Die wichtigsten Aufwendungen sind:

- Aufwendungen für Verbrauchsgüter (Roh-, Hilfs- und Betriebsstoffe)
- Wertminderungen der Gebrauchsgüter (Abschreibungen)
- Aufwendungen für die Inanspruchnahme von Leistungen (Löhne, Gehälter, Ausgaben für fremde Dienstleistungen, Versicherungsprämien etc.)
- Aufwendungen für Abgaben (Steuern, Beiträge, Gebühren)

**Kosten/Leistungen:** Kosten sind der periodenbezogene Wert aller verbrauchten Sachgüter und Dienstleistungen im Rahmen der betriebstypischen („eigentlichen") Tätigkeit. Leistungen sind der periodenbezogene Wert aller erstellten Sachgüter und Dienstleistungen im Rahmen der betriebstypischen Tätigkeit. Kosten und Leistungen werden im **Betriebsergebnis** zusammengefasst.

### A.1.2.2 Abgrenzung der vier Begriffspaare

Die vier Begriffspaare können oftmals gemeinsam auftreten. Die folgenden Beispiele für Auszahlungen/ Ausgaben/ Aufwand/ Kosten sollen dies verdeutlichen:

**Auszahlung/Ausgabe:** Ein Auseinanderfallen von Auszahlung und Ausgabe liegt dann vor, wenn erbrachte Sachgüter und Dienstleistungen nicht direkt bezahlt werden müssen, sondern für einen bestimmten Zeitraum kreditiert werden.

**Beispiele:**

1.) Die Volkshochschule der Gemeinde A lässt einen Kurs durchführen. Der Kurs ist am 22.12. beendet und der Kursleiter reicht die Abrechnung ein. Am 03.01. des Folgejahres wird die Abrechnung bearbeitet und am 10.01. bezahlt. Da am 22.12. die Arbeitsleistung des Kursleiters zugegangen ist, liegt zu diesem Zeitpunkt eine Ausgabe vor. Am 10.01. erfolgt die Auszahlung.

2.) Die Gemeinde A kauft Büromaterial im Wert von 2.000 €. Die Lieferung erfolgt am 03.12., die Zahlung des Betrages am 15.01. Die Ausgabe liegt am 03.12. vor, die Auszahlung am 15.01.

**Ausgabe/Aufwand:** Zeitliche Gründe für das Abweichen von Ausgabe und Aufwand treten z.B. beim abnutzbaren Sachvermögen auf. Wenn die Vermögensgegenstände beschafft werden, liegt eine Ausgabe vor. Erst bei Gebrauch des Vermögensgegenstandes wird der periodenbezogene Wertverlust erfasst und als Aufwand (Abschreibung) erfasst. Als sachlicher Grund für das Abweichen von Ausgabe und Aufwand ist als klassisches Beispiel der Erwerb von Grundstücken zu nennen. Beim Kauf eines Grundstückes liegt eine Ausgabe vor. Da in der Regel kein Wertverzehr des Grundstücks erfolgt, liegt kein Aufwand vor.

**Aufwand/Kosten:** Aufwendungen, die keine Kosten darstellen, dürfen in der Kostenrechnung nicht berücksichtigt werden. Verschiedene Kostenarten sind dagegen keine Aufwendungen und dürfen in der Finanzbuchhaltung nicht berücksichtigt werden. Deshalb unterteilt man den Aufwand in Zweckaufwand und neutralen Aufwand.

Der **Zweckaufwand** ist identisch mit den Kosten. Zweckaufwendungen gehen direkt und unverändert aus der Finanzbuchhaltung in die Kostenrechnung ein. Man spricht auch von betrieblichem Aufwand oder (aus Sicht der Kostenrechnung) von **Grundkosten**.

**Der neutrale Aufwand umfasst**

- den betriebsfremden Aufwand (der Wertverzehr hat keinen Bezug zur betrieblichen Leistungserstellung, z.B. Spenden für karitative Zwecke, Kursverluste bei Wertpapieren),
- den periodenfremden Aufwand (der Verzehr von Sachgütern und Dienstleistungen erfolgt in einer anderen Periode, z.B. Steuernachzahlungen für frühere Jahre),
- den außerordentlichen (außergewöhnlichen) Aufwand (die Aufwendungen weisen bezüglich der Höhe oder der Bedeutung bzw. dem Anfall einen starken Zufallscharakter auf, z.B. Verluste durch nicht versicherten Brandschaden). Außergewöhnliche Aufwendungen fallen somit außerhalb der gewöhnlichen Geschäftstätigkeit an.

In der Kostenrechnung werden neben Grundkosten (= Zweckaufwand) sog. kalkulatorische Kosten berücksichtigt.

**Kalkulatorische Kosten sind:**

- kalkulatorische Abschreibung (Berichtigung der stark durch Steuerrecht geprägten Abschreibungen in betrieblich eingeschätzte Nutzungszeiten, ggf. unter Berücksichtigung eines Wiederbeschaffungszeitwertes),
- kalkulatorische Miete (Berücksichtigung von fiktiven Mietzahlungen bei kostenfrei überlassenen Räumen),
- kalkulatorische Zinsen (in der Finanzbuchhaltung können nur Fremdkapitalzinsen berücksichtigt werden, wobei in der Kostenrechnung der Einsatz des gesamten Kapitals betrachtet wird, so dass auch Zinsen für das Eigenkapital als kalkulatorische Zinsen berücksichtigt werden),
- kalkulatorische Wagnisse (Gewährleistungswagnis, z.B. bei Garantieleistungen; Entwicklungswagnis, z.B. fehlgeschlagene Forschung; Vertriebswagnis, z.B. Forderungsausfälle; Beständewagnis, z.B. Schwund, Verderb; Fertigungswagnis, z.B. Nachbesserungen),
- kalkulatorischer Unternehmerlohn für die Mitarbeit des Unternehmers im Betrieb (gilt nur für Einzelunternehmen und Personengesellschaften).

**Kalkulatorische Anderskosten** sind Aufwandsarten der Finanzbuchhaltung, die auch in der Kostenrechnung als Kostenarten zu finden sind, aber dort mit anderen Wertansätzen verrechnet werden als in der Finanzbuchhaltung. **Kalkulatorische Zusatzkosten** stellen einen Werteverzehr dar, der aus kalkulatorischen Gründen nur in der Kostenrechnung und nicht in der Finanzbuchhaltung erfasst wird.

Die Beziehungen zwischen Aufwand und Kosten lassen sich wie folgt darstellen:

| **Zusammenhang von Aufwand und Kosten** | | | |
|---|---|---|---|
| **Aufwand** | | | |
| **Neutraler Aufwand** | **Betrieblicher Aufwand** | | |
| | **Grundkosten/ Zweckaufwand** | **Kalkulatorische Kosten** | |
| | | **Anderskosten**, d.h. Kosten, die in der Finanzbuchhaltung in anderer Höhe erfasst werden, z.B. kalkulatorische Abschreibungen und Zinsen | **Zusatzkosten**, d.h. Kosten, denen in der Finanzbuchhaltung kein Aufwand gegenübersteht, z.B. kalkulatorischer Unternehmerlohn |
| | **Kosten** | | |

Abbildung 1: Zusammenhang von Aufwand und Kosten

Die Abgrenzung zwischen **Leistung** und **Ertrag** erfolgt in analoger Weise, wobei kalkulatorische Leistungen in der Praxis kaum eine Rolle spielen.

### A.1.3 Betriebswirtschaftliche Kostenbegriffe

Für unterschiedliche Betrachtungsweisen wird der Kostenbegriff nach weiteren Kriterien unterschieden, wie die folgende Abbildung zeigt:

| Unterscheidungskriterium | Kostenbezeichnung |
|---|---|
| Herkunft der verbrauchten Güter und Dienstleistungen | primäre Kosten<br>sekundäre Kosten |
| Verhalten bei der Beschäftigungsveränderung | fixe Kosten<br>variable Kosten |
| Zurechenbarkeit auf entsprechende Produkte bzw. Aufträge (Kostenträger) | Einzelkosten<br>Gemeinkosten |
| Zusammenfassung bzw. auf eine Einheit bezogen | Gesamtkosten<br>Stückkosten |
| Zahlungsorientierung | pagatorische und kalkulatorische Kosten |

Abbildung 2: Unterscheidungskriterien Kostenbegriff

#### A.1.3.1 Primäre und sekundäre Kosten

**Primäre Kosten** entstehen durch den Verbrauch von Gütern und Dienstleistungen, die der Betrieb[5] **von außen** bezieht. Sie werden den Kostenstellen direkt zugeordnet (Primärkostenverteilung). Eine primäre Kostenart (z.B. Personalkosten, Sachkosten, Abschreibungen) ist eine kostenrechnungsrelevante Position des Kontenplans, für die im Finanzwesen ein entsprechendes Sachkonto (in der Doppik) oder eine entsprechende Haushaltsstelle (in der Kameralistik) vorgesehen ist.

Bei den **sekundären Kosten** handelt es sich um den bewerteten Verbrauch **selbst erzeugter** Leistungen in der jeweiligen Abrechnungseinheit (z.B. Abteilung, Kostenstelle). Diese werden im Rahmen der Sekundärkostenverteilung anhand eines Verteilungsschlüssels auf die nachfolgenden Kostenstellen verrechnet. Sekundäre Kosten werden damit ausschließlich in der Kostenrechnung der jeweiligen Abrechnungseinheit dargestellt und dienen der Abbildung des innerbetrieblichen Werteflusses. Ein

[5] Unter dem Begriff „Betrieb“ werden in diesem Lehrbuch erwerbswirtschaftlich orientierte Betriebe (= Unternehmen) und Non-Profit-Betriebe (= Gebietskörperschaften und verselbständigte Teilbereiche wie z.B. Theater, Abfallbeseitigung etc.) verstanden.

Betrieb verfügt z.B. über eine eigene Werkstatt als Kostenstelle, um interne Reparaturen selbst auszuführen.

Werden mehrere Abrechnungseinheiten gebildet, so ergeben sich aus der Verrechnung der gegenseitigen Leistungsbeziehungen primäre Kosten für die Abrechnungseinheiten, diese bleiben aber sekundäre Kosten aus Sicht des Gesamtbetriebes (interne Leistungsverrechnung[6]). Die Gesamtkosten ergeben sich deshalb aus der Summe der primären Kosten und **nicht** aus der Summe der primären und sekundären Kosten, was nämlich zu einer Doppelzählung führen würde.

### A.1.3.2 Fixe Kosten und variable Kosten

**Fixe Kosten** sind alle Kosten, die unabhängig von der Leistung (von der Produktion, von der Ausbringungsmenge, vom Auslastungsgrad) anfallen. Sie werden auch als **beschäftigungsunabhängige** Kosten bezeichnet. Fixe Kosten gehören immer zur Gruppe der Gemeinkosten. Typische Fixkosten sind z.B. Vergütungen und Besoldungen für Beamte und Angestellte, Mieten für Produktionsstätten oder Verwaltungsgebäude, Leasingraten für Fahrzeuge, die zeitabhängigen planmäßigen Abschreibungen und die kalkulatorischen Zinsen für das im Anlagevermögen gebundene Kapital.

Fixkosten sind im Regelfall nicht unbegrenzt konstant, sondern nur innerhalb bestimmter Kapazitätsgrenzen. Fixe Kosten, die bis zu einer Kapazitätsgrenze unverändert bleiben, sich dann aber sprunghaft erhöhen (oder senken), bezeichnet man als **sprungfixe (stufenfixe) Kosten**. Bis zur Erreichung der nächsten Kapazitätsgrenze bleiben die Kosten dann wieder fix. Wird diese Grenze überschritten, erfolgt ein weiterer Kostensprung.

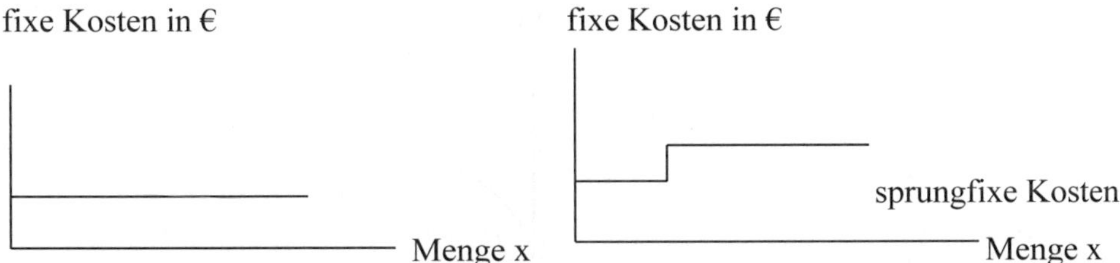


**Beispiel:**

Wenn ein Betrieb expandiert, dann müssen irgendwann neue Gebäude angemietet werden. So kann ein Betrieb beispielsweise mit der vorhandenen Kapazität max. 10.000 Produkte erstellen. Dafür fällt Miete in Höhe 20.000 € an. Wird die tatsächliche Beschäftigung von 8.000 auf 9.000 Stück gesteigert, bleiben die Kosten unverändert. Erhöht sich jedoch die Produktion auf 12.000 Stück, dann müssen zusätzliche Räume angemietet werden. Die Mietkosten hierfür steigen auf 30.000 €. Mit dieser

[6] Die interne Leistungsverrechnung wird in Kap. A.4.6 dargestellt.

größeren Kapazität können nun bis zu 15.000 Stück produziert werden. Verringert sich jedoch die tatsächliche Beschäftigung nunmehr von beispielsweise 14.000 auf 11.000 Stück, macht sich dies nicht in einer Kostensenkung bei der Miete bemerkbar.

**Variable Kosten** verändern sich in Abhängigkeit vom Beschäftigungs- bzw. Auslastungsgrad (Herstellungs- oder Absatzmenge). Variable Kosten sind z.B. Materialverbrauch, leistungsbezogene Abschreibungen und Personalkosten für ausführende, objektbezogene Arbeit, wenn eine variable Einsatzmöglichkeit der Mitarbeiter unterstellt werden kann. Es gilt folgende Gleichung:

$K_v = k_v \cdot x$ mit $K_v$ = gesamte variable Kosten,

$k_v$ = variable Kosten für eine erbrachte Leistungseinheit,

$x$ = Leistungsmenge.

Die gesamten variablen Kosten ergeben sich also aus der Multiplikation der variablen Stückkosten mit der Leistungsmenge. Variable Kosten können unterschiedliche Kostenverläufe haben. Das Verhältnis, in dem sich die variablen Kosten zu der veränderten Beschäftigung oder Leistungsmenge ändern, kann proportional (linear), degressiv oder progressiv sein. **Proportionale Kosten** steigen oder fallen im gleichen Maße wie die Beschäftigung oder Leistungsmenge steigt oder fällt. **Degressive Kosten** steigen bei zunehmender Beschäftigung unterproportional, d.h. weniger als die Leistungsmenge. **Progressive Kosten** steigen bei zunehmender Beschäftigung überproportional. In diesem Lehrbuch wird **vereinfachend ein linearer Verlauf unterstellt**, was für Zwecke der öffentlichen Verwaltung ausreichend ist.

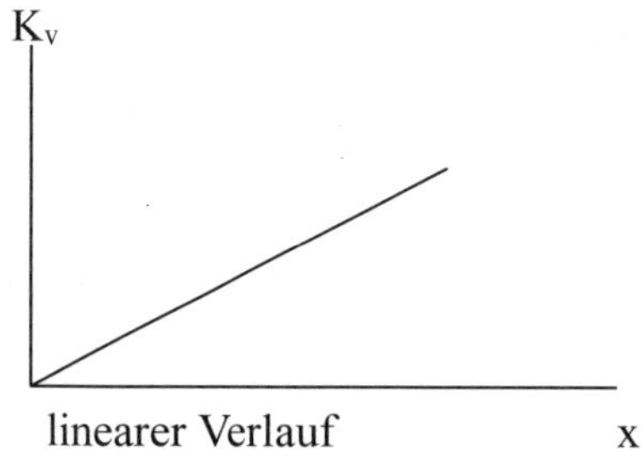


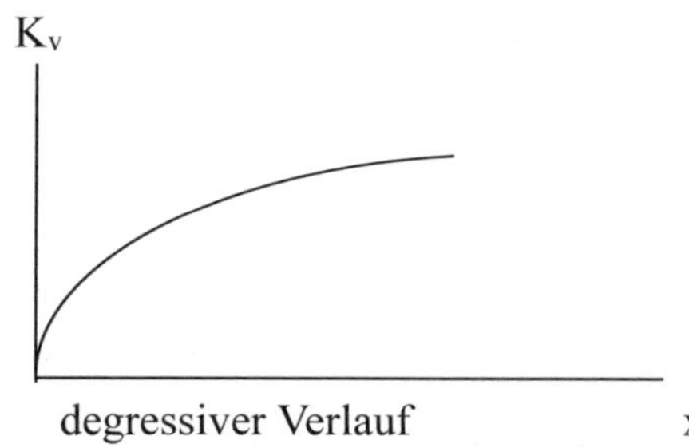


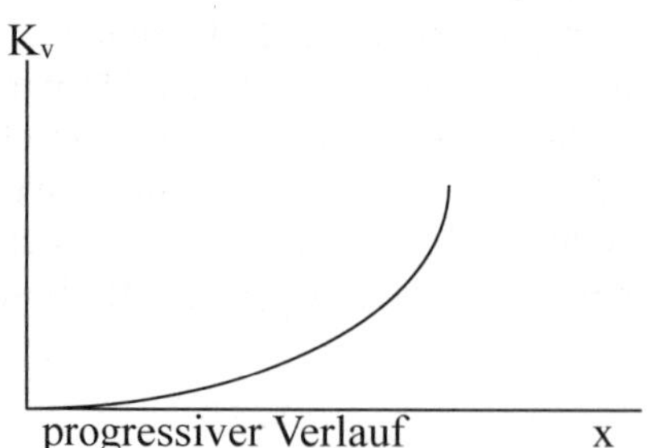

**MERKE:** Variable Kosten sind Kosten, die sich direkt mit der Ausbringungsmenge (Beschäftigung) ändern. Fixe Kosten entstehen unabhängig von der jeweiligen Beschäftigung.

**Beispiel:**

Eine Aufteilung in fixe und variable Kosten ist auch vielen Autofahrern geläufig. Fixe Kosten der Fahrzeugnutzung sind z.B. Kfz-Steuer und Haftpflichtversicherung, da sie unabhängig von den gefahrenen Kilometern anfallen. Benzin- und Reparaturkosten ändern sich dagegen mit den Fahrkilometern und sind somit variable Kosten der Fahrzeugnutzung.

Die Unterscheidung zwischen fixen und variablen Kosten ist im kommunalen Bereich u.a. wichtig, wenn bei der Gebührenkalkulation sowohl Grundgebühren als auch Zusatz- oder Verbrauchsgebühren (z.B. Ziehungsgebühr im Abfallbereich) erhoben werden (vgl. hierzu z.B. § 6 Abs. 3 KAG NRW sowie Kap. A.11).

Allerdings ist darauf hinzuweisen, dass die Zuordnung nur als Anhaltspunkt dienen kann. Ob Kosten als fixe oder als variable Kosten eingestuft werden, hängt auch davon ab, innerhalb welcher Zeit sie bei Bedarf abgebaut werden können **(Abbaufähigkeit)**. Außerdem haben manchmal bestimmte Annahmen über den Wertverzehr einen Einfluss. Unterstellt man z.B. bei der Abschreibung eines Fahrzeugeses einen kilometerabhängigen Gebrauchsverschleiß (Leistungsabschreibung), liegen variable Kosten vor. Unterstellt man einen zeitabhängigen Wertverzehr (Zeitabschreibung), liegen fixe Kosten vor. Eine praktische Anwendung der Überlegungen wird aber häufig dadurch erschwert, dass sich bestimmte Kostenarten wie Abschreibungen oder auch die Personalkosten oft nicht eindeutig einer Kategorie zuordnen lassen. Teilweise werden solche **Mischkosten** zur Vereinfachung entweder ganz den fixen Kosten oder in voller Höhe den variablen Kosten zugeschlagen, wobei Abgrenzungsprobleme bewusst in Kauf genommen werden.

In einer umfassenderen Interpretation werden die Begriffe fixe und variable Kosten nicht nur produktmengenbezogen eingesetzt. Statt dieser **Kostenflussgröße** kann auch eine Produktgruppe, eine Abteilung oder Kostenstelle analysiert werden: Kosten, die bei Erweiterung des Betriebs um eine Abteilung zusätzlich anfallen, sind dann abteilungsvariable Kosten. Sie treten neben solche Kosten, die unabhängig von der Anzahl von Abteilungen anfallen. In einem System verschiedener Kosteneinflussgrößen kommt es so zu einer **Fixkostenstufung** (vgl. Kap. A.8). Die einfachen Annahmen der Kostentheorie, die ein identisches Änderungsverhalten bei zu- oder abnehmender Menge der betrachteten **Bezugsgröße** unterstellen, sind in der Praxis durch genauere Analysen zu überprüfen. In vielen Fällen besteht ein **Beharrungsvermögen** von Kosten, sog. Kostenremanenz, was bei Abbau des Leistungsumfangs nicht zu einem proportionalen Kostenrückgang führt. Statt fixer und variabler Kosten handelt es sich bei steigender Stückzahl deshalb genauer um vorhandene und entstehende Kosten, bei sinkender Stückzahl um verbleibende und wegfallende Kosten.

### A.1.3.3 Gesamtkosten und Stückkosten

Addiert man alle fixen und variablen Kosten, erhält man die **Gesamtkosten.** Die zugehörige Gleichung unter Berücksichtigung der Ausbringungsmenge x nennt man **Kostenfunktion.** Typisch für Produktionsbetriebe und auch für die öffentliche Verwaltung ist die lineare Darstellung der Kostenfunktion.

| | |
|---|---|
| $K = K_f + K_v$ | $K$ = Gesamtkosten |
| **oder** | $K_f$ = gesamte Fixkosten |
| $K = K_f + k_v \cdot x$ | $K_v$ = gesamte variable Kosten |
| | $k_v$ = variable Kosten für e i n e erbrachte Leistungseinheit |
| | $x$ = Leistungsmenge |

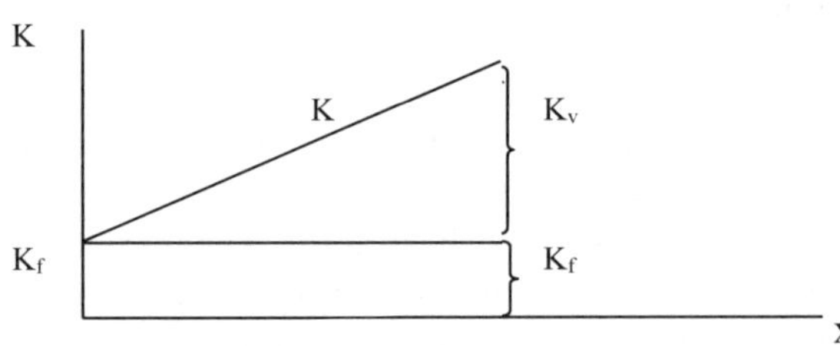


Auch wenn nicht produziert wird, entstehen fixe Kosten. Die Kostengerade K beginnt also nicht im Nullpunkt, sondern bei $K_f$ in Höhe der fixen Kosten.

Auf eine Leistungseinheit bezogene Kosten nennt man **Stückkosten,** auch als Durchschnittskosten bezeichnet. Sie ergeben sich aus den variablen Stückkosten und den fixen Stückkosten.

$$k = k_v + k_f$$

$$k_v = \frac{K_v}{x}$$

$$k_f = \frac{K_f}{x}$$

Bei einem linearen Kostenverlauf gemäß der Kostenfunktion $K = K_f + k_v \cdot x$ können die variablen Stückkosten $k_v$ mit Hilfe von zwei Messpunkten ermittelt werden, d.h. es müssen für zwei unterschiedliche Beschäftigungsgrade (z.B. Produktionsmengen) $x_1$ und $x_2$ unterschiedliche Gesamtkosten $K_1$ und $K_2$ vorliegen:

$$K_v = \frac{K_2 - K_1}{x_2 - x_1}$$

Für eine beliebige Produktionsmenge ergeben sich dann die fixen Kosten $K_f$ und die variablen Kosten $K_v$ wie folgt:

$K_f = K_2 - k_v \cdot x_2 = K_1 - k_v \cdot x_1$

$K_v = k_v \cdot x$

Die variablen Kosten für eine erbrachte Leistungseinheit entsprechen beim linearen Kostenverlauf den **Grenzkosten**, d.h. jede zusätzlich produzierte Leistungseinheit verursacht konstante Kosten in Höhe von $k_v$. Mathematisch werden die Grenzkosten aus der 1. Ableitung der Gesamtkostenfunktion K´ nach der Ausbringungsmenge x ermittelt.[7] Grafisch repräsentiert die 1. Ableitung dabei die Steigung der Kostenfunktion an einer beliebigen Stelle.

$$K' = \frac{dK}{dx} = k_v$$

**Beispiel:**

Der Stadt A wird ein Angebot zur Aufstellung eines Fotokopiergerätes unterbreitet. Danach fallen für die Bereitstellung, Wartung und Unterhaltung des Gerätes jährlich 1.800 € sowie 0,07 € pro erstellte Fotokopie an. Für unterschiedliche Mengen von 1.000, 20.000 und 50.000 Fotokopien lassen sich die fixen Gesamtkosten, die variablen Gesamtkosten, die fixen Stückkosten, die variablen Stückkosten sowie die Stückkosten wie folgt ermitteln.

Die Gesamtkostenfunktion lautet: K = 1800 + 0,07x

| | 1.000 | 20.000 | 50.000 |
|---|---|---|---|
| variable Kosten | 70 | 1.400 | 3.500 |
| fixe Kosten | 1.800 | 1.800 | 1.800 |
| Gesamtkosten | 1.870 | 3.200 | 5.300 |
| fixe Stückkosten | 1,80 | 0,09 | 0,036 |
| variable Stückkosten | 0,07 | 0,07 | 0,07 |
| Stückkosten | 1,87 | 0,16 | 0,11 |

Da ein proportionaler Kostenverlauf vorliegt, entsprechen die Grenzkosten K´ den variablen Stückkosten $k_v$.

**MERKE:** Bei einem linearen bzw. proportionalen Kostenverlauf der variablen Kosten entsprechen die Grenzkosten den variablen Stückkosten.

Die nachfolgende Übersicht fasst noch einmal die Berechnung der oben hergeleiteten Kostenbegriffe zusammen:[8]

[7] Ein Berechnungsbeispiel findet sich z.B. in Coenenberg/Fischer/Günter, Kostenrechnung und Kostenanalyse, 9. Aufl. 2016, S. 83.
[8] In Anlehnung an: Deimel/Erdmann/Isemann/Müller, Kostenrechnung, 2017, S. 30.

| Begriff | Symbol | Erläuterung |
|---|---|---|
| Gesamtkosten | K | sämtliche Kosten für die Erstellung der betrieblichen Leistung |
| variable Kosten | $K_v$ | Kosten, die bei zunehmender Ausbringungsmenge steigen und bei abnehmender Ausbringungsmenge fallen |
| fixe Kosten | $K_f$ | Kosten der Betriebsbereitschaft, die bei einer Änderung der Ausbringungsmenge konstant bleiben |
| Stückkosten | k | $k = \frac{\text{Gesamtkosten}}{\text{Menge}} = \frac{K}{x}$ |
| variable Stückkosten | $k_v$ | $k_v = \frac{\text{variable Kosten}}{\text{Menge}} = \frac{K_v}{x}$ |
| fixe Stückkosten | $k_f$ | $k_f = \frac{\text{fixe Kosten}}{\text{Menge}} = \frac{K_f}{x}$ |
| Grenzkosten | $K'$ | $K' = \frac{dK}{dx}$ = zusätzliche Kosten bei Erhöhung von x um eine Einheit |

### A.1.3.4 Einzelkosten und Gemeinkosten

Bei der Abgrenzung von Einzel- und Gemeinkosten handelt es sich um eine Einteilung der Kosten nach ihrer Zurechenbarkeit auf die Endprodukte oder Aufträge als Kostenträger.

**Einzelkosten (auch: direkte Kosten)** sind solche Kosten, die den einzelnen Endprodukteinheiten oder Aufträgen aufgrund genauer Aufzeichnungen unmittelbar, d.h. ohne Schlüsselungen zugerechnet werden, z.B. Fertigungsmaterial, Fertigungslöhne, Sondereinzelkosten der Fertigung, Sondereinzelkosten des Vertriebs. Einzelkosten verändern sich meistens proportional, also in einem konstanten Verhältnis zur produzierten Menge.

**Gemeinkosten (auch: indirekte Kosten)** sind solche Kosten, die nicht unmittelbar für das Erzeugnis oder den einzelnen Auftrag anfallen. Sie betreffen mehrere Aufträge, mehrere Kostenstellen, den Betrieb insgesamt oder werden aus Wirtschaftlichkeitsgründen nicht einzeln erfasst, z.B. Abschreibungen für Gebäude oder Maschinen, Versicherungen, Gehälter des Verwaltungspersonals, Zuführungen zu Pensionsrückstellungen, Arbeitgeberanteile zur Sozialversicherung, Energiekosten (Strom, Wasser, Gas) und der Verbrauch von Hilfsstoffen (Nägel, Leim, Farbe). Kosten, die aus Wirtschaftlichkeitsgründen als Gemeinkosten behandelt werden (z.B. Kleinmaterial), nennt man **unechte Gemeinkosten**. Die Gemeinkosten werden unter

Verwendung einer Hilfsgröße, die üblicherweise als Verrechnungsschlüssel bezeichnet wird, den Aufträgen, Kostenstellen etc. zugeordnet.

MERKE: Einzelkosten lassen sich unmittelbar zurechnen. Gemeinkosten lassen sich nur mittelbar über Verrechnungsschlüssel zurechnen. Einzelkosten sind immer variable Kosten. Fixe Kosten sind immer Gemeinkosten, aber Gemeinkosten können fix oder variabel sein.

Als **Bezugsgrößen für die Trennung von Einzel- und Gemeinkosten** kommen Kostenstellen, also z.B. komplette Betriebe, Teilbetriebe, Abteilungen, Sachgebiete oder Kostenträger z.B. Produkte, Produktarten sowie Produktgruppen in Betracht. Insofern gibt es nicht **die** Einzel- und Gemeinkosten, sondern je nachdem, auf welche Bezugsgröße man die Einzel- und Gemeinkosten bezieht, unterschiedliche Einzel- und Gemeinkosten, also beispielsweise die Einzelkosten einer Abteilung, die Einzelkosten eines Produktbereiches, einer Einrichtung oder die Einzelkosten einer bestimmten Dienstleistungsart. Es ist daher zweckmäßig von **relativen Einzelkosten** zu sprechen.[9]

Problematisch ist die Zuordnung der Gemeinkosten, denn sie lassen sich nicht exakt und verursachungsgerecht auf Kostenstellen oder Kostenträger verteilen. Werden Kostenstellen oder Kostenträger in großem Umfang mit Gemeinkosten belastet, dann sind die ermittelten Kostenstellen– bzw. Kostenträgerkosten für Wirtschaftlichkeitsbeurteilungen oft wenig tauglich. Man erhält zwar rechnerisch genaue Beträge, vergisst jedoch dabei, dass diese Beträge nicht durch eine verursachungsgerechte Zuordnung, sondern durch eine künstliche Verteilung der Kosten zustande gekommen sind. Durch Anwendung entsprechender Schlüssel hat man Vermutungen über die Kostenentstehung zum Ausdruck gebracht – mehr nicht!

In Gebietskörperschaften betragen die Gemeinkosten oft 80 – 90 % der Gesamtkosten. Damit wird schon an dieser Stelle deutlich, wie fragwürdig die im Rahmen von Steuerungskonzepten angepeilte Ermittlung der Produktkosten und der angestrebte produktbezogene Vergleich mit anderen Betrieben oder anderen Gebietskörperschaften ist.

### A.1.3.5 Pagatorische und kalkulatorische Kosten

Werden Kosten auf Grundlage von Anschaffungsvorgängen, die zu Ausgaben führen, abgerechnet, handelt es sich um **pagatorische Kosten** (von ital.: pagare = zahlen). Pagatorische Kosten sind beschaffungsorientiert und beruhen wertmäßig auf Zahlungsvorgängen aus einem Vertragsverhältnis.

Neben der rechtlichen Orientierung bei der Erfassung von Verbrauchsvorgängen, z.B. bei der Bemessung von Herstellungskosten für Vermögensgegenstände, tritt die wirtschaftliche Betrachtungsweise. Sie löst sich vom Anschaffungswertprinzip und

9 Vgl. Kap. A.8.4 zur relativen Einzelkosten- und Deckungsbeitragsrechnung.

verwendet für entscheidungsrelevante Informationen den wertbezogenen Kostenbegriff, d.h. Kosten, deren Wert je nach Rechnungszweck unterschiedlich angesetzt werden kann. Zur Abgrenzung vom pagatorischen Kostenbegriff wird, ausgehend vom Gedanken an die Kalkulation als einem internen Rechnungsauftrag, allgemein von **kalkulatorischen Kosten** gesprochen. Der Unterschied zu den pagatorischen Kosten liegt einerseits im Umfang der erfassten Verbrauchsvorgänge, andererseits im Mengenansatz der Kostengüter und dem zumeist aktuell ermittelten Wertansatz, der über oder auch unter dem Anschaffungswert liegen kann. Es kommt im Vergleich zu den pagatorischen Vorgängen zu Zusatzkosten oder Anderskosten.

**Beispiele:**

- Fremdkapitalzinsen sind zahlungswirksam und damit pagatorische Kosten, kalkulatorische Eigenkapitalzinsen sind nicht zahlungswirksam,
- von Dritten bezogene Dienstleistungen (z.B. Reparaturen) sind i.d.R. zahlungswirksam,
- Zuführungen zu Pensionsrückstellungen sind nicht zahlungswirksam, ansonsten sind die Personalkosten i.d.R. zahlungswirksam,
- Abschreibungen sind grundsätzlich nicht zahlungswirksam.

# A.2 Buchführungssysteme

## A.2.1 Doppelte Buchführung

Die doppelte Buchführung als externes Rechnungswesen will den Erfolg im abgelaufenen Geschäftsjahr und das Vermögen zum Stichtag dokumentieren. Aufgabe jedes Buchführungssystems ist die **planmäßige und lückenlose Aufzeichnung aller Geschäftsvorfälle**. Diese Aufgabe wird formal erfüllt, wenn die sog. **Grundsätze ordnungsmäßiger Buchführung** beachtet werden. Zu diesen Grundsätzen gehören u.a. die Erfordernisse nach Klarheit und Nachprüfbarkeit der Aufzeichnungen, nach deren Vollständigkeit und Kontinuität.

Gemäß § 238 Abs. 1 HGB ist die Buchführung dann ordnungsgemäß, wenn sich ein „sachverständiger Dritter“ innerhalb angemessener Zeit aus den Aufzeichnungen einen Überblick über die Geschäftsvorfälle und die Lage des Unternehmens machen kann.

Die „Doppelte Buchführung“ (Finanzbuchhaltung), das älteste Teilgebiet des betrieblichen Rechnungswesens, erfasst die Geschäftsvorgänge durch Verbuchung auf Konten. Der Name „Doppelte Buchführung“ beschreibt bereits die Eigenart, dass bei der Verbuchung eines jeden Geschäftsvorfalls zwei Konten angesprochen werden: So wie beim Kauf Geld hingegeben wird und man Waren im Gegenzug erhält, werden in der Buchhaltung immer beide Seiten eines Vorgangs auf getrennten Konten erfasst.

Der Verbuchung der Geschäftsvorgänge auf Konten liegt die begriffliche Trennung in Auszahlungen/Ausgaben/Aufwand und Einzahlungen/Einnahmen/Ertrag zugrunde. Die erfolgswirksamen Vorgänge werden auf Erfolgskonten gebucht und in der **Gewinn- und Verlustrechnung** zusammengeführt. Die sog. erfolgsneutralen Vorgänge (z.B. Kauf eines Grundstücks) werden auf Bestandskonten gebucht und in der **Bilanz** zusammengeführt.[10]

## A.2.2 Kameralistische Buchführung

Dieser Rechnungslegungsstil verlangt nicht eine doppelte Aufzeichnung eines jeden Geschäftsvorfalles, es genügt eine einfache Buchung auf einem **Einnahme- oder Ausgabeposten**. Dieser Posten wird Haushaltsstelle genannt. Sie besteht aus einer Nummer und der Bezeichnung, wobei die Haushaltsstellen-Nummer aus einer Gliederungsziffer (Gliederung nach Aufgaben / Funktion der öffentlichen Verwaltung) und einer Gruppierungsziffer (Gruppierung der Einnahmen und Ausgaben nach Arten) besteht.

---

[10] Die Grundlagen der Doppelten Buchführung sind dargestellt in: Heidler, H., Öffentliches Rechnungs- und Prüfungswesen Band 1, 2018, S. 27 ff.

Im kommunalen Bereich wurde in den letzten Jahren überwiegend die Verwaltungskameralistik durch die doppelte Buchführung im Rahmen des Neuen Kommunalen Rechnungswesens abgeschafft. Sie ist noch anzutreffen in einigen Kommunalverwaltungen in den Bundesländern, die den Kommunen ein Wahlrecht zwischen Kameralistik und Doppik eingeräumt haben, in der überwiegenden Anzahl der Landesverwaltungen und in der Bundesverwaltung. Gemäß § 1a HGrG kann das staatliche Rechnungswesen kameral oder nach den Grundsätzen der staatlichen doppelten Buchführung in Anwendungen der Vorschriften des HGB geführt werden. Die Kameralistik wird an dieser Stelle nicht dargestellt. Ebenfalls wird auf eine Darstellung der sog. „Erweiterten Kameralistik“ verzichtet, die eine kameralistische Buchführung ergänzt, um die Kalkulation von Benutzungsgebühren und Entgelten nach kostenrechnerischen Gesichtspunkten zu ermöglichen.

### A.2.3 Doppik als Basis einer Kosten- und Leistungsrechnung

Die doppelte Buchführung (Doppik) stellt aufgrund des konsequenten internen Verbundes aus Vermögens- und Erfolgsrechnung Informationen über die Ergebnisentwicklung zeitnäher und detaillierter zur Verfügung als die Kameralistik. Zudem sind alle für Kosten- und Leistungsinformationen benötigten betriebswirtschaftlichen Daten im Rechnungssystem enthalten; Nebenrechnungen sind i.d.R. nicht erforderlich. Die Doppik bildet damit die einfachste Datengrundlage für die Belange der Kosten- und Leistungsrechnung.

Nur eine Kosten- und Leistungsrechnung ermöglicht die Beurteilung der Wirtschaftlichkeit einer Kommune. Die Einnahmen und Ausgaben der Kameralistik geben keine Auskunft hierüber. Die Doppik ist der Kameralistik als Basisrechnung einer Kosten- und Leistungsrechnung somit aus zwei Gründen überlegen:

In der Doppik werden Ressourcenverbrauch und Bestände (Anlagevermögen, Verbindlichkeiten, Rückstellungen) sofort in einem geschlossenen System erfasst, das durch die Buchungssystematik (Soll an Haben) eine systematische Kontrolle der Richtigkeit der Daten beinhaltet. Die Kameralistik muss dagegen um umfangreiche Neben- und Ergänzungsrechnungen erweitert werden („Erweiterte Kameralistik“), was in der Praxis zu erheblichem Abstimmungsaufwand und mitunter auch Problemen führt.

Der Doppik liegt ein einheitlicher Kontenplan zugrunde, der als Basis der Kostenartenrechnung geeignet ist und eine widerspruchsfreie Erfassung aller Geschäftsvorfälle für die Kosten- und Leistungsrechnung gewährleistet. Dagegen weisen die verbindlichen Gruppierungspläne der Kameralistik zahlreiche Überschneidungen auf, so dass eindeutige Aussagen der Kostenartenrechnung nur durch ergänzende Erläuterungen möglich werden.

---

**MERKE:** Weder die Verwaltungskameralistik noch die doppelte Buchführung weisen unmittelbar die Höhe der Kosten aus. In beiden Buchführungssystemen ist jeweils eine Abgrenzungsrechnung erforderlich, die aber bei der doppelten Buchführung weniger aufwendig ist.

---

### A.2.4 Sachliche Abgrenzung von Aufwendungen und Erträgen

Die wichtigsten Teilgebiete des betrieblichen Rechnungswesens sind die Finanzbuchhaltung und die Kosten- und Leistungsrechnung.

Die **Finanzbuchhaltung**, die sich auf alle unternehmerischen Tätigkeiten bezieht, also **unternehmensbezogen** ist, erfasst alle Vorgänge, die zu Veränderungen der Vermögens- und Schuldenposten führen und weist durch Gegenüberstellung aller Aufwendungen und Erträge den Gesamterfolg aus. Die Finanzbuchhaltung bildet u.a. im Industriekontenrahmen, Verwaltungskontenrahmen und im NKF-Kontenrahmen mit den Kontenklassen 0 bis 8 den **Rechnungskreis I**. Es werden alle Aufwendungen und Erträge einer Abrechnungsperiode ohne Rücksicht darauf, ob sie **betriebsbedingt** oder **neutral** (betriebsfremd, periodenfremd, außergewöhnlich) sind, erfasst. Im Anschluss wird im Jahresabschluss das Gesamtergebnis ermittelt.

Die **Kosten- und Leistungsrechnung** erfasst die betriebstypischen Geschäftsvorfälle, die sich aus dem eigentlichen **betrieblichen Zweck** eines Unternehmens ergeben. Vorgänge, die mit der Erfüllung des eigentlichen Betriebszwecks nicht unmittelbar etwas zu tun haben (z.B. Spenden an politische Parteien), dürfen nicht in der Kosten- und Leistungsrechnung erfasst werden. Durch Gegenüberstellung der Kosten mit den Leistungen wird das Betriebsergebnis ausgewiesen. Im IKR, VKR und im NKF-Kontenrahmen bildet die Kosten- und Leistungsrechnung mit der Kontenklasse 9 den **Rechnungskreis II**.

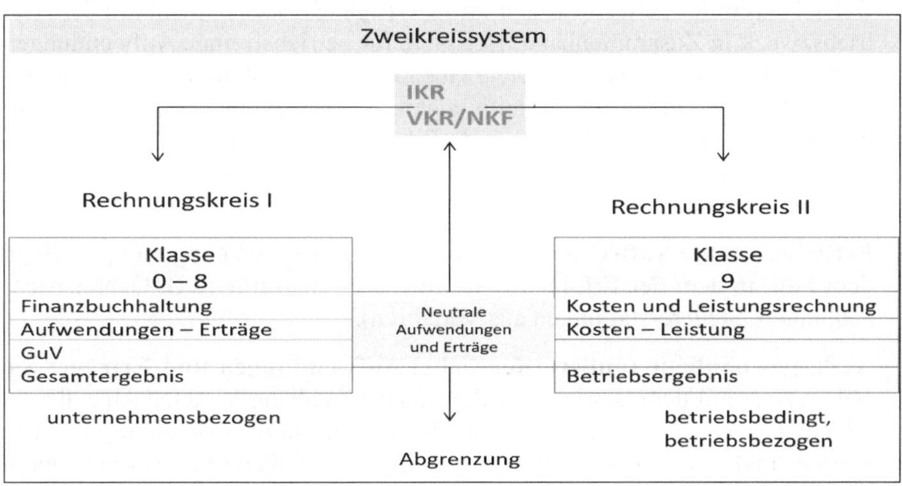


Abbildung 3: Zweikreissystem

**MERKE:** Die Finanzbuchhaltung (Rechnungskreis I) erfasst den gesamten Wertzufluss einer Abrechnungsperiode als Ertrag und den gesamten Wertverzehr als Aufwand. Die Differenz zwischen Ertrag und Aufwand ergibt das Gesamtergebnis. Die Kosten- und Leistungsrechnung ermittelt den Wertzufluss aus der betrieblichen

Tätigkeit als Leistung und den betrieblichen Wertverzehr als Kosten. Die Differenz zwischen Leistungen und Kosten ergibt das Betriebsergebnis. Der Gesamterfolg setzt sich aus dem betriebsbedingten und dem neutralen Erfolg zusammen.

Die **Abgrenzungsrechnung** hat die Aufgabe, aus den in der Finanzbuchhaltung des Rechnungskreises I erfassten gesamten Aufwendungen und Erträge die neutralen herauszurechnen, um für die Betriebsergebnisrechnung nur die betrieblichen Aufwendungen (Grundkosten) als Kosten und die betrieblichen Erträge als Leistungen zu erhalten.

**MERKE:** Die Trennung in Kosten und Leistungen (Erlöse) sowie neutrale Aufwendungen und Erträge ist aus zwei Gründen notwendig:
Zur Ermittlung der Herstellkosten, der Selbstkosten, der Angebotspreise oder Benutzungsgebühren dürfen nur Kosten, also betriebsbedingte Aufwendungen einer Periode herangezogen werden.
Die Beurteilung des wirtschaftlichen Erfolgs ist nur aussagefähig, wenn die betrieblich bedingten und die nicht betrieblich bedingten Erfolgsteile getrennt werden können.

Die neutralen Aufwendungen und Erträge, die das Betriebsergebnis nicht beeinflussen und nicht in die Kostenrechnung eingehen dürfen, werden wie folgt unterschieden:

- **Betriebsfremde Aufwendungen und Erträge:** Sie stehen nicht mit dem Betriebszweck in Zusammenhang. Beispiele für betriebsfremde Aufwendungen sind Aufwendungen für vermietete Gebäude, Abschreibungen auf Finanzanlagen, Aufwendungen aus Beteiligungen, Körperschaftsteuer, Zinsaufwendungen. Beispiele für betriebsfremde Erträge sind Mieterträge aus Wohnungen in Betriebsgebäuden, Zinserträge, Erträge aus Finanzanlagen wie Aktien oder Beteiligungen, Diskonterträge.
- **Periodenfremde Aufwendungen und Erträge:** Die Buchung erfolgt nicht in dem Jahr, in dem der Erfolg wirtschaftlich erzielt wurde (z.B. Gehaltsnachzahlungen, Steuererstattungen aus Vorjahren).
- **Außergewöhnliche (außerordentliche) Aufwendungen und Erträge:** Sie stehen zwar mit dem Betriebszweck in Zusammenhang, sind jedoch außergewöhnlich hoch oder außergewöhnlich bedeutend, so dass sie die betriebliche Kosten- und Leistungsstruktur nicht beeinflussen sollen (z.B. Verluste durch Brandschäden oder Diebstahl, Erträge aus Versicherungsleistungen). Aufwendungen und Erträge fallen somit außerhalb der gewöhnlichen Geschäftstätigkeit an.

Die folgende Abbildung veranschaulicht den Zusammenhang der betrieblichen und neutralen Aufwendungen und Erträge:

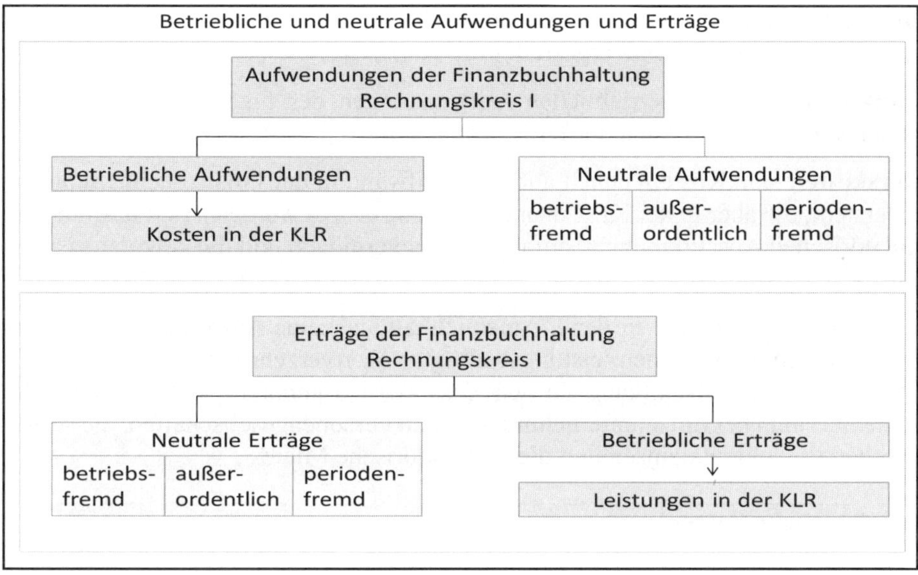


Abbildung 4: Betriebliche und neutrale Aufwendungen und Erträge

## Die Abgrenzungsrechnung:

**Unternehmensbezogene Abgrenzungen** (1. Stufe der Abgrenzung): In der Abgrenzungsrechnung werden die neutralen Aufwendungen und Erträge aus den gesamten Aufwendungen und Erträgen der Finanzbuchhaltung (Rechnungskreis I) herausgerechnet, damit sie in der KLR (Rechnungskreis II) unberücksichtigt bleiben. Neutrales Ergebnis und Betriebsergebnis lassen sich dann im Rechnungskreis II getrennt ausweisen. Beide Ergebnisse ergeben in der Summe das Gesamtergebnis, welches mit dem Gesamtergebnis des Rechnungskreises I übereinstimmen muss.

**Kosten- und leistungsrechnerische Korrekturen** (2. Stufe der Abgrenzung): In der Finanzbuchhaltung gibt es bestimmte Aufwendungen, die zwar betriebsbezogen sind, die sich aber in ihrer Höhe oder Berechnungsmethode von der Kosten- und Leistungsrechnung unterscheiden. Diese Aufwendungen müssen kostenrechnerisch korrigiert werden. Diese Korrektur geschieht in der nächsten Stufe der Abgrenzungsrechnung, den „kostenrechnerischen Korrekturen“. Zu den korrekturbedürftigen Aufwendungen der Finanzbuchhaltung zählen insbesondere die Abschreibungen auf Sachanlagen. So hängt die Höhe der Abschreibungen auf Sachanlagen in der Finanzbuchhaltung oft von steuerlichen Regelungen ab. In der Kosten- und Leistungsrechnung sollten die Abschreibungsbeträge jedoch die tatsächliche Wertminderung der Anlagen berücksichtigen. Zur Substanzerhaltung sollte zudem in der Kostenrechnung eine Abschreibung von sog. Wiederbeschaffungszeitwerten erfolgen. In der KLR werden daher statt der bilanziellen Abschreibungen die kalkulatorischen Abschreibungen berücksichtigt. Eine Korrektur erfolgt auch bei den Zinsaufwendungen. In der KLR werden nur kalkulatorische Zinsen berücksichtigt.

In diesem Zusammenhang werden nochmals die Begriffe Grundkosten, Anderskosten und Zusatzkosten gegenübergestellt (vgl. Kap. A.1.2):

**Grundkosten** sind die betrieblichen Aufwendungen der Finanzbuchhaltung, die identisch sind mit den Kosten der KLR.

**Anderskosten** sind Kosten, denen auch ein Aufwand in der Finanzbuchhaltung gegenübersteht, die aber in der KLR in anderer Höhe erfasst werden. Hierzu zählen die kalkulatorischen Abschreibungen auf das Anlagevermögen und die kalkulatorischen Wagnisse.

Den **Zusatzkosten** stehen in der Finanzbuchhaltung keine Aufwendungen gegenüber. Sie stellen jedoch einen leistungsbedingten Wertverzehr dar und sind deshalb in der KLR zu berücksichtigen. Zu den Zusatzkosten gehören der kalkulatorische Unternehmerlohn bei Einzelunternehmungen und Personengesellschaften, die kalkulatorischen Eigenkapitalzinsen und die kalkulatorische Miete.

| **Kalkulatorische Kosten** | |
|---|---|
| Anderskosten | Zusatzkosten |
| • kalkulatorische Abschreibungen<br>• kalkulatorische Wagnisse | • kalkulatorische Eigenkapitalzinsen<br>• kalkulatorischer Unternehmerlohn<br>• kalkulatorische Miete |

Abbildung 5: Kalkulatorische Kosten

Die kostenrechnerischen Korrekturen haben zwar Einfluss auf das Betriebsergebnis und das neutrale Ergebnis, aber nicht auf das Gesamtergebnis. Die Aufwendungen der Finanzbuchhaltung, die zwar betrieblich sind, jedoch mit anderen Werten in der KLR angesetzt werden, sind in die Spalte „betriebliche Aufwendungen lt. Finanzbuchhaltung" einzutragen (z.B. bilanzielle Abschreibungen); die Spalte „verrechnete Kosten lt. Kosten- und Leistungsrechnung" beinhaltet die korrigierten Werte (z.B. kalkulatorische Abschreibungen nach Wiederbeschaffungszeitwert). Diese anderen Werte werden auch in die nächste Spalte „Kosten" übernommen. Die Ergebnisse der Korrekturen werden in der letzten Zeile berechnet.

Die Abgrenzungsrechnung kann buchhalterisch über die Kontenklasse 9 oder tabellarisch durchgeführt werden. In der Praxis hat sich die tabellarische Form durchgesetzt, für die eine Ergebnistabelle nach folgendem Grundaufbau verwendet wird:

| Rechnungskreis I | | Rechnungskreis II | | | | | |
|---|---|---|---|---|---|---|---|
| Erfolgsbereich | | Abgrenzungsbereich | | | | Kosten- und Leistungsbereich | |
| Finanzbuchhaltung NKF-Klasse 4, 5 | | unternehmensbezogene Abgrenzungen | | kostenrechnerische Korrekturen | | Betriebsergebnisrechnung (KLR-Rechnung) | |
| Aufwendungen | Erträge | neutrale Aufwendungen | neutrale Erträge | betriebl. Aufwendungen lt. FB | verrechnete Kosten lt. KLR | Kosten | Leistungen |
| | | | | | | | |
| Gesamtergebnis | | = Ergebnis aus unternehmensbezogenen Abgrenzungen + | | Ergebnis aus kostenrechnerischen Korrekturen + | | Betriebsergebnis | |

Abbildung 6: Aufbau Abgrenzungsrechnung

**Beispiel:**[11]

Die Ergebnisrechnung der Gemeinde B weist folgende Werte aus:

| Soll | **Ergebnisrechnungskonto (ERK)** | | | Haben | |
|---|---|---|---|---|---|
| 5000 | Personalaufwand | 1.920.000 | 4000 | Steuern | 3.000.000 |
| 5250 | Aufwendungen für | 450.000 | 4300 | Gebühren | 640.000 |
| | Gebäude | 108.000 | 4410 | Miete/Pacht | 50.000 |
| 5280 | sonstiger Sachaufwand | | 4540 | Bußgelder | 88.000 |
| | | 920.000 | 4610 | Zinserträge | 34.600 |
| 5510 | Zinsaufwand | 68.000 | | | |
| 5700 | Abschreibungen | 600.000 | | | |
| 5900 | außerord. Aufwand | 202.000 | | | |

Die Personalaufwendungen erhalten Nachzahlungen für die Vorjahre in Höhe von 59.000 €. Bei den sonstigen Sachaufwendungen sind 20.000 € für Reparaturen an Fahrzeugen auszusondern, da die Reparaturen im Vorjahr durchgeführt wurden. Die kalkulatorischen Abschreibungen betragen 840.000 €, die kalkulatorischen Zinsen 94.000 €. Von den Aufwendungen für Gebäude sind 24.000 € für die Instandhaltung der frei vermieteten Wohnungen verwendet worden. Bei den Miet- und Pachterträgen handelt es sich um frei vermietete Wohnungen.

[11] In Anlehnung an: Düngen/Zeiler, Rechnungswesen in der öffentlichen Verwaltung, 5. Aufl. 2017, S. 192.

**Lösungsmuster Abgrenzungsrechnung (Beträge in Tausend €):**

| | | **Ergebnisrechnung der Fibu** | | **neutrales Ergebnis** | | **kostenrechnerische Korrekturen** | | **KLR-Rechnung Betriebsergebnis** | |
|---|---|---|---|---|---|---|---|---|---|
| Kto. Nr. | Kontenbezeichnung | Aufwendungen | Erträge | neutrale Aufwendungen | neutrale Erträge | betriebliche Aufwendungen | verrechnete Kosten | Kosten | Leistungen |
| 4000 | Steuern | | 3.000,0 | | | | | | 3.000,0 |
| 4300 | Gebühren | | 640,0 | | | | | | 640,0 |
| 4410 | Miete/Pacht | | 50,0 | | 50,0 | | | | |
| 4540 | Bußgelder | | 88,0 | | | | | | 88,0 |
| 4610 | Zinserträge | | 34,6 | | 34,6 | | | | |
| 5000 | Personalkosten | 1.920,0 | | 59,0 | | | | 1861,0 | |
| 5250 | Aufwand für Gebäude | 108,0 | | 24,0 | | | | 84,0 | |
| 5280 | sonstiger Sachaufw. | 920,0 | | 20,0 | | | | 900,0 | |
| 5510 | Zinsen | 68,0 | | | | 68 | 94 | 94,0 | |
| 5700 | Abschreibungen | 600,0 | | | | 600 | 840 | 840,0 | |
| 5900 | außerord. Aufwand | 202,0 | | 202,0 | | | | | |
| | Summen | 3.818,0 | 3.812,6 | 305,0 | 84,6 | 668 | 934 | 3779,0 | 3.728,0 |
| | Salden | | 5,4 | | 220,4 | 266 | | | 51,0 |

**Probe:** Gesamtergebnis (– 5.400) = neutrales Ergebnis (– 220.400) + Ergebnis aus kostenrechnerischen Korrekturen (+ 266.000) + Betriebsergebnis (– 51.000).

**Der Ausweis der Aufwendungen und Erträge in der Gewinn- und Verlustrechnung**

Das GuV-Konto muss nach den Vorschriften des HGB (§§ 275 und 277) in eine Gewinn- und Verlustrechnung nach der Staffelform umgewandelt werden. Dort werden die Aufwendungen und Erträge nicht so weit untergliedert, wie dies für das betriebliche Rechnungswesen erforderlich ist.

Die GuV-Gliederung nach dem HGB unterscheidet **nicht** zwischen Aufwendungen und Erträgen, die der gewöhnlichen oder außergewöhnlichen Geschäftstätigkeit zuzurechnen sind. Insofern gehören auch die neutralen Aufwendungen und Erträge zur Geschäftstätigkeit, d.h. betriebsfremde, periodenfremde sowie außerordentliche Vorgänge. In der kommunalen Ergebnisrechnung werden lediglich außerordentliche Aufwendungen und Erträge getrennt ausgewiesen.

Da sowohl die handelsrechtliche Gewinn- und Verlustrechnung als auch die staatliche und kommunale Erfolgsrechnung nicht zwischen Betriebs- und neutralem Ergebnis unterscheiden, verlieren sie sehr an Informationsgehalt. Selbst wenn für die GuV-Rechnung bzw. Erfolgsrechnung ein solchermaßen aggregierter Ausweis ausreichend ist, bleibt es für betriebsinterne Planungs- und Kontrollzwecke unerlässlich, die neutralen von den betriebsbedingten Aufwendungen und Erträgen kontenmäßig zu trennen.

---

MERKE: Die Abgrenzungsrechnung wird außerhalb der Finanzbuchhaltung tabellarisch in zwei Schritten durchgeführt:

1. In der unternehmensbezogenen Abgrenzung werden aus den gesamten Aufwendungen und Erträgen der FiBu die neutralen Aufwendungen und Erträge herausgefiltert und zum „Ergebnis aus unternehmensbezogenen Abgrenzungen" zusammengeführt.

2. In der kostenrechnerischen Korrektur werden die korrekturbedürftigen betrieblichen Aufwendungen der FiBu (z.B. bilanzmäßige Abschreibungen, Zinsaufwendungen) von der Kostenrechnung ferngehalten. Ihnen sind kalkulatorische Kosten aus der Kostenrechnung gegenüberzustellen. Aus den korrekturbedürftigen betrieblichen Aufwendungen und den verrechneten Kosten wird das „Ergebnis aus kostenrechnerischen Korrekturen" errechnet.

---

# A.3 Überblick über die Kostenrechnung

## A.3.1 Aufgaben und Grundsätze der Kostenrechnung

Die Kostenrechnung als **internes Rechnungswesen** verfolgt unterschiedliche Rechnungsziele oder Rechnungszwecke. Wesentliche Rechnungsziele sind die:

- **Abbildung und Dokumentation** des Betriebsprozesses,
- **Planung und Steuerung** des Betriebsprozesses,
- **Kontrolle der Wirtschaftlichkeit** des Betriebsprozesses,
- **Steuerung des Verhaltens** der Entscheidungsträger und Mitarbeiter.

Bei der **Planung und Steuerung** geht es um die Prognose zukünftiger Kosten und Leistungen und die Verwendung von Prognoseinformationen für betriebliche Entscheidungen, Produktions-, Beschaffungs- und Finanzierungsprogramme wie z.B. der Bestimmung einer optimalen Bestellmenge, der Wahl zwischen Eigenfertigung oder Fremdbezug (Outsourcing), der Annahme von (Zusatz-) Aufträgen, der **Kalkulation** von Preisen oder Entgelten (z.B. Ermittlung kostendeckender Gebühren und Entgelte), der Festlegung von Preisobergrenzen und Preisuntergrenzen für den Absatz oder der Kalkulation von Preisen für die innerbetriebliche Leistungsverrechnung. Die Kostenrechnung liefert ebenfalls Daten für ein funktionsfähiges Führungsinformations- und Steuerungssystem (**Controlling**) und ist damit notwendige Voraussetzung für die Verankerung von mehr Wirtschaftlichkeit in den Entscheidungsprozessen und Verwaltungsabläufen. Die Kostenrechnung gehört damit zu den unverzichtbaren Instrumenten einer Steuerung.

Unter **Wirtschaftlichkeitskontrolle** versteht man u.a. den Einsatz von Wirtschaftlichkeitsrechnungen für Investitionsvorhaben, aber auch die Gegenüberstellung einer Plangröße zu einer Vergleichsgröße sowie, falls erhebliche Abweichungen bestehen, die Vornahme von Abweichungsanalysen. Durch eine Kostenrechnung soll vor allem eine Verbesserung der Wirtschaftlichkeit erreicht werden. Hierzu gehört auch die Durchführung interner und externer Vergleiche (Benchmarking).

Bei der **Verhaltenssteuerung** geht es in erster Linie um die Frage, wie ein kostenbewusstes Handeln der Entscheidungsträger und Mitarbeiter z.B. durch Vorgabe von Zielen, Anreizen, Prämien erreicht werden kann.[12] Vielen wird durch die Kostenrechnung erstmals bewusst, was ihre Leistungen kosten. Das kann dazu motivieren, Kosten bei gleich bleibenden Leistungen zu verringern oder bei gleich bleibenden Kosten Leistungen zu steigern. Im Übrigen lassen sich mit den Informationen der

[12] In der Wissenschaft befasst sich das sog. **Behavioral Accounting** u.a. mit den Beziehungen zwischen dem menschlichen Verhalten und der Kosten- und Erlösrechnung. Eine ausführliche Darstellung enthält Schweitzer/Küpper u.a., Systeme der Kosten- und Erlösrechnung, 11. Aufl. 2016, S. 612 f.

Kostenrechnung auch ungerechtfertigte Ansprüche leichter ablehnen oder Entgeltforderungen besser begründen.

Das Ziel **Abbildung und Dokumentation** des Betriebsprozesses umfasst die Ermittlung (Erfassung) der angefallenen Kosten und die Verteilung (Zurechnung) der Kosten auf Kostenstellen und Kostenträger. Zu den Dokumentationsaufgaben gehört u.a. die Pflicht zur Rechenschaftslegung nach den **„Leitsätzen für die Preisermittlung aufgrund von Selbstkosten“** (LSP) im Rahmen der Vergabe öffentlicher Aufträge und Leistungen.

Bei der Ermittlung und Verteilung der Kosten sind bestimmte Grundsätze zu beachten, die auch als **Grundsätze ordnungsmäßiger Kostenrechnung** bezeichnet werden können. Die wichtigsten sind:

**Vollständigkeit**

Es sind alle anfallenden Kosten zu erfassen, da ansonsten die Ergebnisse der KLR unvollständig und damit verfälscht wären.

**Belegpflicht oder Nachprüfbarkeitsgrundsatz**

Der aus der Finanzbuchhaltung bekannte Grundsatz „keine Buchung ohne Beleg“ gilt auch für die KLR. Gemeint ist hier allerdings nicht die grundsätzliche Zulässigkeit von Buchungen, sondern dass die Erfassung, Darstellung und Verrechnung der Kosten und Erlöse nachvollziehbar und dokumentiert sein muss.

**Grundsatz der verursachungsgerechten Zuordnung**

Die Kosten sind den Kostenstellen, in denen sie entstanden sind und den Kostenträgern, durch deren Erstellung sie verursacht wurden, zuzuordnen (Verursachungsprinzip). Soweit wie möglich sind die Kosten direkt als Einzelkosten zu verrechnen. Vollkostenrechnung, Teilkostenrechnung und Prozesskostenrechnung sehen eine unterschiedliche verursachungsgerechte Zuordnung vor.

**Grundsatz der Stetigkeit**

Ohne zwingenden Grund sollte die Form der Ermittlung und Verteilung einzelner Kostenarten nicht verändert werden, um über mehrere Perioden hinweg die Vergleichbarkeit der Ergebnisse der KLR zu gewährleisten.

**Grundsatz der Kompatibilität**

Buchhaltung, Kostenrechnung und Planungsrechnung sollten aufeinander abgestimmt sein. So muss z.B. erkennbar sein, welche Zweckaufwendungen der Finanzbuchhaltung wo in der Kostenrechnung zu finden sind. Die Kostenrechnung muss auch in der Lage sein, dem Management Daten für ein wirksames Controlling zu liefern.

**Grundsatz der Wirtschaftlichkeit**

Die KLR soll die Informationen liefern, die für die betrieblichen Fragestellungen notwendig sind; die KLR ist kein Selbstzweck und hat sich am **Prinzip der**

**Wirtschaftlichkeit** zu orientieren. Zahlenfriedhöfe sind unwirtschaftlich. Es gilt der Grundsatz: „...so umfangreich wie erforderlich, so einfach wie möglich ...“. Allerdings sollte bei der erstmaligen Einrichtung einer Kostenrechnung darauf geachtet werden, dass eine spätere Ausweitung und Verfeinerung möglich ist.

Im **Neuen Kommunalen Rechnungswesen** gibt es den produktorientierten Haushalt. Für die Produkterstellung werden den Fachbereichen Budgets zugeordnet und mit weiteren Informationen über Ziele, Menge und Qualität der Leistungen verbunden. Man möchte damit erreichen, dass sich Entscheidungen stärker am „Output“ des Verwaltungshandelns, an den Produkten, orientieren.

Will man wissen, wie wirtschaftlich oder unwirtschaftlich einzelne Bereiche arbeiten, benötigt man ein Verfahren, das die Wirtschaftlichkeit oder Unwirtschaftlichkeit nachweisen kann. Zu beachten ist, dass die Wirtschaftlichkeit nicht durch eine Gegenüberstellung von Kosten und Erlösen beurteilt werden kann, wenn die Erlöse aus Gebühren (oder anderen öffentlich-rechtlichen Leistungsentgelten) bestehen, die aufgrund einer **Monopolstellung** erhoben werden können (z.B. Abfallbeseitigungs-, Abwassergebühr) oder die aus politischen Gründen in einer bestimmten Höhe festgelegt werden (z.B. Gebühr für Musikschule). Die Gebühren stellen hier keine echten Marktpreise dar. Ein so errechneter **Kostendeckungsgrad** ist damit keine geeignete Kennziffer für die Wirtschaftlichkeit. Der Kostendeckungsgrad kann hier nur ein Maßstab für die Einhaltung des gebührenrechtlichen Grundsatzes der Kostendeckung sein.

In der öffentlichen Verwaltung wird oft argumentiert, dass im Gegensatz zur Privatwirtschaft, die sich primär nach dem Prinzip der Gewinnmaximierung orientiert, eine andere Zielsetzung verfolgt würde, nämlich die optimale Versorgung der Bevölkerung mit öffentlichen Gütern. Deshalb sei die Verwaltung sozialen Gesichtspunkten eher verpflichtet als dem Wirtschaftlichkeitsprinzip.

Das Gegenteil ist jedoch der Fall: Gerade weil die öffentliche Verwaltung dem Gemeinwohl verpflichtet ist, muss sie ihre Wirtschaftlichkeit ständig steigern, denn nur so können die vorhandenen knappen Steuer- und Abgabenmittel maximal zugunsten der Bevölkerung verwendet werden.[13]

**MERKE:** Öffentliche Verwaltungen, die nicht nach dem Prinzip der Wirtschaftlichkeit handeln und damit ihre Mittel unnötig verschwenden, können ihren sozialen Auftrag nicht besser, sondern nur schlechter erfüllen.

Ein wesentlicher Beitrag zur Verbesserung der Wirtschaftlichkeit ist die Prüfung, ob die öffentlichen Leistungen (Produkte) wie bisher weiter benötigt werden oder ob sie ganz oder teilweise als verzichtbar erscheinen. Diese Umsetzung führt u.U. zwar zu kurzfristig unpopulären Maßnahmen (z.B. Schließen einer Bücherei, eines Schwimmbades, eines Jugendzentrums, eines Theaters), wirkt sich aber langfristig

[13] Vgl. Dreyhaupt/Placke, Kosten- und Leistungscontrolling auf der Basis von NKF, 2007, S. 38.

für alle Teile der Gesellschaft positiv aus. Führungskräfte oder Politiker, die in finanziell angeschlagenen Gebietskörperschaften solche Maßnahmen fordern, müssen in der öffentlichen und privaten Meinung (Medien) mehr Anerkennung finden. Für die weiterhin zu erbringenden Leistungen kann dann die Wirtschaftlichkeit erhöht werden, wenn

- **Kosten bei gleicher Leistung sinken oder**
- **Leistungen bei gleichen Kosten steigen.**[14]

MERKE: In Verbindung mit einer Leistungsrechnung will die Kostenrechnung eine Messung der Wirtschaftlichkeit von Betrieben, Einrichtungen, Abteilungen oder Produktbereichen ermöglichen.

$$\textbf{Wirtschaftlichkeit} = \frac{\textbf{Ergebnis}}{\textbf{Mitteleinsatz}} \text{ oder } \frac{\textbf{Leistung}}{\textbf{Kosten}} \text{ oder } \frac{\text{wertmäßiger } \textbf{Output}}{\text{wertmäßiger } \textbf{Input}}$$

Eine Maßnahme ist wirtschaftlich, wenn die Wirtschaftlichkeit[15] größer als 1 ist. Im staatlichen und kommunalen Bereich ist die Kostenrechnung gesetzlich vorgeschrieben für Zwecke der Wirtschaftlichkeitskontrolle, der Verwaltungssteuerung, für die Ermittlung und Kontrolle von Benutzungsgebühren, Beiträgen oder ähnlichen Entgelten und für die Bewertung von Eigenleistungen im Rahmen der Ermittlung der Herstellungskosten. Rechtsgrundlagen für den **staatlichen** Bereich sind z.B.:

**§ 1 Abs. 3 HGrG:** „Für die Bereiche, für die ein Produkthaushalt aufgestellt wird, ist grundsätzlich eine Kosten- und Leistungsrechnung einzuführen."

**§ 6 Abs. 2 HGrG:** „Für alle finanzwirtschaftlichen Maßnahmen sind angemessene Wirtschaftlichkeitsuntersuchungen durchzuführen."

**§ 6 Abs. 3 HGrG:** „In geeigneten Bereichen soll eine Kosten- und Leistungsrechnung eingeführt werden."

Für folgende beispielhafte **konkrete Entscheidungssituationen in Gebietskörperschaften** sind Kostenrechnungen erforderlich:

- Wie hoch sind die jeweiligen Kostendeckungsgrade bei entgeltlicher Leistungsabgabe?
- Wie hoch müssen Gebühren, Beiträge und sonstige Entgelte sein, um Kostendeckung nach betriebswirtschaftlichen Grundsätzen zu erzielen (Gebührenermittlung und Gebührenkontrolle)?
- Wie lassen sich interne Leistungsverrechnungen zwischen den Teilbereichen ermitteln?

---

14 Ebenda S. 38.

15 Der Begriff „Produktivität" setzt den **mengenmäßigen** Output ins Verhältnis zum mengenmäßigen Input.

- Wie werden die Herstellungskosten bei der Bewertung von Eigenleistungen ermittelt?
- Wie wirken sich Änderungen bei den Leistungen auf Kostenarten und Kostenstellen aus? Wo lassen sich Einzel- und Gemeinkosten, fixe und variable Kosten abbauen?
- Welche vergleichbaren Alternativen kosten wieviel? Z.B. Entscheidungen über Investitionen, Kauf, Miete oder Leasing, Beurteilung von Verwaltungsprozessen. Lassen sich letztere (z.B. durch Reorganisation, Dezentralisierung, Öffentlichkeitsarbeit) kostenmäßig optimieren?
- Sind selbst erstellte Leistungen kostengünstiger als fremd bezogene Leistungen – vorausgesetzt die Leistungen sind nach Art, Menge und Güte gleichwertig und vergleichbar? Wie kostengünstig sind Kooperationen?
- Welche Auswirkungen haben Produktveränderungen auf das Budget?
- Welche Auswirkungen können Kostenveränderungen auf das Leistungsangebot haben?
- Mit welchen Kostensteigerungen ist im Falle der Einbeziehung von Umweltkosten (so genannte Internalisierung ökologischer Kosten) zu rechnen?

Die Kenntnis der Kosten und selbst eine hohe Kostenunterdeckung muss nicht dazu führen, dass Leistungen unterbleiben. Entscheidungsträger sollten aber wissen, welche Kosten mit einzelnen Plänen, Beschlüssen, Maßnahmen usw. verbunden sind. Die mit der Kostenrechnung erzielbare Kostentransparenz erleichtert es, dringend erforderliche Haushaltskonsolidierungen zu verwirklichen.

**Beachte: Die Ausgestaltungsmöglichkeiten der KLR unterliegen im Bereich der Gebührenermittlung / Gebührenkontrolle einer sehr starken Restriktion durch Gesetze und Rechtsprechung. Dies gilt auch bei einer privatrechtlichen Ausgestaltung des Nutzungsverhältnisses. Für den Bereich der Wirtschaftlichkeitskontrolle bestehen derartige Beschränkungen nicht.**

| **Anwendungsgebiete** | **gesetzliche Grundlagen** |
|---|---|
| Gebührenermittlung und -kontrolle | § 77 Abs. 2 GO NRW (selbst zu bestimmende Entgelte), § 6 KAG NRW |
| Wirtschaftlichkeitskontrolle | § 75 Abs. 1 GO NRW<br>§ 13 Abs. 1 – 3 KomHVO NRW<br>§ 17 Abs. 1 KomHVO NRW |
| Wichtiges Controlling-Instrument (Verwaltungssteuerung) | § 17 Abs. 1 KomHVO NRW |
| Bewertung von Eigenleistungen (z.B. Herstellungskosten) | § 34 Abs. 3 KomHVO NRW |

Abbildung 7: Rechtliche Grundlagen der Kostenrechnung in NRW

### A.3.2 Kostenrechnungssysteme

In Abhängigkeit von den verfolgten Zielen lassen sich verschiedene Systeme der Kostenrechnung unterscheiden, die parallel anwendbar sind:

#### A.3.2.1 Istkosten-, Normalkosten- und Plankostenrechnung

Wird die Kostenrechnung in Form einer **Istkostenrechnung** durchgeführt, so werden nur die tatsächlich angefallenen Kosten der vergangenen Periode erfasst und verrechnet. Auch hier gibt es einige Kostenarten, für die sich keine tatsächlichen, sondern nur geschätzte Werte ermitteln lassen. Der Berechnung der kalkulatorischen Abschreibung beispielsweise liegt eine geschätzte Nutzungsdauer zugrunde. Der Hauptzweck der Istkostenrechnung ist die Nachkalkulation.

Die Istkostenrechnung hat zwei entscheidende Nachteile:

- Da die Erfassung der tatsächlich angefallenen Kosten nur anhand von Belegen erfolgen kann, ist die Istkostenrechnung schwerfällig. Ihre Ergebnisse liegen erst recht spät vor.
- Zufallsbedingte Preisschwankungen auf den Beschaffungsmärkten beeinflussen die Ergebnisse der Istkostenrechnung, von daher ist sie als Grundlage für Kalkulationen wenig geeignet.

Die **Normalkostenrechnung** beruht ebenfalls auf der Verrechnung von Istkosten. Dabei werden durchschnittliche Istkosten vergangener Perioden zugrunde gelegt, um zufällige Schwankungen der Kosten zu glätten. Die Ermittlung der Durchschnittswerte kann dadurch erfolgen, dass über einen Zeitraum von z.B. zwölf Monaten das arithmetische oder gewogene Mittel der verbrauchten Mengen und ihrer Preise verrechnet wird. Ein Vergleich von Ist- und Normalkosten lässt sich dann zur Kostenkontrolle durchführen.

Die Normalkostenrechnung beseitigt die wesentlichen Mängel der Istkostenrechnung, zufällige Preisschwankungen beeinflussen nicht mehr die Ergebnisse und es ist eine beschleunigte Abrechnung möglich. Für Vorkalkulationen werden zweckmäßigerweise Normalkosten zugrunde gelegt. Da die Normalkostenrechnung wie die Istkostenrechnung vergangenheitsbezogen ist, ist sie zur betrieblichen Planung nicht sehr gut geeignet.

Von **Plankostenrechnung** spricht man, wenn aufgrund von Vorausberechnungen unter Einschluss zukünftiger Erwartungen (z.B. erwartete Preissteigerungen, geplante Ausbringungsmenge, geplante Materialmenge) die anfallenden Kosten vorausgeplant werden. Plankosten sind Kostenvorgaben für zukünftige Perioden unter Verwendung von Planpreisen und Planmengen. Die Plankostenrechnung ist im Gegensatz zur Ist- und Normalkostenrechnung eine zukunftsorientierte Rechnung. Vorteile der Plankostenrechnung sind:

- Als zukunftsorientierte Rechnung ist sie ein zur Steuerung des Betriebsprozesses besonders geeignetes Instrument.

- Die von der Plankostenrechnung gelieferten Daten erlauben nach Ablauf der Planperiode eine Ursachenanalyse hinsichtlich der Abweichungen zwischen Ist- und Plankosten. Damit ist eine wirksame Kostenkontrolle möglich.

### A.3.2.2 Vollkosten- und Teilkostenrechnung

**Vollkostenrechnungen** zeichnen sich dadurch aus, dass sämtliche angefallenen bzw. anfallende Kosten den Kostenträgern zugerechnet werden, unabhängig davon, ob es sich um Einzel- oder Gemeinkosten oder um fixe oder variable Kosten handelt. Das System der Vollkostenrechnung kann jedoch bei bestimmten Fragestellungen (z.B. Annahme oder Ablehnung eines Zusatzauftrags, Zusammenstellung des optimalen Produktionsprogramms) zu falschen Entscheidungen führen.

**Teilkostenrechnungen** berücksichtigen grundsätzlich nur solche Kosten, die für die Lösung eines bestimmten Entscheidungsproblems relevant sind. In Teilkostenrechnungen wird zwischen fixen und variablen Kosten bzw. zwischen Einzel- oder Gemeinkosten unterschieden. Diese werden den einzelnen Kostenträgern nur teilweise zugeordnet. Ermittelt wird in der Teilkostenrechnung der sog. **Deckungsbeitrag**. Unter Deckungsbeitrag versteht man die Differenz zwischen Erlös und variablen Kosten bzw. Einzelkosten eines Produktes. Dieser Differenzbetrag dient der Deckung des Fixkostenblocks. Ein Stückgewinn kann mit der Teilkostenrechnung nicht ermittelt werden, da in der Teilkostenrechnung keine fixen Stückkosten ermittelt werden.

Kombiniert man die beiden Kostenrechnungssysteme miteinander, entstehen insgesamt sechs mögliche Grundformen der KLR:

| **Zeitbezug der Kosten** / **Umfang der Zuordnung** | **Istkosten** vergangenheits-orientiert | **Normalkosten** vergangenheits- u. durchschnitts-orientiert | **Plankosten** zukunfts-orientiert |
|---|---|---|---|
| **Vollkosten** | Ist-Vollkosten-rechnung | Normal-Vollkos-tenrechnung | Plan-Vollkosten-rechnung |
| **Teilkosten** | Ist-Teilkosten-rechnung | Normal-Teilkos-tenrechnung | Plan-Teilkosten-rechnung |

Abbildung 8: Grundformen der Kostenrechnung

Im Folgenden wird zunächst die traditionelle Istkostenrechnung auf Vollkostenbasis dargestellt. Ausführungen zur Teilkostenrechnung (einstufige und mehrstufige Deckungsbeitragsrechnung, Deckungsbeitragsrechnung mit relativen Einzelkosten) finden sich in Kap. A.8, zur Plankostenrechnung (starre und flexible Rechnung) in Kap. A.9. Zusätzlich wird in Kap. A.7 auf die Prozesskostenrechnung eingegangen, ein

Kostenrechnungssystem darstellt, bei dem Kosten (in stärkerem Maße als bei der traditionellen Kostenrechnung) über Prozessmengen verrechnet werden.

### A.3.3 Aufbau der Kostenrechnung

Die klassische Kostenrechnung gliedert sich in eine Kostenarten-, Kostenstellen- und Kostenträgerrechnung.

Eine wesentliche Aufgabe der Kostenrechnung besteht in der Ermittlung der Selbstkosten der hergestellten Produkte. Diese Selbstkosten liefern die Entscheidungsgrundlage für die Preiskalkulation. Zu diesem Zweck müssen alle Kosten möglichst verursachungsgerecht (Verursachungsprinzip) den Kostenträgern zugeordnet werden. Als Kostenträger werden die hergestellten Güter oder Dienstleistungen (Produkte) bezeichnet. Sie haben die Kosten zu tragen. Bei den Einzelkosten ist diese Zurechnung unproblematisch, sie können den Produkten direkt zugerechnet werden (z.B. Fertigungslöhne, Fertigungsmaterial). Die Gemeinkosten dagegen (z.B. das Gehalt des Geschäftsführers, Miete für Büroräume, Abschreibungen) sind den Kostenträgern nicht direkt zurechenbar. Erst eine Kostenstellenrechnung ermöglicht eine mehr oder weniger sinnvolle Verrechnung dieser Gemeinkosten auf die Kostenträger.

Zunächst müssen in der **Kostenartenrechnung** sämtliche Kosten vollständig erfasst werden. Die Erfassung der Aufwendungen erfolgt in der Finanzbuchhaltung, wobei z.B. der Verwaltungskontenrahmen hierfür die Kontenklassen 6 – 7 und der NKF-Kontenrahmen die Kontenklasse 5 vorsieht. Stellen die Aufwendungen gleichzeitig Kosten dar, können sie unmittelbar in die Kostenartenrechnung übernommen werden. Andernfalls ist eine Abgrenzungsrechnung erforderlich. Die Kostenartenrechnung stellt damit die Schnittstelle zwischen Finanz- und Betriebsbuchhaltung dar.

Bereits bei der Kostenartenrechnung ist zu entscheiden, ob die Kosten in **Einzel- und Gemeinkosten** unterteilt werden sollen. Eine solche **Trennung** muss erfolgen, wenn in der Kostenstellenrechnung die Gemeinkostenzuschlagssätze ermittelt werden sollen, die für die Durchführung der Zuschlagskalkulation im Rahmen der Kostenträgerrechnung erforderlich sind. Die Einzelkosten können dann im Anschluss an die Kostenartenrechnung den Kostenträgern direkt zugerechnet werden. Gemeinkosten dagegen müssen immer in der Kostenstellenrechnung weiterverarbeitet und aufbereitet werden. Sie werden entweder direkt (Kostenstelleneinzelkosten) oder nach bestimmten Umlageschlüsseln (Kostenstellengemeinkosten) in der Kostenstellenrechnung auf die Kostenstellen verteilt. Erfolgt die Kostenträgerrechnung nicht nach dem Verfahren der Zuschlagskalkulation (also z.B. nach der Divisions- oder Äquivalenzziffernkalkulation), ist eine Trennung der Einzel- und Gemeinkosten in der Kostenartenrechnung nicht notwendig.

---

MERKE: In der Praxis der öffentlichen Verwaltung werden zur Vereinfachung häufig auch Einzelkosten den Kostenstellen zugeordnet. Dies erfolgt, wenn auf eine detaillierte Zuschlagskalkulation in der Kostenträgerrechnung verzichtet wird. In diesen Fällen werden alle Kosten auf Kostenstellen gebucht.

---

Als Kostenstellen werden die betrieblichen Orte bezeichnet, in denen die Kosten entstehen. Dies können in einem Industriebetrieb im einfachsten Fall der Material-, der Fertigungs-, der Verwaltungs- und der Vertriebsbereich sein. Im Rahmen der **Kostenstellenrechnung** werden die Kostenarten auf die Kostenstellen verteilt und ggf. die Zuschlagssätze für eine Zurechnung der Gemeinkosten auf die Kostenträger errechnet.

Die **Kostenträgerrechnung** wird als Kostenträgerzeitrechnung und als Kostenträgerstückrechnung (Kalkulation, Selbstkostenrechnung) durchgeführt.

Die **Kostenträgerzeitrechnung** ermittelt die in einem bestimmten Zeitraum (Monat, Quartal oder Jahr) angefallenen Kosten insgesamt für bestimmte Kostenträgergruppen oder auch einzelne Kostenträger. Besonders geeignet ist die Kostenträgerzeitrechnung als kurzfristige Erfolgsrechnung, wobei die Leistungen einer Periode den hierfür verursachten Kosten im Betriebsergebnis gegenübergestellt werden.

Die **Kostenträgerstückrechnung** ermittelt die Herstell- oder Selbstkosten für ein Stück eines Produktes oder für einen Auftrag. Sie wird als Vergangenheitsrechnung (Nachkalkulation) und als Zukunftsrechnung (Vorkalkulation) durchgeführt.

Die Aufgaben der Kostenarten-, Kostenstellen- und Kostenträgerrechnung sind also:

- Erfassung, d.h. **welche** Kosten sind entstanden? (Kostenartenrechnung)
- Verteilung, d.h. **wo** sind die Kosten entstanden? (Kostenstellenrechnung) und
- Zurechnung, d.h. **wofür** sind die Kosten entstanden bzw. wie hoch sind die **Stückkosten** und wie hoch ist das **Betriebsergebnis**? (Kostenträgerrechnung)

der Kosten, die bei der betrieblichen Leistungserstellung entstehen, um

- eine Entscheidungsgrundlage für betriebliche Dispositionen zu schaffen und
- eine wirksame Kostenkontrolle zu ermöglichen.

Folgende Übersicht fasst die Bestandteile der Kostenrechnung zusammen:

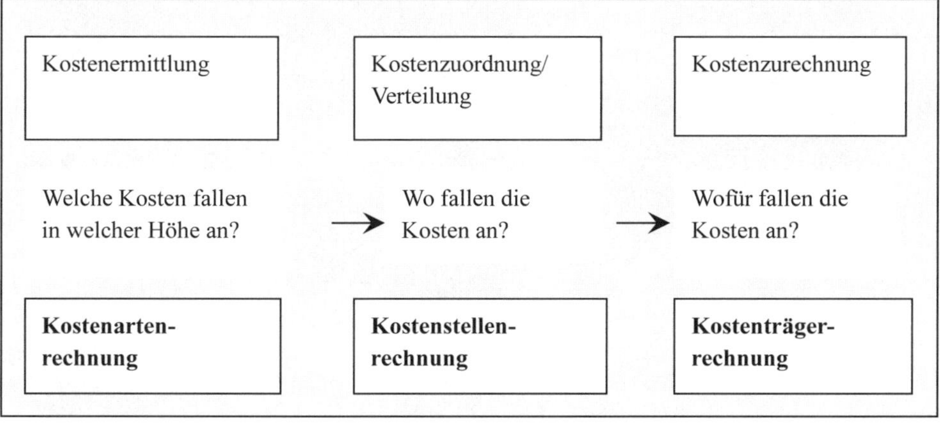

# A.4 Kostenartenrechnung

## A.4.1 Zweck der Kostenartenrechnung

Die Kostenartenrechnung ist die erste Stufe der gesamten Kostenrechnung. Ihre Daten gehen in die Kostenstellen- und in die Kostenträgerrechnung ein. Insofern ist es sehr wichtig, dass schon in der Kostenartenrechnung möglichst sorgfältig und genau vorgegangen wird. Erfassungsfehler, die hier gemacht werden, wirken sich auf die übrigen Gebiete der Kostenrechnung aus. Die Kostenartenrechnung sorgt für eine systematische und vollständige Erfassung der in einer Rechnungsperiode angefallenen Kosten und beantwortet die Frage, **welche Kosten** durch die betriebliche Leistungserstellung angefallen sind bzw. als Plankosten anfallen werden. Daneben weist die Kostenartenrechnung die zeitliche Entwicklung von Kosten und Erlösen aus. Je nach Ausgangsrechnungswesen werden die Ausgaben aus der Kameralistik bzw. die Aufwendungen aus der Finanzbuchhaltung und deren Nebenbuchhaltungen (Rechnungskreis I) übernommen und - soweit erforderlich - zeitlich, sachlich und wertmäßig abgegrenzt. Je nach Zweck der Kostenrechnung erfolgt in der Kostenartenrechnung bereits eine Aufteilung der Kostenarten nach Einzel- und Gemeinkosten bzw. nach variablen und fixen Kosten.

Die Kostenartenrechnung ermöglicht unabhängig von Kostenstellen- und Kostenträgerrechnung schon eigenständige Analysen. Es können **Kostenstrukturen** und die **Anteile** verschiedener Kostenarten an den Gesamtkosten transparent gemacht werden. So lässt sich z.B. der Anteil der Personalkosten an den Gesamtkosten feststellen; dieser Anteil zeigt die Auswirkungen von Lohnsteigerungen auf die Gesamtkosten. Auch die Auswirkungen von Preissteigerungen bei Rohstoffen können leicht abgeschätzt werden.

## A.4.2 Gliederung der Kostenarten

Die notwendigen Kostenarten werden im **Kostenartenplan** zusammengestellt, der normalerweise von jedem Betrieb nach internen Erfordernissen erstellt wird. Bei der Erstellung sollten folgende Kriterien beachtet werden:

- eindeutige Bezeichnung der Kostenarten,
- keine Überschneidung verschiedener Kostenarten,
- Vollständigkeit der Kostenerfassung,
- Nummerierung aller Kostenarten nach zweckmäßiger Systematik,
- Klassifizierung der Kosten in Einzel- und Gemeinkosten bzw. in fixe und variable Kosten, sofern notwendig und möglich.

Ein nach diesen Grundsätzen aufgebauter Kostenartenplan sichert eine eindeutige Zuordnung der Kosten zu einer bestimmten Kostenart. Die Systematik der Nummerierung muss so gestaltet werden, dass nachträgliche Änderungen des

Kostenartenplans möglich sind, ohne dass die gesamte Ordnung umgestellt werden muss. Für die Erstellung des Kostenartenplanes sollte man sich an den Aufwandsarten, die in der Buchführung verwandt werden, orientieren. Die einzelnen Aufwandsarten können jedoch nicht ohne Korrektur für die Kostenrechnung übernommen werden. Dies gilt – wie bereits dargestellt - insbesondere für die Abschreibungen und die Zinsen. Sie werden in der Kostenrechnung als sog**. kalkulatorische Kosten** erfasst, also Kostenarten, die in der Doppik zwar vorhanden sind, aber mit anderen Wertansätzen (**Anderskosten**) oder denen in der Finanzbuchhaltung keine Aufwendungen gegenüberstehen (**Zusatzkosten**).

Im Folgenden wird die Erfassung einzelner wesentlicher Kostenarten dargestellt, nämlich

- Personalkosten,
- Materialkosten,
- sonstige Sachkosten,
- interne Leistungsverrechnungen für zentrale Dienste,
- kalkulatorische Abschreibungen,
- kalkulatorische Zinsen,
- kalkulatorische Wagnisse und
- kalkulatorische Miete.

MERKE: In der Kostenartenrechnung wird der Verbrauch, der für die Erstellung und Verwertung betrieblicher Leistungen anfällt, systematisch und vollständig erfasst, bewertet und in Form von unterschiedlichen Kostenarten abgebildet. Die Fragestellung lautet: Welche Kosten sind in welcher Höhe angefallen?

### A.4.3 Personalkosten

Die Personalkosten sind in fast allen öffentlichen Verwaltungen und Unternehmen die dominierende Kostenart und müssen daher möglichst umfassend ermittelt, realitätsnah zugeordnet und produktbezogen verrechnet werden. Personalkosten sind alle Kosten, die durch den Produktionsfaktor Arbeit entstehen. Zu den Personalkosten in Gebietskörperschaften gehören die Dienstbezüge der Beamten, die Vergütungen der Angestellten, die Löhne der Arbeiter, die gesetzlichen Sozialabgaben, freiwillige Sozialleistungen und sonstige Personalnebenkosten (Beihilfen, Trennungsgeld etc.).

Spezielle Probleme gibt es bei der Erfassung von Sonder- und Einmalzahlungen (z.B. Urlaubsvergütungen, Weihnachtsgratifikationen, Zuschüsse). Sie können nicht allein dem Monat zugerechnet werden, in dem sie gezahlt werden, sondern sind auf das gesamte Jahr zu verteilen.

Oft werden identische Tätigkeiten von Beschäftigten unterschiedlicher Tarif- oder Besoldungsgruppen ausgeführt (z.B. Fahrzeugreparatur durch den Meister oder Gesellen, Operation wird vom Chefarzt oder Stationsarzt ausgeführt). Um hier nicht zu unterschiedlichen Kalkulationen und Preisen zu gelangen, werden häufig durchschnittliche Personalkosten je Besoldungsgruppe/Entgeltgruppe („Normalkosten") angesetzt.[16]

Die Personalkosten der FiBu werden grundsätzlich im Rahmen einer Zusatzkontierung auf die jeweiligen Kostenstellen gebucht. Da die personelle Besetzung der Kostenstellen die Grundlage der Zuordnung der Personalkosten ist, müssen Änderungen der Personalbesetzung entsprechend berücksichtigt werden. Wenn einzelne Mitarbeiter nur anteilig für einen Kostenbereich tätig sind, so dürfen nur die auf die betriebsbedingten Tätigkeiten entfallenden Anteile berücksichtigt werden. In gleichem Maße müssen die anteiligen Kosten der an anderen Stellen geführten, aber für den Kostenbereich tätig werdenden Mitarbeiter errechnet und den Personalkosten zugerechnet werden (z.B. kommunales Personal, das sowohl für die Straßenreinigung als auch für die Abfallentsorgung eingesetzt wird). Personalkosten, die im Rahmen der Ermittlung von Herstellungskosten (vgl. § 255 Abs. 2 HGB) aktiviert werden, sind ebenfalls auszugliedern.

Zu den Personalkosten gehören auch die **Zuführungen zu Pensionsrückstellungen** für die aktiv Beschäftigten für erwartete zukünftige Versorgungslasten (im Sinne kalkulatorischer Pensionsrückstellungen). Durch die Rückstellungen soll Vorsorge getroffen werden für später zu leistende, der Höhe aber noch ungewisse Ausgaben. Bei einer Mitgliedschaft in einem Versorgungsverband sind die laufenden Umlagezahlungen als Personalkosten zu behandeln. Die späteren Pensionszahlungen werden dann von den Kassen übernommen. **Nicht** zu den Personalkosten gehören die Versorgungsaufwendungen (Position 12 der NKF-Ergebnisrechnung), da es sich um Aufwand für Versorgungsempfänger handelt, die nicht mehr aktiv am betrieblichen Prozess beteiligt sind. Die Versorgungsaufwendungen sind somit als periodenfremder Aufwand in der Abgrenzungsrechnung auszugliedern.

Für ein erfolgreiches **Personalkostenmanagement** sollte gelten:

- Regelmäßig ist die Höhe der gezahlten Löhne und Gehälter insbesondere im Vergleich zu anderen Betrieben bzw. Gebietskörperschaften zu überprüfen.
- Die Personalstruktur ist zu überwachen; weder zu viel zu alte noch zu junge (unerfahrene) Mitarbeiter sind erstrebenswert; eine ausgewogene Altersmischung ist von Vorteil.
- Die Arbeitszeiten sollten flexibel gestaltet sein, um optimal auf Schwankungen beim Arbeitsanfall reagieren zu können.

---

[16] Solche „normalen" Personalkosten für Kommunen werden regelmäßig in den KGST-Materialien „Kosten eines Arbeitsplatzes" veröffentlicht.

- Fehlzeiten sind durch geeignete Maßnahmen zu reduzieren, um die Fehlzeitenkosten gering zu halten.[17]
- Im Rahmen der gesetzlichen Möglichkeiten sollte versucht werden, das Entlohnungssystem zu flexibilisieren, um die Motivation der Mitarbeiter zu stärken.
- Weiterentwicklungsmöglichkeiten sind den Mitarbeitern anzubieten um sicherzustellen, dass sie ihre Leistung jederzeit effizient erbringen können. Hierdurch lassen sich auch die Kosten für externe Berater verringern.
- In den Stabsabteilungen in größeren Unternehmen oder Verwaltungen befindet sich oft zu viel Personal. Hier werden vielfach gut bezahlte Mitarbeiter „geparkt" (manchmal bis zum Eintritt der Altersgrenze), für die es keine adäquate Verwendung gibt. Es ist darauf zu achten, dass solche Abteilungen von vornherein nicht überdimensioniert sind. Aufwendig erstellte Berichte, Anweisungen oder Präsentationen sind ebenfalls kritisch zu hinterfragen, da sie viel Personaleinsatz binden.

Die folgende Übersicht fasst die Bestandteile der Personalkosten zusammen:[18]

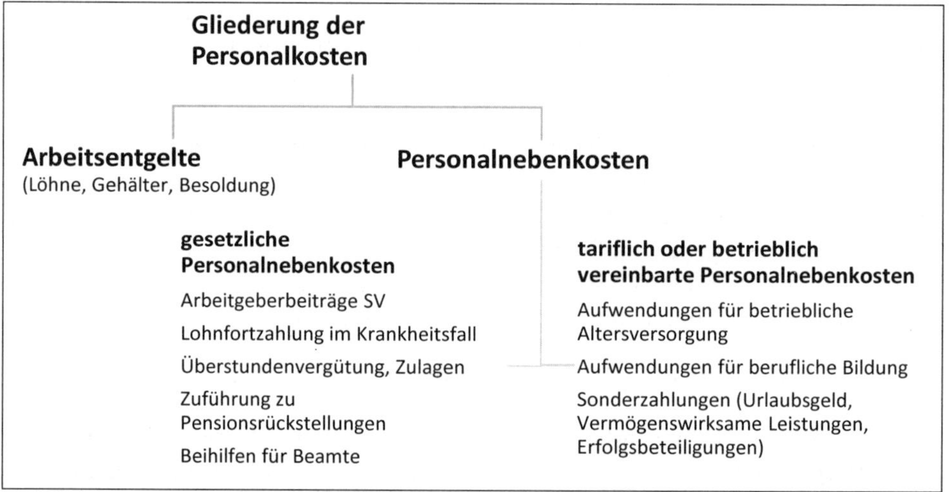


### A.4.4 Materialkosten

Hierzu gehören die Kosten, die durch den Einsatz von Materialien entstehen, die im Betriebsprozess verbraucht werden. Im Einzelnen handelt es sich um Roh-, Hilfs- und Betriebsstoffe. Die Kosten für den Einsatz weichen von den Ausgaben für die

[17] Zu Vorschlägen für ein Fehlzeitenmanagement vgl. Georg, S., CUT! Rezepte für ein wirkungsvolles Kostenmanagement, 2016, S. 10.

[18] In Anlehnung an: Endriss (Hrsg.), Bilanzbuchhalter-Handbuch, 10. Aufl.2015, S. 1293.

Beschaffung des Materials dann ab, wenn die beschafften Materialien nicht unmittelbar nach der Lieferung verbraucht, sondern gelagert werden. Materialkosten können Einzel- oder Gemeinkosten darstellen.

Die Materialverbrauchsmengen können entweder nach der Inventur- oder der Fortschreibungsmethode ermittelt werden. Bei der **Inventurmethode** (Befundrechnung) wird am Periodenende der Schlussbestand ermittelt. Zieht man vom Anfangsbestand (AB) zuzüglich der Zugänge den Schlussbestand (SB) ab, erhält man den tatsächlichen Verbrauch:

**Verbrauch = Anfangsbestand + Zugänge – Schlussbestand**

Die **Fortschreibungs- bzw. Skontrationsmethode** (Entnahmescheinrechnung) setzt eine Lagerbuchführung voraus. Die verbrauchten Materialmengen werden direkt mit Hilfe von Materialentnahmescheinen erfasst, die bei jedem Lagerabgang unter Angabe der empfangenden Kostenstellen bzw. des Auftrags (Kostenträger) ausgestellt werden. Die Vor- und Nachteile der Methoden sind in den nachfolgenden Abbildungen dargestellt:[19]

| **Inventurmethode** |
|---|
| **Vorteile**<br>• einfaches Verfahren im Laufe des Abrechnungszeitraumes, da keine Erstellung und Auswertung von Materialscheinen notwendig ist. |
| **Nachteile**<br>• keine kostenstellenmäßige Erfassung des Verbrauchs,<br>• für jede Verbrauchsermittlung ist eine arbeitsaufwändige Inventur erforderlich,<br>• Verbrauchsermittlung ist zeitlich immer an eine Inventur gebunden,<br>• Bestandsminderungen auf Grund unkontrollierbarer Lagerabgänge wie Diebstahl, Unterschlagung und sonstiger Schwund sind nicht feststellbar und werden als Verbrauch ausgewiesen,<br>• Soll-Ist-Abweichungsanalyse ist nicht möglich. |

Abbildung 9: Inventurmethode

[19] In Anlehnung an: Klümper/Möllers/Zimmermann, Kommunale Kosten- und Wirtschaftlichkeitsrechnung, 19. Aufl. 2017, S. 170.

| **Fortschreibungs- bzw. Skontrationsmethode** |
|---|
| **Vorteile**<br>• kostenstellenmäßige Erfassung des Verbrauchs über Entnahmescheine möglich,<br>• Verbrauchsermittlung ohne Inventur durch Auswertung der Entnahmescheine jederzeit möglich,<br>• Kontrollmöglichkeit über das Verbrauchsverhalten der einzelnen Kostenstellen,<br>• Feststellung des unkontrollierten Lagerabganges (Schwund, Diebstahl) durch Vergleich von Soll- und Istbestand. |
| **Nachteile**<br>• aufwändige belegmäßige Organisation, da eine permanente Auswertung der Entnahmescheine jederzeit notwendig ist,<br>• Inventur ist von Zeit zu Zeit auf jeden Fall notwendig, um Informationen über den Istbestand zu erhalten. Über die Entnahmescheine lässt sich nur der Sollbestand des Lagers ermitteln. |

Abbildung 10: Fortschreibungsmethode

Für die Kostenrechnung ist nicht der mengenmäßige Verbrauch relevant. Unabhängig von Inventur- oder Fortschreibungsmethode benötigt der Kostenrechner den **wertmäßigen** Verbrauch. Die Kostenrechnung bedient sich hierbei den verschiedenen Methoden der Finanzbuchhaltung wie Einzelbewertung, Festbewertung, Gruppenbewertung und Verbrauchsfolgeverfahren. Eine einfache und im Regelfall ausreichende Möglichkeit ist die **Durchschnittsbewertung**, die zu den Gruppenbewertungsverfahren gehört. Es wird ein Durchschnittspreis errechnet und zur Bewertung des Verbrauchs herangezogen. Ausgangspunkt hierfür ist der Wert des Anfangsbestandes und der Zugänge.

**Beispiel:**

| | | | | | |
|---|---|---|---|---|---|
| Anfangsbestand | 2.000 Stück | · | 10,00 € | = | 20.000 € |
| Zugang am 19.03.01 | 1.000 Stück | · | 16,00 € | = | 16.000 € |
| Zugang am 26.09.01 | 1.000 Stück | · | 20,00 € | = | 20.000 € |
| | | | | | 56.000 € |

Die Inventur am 31.12.01 ergibt einen mengenmäßigen Bestand von 1600 Stück. Dem Betrag von 56.000 € entsprechen 4.000 Stück im Jahr 01. Der Durchschnittspreis ergibt sich somit in Höhe von 14,00 €. Wenn 2.400 Stück verbraucht wurden, ist in der Kostenartenrechnung ein Betrag von 33.600 € (2.400 · 14,00 €) anzusetzen.

Die Ermittlung eines Durchschnittspreises ist bei schwankenden Einkaufspreisen erforderlich. Für Gebietskörperschaften ist im Regelfall die Durchschnittsbewertung ausreichend. Andere Verfahren sind z.B. last in, first out (lifo) oder first in, first out (fifo).[20] Daneben ist wie in der Finanzbuchhaltung eine **Festwertbewertung** möglich, wenn die Vermögensgegenstände regelmäßig ersetzt werden, ihr Gesamtwert von nachrangiger Bedeutung ist und nur geringen Wert- und Mengenschwankungen unterliegt (vgl. § 240 Abs. 3 HGB). Insbesondere in der Plankostenrechnung wird häufig mit festen Verrechnungspreisen gerechnet, die auch zukünftige Preiserwartungen berücksichtigen.

Will man Materialkosten im Rahmen des **Kostenmanagements** optimieren, muss man sowohl die Materialeinzelkosten als auch die Materialgemeinkosten im Auge behalten. Die Materialeinzelkosten hängen von den Beschaffungspreisen und den Beschaffungskonditionen ab. Hierzu sind eventuell neue Märkte und neue Lieferanten zu suchen. Materialgemeinkosten entstehen durch den Beschaffungsprozess und die Anlieferung und Lagerung von Material. Hier sind die jeweiligen Prozesse zu analysieren um die Gemeinkosten zu reduzieren (vgl. Kap. A.7 zur Prozesskostenrechnung). Zu einem Materialkostenmanagement gehört auch die Ermittlung der optimalen Bestellmenge, um Lagerkosten (z.B. Raum-, Versicherungs- und Zinskosten bedingt durch das im gelagerten Material gebundene Kapital) zu minimieren.[21]

### A.4.5 Sonstige Sachkosten

Ausgangspunkt für die sonstigen Sachkosten sind nach den Kontenrahmen für Gebietskörperschaften die Aufwendungen für Sach- und Dienstleistungen (Aufwendungen für bezogene Leistungen) sowie die sonstigen ordentlichen (betrieblichen) Aufwendungen, soweit sie auch Kosten darstellen. Zu den sonstigen Sachkosten zählen z.B. Büromaterial, Fachzeitschriften, Kommunikationskosten (Porto, Telefon, Internet), Reise- und Werbekosten, Versicherungen, Rechts- und Beratungskosten, öffentliche Bekanntmachungen und Gebäudebewirtschaftungskosten (Strom, Heizung, Wasser, Müllabfuhr etc.). **Reparatur- und Instandhaltungskosten** sind als laufender Erhaltungsaufwand den Betriebskosten der laufenden Rechnungsperiode hinzuzurechnen. Anders verhält es sich, wenn die Reparaturen nicht nur werterhaltend, sondern auch werterhöhend wirken. Dies kann u.a. der Fall sein, wenn anlässlich einer Reparatur zusätzliche Ausstattungen erfolgen oder eine verbesserte Technik verwendet wird. Diese Wertverbesserung ist als sog. Herstellungsaufwand dann zu aktivieren, d.h. den Investitionsausgaben hinzuzurechnen und mit abzuschreiben.[22]

Da **Energiekosten** i.d.R. einen hohen Anteil an den sonstigen Sachkosten haben, sollte man im Rahmen des **Kostenmanagements** auf die Höhe und Entstehung achten. Um Energiekosten zu senken, kommen zahlreiche und unterschiedliche

---

[20] Vgl. Coenenberg/Fischer/Günther, Kostenrechnung und Kostenanalyse, 9. Aufl. 2016, S. 108.

[21] Zur Ermittlung der optimalen Bestellmenge vgl. Wöhe, G., Einführung in die Allgemeine Betriebswirtschaftslehre, 26. Aufl. 2016, S. 328.

[22] Zur Abgrenzung von Erhaltungsaufwand und Herstellungsaufwand vgl. Erlass des Bundesministeriums der Finanzen vom 18.07.2003, (BStBl I S.386), R21.1 EStR.

energietechnische Maßnahmen zur Optimierung des Energieverbrauchs infrage. Hierzu zählen nicht nur die Bestellung eines Energiebeauftragten, sondern auch Mitarbeiterschulungen zum sparsamen und bewussten Umgang mit Energie. Das häufig fehlende energietechnische Wissen kann auch extern eingekauft werden, da es oft schwierig ist, im Energiewesen stets auf dem aktuellen Stand zu bleiben.

Bei den **Raumkosten** ist zu prüfen, ob sie sich durch eine bessere Raumausnutzung reduzieren lassen. Gerade in öffentlichen Verwaltungen können z.B. Sitzungen in anderen Gebäuden (in Schulen etc.) stattfinden, die nachmittags und in den Schulferien nicht genutzt werden.

Bei **Versicherungsverträgen** sollte geprüft werden, ob eine Selbstbeteiligung möglich und wirtschaftlich ist. Ebenso ist die Beauftragung von **externen Dienstleistungen** durch Berater, Gutachter, Wirtschaftsprüfer etc. kritisch zu hinterfragen.

### A.4.6 Interne Leistungsverrechnungen für zentrale Dienste

Erfolgt die Kostenrechnung nicht für die gesamte Gebietskörperschaft, sondern wie üblich nur für bestimmte Teilbereiche, so sind zusätzlich die Kosten der anderen Bereiche, die direkt oder indirekt für kostenrechnende Teilbereiche tätig sind, zu berücksichtigen. Dies sind die zentralen Dienste oder **Servicebereiche** wie z.B. in einer Kommune die Fachbereiche Finanzen, Personal, Recht, Organisation oder Rechnungsprüfung sowie Leistungen anderer **zentraler Einrichtungen** wie Hausdruckerei, Datenverarbeitung, Bauhof, Grünflächenunterhaltung, Gärtnerei, Fahrbereitschaft oder Leistungen von Personalstabsstellen. Umstritten ist, ob für die Gebührenkalkulation die Kosten für das Behördenoberhaupt (z.B. Landrat) oder die Gemeindevertretung berücksichtigt werden dürfen.[23]

Die zentralen Dienste oder Servicestellen übernehmen z.B. folgende Tätigkeiten: sie versenden Gebührenbescheide, überwachen die Zahlungseingänge, prüfen die Jahresrechnung, beschaffen Material oder sind zuständig für Personalbetreuung und Personalbewirtschaftung. Die zu verrechnenden Kosten müssen über einen sinnvollen Verrechnungsschlüssel ermittelt werden und dem leistungsempfangenden Bereich belastet werden. Diese Belastung dient letztlich auch der **Stärkung des Kostenbewusstseins** der dort tätigen Mitarbeiter, da sie dann nicht mehr davon ausgehen können, die nachgefragten Leistungen unentgeltlich zu erhalten. Ist für die empfangenen Leistungen ein Entgelt zu entrichten, wird man diese evtl. nur noch begrenzt in Anspruch nehmen und somit gezielt sowie sparsam einsetzen. Die Höhe der internen Leistungsverrechnungen wird in zwei Schritten ermittelt:

[23] Hierzu gibt es in den Bundesländern unterschiedliche Rechtsprechung. Ein Überblick ist zu finden bei: Vetter, Andrea, in: Christ/Oebbecke: Handbuch Kommunalabgabenrecht, 2016, Rn. 310.

(1) Die Gesamtkosten der zentralen Teilbereiche, die Querschnittsaufgaben für die Gebietskörperschaft wahrnehmen, sind zu errechnen.

(2) Der Anteil an den Gesamtkosten, den die leistungsempfangenden Stellen zu tragen haben, ist zu ermitteln.

Erfolgt in den zentralen Teilbereichen noch keine Kostenerfassung, muss eine Näherungslösung zur Bestimmung der Kosten gesucht werden. Möglich ist dies u.a. durch die Ermittlung von sog. durchschnittlichen Bruttopersonalkosten jedes Arbeitsplatzes zusätzlich eines Pauschbetrages für Sachkosten. Dieser Pauschbetrag umfasst alle Sachkosten wie die Kosten des allgemeinen Bürobedarfs, Reisekosten, Fortbildungskosten sowie kalkulatorische Abschreibungen und Zinsen für die Büroausstattung etc. Die Kommunale Gemeinschaftsstelle für Verwaltungsvereinfachung (KGSt) veröffentlicht in regelmäßigen Zeitabständen Daten zur Höhe der durchschnittlichen Gesamtkosten eines Arbeitsplatzes.

Der Erfassungs- und Buchungsaufwand ist ein Hauptproblem im Rahmen der internen Leistungsverrechnung. Das darf jedoch nicht dazu führen, dass auf die Erfassung dieser Kostenart verzichtet wird - allenfalls ist zu überlegen, wie genau die Kostenerfassung sein muss.

### A.4.7 Kalkulatorische Abschreibungen

Bei den Abschreibungen handelt es sich um die Wertminderungen langlebiger Anlagegüter. Die Wertminderungen werden als Aufwand oder als Kosten in den einzelnen Rechnungsperioden erfasst und während der Nutzungsdauer der Anlagegüter auf die Rechnungsperioden verteilt.

Abschreibungen sind eine wichtige Kategorie des Rechnungswesens. Sie beinhalten alle Wertminderungen von Bestandteilen des Vermögens, die durch Benutzung, Zeitablauf, Schadensfälle oder durch Vorgänge auf externen Märkten entstehen. Kalkulatorische Abschreibungen werden in der Kostenrechnung für Wertminderungen von **betriebsnotwendigen und abnutzbaren Bestandteilen des Anlagevermögens** berechnet, die ausschließlich ihre Ursache in der normalen betrieblichen Nutzung haben.

Im Rahmen der Kostenrechnung haben die kalkulatorischen Abschreibungen im Wesentlichen zwei Funktionen:

**1. Verteilungsfunktion**
= verursachungsgerechte Verteilung des Wertverzehrs auf die einzelnen Abrechnungsperioden

**2. Finanzierungsfunktion**
= Sicherstellung, dass am Ende der Nutzungszeit ein neues gleichwertiges Anlagegut beschafft werden kann

Abschreibungen stellen nur Aufwendungen und Kosten, jedoch keine Auszahlungen dar. Dadurch, dass die Abschreibungen als Kosten in die Preise einkalkuliert werden und sich damit im Preis niederschlagen, werden über den Verkauf der Produkte Zahlungsüberschüsse in Höhe der Abschreibungen erzielt. Da die Abschreibungen den Gewinn reduzieren, können in Unternehmen diese Zahlungsüberschüsse nicht an die Eigenkapitalgeber ausgeschüttet werden. Sie können deshalb – vereinfacht ausgedrückt – angespart werden, um am Ende der Nutzungszeit ein neues Anlagegut aus den „Ersparnissen" anzuschaffen. Man spricht hier von **Innen-Eigenfinanzierung** (ausführlicher vgl. Kap. B. 2.3).

Abgeschrieben werden Vermögensgegenstände, die über einen längeren Zeitraum als ein Jahr im Betriebsprozess eingesetzt werden können. Da nicht alle Vermögensgegenstände einer Wertminderung (einem Wertverzehr) unterliegen, also abnutzbar sind, werden nicht abnutzbare Vermögensgegenstände (z.B. Grundstücke) nicht planmäßig abgeschrieben.

Geringwertige Wirtschaftsgüter sollten aus Vereinfachungsgründen grundsätzlich nicht erfasst und abgeschrieben werden. Die Anschaffungskosten können im Jahr der Anschaffung in voller Höhe als Kosten ausgewiesen werden. Dies entspricht auch den Regelungen für die Buchführung, wonach solche Gegenstände im Jahr des Zugangs unmittelbar als Aufwand gebucht werden dürfen.

### A.4.7.1 Abschreibungsursachen

Abschreibungen drücken grundsätzlich den Wertverzehr bei den einzelnen Vermögensgegenständen aus. Dieser Wertverzehr wird durch unterschiedliche Ursachen bestimmt, z.B. durch

- **gebrauchsbedingte Ursachen wie**
  - leistungsbedingter Verschleiß,
  - natürlicher Verschleiß infolge schädlicher Umwelteinflüsse (z.B. Verrosten, Zersetzen),
  - zufallsbedingter Verlust, Katastrophenverschleiß (z.B. Brand oder Explosion),
- **technische und/oder wirtschaftliche Ursachen wie**
  - Wertminderung aufgrund des technischen Fortschritts,
  - Veränderungen in der betrieblichen Planung durch Gegenstände des Anlagevermögens, die vor Ablauf der ursprünglich geschätzten und technisch möglichen Nutzungsdauer nicht mehr benötigt werden.
- **zeitliche Ursachen wie**
  - Fristablauf erworbener Nutzungsrechte (z.B. Urheberrechte, Lizenzen, Konzessionen).

Aufgrund der unterschiedlichen Ursachen für den anstehenden Wertverlust wird zwischen **planmäßigen Abschreibungen** (aus der Nutzung unmittelbar vorhersehbare Wertminderungen bei abnutzbaren Anlagevermögen) und **außerplanmäßigen Abschreibungen** (auf Grund von nicht vorhersehbaren, d.h. nicht planbaren Wertminderungen im Anlage- und Umlaufvermögen) unterschieden.

Außerdem ist zu unterscheiden zwischen den **bilanziellen Abschreibungen**, die als Aufwand in der GuV- bzw. Ergebnisrechnung angesetzt werden, und den **kalkulatorischen Abschreibungen**, die als betriebswirtschaftliche Kosten in die Kostenrechnung einfließen. Während bei den bilanziellen Abschreibungen sowohl die planmäßigen als auch die außerplanmäßigen Wertminderungen berücksichtigt werden, kommt bei der Ermittlung der kalkulatorischen Abschreibungen aufgrund des betriebswirtschaftlichen Kostenbegriffs **nur der planmäßige Wertverzehr** zum Ansatz. Außerplanmäßige Abschreibungen werden in der Kostenrechnung als kalkulatorische Wagniskosten (vgl. Kap. A.4.9) erfasst.

Aus Gründen der Substanzerhaltung wird in der Regel als Bemessungsgrundlage für die kalkulatorischen Abschreibungen von den Wiederbeschaffungswerten ausgegangen. In der Buchführung und im Steuerrecht sind dagegen nur die Anschaffungs- oder Herstellungswerte als Bemessungsgrundlage zulässig. Der Finanzbuchhalter bemisst die Abschreibungen nach **bilanzpolitischen** Gesichtspunkten, während der Kostenrechner den **tatsächlichen Wertverzehr** zu ermitteln versucht.

---

MERKE: Kalkulatorische Abschreibungen stellen den Wertverzehr bzw. die Wertminderung der Gegenstände des Anlagevermögens dar. Der Wertverzehr kann gebrauchsbedingte, technische und/oder wirtschaftliche sowie zeitliche Ursachen haben. Als kalkulatorische Abschreibungen werden nur planmäßige Abschreibungen erfasst. Außerplanmäßige Abschreibungen werden als kalkulatorische Wagniskosten erfasst.

---

### A.4.7.2 Determinanten der kalkulatorischen Abschreibung

Die Berechnung der kalkulatorischen Abschreibungen hängt von folgenden Faktoren ab:

- die zu erwartende betriebsgewöhnliche **Nutzungsdauer,**
- die anzuwendende **Abschreibungsmethode** (z.B. lineare oder degressive Abschreibung),
- dem **Ausgangswert** (Anschaffungs- bzw. Herstellungswert, Tageswert oder Wiederbeschaffungswert).

Abschreibungsmethode und Ausgangswert werden in den folgenden Kapiteln dargestellt. Die zu erwartende betriebsgewöhnliche Nutzungsdauer ist nach sinnvollen wirtschaftlichen bzw. ökonomischen Gesichtspunkten zu bestimmen und nicht nach technisch oder gesetzlich möglichen Nutzungsdauern. Abschreibungstabellen (AFA-

Tabelle[24], NKF-Abschreibungstabelle) können Anhaltspunkte liefern. Im Folgenden sind einige Beispiele für verschiedene Vermögensgegenstände entsprechend der NKF–Abschreibungstabelle aufgeführt:

| **Verzeichnis der Nutzungsdauer** | | |
|---|---|---|
| | **Vermögensgegenstand** | **Nutzungsdauer** |
| Gebäude und bauliche Anlagen | Verwaltungsgebäude | 40 – 80 Jahre |
| | Abwasserkanäle | 50 – 80 |
| | Straßen, Wege, Plätze | 25 – 50 |
| Technische Anlagen | Solaranlagen | 10 – 15 |
| | Baucontainer | 10 – 20 |
| | Überwachungsanlagen | 5 – 15 |
| Maschinen und Geräte | Atemschutzgeräte | 8 – 12 |
| Fahrzeuge | Anhänger | 10 – 15 |
| | Feuerwehrfahrzeug | 15 – 20 |
| | Kleintransporter | 6 – 10 |
| | Lastkraftwagen | 8 – 12 |
| | Krankentransportwagen | 6 – 8 |
| | Personenkraftwagen | 6 – 10 |
| | Omnibus | 6 – 10 |
| Büro- und Geschäftsausstattung | Büromöbel | 10 – 20 |
| | Computer und Zubehör | 3 – 5 |

Abbildung 11: Verzeichnis der Nutzungsdauer

Die Abschreibung beginnt grundsätzlich mit dem Zeitpunkt der Inbetriebnahme eines Vermögensgegenstandes. Wird beispielsweise ein Vermögensgegenstand im Mai in Betrieb genommen, so ist in diesem Jahr ein Betrag in Höhe von 8/12 der Gesamtjahresabschreibung als Abschreibung anzusetzen. Die Abschreibung endet mit dem Ende der Nutzungsdauer des Anlagegutes. Stellt sich im Laufe der Zeit heraus, dass die Nutzungsdauer ursprünglich falsch prognostiziert wurde, so sollte der Abschreibungsbetrag unter der Annahme, dass von Beginn an die richtige Nutzungsdauer bekannt war, für die Restzeit neu ermittelt werden (vgl. hierzu Kap. 4.7.7).

### A.4.7.3 Abschreibungsmethode

Bei der Abschreibungsmethode geht es um die Art und Weise der Aufteilung der Abschreibungssumme auf den Abschreibungszeitraum. Man unterscheidet zunächst zwischen zeitorientierter Abschreibung, nutzungsorientierter Abschreibung und ggf. kombinierter Zeit- und Nutzungsabschreibung. Bei der **zeitorientierten Abschreibung** werden die Abschreibungen als fixe Kosten verrechnet. Sie ist in der Praxis

[24] Allgemeine und spezielle AfA-Tabellen stehen auf der Internetseite des Bundesfinanzministeriums als Download zur Verfügung.

am weitesten verbreitet. Ihr Anwendungsbereich liegt dort, wo der Wertverzehr ausschließlich oder primär eine Funktion des Zeitablaufs ist und der gebrauchsbedingte Verschleiß von geringerer Bedeutung ist. Weiterhin ist der Rechenaufwand hier geringer. Die **nutzungsorientierte Abschreibung** (Leistungsabschreibung) verrechnet die Abschreibungen als variable Kosten. Der Abschreibungsbetrag einer Periode wird dadurch ermittelt, dass man zunächst die Abschreibungssumme durch die Gesamtzahl der während der Nutzungsdauer hergestellten Leistungseinheiten dividiert. Im Anschluss multipliziert man diesen Abschreibungsbetrag pro Leistungseinheit mit der Anzahl der in dem betreffenden Zeitraum hergestellten Leistungseinheiten. Statt hergestellter Leistungseinheiten können auch Maschinenstunden oder gefahrene Kilometer bei einem Fahrzeug in Frage kommen. Die zeitorientierte Abschreibung, die am weitesten verbreitet ist, wird unterschieden in:

- lineare (gleichmäßige) Abschreibung,
- degressive Abschreibung,
- progressive Abschreibung.

Der progressiven Abschreibung mit von Periode zu Periode zunehmenden Abschreibungsquoten kommt nur theoretische Bedeutung zu. Sie wird hier vernachlässigt.

**Beispiel: Kauf eines Spezialfahrzeuges für 100.000 €, Nutzungsdauer 10 Jahre**[25]

**Abschreibungsverlauf bei linearer Abschreibung**

| Nutzungsjahr | Abschreibungssatz | jährlicher Abschreibungsbetrag | Abschreibung insgesamt | Restbuchwert |
|---|---|---|---|---|
| 1 | 10 % | 10.000 € | 10.000 € | 90.000 € |
| 2 | 10 % | 10.000 € | 20.000 € | 80.000 € |
| 3 | 10 % | 10.000 € | 30.000 € | 70.000 € |
| 4 | 10 % | 10.000 € | 40.000 € | 60.000 € |
| 5. | 10 % | 10.000 € | 50.000 € | 50.000 € |
| 6 | 10 % | 10.000 € | 60.000 € | 40.000 € |
| 7 | 10 % | 10.000 € | 70.000 € | 30.000 € |
| 8 | 10 % | 10.000 € | 80.000 € | 20.000 € |
| 9 | 10 % | 10.000 € | 90.000 € | 10.000 € |
| 10 | 10 % | 10.000 € | 100.000 € | 0 € |

Abbildung 12: Abschreibungsverlauf bei linearer Abschreibung

[25] Beispiel in Anlehnung an: Klümper/Möllers/Zimmermann, Kommunale Kosten- und Wirtschaftlichkeitsrechnung, 19. Aufl. 2017, S. 175.

Am Ende des 10. Nutzungsjahres ist kein Restbuchwert mehr vorhanden, die aufgelaufenen Abschreibungsbeträge entsprechen der Abschreibungssumme.

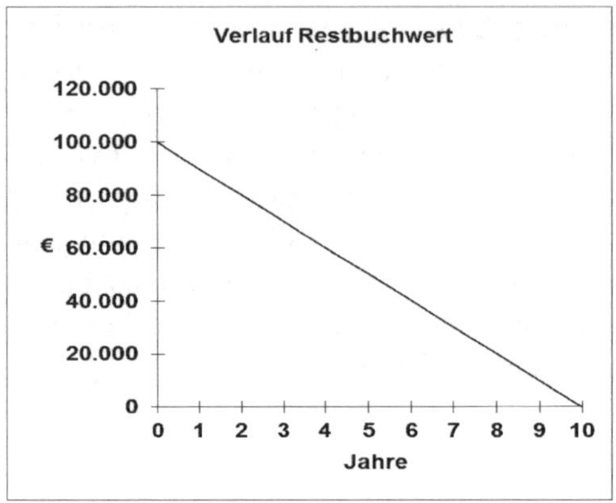


Abbildung 13: Verlauf Restbuchwert lineare Abschreibung

## Abschreibungsverlauf bei degressiver Abschreibung

| Nutzungsjahr | Abschreibungssatz | jährlicher Abschreibungsbetrag | Abschreibung insgesamt | Restbuchwert |
|---|---|---|---|---|
| 1 | 20 % | 20.000 € | 20.000 € | 80.000 € |
| 2 | 20 % | 16.000 € | 36.000 € | 64.000 € |
| 3 | 20 % | 12.800 € | 48.800 € | 51.200 € |
| 4 | 20 % | 10.240 € | 59.040 € | 40.960 € |
| 5 | 20 % | 8.192 € | 67.232 € | 32.768 € |
| 6 | 20 % | 6.554 € | 73.786 € | 26.214 € |
| 7 | 20 % | 5.243 € | 79.028 € | 20.972 € |
| 8 | 20 % | 4.194 € | 83.223 € | 16.777 € |
| 9 | 20 % | 3.355 € | 86.578 € | 13.422 € |
| 10 | 20 % | 2.684 € | 89.263 € | 10.737 € |

Abbildung 14: Abschreibungsverlauf bei degressiver Abschreibung

Im Gegensatz zur linearen Abschreibung sinken bei der degressiven Abschreibung die jährlichen Abschreibungsbeträge. Am Ende der Nutzungsdauer verbleibt ein Restwert. Auch wenn bei vielen Anlagegütern die degressive Abschreibung den tatsächlichen Wertverlust besser widerspiegelt (z.B. bei Neufahrzeugen), wird in der Praxis häufiger die lineare Abschreibung angewandt.[26]

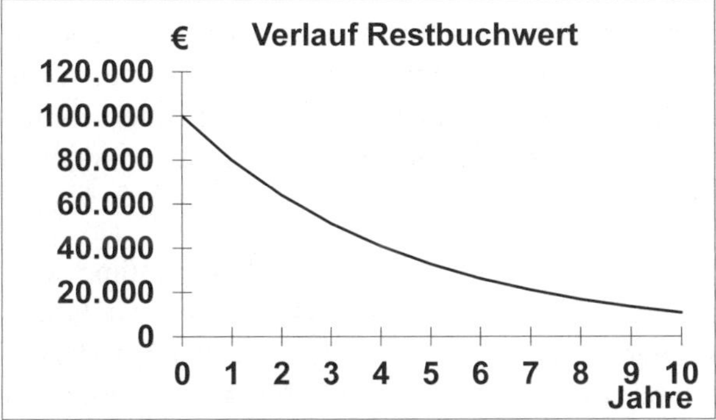


Abbildung 15: Verlauf Restbuchwert degressive Abschreibung

**Für die Gebührenkalkulation schreiben einige Kommunalabgabengesetze der Bundesländer zwingend vor, dass die Abschreibungen „nach der mutmaßlichen Nutzungsdauer oder Leistungsmenge gleichmäßig zu bemessen" sind (vgl. z.B. § 6 Abs. 2 Satz 4 KAG NRW). Für die Buchführung sowie für die Kostenrechnung der Gebietskörperschaften sollte generell die lineare Abschreibung gewählt werden.**

### A.4.7.4 Anschaffungs- oder Wiederbeschaffungswerte als Abschreibungsbasis?

In der kaufmännischen Buchführung bilden die Anschaffungs- bzw. Herstellungswerte die Basis zur Berechnung der jährlichen Abschreibungen. Sind die so ermittelten bilanziellen Abschreibungen durch Erlöse gedeckt, ist die **nominelle Kapitalerhaltung**, d.h. die Wiedergewinnung des ursprünglichen Anschaffungs- bzw. Herstellungswertes sichergestellt. Bei der Abschreibung vom Anschaffungswert ergibt sich jedoch folgendes Problem: In Zeiten steigender Preise reichen die „verdienten" Abschreibungen nicht aus, um nach Ablauf der Nutzungszeit ein neues gleichwertiges Anlagegut zu kaufen.

Für das obige Fahrzeug mit dem Anschaffungswert von 100.000 € und einer Nutzungsdauer von 10 Jahren müssen bei einer unterstellten konstanten 4 %-igen Preissteigerung nach Ende der Nutzungsdauer 148.024 € für die Wiederbeschaffung bezahlt werden (siehe Beispiel unten). Über die in den Erlösen zurückgeflossenen Abschreibungen wurden aber nur 100.000 € erwirtschaftet. Es entsteht damit eine Finanzierungslücke von 48.024 €. Die Wiederbeschaffungskosten liegen bei jährlich

[26] Obwohl handelsrechtlich zulässig, ist die degressive Abschreibung im Steuerrecht z.Zt. nach § 7 EStG unzulässig.

4 % Preissteigerungsrate und 10 Jahren Nutzungsdauer bereits um 48 % über den Anschaffungskosten ($1{,}04^{10} = 1{,}4802$). Anders ausgedrückt: **Die Abschreibung vom Anschaffungswert sichert keine Substanzerhaltung.**

Die Lösung wäre, gleich von Anfang an den geschätzten Wiederbeschaffungswert nach Ablauf der gesamten Nutzungsdauer als Abschreibungssumme zu benutzen. Dies ist zumindest für die Gebührenkalkulation verboten[27] und auch in Unternehmen nicht üblich, da dann sehr weit in die Zukunft geschätzt werden müsste, was mit großen Unsicherheiten behaftet ist.

Weitaus unproblematischer ist es, nur ein Jahr zu schätzen. Am Jahresanfang wird geschätzt, wie hoch die Preissteigerungsrate für das Jahr ist (z.B. Trendextrapolation, Sachverständigengutachten). Dann wird aufgrund dieser Schätzung der **Wiederbeschaffungszeitwert** eines Gegenstandes ermittelt. Erfolgt die Kostenrechnung erst am Ende des Jahres als Kontrollrechnung für den abgelaufenen Zeitraum, so ist die Preissteigerungsrate bekannt und muss nicht prognostiziert werden. Der Wiederbeschaffungszeitwert entspricht dann dem **Tageswert bzw. -preis** am Ende der Abrechnungsperiode.

**Beispiel:**

Anschaffung eines Fahrzeuges im Januar in Höhe von 100.000 €, 10 Jahre Nutzungszeit. Es wird eine Preissteigerung von jährlich 4 % unterstellt.

| Nutzungsjahr | Wiederbeschaffungszeitwert am Jahresende | jährliche Abschreibung 10 % | Abschreibung insgesamt |
|---|---|---|---|
| 1 | 104.000,00 € | 10.400,00 € | 10.400,00 € |
| 2 | 108.160,00 € | 10.816,00 € | 21.216,00 € |
| 3 | 112.486,40 € | 11.248,64 € | 32.464,64 € |
| 4 | 116.985,86 € | 11.698,59 € | 44.163,23 € |
| 5 | 121.665,29 € | 12.166,53 € | 56.329,76 € |
| 6 | 126.531,90 € | 12.653,19 € | 68.982,95 € |
| 7 | 131.593,18 € | 13.159,32 € | 82.142,27 € |
| 8 | 136.856,90 € | 13.685,69 € | 95.827,96 € |
| 9 | 142.331,18 € | 14.233,12 € | 110.061,08 € |
| 10 | 148.024,43 € | 14.802,44 € | 124.863,52 € |

Abbildung 16: Abschreibung vom Wiederbeschaffungszeitwert

[27] Vgl. Vetter, Andrea, in: Christ/Oebbecke, Handbuch Kommunalabgabenrecht, 2016, Rn.264.

Die Spalte „Abschreibung insgesamt“ zeigt, dass am Ende des 10. Nutzungsjahres ein Betrag von 124.863,52 € zur Verfügung steht, wenn die Abschreibungsbeträge über Verkaufspreise oder Benutzungsgebühren zurückgeflossen sind. Trotzdem fehlen noch ca. 24.000,00 € für den Erwerb des neuen Fahrzeuges. Bei der Abschreibung auf Basis des Anschaffungswertes beträgt der Fehlbetrag jedoch das doppelte, nämlich 48.024,43 €.

Unter Management-Gesichtspunkten muss also berücksichtigt werden, dass eine Wiedergewinnung der Abschreibungen durch die Umsatzerlöse keine vollständige Substanzerhaltung sicherstellt. Es müssen zusätzliche Mittel angespart werden. Dies wird zum Teil erreicht, wenn die zurückgeflossenen Abschreibungsbeträge bis zum Ende der Nutzungsdauer verzinslich festgelegt werden, so dass die erwirtschafteten Zinserträge zur Deckung der Finanzierungslücke eingesetzt werden können.

Würde man in jedem Nutzungsjahr von dem entsprechenden Wiederbeschaffungszeitwert am Jahresanfang ausgehen, wäre der Betrag der aufgelaufenen Abschreibungen am Ende der Nutzungsdauer niedriger. Im 1. Nutzungsjahr würde der Wiederbeschaffungszeitwert dem Anschaffungszeitwert entsprechen, der Jahresabschreibungsbetrag macht dann nur noch 10.000,00 € aus. Der Wiederbeschaffungszeitwert zu Beginn des 2. Jahres entspräche dem Wiederbeschaffungszeitwert zum Ende des 1. Jahres, die Abschreibung im 2. Jahr hätte somit eine Höhe von 10.400,00 €.

Unabhängig davon, ob es z.B. um Kostenplanung, Kostenkontrolle oder Gebührenermittlung geht, werden in der Kostenrechnung die Abschreibungen häufig auf Basis von Wiederbeschaffungszeitwerten ermittelt. Man bezeichnet die Abschreibungen auf Basis von Wiederbeschaffungszeitwerten, die nach der linearen Abschreibungsmethode errechnet werden, als **kalkulatorische Abschreibungen**. Sie sollen in der Tendenz dazu führen, dass der Betrieb mit Hilfe der errechneten und verdienten Abschreibungsbeträge in der Lage ist, die verbrauchten Vermögensgegenstände immer wieder zu ersetzen und somit seine betriebliche Substanz erhalten kann. Außerdem wird der betriebliche Wertverzehr bei einer Abschreibung von Wiederbeschaffungszeitwerten mit aktuellen und nicht mit Vergangenheitswerten erfasst. Nur so ist eine Steuerung des Betriebsgeschehens über Kostengrößen möglich.

Häufig wird auch von kalkulatorischen Abschreibungen gesprochen, wenn die Abschreibungen auf Basis des Anschaffungswertes errechnet werden. Die Abschreibungen entsprechen dann den Aufwendungen und beinhalten keine Zusatzkosten. Abschreibungen auf Basis des Anschaffungswertes werden in der Buchführung als **bilanzielle Abschreibungen** bezeichnet.

In einigen Bundesländern (insbesondere in den östlichen und südlichen Bundesländern) sind nach den dortigen **Kommunalabgabengesetzen** Abschreibungen auf der Basis von Wiederbeschaffungswerten **für die Kalkulation von**

**Benutzungsgebühren nicht zulässig**. Diese Regelungen verstoßen m.E. gegen die gesetzliche Vorschrift, dass die Berechnungen betriebswirtschaftlichen Grundsätzen entsprechen müssen. Die Substanzerhaltung des Anlagevermögens ist durch eine Abschreibung von Anschaffungswerten langfristig nicht gesichert. Die fehlenden Mittel für notwendige Ersatzinvestitionen müssen dann zwangsläufig anderweitig aufgebracht werden, da keine ausreichende Ansammlung von Mitteln im Wege der Abschreibungen erfolgen kann bzw. der künftige Gebührenzahler wird die notwendigen Mittel durch überproportional steigende Gebühren aufbringen müssen, um die notwendigen Investitionen zu ermöglichen.

Bei der Ermittlung der Abschreibungen für die Gebührenkalkulation ist in einigen Bundesländern darüber hinaus zu beachten, dass der aus Zuschüssen und Beiträgen aufgebrachte Eigenanteil außer Betracht bleibt. Aus betriebswirtschaftlicher Sicht ist dies ebenfalls nicht nachvollziehbar, da auch das aus Zuschüssen und Beiträgen Dritter aufgebrachte Kapital grundsätzlich dem Wertverzehr unterliegt. Für die Ermittlung von kalkulatorischen Abschreibungen ist es unerheblich, ob der betreffende Vermögensgegenstand durch Eigen- oder Fremdkapital bzw. durch Beiträge oder Zuschüsse Dritter finanziert worden ist.

MERKE: Unter betriebswirtschaftlichen Gesichtspunkten sollte die Bemessung der kalkulatorischen Abschreibungen grundsätzlich so erfolgen, dass eine substanzielle (gütermäßige) Kapitalerhaltung ermöglicht wird. Dies bedingt, dass von Wiederbeschaffungszeitwerten (Tagespreisen) abzuschreiben ist.

### A.4.7.5 Anwendung von Preisindizes

Der Wiederbeschaffungszeitwert kann auch nach dem sog. **Indexverfahren** berechnet werden. Hier wird der ursprüngliche Anschaffungs- oder Herstellungswert jährlich mit einem amtlichen Preisindex (z.B. vom Statistischen Bundesamt), der die Preisentwicklung seit der letzten Anpassung zeigt, multipliziert und durch die Indexzahl der Anschaffungsperiode dividiert. Die Indizes gehen von einem zu Hundert gesetzten Referenzwert aus und schreiben diesen Wert entsprechend der Inflationsrate fort. Preisindizes geben also die Preisveränderung, bezogen auf ein Basisjahr mit dem Preisindex 100 wieder.

**Beispiel:**

Ein neues Fahrzeug wurde im Jahr 03 mit einem Anschaffungswert von 50.000 € gekauft und geliefert. Die hier angenommenen Preisindizes für die Jahre 01, 02, 03, 04, 05 und 06 mögen 100, 102,3, 106,5, 112,0, 114,9 und 118,5 betragen. Der Wiederbeschaffungszeitwert am Ende des Jahres 06 ergibt sich wie folgt:

$$\frac{\text{Anschaffungswert} \cdot \text{Indexzahl der Bewertungsperiode 06}}{\text{Indexzahl der Anschaffungsperiode 03}}$$

$$\frac{\text{Anschaffungswert} \cdot \text{Indexzahl für das lfd. Jahr 06}}{\text{Indexzahl für das Anschaffungsjahr 03}}$$

$$= \frac{50.000\,€ \cdot 118{,}5}{106{,}5} = 55.633{,}80\,€$$

### A.4.7.6 Restwert bzw. Liquidationserlös

Ein erwarteter Restwert eines Anlagegutes wird von Anfang an in die Abschreibung mit einbezogen, wenn die wirtschaftliche Nutzungsdauer festgelegt wird. Dann erfolgt die Abschreibung nicht vom vollen Anschaffungswert, sondern vom Anschaffungswert bzw. Wiederbeschaffungszeitwert abzüglich des erwarteten Verkaufserlöses. Gegen die Berücksichtigung eines Resterlöses spricht hingegen ein beträchtliches Prognoseproblem, da der Resterlös im Einzelfall über viele Jahre im Voraus zu schätzen wäre und gerade bei Gebietskörperschaften ein Resterlös für viele Vermögensgegenstände (Kanäle, Abfalltonnen etc.) wohl kaum zu erwarten ist. Außerdem entstehen bei vielen Gegenständen statt Verkaufserlösen nur Abbruch- oder Entsorgungskosten. Es spricht in diesen Fällen einiges dafür, den Resterlös unberücksichtigt zu lassen.

**Beispiel:**

Ein PKW kostet 30.000 €; es wird nach fünf Jahren noch ein Liquidationserlös von 5.000 € erwartet.

$$\text{Abschreibung} = \frac{\text{AW} - \text{LE}}{\text{ND}} = \frac{30.000 - 5.000}{5\ \text{Jahre}} = 5.000\,€\ \text{jährlich}$$

mit AW = Anschaffungswert, LE = Restwert (Liquidationserlös), ND = Nutzungsdauer

### A.4.7.7 Fehleinschätzung der Nutzungsdauer

Bei der Festlegung der Nutzungsdauer kann es in der Praxis zu falschen Prognosen kommen. Falls die Fehleinschätzung vor dem Ende der Nutzungsdauer bemerkt wird, stellt sich die Frage, wie für die restliche Nutzungsdauer abgeschrieben werden soll.

**Beispiel:**

Für eine abnutzbare Sachanlage mit einem Anschaffungswert von 96.000 € wurde ursprünglich eine Nutzungsdauer von acht Jahren geplant. Nach Ablauf des vierten Nutzungsjahres stellt sich heraus, dass die tatsächliche Nutzungsdauer

(1) nur sechs Jahre beträgt bzw.

(2) sogar zehn Jahre beträgt.

Die jährliche lineare Abschreibung beträgt 12.000 €. Nach Ablauf des vierten Jahres beträgt der Restwert 48.000 €. Zur Berücksichtigung der Neueinschätzung der Nutzungsdauer bestehen grundsätzlich folgende Möglichkeiten:

- Beibehaltung des bisherigen Abschreibungsbetrages,
- Verteilung des Restbuchwertes auf die verbleibenden Perioden,
- Neubestimmung der Höhe der Abschreibung unter der Annahme, dass von Beginn an die „richtige" Nutzungsdauer bekannt war.

Da es aus der Sicht der Kostenrechnung primär darum geht, den künftigen Wertverzehr verursachungsgerecht zu erfassen, ist die letzte Variante vorzuziehen. Im Fall (1) werden dann für die verbleibenden Jahre 96.000/6 = 16.000 € jährlich bzw. im Fall (2) 96.000/10 = 9.600 € jährlich angesetzt. Dass die gesamte Abschreibung dann nicht dem Ausgangsbetrag entspricht, muss den Kostenrechner „kalt lassen", da es nicht seine Aufgabe ist, Kalkulationsfehler der Vergangenheit zu korrigieren.[28] Es ist also für die Kostenrechnung irrelevant, ob früher zu viel oder zu wenig abgeschrieben wurde. Diese Lösung entspricht damit auch den betriebswirtschaftlichen Grundsätzen, die bei der Auslegung des Kostenbegriffs im Sinne der Kommunalabgabengesetze zu beachten sind (vgl. z.B. § 6 Abs. 2 KAG NRW).

Die nachfolgende Übersicht dient zur Abgrenzung der unterschiedlichen Abschreibungsbegriffe in der kaufmännischen Buchführung und der Kostenrechnung:

[28] Vgl. Wöhe, G., Einführung in die Allgemeine Betriebswirtschaftslehre, 26. Aufl. 2016, S. 870. Bei der **bilanziellen** Abschreibung in der FiBu müssten im Fall (1) in der 5. Periode 16.000 € planmäßige und 32.000 € außerplanmäßige und im Fall (2) in den Perioden 5 bis 10 jeweils 8.000 € planmäßige Abschreibungen verrechnet werden.

| Art | außerplanmäßige Abschreibung | planmäßige Abschreibung | kalkulatorische Abschreibung |
|---|---|---|---|
| **Anwendung** | kfm. Buchführung | kfm. Buchführung | Kostenrechnung |
| **Was wird abgeschrieben?** | gesamtes Anlage- und Umlaufvermögen | abnutzbares Anlagevermögen | betriebsnotwendiges, abnutzbares Anlagevermögen |
| **Gründe für Wertverlust** | z.B. technischer Fortschritt, unterlassene Instandhaltung, Schadensfälle | materieller Verschleiß, Zeitablauf, wirtschaftlicher Verschleiß | wie bei planmäßiger Abschreibung |
| **Bemessungsgrundlage** | Anschaffungs- und Herstellungskosten | Anschaffungs- und Herstellungskosten | i.d.R. Wiederbeschaffungszeitwert |
| **Methode** | außerplanmäßige Abschreibung auf den niedrigeren am Abschlussstichtag beizulegenden Wert (strenges und gemildertes Niederstwertprinzip) | lineare, degressive, degressiv-lineare Abschreibung, Leistungsabschreibung | i.d.R. lineare Abschreibung |
| **Rechtsgrundlagen** | Handelsgesetzbuch, Steuergesetze, KomHVO | Handelsgesetzbuch, Steuergesetze, KomHVO | allgemein keine, für Gebührenkalkulation KAG |

Abbildung 17: Abschreibungsbegriffe

## A.4.8 Kalkulatorische Zinsen

### A.4.8.1 Begriff der kalkulatorischen Zinsen

Die Bereitstellung des betriebsnotwendigen Vermögens bindet Kapital. Kalkulatorische Zinsen sind Kosten für die Bereitstellung dieses Kapitals. Dabei ist es gleichgültig, ob es sich um Fremdkapital oder um Eigenkapital handelt. Bei einer Fremdfinanzierung müssen Kreditzinsen gezahlt werden, es findet somit ein Wertverzehr statt. Wenn Eigenkapital für die Beschaffung oder Herstellung eines Vermögensgegenstandes eingesetzt wird, steht es nicht mehr für anderweitige zinsbringende Anlagen (andere rentable Sach- oder Finanzinvestitionen) zur Verfügung; dem Betrieb entgehen Zinsen (Nutzenentgang), es entsteht damit ebenfalls ein Wertverzehr. Diese entgangenen Zinsen sind zusätzlich zu den Zinsen für Kredite als Kosten (sog. **Opportunitätskosten**) zu berücksichtigen.

Damit wird deutlich, dass allein durch den unterschiedlichen Ansatz der Zinsen die Ergebnisse der Finanzbuchhaltung von denen der Kosten- und Leistungsrechnung notwendigerweise voneinander abweichen.

---

MERKE: Kalkulatorische Zinsen stellen die gesamte Verzinsung des Kapitals dar, welches zur Finanzierung des erforderlichen betriebsnotwendigen Anlage- und Umlaufvermögens eingesetzt wird.

---

Die öffentlichen Haushalte unterliegen dem Prinzip der Gesamtdeckung, d.h. alle Einzahlungen und Erträge dienen als Deckungsmittel für alle Auszahlungen und Aufwendungen. Daher kann nicht festgestellt werden, welche Vermögensgegenstände aus Eigen- oder Fremdkapital finanziert werden. Es wird deshalb ein einheitlicher Zinssatz (Mischzinssatz) für das eingesetzte Eigen- und Fremdkapital verwendet.

### A.4.8.2 Festlegung des Kalkulationszinssatzes

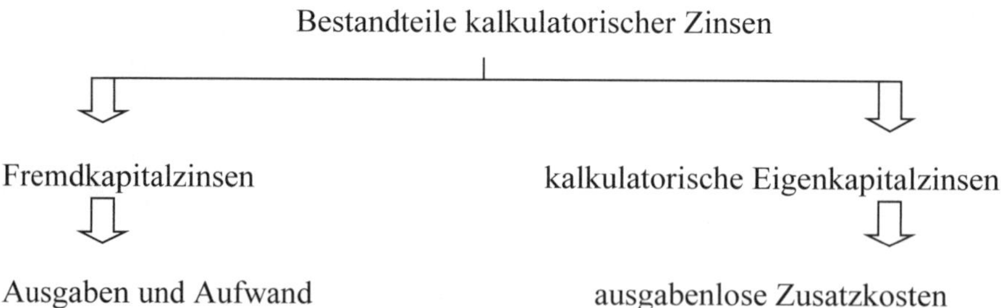


Anhand des Verhältnisses von Eigen- zu Fremdkapital kann ein einheitlicher Zinssatz (sog. Mischzinssatz) berechnet werden. Beim Mischzinssatz wird unterstellt, dass der Finanzierungsanteil von Eigen- und Fremdkapital bei allen

Vermögenswerten gleich groß ist. Das Verhältnis von Eigen- und Fremdkapital kann der Bilanz entnommen werden, was am folgenden Beispiel dargestellt wird:

**Beispiel:**

| Aktiva | | Bilanz zum 31.12.20.. | Passiva |
|---|---|---|---|
| Anlagevermögen | 90 | Eigenkapital | 40 |
| Umlaufvermögen | 10 | Fremdkapital | 60 |
| | 100 | | 100 |

Für die Verzinsung des Fremdkapitals wird üblicherweise der Zinssatz für langfristige Kredite als angemessen angesehen. Bei der Verzinsung des Eigenkapitals kann der Zinssatz für mittelfristig angelegte Spargelder als angemessen gelten. Unter Berücksichtigung der oben abgebildeten Finanzstruktur und der ggf. über die Bank zu ermittelnden Zinssätze (hier exemplarisch für langfristige Kredite 6 % und für mittelfristig angelegte Spargelder 2 %) ergibt sich nachfolgende Ermittlung des Mischzinssatzes. Er entspricht dem Kalkulationszinssatz der Investitionsrechnung:[29]

$$\text{Mischzinssatz} = 40 \cdot 2\,\% + 60 \cdot 6\,\% = \mathbf{4{,}4\,\%}$$

In der Praxis sehr verbreitet ist die Anwendung eines Pauschalzinssatzes. Im Hinblick auf die Zinshöhe sollte man sich – insbesondere im Bereich der Gebührenkalkulation – an der Rechtsprechung der Verwaltungsgerichte orientieren. Die Höhe des Zinssatzes sollte einheitlich für die gesamte Gebietskörperschaft festgelegt werden. Die Kommunalabgabengesetze der einzelnen Bundesländer fordern lediglich eine „angemessene" Verzinsung des Kapitals, ohne jedoch festzulegen, was Angemessenheit bedeuten soll. Beim Begriff „**Angemessenheit**" handelt es sich um einen **unbestimmten Rechtbegriff**, der einen weiten Beurteilungsspielraum einräumt.[30]

### A.4.8.3 Umfang und Bewertung des Vermögens

Aus betriebswirtschaftlicher Sicht ist die Grundlage für die Berechnung der kalkulatorischen Zinsen das gesamte **betriebsnotwendige Vermögen**[31]. Zum betriebsnotwendigen Vermögen gehören u.a. Vorräte, betrieblich genutzte Maschinen, betrieblich genutzte Grundstücke und Gebäude, Forderungen und Zahlungsmittel. **Nicht**

---

[29] Weighted Average Cost of Capital (WACC). Im Unternehmensbereich (auch im Strom- und Gasbereich) wird zusätzlich noch berücksichtigt, dass Fremdkapitalzinsen steuerlich absetzbar sind; die Eigenkapitalkosten ergeben sich i.d.R. nach dem Capital Asset Pricing Model (CAPM), das das Risiko des Unternehmens über den sog. „ß-Faktor" erfasst, vgl. Coenenberg/Fischer/Günther, Kostenrechnung und Kostenanalyse, 9. Aufl. 2016, S. 102.

[30] Es kann davon ausgegangen werden, dass der Zinssatz von jährlich 6 % gemäß § 238 AO für ein Schuldverhältnis im Abgabenbereich zwischen dem Staat als Gläubiger und dem Bürger als Schuldner auch als angemessen für die Höhe des kalkulatorischen Zinssatzes betrachtet werden kann.

[31] Der Begriff Vermögen leitet sich aus der Bilanz ab.

betriebsnotwendiges Vermögen sind z.B. ungenutzte Grundstücke, vermietete oder nicht nur vorübergehend leerstehende Gebäude und nicht betriebsnotwendige Finanzanlagen.[32] Das betriebsnotwenige Vermögen setzt sich zusammen aus dem betriebsnotwendigen Anlagevermögen sowie dem betriebsnotwendigen Umlaufvermögen. Das Anlagevermögen wird bei zeitlich unbegrenzter Nutzungsdauer mit den Anschaffungspreisen bewertet und bei zeitlich begrenzter Nutzungsdauer mit den halben Anschaffungswerten (sog. Durchschnittswertverzinsung) oder den Restwerten (sog. Restwertverzinsung). Das betriebsnotwendige Umlaufvermögen wird i.d.R. mit einem Mittelwert aus Anfangs- und Endbestand angesetzt. Da das Umlaufvermögen für Gebietskörperschaften in der Regel eine untergeordnete Bedeutung hat, kann es daher dort aus Vereinfachungsgründen meistens unberücksichtigt bleiben. Eine Bewertung des Vermögens nach Wiederbeschaffungszeitwerten scheidet nach den Kommunalabgabengesetzen der Bundesländer bei Berechnung der kalkulatorischen Zinsen aus.[33]

Wie oben erwähnt erfolgt die Bewertung für Zwecke der Gebührenkalkulation **auf der Basis von Anschaffungs- bzw. Herstellungswerten**[34] entweder nach dem **Restwert- oder** dem **Durchschnittswertverfahren**. Bei Anlagegegenständen, die der Abnutzung und damit der Abschreibung unterliegen, nimmt das aufgewandte Kapital im Laufe der Nutzungsdauer ab. Durch die verdienten Abschreibungsbeträge fließen die Geldmittel zurück, das in den einzelnen abgeschriebenen Anlagegegenständen gebundene Kapital vermindert sich. Bei **nicht abnutzbaren** und daher auch nicht abzuschreibenden Vermögensgegenständen (z.B. unbebaute Grundstücke) werden Zinsen für den vollen, ständig gebundenen Vermögenswert berechnet. Hierzu ergibt sich für die Berechnung der jährlichen kalkulatorischen Zinsen folgende Formel:

**Kalk. Zinsen = Anschaffungswert · Zinssatz**

**Abnutzbare Vermögensgegenstände** unterliegen einem Wertverlust. Das im Vermögen gebundene Kapital ist deshalb bei neuwertigen Gegenständen höher als bei älteren. Die kalkulatorischen Zinsen für abnutzbare Vermögensgegenstände dürfen deshalb nicht auf den vollen Neuwert, sondern nur auf den um die kalkulatorischen Abschreibungen verminderten Vermögenswert (Restwert) erhoben werden. Zu verzinsen ist grundsätzlich jeweils der noch nicht abgeschriebene Betrag. Der jährliche

---

[32] Eine genauere Aufzählung ist enthalten in: Coenenberg/Fischer/Günther: Kostenrechnung und Kostenanalyse, 9. Aufl. 2016, S. 101.

[33] § 6 Abs. 2 Satz 4 KAG NRW spricht hier ausdrücklich von einer „**angemessenen Verzinsung des aufgewandten Kapitals**". Der Gemeinde steht bei ihrer Entscheidung ein weiter Beurteilungsspielraum zu. Die Höhe des Zinssatzes kann sich dabei an einer langfristigen Entwicklung orientieren, die sich aus der Dauer der durchschnittlichen Nutzungszeit der entsprechenden Anlagen ergibt.

[34] Soweit die Kostenrechnung **nicht** für Zwecke der Kalkulation öffentlicher Abgaben erfolgt, ist die Bewertung von Grundstücken und Gebäuden auch zu aktuellen Zeitwerten möglich. Bei maschinellen Anlagen gilt auch hier der halbe Anschaffungswert, während sich beim Umlaufvermögen der Wert nach dem Bilanzansatz oder nach dem Mittelwert aus Anfangs- und Endbestand richtet, vgl. hierzu Wöhe, G., Einführung in die Allgemeine Betriebswirtschaftslehre, 26. Aufl. 2016, S. 873.

kalkulatorische Zinsbetrag vermindert sich deshalb mit jedem Jahr der Abschreibung.

Bei der **Restwertverzinsung** werden die kalkulatorischen Zinsen jeweils vom Restwert der Anlagegüter am Jahresende berechnet. Die kalkulatorischen Zinsen nehmen im Laufe der Zeit mit den Restbuchwerten ab, d.h. der Wertansatz schwankt von Periode zu Periode. Nach der Investition verringern sich die kalkulatorischen Zinsen, was bei Gebietskörperschaften zu sinkenden Entgelten bzw. Gebühren führen kann, die dann beim Ersatz des Vermögensgegenstandes wieder sprunghaft steigen. Bei unveränderter Leistung würde sich im Bereich der Benutzungsgebühren eine wechselnde Belastung der Gebührenschuldner ergeben, die sich jedoch bei gleichbleibenden Anlagenbestand und regelmäßigen Ersatz nicht wesentlich auswirken wird.

Ein Näherungsverfahren, das zu einer gleichmäßigen Zinsbelastung während der gesamten Nutzungsperiode führt, besteht darin, dass man in jedem Jahr konstant 50 % des Anschaffungswertes verzinst. Man unterstellt in diesem Fall, dass der Geldbetrag, der im Anlagegegenstand gebunden ist, kontinuierlich im Laufe der Nutzungsdauer zurückfließt. Das folgende Schaubild zeigt den Vorgang, wobei von einem Anschaffungswert von 100.000 € und einer Nutzungsdauer von 10 Jahren ausgegangen wird (**Durchschnittswertverzinsung**).[35]

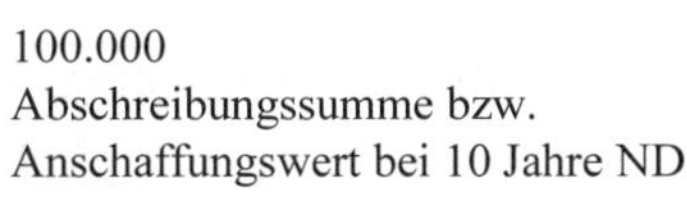


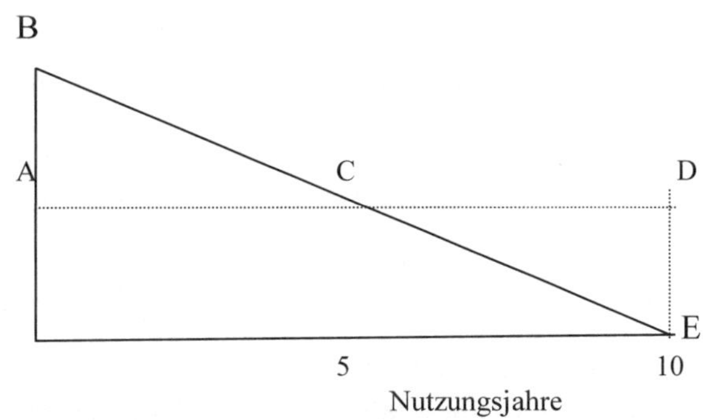


Während bis zum Ende des 5. Nutzungsjahres die Kapitalbindung jeweils größer als 50.000 €, nach Ablauf des 5. Nutzungsjahres jeweils kleiner als 50.000 € ist, beträgt die Kapitalbindung über die gesamte Nutzungsdauer betrachtet jährlich 50.000 €. Der bis zum Ende des 5. Nutzungsjahres höhere Kapitalbestand (Fläche ABC)

[35] Welches Verfahren angewandt wird, sollte nach dem jeweiligen Arbeitsaufwand entschieden werden. Wurden die Restwerte bereits im Anlagennachweis ermittelt, empfiehlt sich das Restwertverfahren. Bei Kostenrechnungen, die unregelmäßig bzw. erstmalig zu Wirtschaftlichkeitsuntersuchungen durchgeführt werden, genügt die Durchschnittswertverzinsung. Nach der Rechtsprechung ist bei der Gebührenkalkulation die Durchschnittswertmethode in einigen Bundesländern (Niedersachsen, Nordrhein-Westfalen) **nicht** zulässig - hier ist also die Restwertmethode anzuwenden. In anderen Bundesländern ist die Durchschnittswertmethode gleichrangig neben der Restwertmethode gesetzlich zugelassen, vgl. z.B. § 6 Abs. 2 b KAG MV, § 14 Abs. 3 Satz 3 KAG BW. Zu ausführlichen Verweisen und Urteilen vgl. Vetter, Andrea, in: Christ/Oebbecke, Handbuch Kommunalabgabenrecht, 2016, Rn. 234f.

entspricht genau der Kapitalminderung danach (Fläche CDE). Vor allem in den ersten und letzten Perioden der Nutzungsdauer weichen die mit der Durchschnittswertmethode berechneten Zinsen erheblich von denen ab, die bei einer Berechnung nach der Restwertmethode, also der tatsächlichen Kapitalbindung, anzusetzen wären.[36]

MERKE: Das abnutzbare betriebsnotwendige Anlagevermögen darf bei Berechnung der kalkulatorischen Zinsen nicht mit den Anschaffungswerten, sondern nur mit den kalkulatorischen Restwerten (= Anschaffungswert − kalk. Abschreibungen) oder Durchschnittswerten (= Anschaffungswert / 2) angesetzt werden.

Das betriebsnotwendige **Umlaufvermögen** – wenn es berücksichtigt wird – ist nach Ausgliederung der nicht betriebsnotwendigen Posten (z.B. Wertpapiere) mit den Beträgen anzusetzen, die während des Abrechnungszeitraumes durchschnittlich im Umlaufvermögen gebunden sind (Mittelwert aus Anfangs- und Schlussbestand).

Wird bei abnutzbaren Vermögensgegenständen von einem Verkaufs- bzw. **Liquidationserlös (LE)** am Ende der Nutzungsdauer ausgegangen, betragen die kalkulatorischen Zinsen nach der **Durchschnittswertmethode**[37]

$$\text{Kalkulatorische Zinsen} = \frac{AW + LE}{2} \cdot i$$

und bei der **Restwertmethode** bei einem periodisch linearen Abschreibungsbetrag a

$$\text{Kalkulatorische Zinsen} = \frac{AW + LE + a}{2} \cdot i$$

**Beispiel:**

Die Anschaffungskosten eines Dienstfahrzeuges betragen 60.000 €, die geplante Nutzungsdauer fünf Jahre. Nach Ablauf der Nutzungsdauer wird mit einem Verkaufserlös von 10.000 € gerechnet. Der kalkulatorische Zinssatz beträgt 6 %.

Die jährliche Abschreibung beträgt (60.000 – 10.000) / 5 Jahre = 10.000 €. Die kalkulatorischen Zinsen berechnen sich wie folgt:

---

36 Vgl. Klümper/Möllers/Zimmermann, Kommunale Kosten- und Wirtschaftlichkeitsrechnung, 19. Aufl. 2017, S. 191.

37 Durchschnittlich gebundenes Kapital = (AW – LE)/ 2 + LE = (AW + LE)/2

| Jahr | Durchschnittswertmethode | Restwertmethode |
|---|---|---|
| 1 | (60.000 + 10.000) /2 · 0,06 = 2.100 | (60.000 + 50.000) /2 · 0,06 = 3.300 |
| 2 | 2.100 | (50.000 + 40.000) /2 · 0,06 = 2.700 |
| 3 | 2.100 | (40.000 + 30.000) /2 · 0,06 = 2.100 |
| 4 | 2.100 | (30.000 + 20.000) /2 · 0,06 = 1.500 |
| 5 | 2.100 | (20.000 + 10.000) /2 · 0,06 = 900 |

Eine Übersicht über die Berechnung des durchschnittlichen gebundenen Kapitals ergibt die nachfolgende Abbildung:[38]

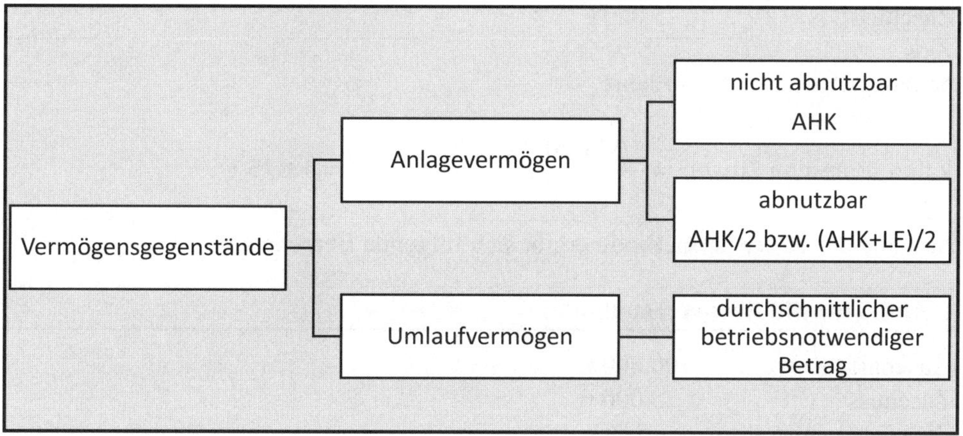


Abbildung 18: Durchschnittlich gebundenes Kapital

### A.4.8.4 Abzugskapital

Wenn zur Anschaffung eines langlebigen Vermögensgegenstandes **Zuschüsse** durch Dritte (z.B. Landeszuschüsse) oder **Beiträge** (z.B. Erschließungsbeiträge der Anlieger)[39] gezahlt werden, so sind das Mittel, die zinslos zur Verfügung stehen. In dieser Höhe muss dann kein eigenes Kapital zur Anschaffung des Gegenstandes eingesetzt werden; somit können auf diesen Teil des Kapitals auch keine Eigenkapitalzinsen entgehen. Zum Abzugskapital gehören auch **Lieferantenverbindlichkeiten** und **Kundenanzahlungen**, da hierfür ebenfalls keine Zinsen zu zahlen sind. Daneben

[38] In Anlehnung an Graumann, M., Kostenrechnung und Kostenmanagement, 6. Aufl. 2017, S. 134.

[39] In der NKF-Bilanz sind solche Zuschüsse oder Beiträge als Sonderposten auf der Passivseite auszuweisen.

gehören **kurzfristige Rückstellungen**, die keine Zinslast tragen, zum Abzugskapital.[40] Das Abzugskapital muss vom betriebsnotwendigen Vermögen abgezogen werden. Das Ergebnis wird als **betriebsnotweniges Kapital** bezeichnet. Die kalkulatorischen Zinsen ergeben sich aus der Multiplikation des betriebsnotwendigen Kapitals mit dem Zinssatz.

Im Falle der **Durchschnittsmethode** ohne Liquidationserlös verändert sich die Formel zur Ermittlung des durchschnittlich gebundenen Kapitals zu:

$$\text{kalk. Zinsen} = \frac{\text{Anschaffungswert} - \text{Abzugskapital}}{2} \cdot \text{Zinssatz (i)}$$

**Beispiel für die Durchschnittswertverzinsung:**

Anschaffungswert: 100.000 €
Zuschuss: 25.000 €
Zins: 5 %
Nutzungsdauer: 10 Jahre

$$\text{kalkulatorische Zinsen} = \frac{100.000 - 25.000}{2} \cdot 5\,\% = 1.875\ €$$

Im Falle der **Restwertmethode** ergibt sich folgende Berechnung:

**Beispiel für die Restwertmethode:**

Anschaffungswert: 100.000 €
Zuschuss: 25.000 €
Zins: 5 %
Nutzungsdauer: 10 Jahre

| Jahr | Anschaffungswert | Abschreibungen gesamt | korrigierte Restbuchwerte | Zinsen |
|---|---|---|---|---|
| 1 | 100.000 | 10.000 | 65.000 | 3.250 |
| 2 | | 20.000 | 55.000 | 2.750 |
| 3 | | 30.000 | 45.000 | 2.250 |
| 4 | | 40.000 | 35.000 | 1.750 |
| 5 | | 50.000 | 25.000 | 1.250 |
| 6 | | 60.000 | 15.000 | 750 |
| 7 | | 70.000 | 5.000 | 300 |

[40] Vgl. Graumann, M., Kostenrechnung und Kostenmanagement, 6. Aufl. 2017, S. 128. Langfristige Rückstellungen, insbesondere für Pensionen, enthalten einen Zinsanteil und sind somit nicht dem Abzugskapital zuzuordnen.

| | | | |
|---|---|---|---|
| 8 | 80.000 | 0 | 0 |
| 9 | 90.000 | | 0 |
| 10 | 100.000 | | 0 |

**Hinweis:** Die kalkulatorische Verzinsung wird nur in der Kostenrechnung und nicht in der Gewinn- und Verlust- Rechnung bzw. der Ergebnisrechnung dargestellt. Als Zinsaufwand werden in der Gewinn- und Verlustrechnung bzw. Ergebnisrechnung nur Fremdkapitalzinsen angesetzt.

Die **Ermittlung des zu verzinsenden Vermögens** ergibt sich aus der nachfolgenden Übersicht:

| **Ermittlung des zu verzinsenden Vermögens** | | **Bemerkungen** |
|---|---|---|
| | Anlage – und Umlaufvermögen | gesamtes betriebliches Vermögen; bei Gebietskörperschaften kann auf die Berücksichtigung des Umlaufvermögens verzichtet. |
| ./. | nicht betriebsnotwendiges Vermögen | Abzug, falls tatsächlich nicht betriebsnotwendiges Vermögen vorliegt. |
| = | betriebsnotwendiges Vermögen | **Bewertung**<br>- nicht abnutzbares AV→ AW<br>- abnutzbares AV→ halber AW nach Durchschnittswertmethode oder Restwertmethode<br>- UV→ Mittelwert aus Anfangs- und Endbestand |
| ./. | Abzugskapital | nur für die Gebührenkalkulation nach § 6 KAG zwingend; für die Wirtschaftlichkeitsbetrachtung wird ein Abzug nicht empfohlen. |
| = | zu verzinsendes Vermögen **(betriebsnotwendiges Kapital)** | ➔ einheitliche Verzinsung |

Abbildung 19: Betriebsnotwendiges Kapital

**Erläuterungen:**
Nach Abzug des nicht betriebsnotwendigen Vermögens (falls solches vorhanden ist) vom Vermögen ergibt sich das betriebsnotwendige Vermögen in der Regel aus den im Einzelfall zu führenden Anlagenachweisen. Das abnutzbare betriebsnotwendige Anlagevermögen (AV) wird anhand der Restwert- oder der Durchschnittswertmethode ermittelt. Umlaufvermögen (UV), wenn dies zu berücksichtigen ist, wird aus dem Durchschnitt des Wertes zum Jahresbeginn zuzüglich des Wertes zum Jahresende dividiert durch 2 ermittelt. Wenn Abzugskapital berücksichtigt werden muss, kommt in der Gebührenkalkulation auch die sog. „Prozentwertmethode" in Betracht, bei der das Abzugskapital quasi mit „abgeschrieben" wird oder anders ausgedrückt, das Verhältnis von Vermögenswert und Abzugskapital im Zeitverlauf gleich bleibt. Beim Abzugskapital ist die Zielsetzung der Kostenrechnung zu berücksichtigen. Für die **Gebührenkalkulation** ist in den Kommunalabgabengesetzen der Bundesländer geregelt, dass Abzugskapital etwa in Form von Zuschüssen und Beiträgen Dritter in Abzug zu bringen ist. Für Zwecke der Wirtschaftlichkeitsbetrachtung oder der Steuerung (Controlling) ist dies nicht zwingend. Im Gegenteil: Es wird für Zwecke des Controllings überwiegend empfohlen, auf einen Abzug zu verzichten und das Abzugskapital mit zu verzinsen, da ansonsten ein Betrieb mit hohen Zuschüssen durch geringere kalkulatorische Zinsen geringere Kosten aufweisen würde und damit einen wirtschaftlichen Vorteil abbilden würde, der faktisch aber nicht vorhanden ist; dies würde z.B. einen Betriebsvergleich erheblich erschweren.

Die kalkulatorischen Zinsen werden in der Regel wie die kalkulatorischen Abschreibungen als Gemeinkosten in der Kostenstellenrechnung auf die Kostenstellen entsprechend ihrem Anteil am betriebsnotwendigen Kapital aufgeteilt, z.B. Zinsen auf das Gebäude nach $m^2$.

In einigen Bundesländern ist für die Gebührenkalkulation das Abzugskapital auch bei der Ermittlung der Abschreibungen abzuziehen.

### A.4.8.5 Abschließende Bemerkungen zu den kalkulatorischen Abschreibungen und Zinsen

In der Fachliteratur[41] werden häufig noch die Begriffe Nominalzinssatz und Realzinssatz unterschieden.

**Nominalzins = Realzins + Preissteigerungsrate**

Maßgebend für die Gebührenkalkulation ist der Nominalzins und nicht der um die Geldentwertungsrate reduzierte Realzins. Der Nominalzins entspricht dem Zinssatz, den kreditgebende Banken im Regelfall mit dem Kreditnehmer vereinbaren. Der Nominalzins enthält somit einen Inflationsausgleich zur Erhaltung der

[41] Vgl. z.B. Coenenberg/Fischer/Günther, Kostenrechnung und Kostenanalyse, 9. Aufl. 2016, S. 103.

Vermögenssubstanz der Bank. Der Nominalzins ist auch dann zulässig, wenn nach dem jeweiligen Landesrecht die kalkulatorischen Abschreibungen auf Basis der Wiederbeschaffungszeitwerte berechnet werden.[42] Eine Ermittlung der kalkulatorischen Zinsen auf Basis von Wiederbeschaffungszeitwerten ist in der Gebührenkalkulation jedoch nicht möglich.

Für die Kalkulation der Benutzungsgebühren der Kommunen existieren je nach Landesrecht somit zwei Berechnungsvarianten:

- Abschreibungen nach Anschaffungswerten und kalkulatorische Zinsen mit Nominalzinssatz auf Basis der Anschaffungswerte oder
- Abschreibung nach Wiederbeschaffungszeitwerten und kalkulatorische Zinsen mit Nominalzinssatz auf Basis der Anschaffungswerte.

Soweit die Kostenrechnung nicht für eine Gebührenkalkulation, sondern für Steuerungszwecke (Controlling) oder Wirtschaftlichkeitsbetrachtungen erfolgt, müssen die o.g. Grundsätze nicht beachtet werden, d.h. kalkulatorische Zinsen können vom Wiederbeschaffungszeitwert berechnet werden, allerdings dann nur auf Basis eines Realzinses, bei dem ein Anteil für die Geldentwertung nicht eingeschlossen ist. Auch kann das Abzugskapital hier unberücksichtigt bleiben.

Im Rahmen des **Kostenmanagements** ist darauf hinzuweisen, dass kalkulatorische Abschreibungen und Zinsen durch Investitionen verursacht werden. Abschreibungen und Zinsen zu steuern heißt somit, die richtigen Investitionsentscheidungen zu treffen. Das bedeutet aber nicht zwangsläufig, dass die Abschreibungen und Zinsen sinken müssen. Investitionen verursachen auch andere Kostenarten. Es muss die Investition ausgewählt werden, die am vorteilhaftesten erscheint. Die Auswahl kann durchaus zu höheren kalkulatorischen Abschreibungen und Zinsen führen, wenn sich Einsparungen bei den anderen Kostenarten erzielen lassen. Die statischen und dynamischen Methoden zur Überprüfung der Vorteilhaftigkeit von Investitionen werden in Teil B dargestellt.

### A.4.9 Kalkulatorische Wagnisse

Kalkulatorische Wagnisse dienen in der Kostenrechnung der Erfassung **außergewöhnlicher** Ereignisse, die mit jeder betrieblichen Tätigkeit verbunden sind, in Höhe und Zeitpunkt des Auftretens aber nicht vorhersehbar sind.

Diese Ereignisse sind als neutraler Aufwand anzusehen und damit nicht in den Grundkosten enthalten. Durch den Ansatz kalkulatorischer Wagniskosten will man erreichen, dass die nachteiligen ökonomischen Auswirkungen von

[42] Vgl. Vetter, Andrea, in: Christ/Oebbecke, Handbuch Kommunalabgabenrecht, 2016, Rn. 240 mit Verweisen auf die jeweilige Rechtsprechung.

außergewöhnlichen Ereignissen nicht nur eine einzelne Rechnungsperiode (die Periode, in der der Schaden effektiv entsteht) belasten, sondern dass sie sich möglichst auf mehrere Rechnungsperioden verteilen, so dass in der Tendenz gleichmäßigere Kosten ausgewiesen werden können. Langfristig sollen die verrechneten kalkulatorischen Wagniskosten (über mehrere Perioden hinweg) den tatsächlich eingetretenen ökonomischen Schäden möglichst entsprechen.

Als kalkulatorisches Wagnis wird ein normierter, standardisierter Wert, der aus den Werten der Vergangenheit abgeleitet wird, in die Kostenrechnung eingestellt. Wagniskosten stellen zumeist Gemeinkosten dar, da sie sich nicht eindeutig einzelnen Kostenstellen und Kostenträgern zuordnen lassen.

**Allgemeine Unternehmerwagnisse** wie z.B. Konjunkturrückgänge, Nachfrageänderungen, technischer Fortschritt, Inflation oder Fehlinvestitionen sind **nicht** ansatzfähig, weil sie nicht statistisch kalkulierbar sind und weil ihnen Gewinnchancen gegenüberstehen. Zu den **kalkulatorischen Einzelwagnissen**, für die kalkulatorische Kostenansätze in Betracht kommen, zählen z.B.:

- Anlagewagnis (Störungen, technische und wirtschaftliche Veralterung, Katastrophen, Fehleinschätzungen der Nutzungsdauer),
- Beständewagnis (Schwund, Diebstahl, Verderb bei den Vorräten, Programmänderungen, Modeschwankungen etc.),
- Gewährleistungswagnis (Verluste aus Garantieleistungen wie Nachbesserung oder Ersatzlieferung)
- Debitorenwagnis (Forderungsausfälle, Kursverluste, Währungsverluste).

Sind die Risiken durch eine Versicherung abgedeckt, dürfen keine Wagniskosten berücksichtigt werden – die zu zahlende Versicherungsprämie zählt dann zu den pagatorischen Kosten. Gegenstand von kalkulatorischen Wagnissen sind somit nicht bzw. nicht versicherbare Einzelrisiken. Kalkulatorische Wagnisse stellen damit eine Art von Eigenversicherung dar.

Soweit in der FiBu für die o.g. Risiken außerplanmäßige Abschreibungen oder Zuführungen zu Rückstellungen gebildet wurden, ist darauf zu achten, dass diese bei Berücksichtigung von kalkulatorischen Wagnissen in der Abgrenzungsrechnung eliminiert werden. Zur Zulässigkeit von einzelnen Ausfallwagnissen in der Gebührenkalkulation bei Gebietskörperschaften ist die jeweilige Rechtsprechung des Bundeslandes zu beachten.[43]

[43] In der Gebührenkalkulation ist der Ansatz von Forderungsausfällen zweifelhaft und wird von der Rechtsprechung bisher verneint; vgl. hierzu: Vetter, Andrea, in: Christ/Oebbecke, Handbuch Kommunalabgabenrecht, 2016, Rn. 321.

Der **kalkulatorische Unternehmerlohn** bei Einzelunternehmen und Personengesellschaften (OHG, KG) für mitarbeitende Inhaber oder Gesellschafter wird an dieser Stelle nicht behandelt, da er in der öffentlichen Verwaltung kaum eine Rolle spielt. Keinen kalkulatorischen Unternehmerlohn gibt es bei Kapitalgesellschaften (GmbH, AG); hier werden Geschäftsführer- bzw. Vorstandsgehälter gezahlt, die zu den Personalkosten gehören. Zur weiteren Darstellung sei auf die Fachliteratur verwiesen.[44]

### A.4.10 Kalkulatorische Miete

Ähnlich wie der Unternehmerlohn für die Tätigkeit des Unternehmers im eigenen Betrieb in der Kostenrechnung berücksichtigt werden muss, ist auch ein Kostenbetrag zu verrechnen, wenn ein Einzelunternehmer oder ein Personengesellschafter private Räume für betriebliche Zwecke zur Verfügung stellt. Der Unternehmer erhält von seiner Firma hierfür keine Miete. Die anzusetzende kalkulatorische Miete entspricht einem Mietaufwand, der für die Nutzung vergleichbarer, zur Miete überlassener Räume entstehen würde.

Die kalkulatorische Berücksichtigung der Miete ist nicht vertretbar, wenn für die genutzten Räume bereits anteilig kalkulatorische Abschreibungen, kalkulatorische Zinsen, Erhaltungsaufwand, Gebäudeversicherung oder Gebäudesteuern im Unternehmen verrechnet werden. Dies bedeutet, dass für im Eigentum des Betriebes befindliche betrieblich genutzte Gebäude keine kalkulatorische Miete angesetzt werden darf, wenn auf diese Gebäude bereits kalkulatorische Abschreibungen und kalkulatorische Zinsen in Ansatz gebracht werden. Häufig werden kalkulatorische Mietkosten zwischen verschiedenen Betrieben oder Betriebsteilen verrechnet, um die entstehenden Kosten (Abschreibungen, Kapitalkosten, Nebenkosten) auf die Nutzer umzulegen (sog. **Mieter-Vermieter-Modell**). Auch in der öffentlichen Verwaltung ist der Ansatz einer kalkulatorischen Miete bei Beachtung der genannten Grundsätze möglich.

### A.4.11 Kostenmanagement bei den Kostenarten

Mit der Kostenartenrechnung als Ausgangspunkt der Kostenrechnung erfolgt nicht nur eine systematische und vollständige Ermittlung der angefallenen Kosten in Verbindung mit den Erlösen einer Rechnungsperiode, sondern es ergeben sich bereits aus dieser Rechnung Ansätze zur Wirtschaftlichkeitskontrolle. Diese können sich beziehen auf

- einen **Zeitvergleich** von Kosten und Erlösen mit Vorjahren (bewegen sich die Veränderungen im geplanten Rahmen z.B. der Preissteigerungsrate oder der tariflichen Veränderungen?),

[44] Vgl. z.B. Coenenberg/Fischer/Günther, Kostenrechnung und Kostenanalyse, 9. Aufl. 2016, S. 106.

- einen **internen** Kosten/Erlös-Vergleich mit ähnlichen Abteilungen, Einrichtungen oder einen **externen** Vergleich mit anderen Betrieben/Gebietskörperschaften im Rahmen des **Benchmarking**,
- **die Einhaltung von Zielvorgaben** (z.B. die Verbesserung des Kostendeckungsgrades),
- eine **Analyse der Kostenstruktur** (Anteil einzelner Kostenarten bzw. Kostenartengruppen an den Gesamtkosten) und die damit verbundene Möglichkeit, die wesentlichen Einflussfaktoren für die Entwicklung der Gesamtkosten festzustellen und
- eine **Analyse der Beeinflussbarkeit** von einzelnen Kostenarten bzw. Kostenartengruppen (handelt es sich z.B. überwiegend um fixe oder variable Kosten und welche Möglichkeiten bestehen, diese zu beeinflussen?).

Es ist an dieser Stelle darauf hinzuweisen, dass auch die Leistungen kritisch zu hinterfragen sind, da sie Kosten verursachen (nicht umgekehrt!). Ausgangspunkt für eine Kostenkontrolle ist also die **Festlegung der Leistungsarten hinsichtlich Quantität und Qualität**.

Ein Vergleich von Kosten und Erlösen für sich allein betrachtet liefert noch keinen Nachweis für wirtschaftliches oder unwirtschaftliches Handeln. Dies ist erst in Verbindung mit der Kostenstellen- bzw. der Kostenträgerrechnung und der Einbeziehung der Leistungsseite möglich. Des Weiteren empfiehlt sich zumindest für die Einführungsphase einer Kostenrechnung eine nicht zu differenzierte Ausgestaltung der Kostenartenrechnung.

# A.5 Kostenstellenrechnung

## A.5.1 Zweck der Kostenstellenrechnung

**Beispiel:**

Der Leiter des Stadttheaters stellt fest, dass sich die Kosten innerhalb eines Jahres um 15 % erhöht haben. Er will jetzt wissen, wo sie entstanden sind und wer dafür verantwortlich ist.

Zur Beantwortung der Frage werden Kostenstellen gebildet, denen die in der Kostenartenrechnung erfassten Kosten zugewiesen werden. Kostenstellen sind Abteilungen oder betriebliche Teilbereiche, die als selbstständige Abrechnungsbereiche angesehen werden, d.h. es werden hier die Kosten erfasst, ausgewiesen und meist auch geplant und kontrolliert. Der für die Kostenstelle Verantwortliche, der Kostenstellenleiter, muss die Abweichungen erklären oder rechtfertigen. Daneben besteht auch die Möglichkeit, verschiedene Kostenstellen, die vergleichbare Leistungen/Produkte erstellen, intern zu vergleichen (z.B. verschiedene Kindergärten, einzelne Außenstellen eines dezentral organisierten Bürgeramtes, mehrere Betriebshöfe einer Gemeinde). Für das **Controlling** ist die Kostenstellenrechnung erforderlich, um Ausmaß und Ursachen von Unwirtschaftlichkeiten zu erkennen. Deshalb ist für jede Kostenstelle ein Abgleich zwischen geplanten und tatsächlich aufgetretenen Kosten durchzuführen und vom Kostenstellenleiter zu erklären.

Die Kostenstellenrechnung hat vor allem folgende Aufgaben:

(1) Sammlung der Kosten als Bindeglied zur Kostenträgerrechnung und Weiterverrechnung auf andere Kostenstellen,

(2) Ermittlung der Kalkulationssätze für die Verrechnung von Gemeinkosten auf Kostenträger, wenn in der Kostenstellenrechnung die Gemeinkosten gesondert ausgewiesen werden,

(3) Aufzeichnung, an welchen Stellen im Betrieb die Kosten entstanden sind (Orte der Kostenentstehung),

(4) Überwachung der Aktivitäten in den einzelnen Kostenstellen hinsichtlich ihrer Wirtschaftlichkeit und der Einhaltung des Kostenbudgets.

MERKE: Kostenstellen sind selbständig abzurechnende Abteilungen oder Bereiche, in denen Kosten anfallen. Die Kostenstellenrechnung beantwortet die Frage, wo die Kosten in einer bestimmten Höhe entstanden sind. Der Leiter der Kostenstelle ist grundsätzlich für die Wirtschaftlichkeit seiner Kostenstelle verantwortlich.

### A.5.2 Bildung von Kostenstellen

Unter einer Kostenstelle wird grundsätzlich ein nach funktionalen, organisatorischen oder räumlichen Gesichtspunkten abgegrenzter Leistungs- bzw. Verantwortungsbereich verstanden, dem die von ihm verursachten Kosten zugeordnet werden. Dokumentiert wird die Kostenstellenbildung im **Kostenstellenplan**, in dem neben der Kostenstellenbezeichnung und Beschreibung zumindest auch der Kostenstellenverantwortliche ausgewiesen werden sollte.

Für Gliederung eines Betriebes in Kostenstellen ist es wichtig, dass

- eine eindeutige Zuordnung der Kosten zu den Kostenstellen möglich ist,
- eine eindeutige Beziehung zwischen den Leistungen, die in einer Kostenstelle erstellt werden, und den in den Kostenstellen verursachten Kosten besteht,
- eine Identität zwischen Kostenstelle und Verantwortungsbereich vorliegt, um eine wirksame Kostenkontrolle zu gewährleisten sowie
- das Wirtschaftlichkeitsprinzip beachtet wird, d.h. dass sich die Kostenstelleneinteilung an Nutzen und Aufwand orientieren sollte.

Bei der Bildung von Kostenstellen ist zu berücksichtigen, dass die sich an die Kostenstellenrechnung anschließende Kostenträgerrechnung erleichtert wird. Weiterhin sind für gleiche Teilbetriebe auch gleiche Kostenstellenpläne zu entwickeln, um Betriebsvergleiche zu ermöglichen. Ansonsten ist man im Hinblick auf die Abgrenzung der Kostenstellen relativ frei. Bei erstmaliger Kostenstellenbildung wird empfohlen, eher eine grobe Gliederung zu verwenden.

Bezüglich der Anzahl der Kostenstellen besteht das Problem, dass sich zwar mit zunehmender Differenzierung der Kostenstellen die Genauigkeit der Kalkulation erhöht, der Arbeitsaufwand aber entsprechend steigt (**Wirtschaftlichkeit der Kostenrechnung**). Die o.g. Forderungen stellen Grundsätze dar, die jedoch nicht gleichzeitig in vollem Umfang erfüllt werden können. Insofern ist bei der Kostenstellenbildung ein Kompromiss zu suchen, um eine zufriedenstellende Erfüllung aller Grundsätze zu erreichen. Eine allgemeingültige Kostenstelleneinteilung kann es nicht geben. Für die konkrete Umsetzung existieren verschiedene Ansatzpunkte. Häufig erfolgt bei der Kostenstellenbildung eine Orientierung nach

#### (1) betrieblichen Funktionen (Tätigkeitsbereichen)

Diese Form der Kostenstelleneinteilung kommt oft in Produktionsbetrieben zur Anwendung. Dabei werden i.d.R. vier klassische Funktionsbereiche unterschieden:

- Beschaffungs- bzw. Materialbereich (Einkauf, Lager für Vorräte),
- Fertigungsbereich (Werkstätten wie Schlosserei, Dreherei, Lackiererei, Montage),

- Verwaltungsbereich (Rechnungswesen, Controlling, Personalwesen, Organisation, Revision) und
- Vertriebsbereich (Verkauf, Versand, Kundendienst, Lager für Fertigerzeugnisse).

In Gebietskörperschaften kommen für diese Einteilung Bereiche in Frage, die Güter oder Dienstleistungen in ein- oder mehrstufigen Fertigungsprozessen erstellen, wie z.B. Baubetriebshöfe, Abwasserbeseitigungsbetriebe, Druckereien oder Wasserwerke. Die Einteilung ermöglicht eine differenzierte Zuschlagskalkulation im Rahmen der Kostenträgerrechnung, die u.a. bei der Ermittlung von Herstellungskosten (vgl. § 255 Abs. 2 HGB) Anwendung findet.

### (2) Verantwortungsbereichen

Damit die Kostenstellenrechnung ihrer Kontrollaufgabe gerecht werden kann, ist es notwendig, dass sich die Kostenstellen mit den Verantwortungsbereichen decken. Mehrere Kostenstellen können hierbei auch zu einem Verantwortungsbereich zusammengefasst werden. Verantwortungsbereich in einer öffentlichen Verwaltung kann z.B. ein Fachbereich, eine einzelne Abteilung oder ein einzelnes Sachgebiet sein. Dabei bildet das jeweilige Behördenorganigramm die Grundlage für die Kostenstellenbildung.

Im Regelfall eignen sich Abteilungen als Kostenstellen. Die feinste Gliederung liegt vor, wenn die einzelnen Arbeitsplätze selbst Kostenstellen bilden. Es kommt also darauf an, mit welcher Genauigkeit die Kostenstruktur abgebildet werden soll.

### (3) betrieblichen Leistungsarten (Produktbereiche, -gruppen, Produkte)

Die Bildung von Kostenstellen nach den betrieblichen Leistungsarten führt zu einer Übereinstimmung von Kostenstelle und Produktbereich, -gruppe oder Produkt als Kostenträger. Man spricht auch von produktorientierter Kostenstellenbildung. Die Bildung von Kostenstellen kann somit mit einer produktorientierten Teilplanung und Teilrechnung übereinstimmen, wenn in der Kostenstellenrechnung nicht nur Kostenträgergemeinkosten sondern auch die Kostenträgereinzelkosten berücksichtigt werden.

### A.5.3 Kostenstellengruppierung

Nach **verrechnungstechnischen** Gesichtspunkten gibt es folgende Einteilung:

#### (1) Endkostenstellen

Auf Endkostenstellen werden die Kosten für Leistungen erfasst, die überwiegend an externe Abnehmer (Kunden, andere Betriebe) abgegeben werden. Endkostenstellen erbringen keine Leistungen mehr für andere Kostenstellen und werden damit auch nicht auf andere Kostenstellen weiterverrechnet.

#### (2) Vorkostenstellen

Auf Vorkostenstellen werden die Kosten (Vorleistungen) erfasst, die in die Leistungen der Endkostenstellen einfließen. Deshalb werden im Rahmen der Umlagerechnung (Sekundärkostenrechnung, vgl. Kap A.5.6) die Kosten der Vorkostenstellen mit Hilfe von Verrechnungsschlüsseln vollständig auf die Endkostenstellen verteilt. Diese Verteilung wird häufig auch als **innerbetriebliche Leistungsverrechnung** bezeichnet.

Nach **leistungs- bzw. produktionstechnischen** Kriterien lassen sich die **Kostenstellen** einteilen in:

#### (1) Hauptkostenstellen

In diesen Kostenstellen werden Kosten für die Leistungen abgebildet, die sich direkt aus dem Betriebszweck ergeben. In den Hauptkostenstellen wird somit das eigentliche Leistungsspektrum des Betriebes abgebildet.

#### (2) Nebenkostenstellen

Nebenkostenstellen nehmen die Kosten der Leistungsbereiche auf, die nicht dem eigentlichen bzw. definierten Betriebszweck dienen und deshalb nicht in die Kalkulation der betrieblichen Produkte einfließen dürfen oder sollen, aber ständig anfallen. Es handelt sich hier i.d.R. um die Kosten für Aufgaben, die aus organisatorischen oder fachtechnischen Gründen neben den Hauptleistungen erbracht werden. Typische kommunale Anwendungsbeispiele sind u.a. eine Gastronomie im Hallenbad oder die Pflege von Gräbern im Friedhofs- und Bestattungswesen.

#### (3) Allgemeine Kostenstellen

Allgemeine Kostenstellen dienen dem Gesamtbetrieb, d.h. die Weiterverrechnung dieser Kosten erfolgt auf fast alle nachgelagerten Kostenstellen. Es handelt sich z.B. um die Kostenstellen Grundstück und Gebäude sowie Verwaltung.

Der Kostenstelle „**Grundstück und Gebäude**" sind alle gebäudeabhängigen Kosten zuzuordnen. Hierunter fallen insbesondere die Kosten für kalkulatorische

Abschreibungen und Zinsen, Mieten, Gebäudeunterhaltung und -bewirtschaftung, gebäudebezogene Versicherungen und Abgaben, Gebäudereinigung sowie Hausmeisterkosten. Als Schlüssel für die Umlage wird die $m^2$-Nutzfläche ohne Verkehrs- und Gemeinschaftsflächen empfohlen, womit eine Zuordnung nur auf die der Leistungserstellung zur Verfügung stehenden Flächen erfolgt und die Kosten der allgemein genutzten Flächen anteilmäßig verteilt werden.

Der Kostenstelle „**Verwaltung**" sind die Kosten des allgemeinen Verwaltungsbereichs zuzuordnen, sofern sie nicht einer bestimmten Kostenstelle oder einem bestimmten Produkt/Kostenträger zugeordnet werden können. Sie sammelt insbesondere die Kosten für die Leitung, die interne Organisations- und Personalverwaltung, das interne Rechnungswesen, die interne IT-Betreuung, für interne Poststellen, Sekretariate und Schreibdienste, Personal- oder Betriebsrat sowie für die allgemeine Aus- und Fortbildung. Bei Gebietskörperschaften wird die Kostenstelle Verwaltung meistens nicht als Endkostenstelle geführt, wie es in der klassischen Einteilung eines Produktionsunternehmens der Fall ist, sondern als allgemeine Kostenstelle. Als Schlüssel für die Umlage der Kosten der Kostenstelle Verwaltung empfiehlt sich die Anzahl der Beschäftigten des Leistungsbereiches, da die Verwaltungskosten in erster Linie durch die Zahl der beschäftigten Personen verursacht werden. Der Arbeitsaufwand für Halb- und Ganztagskräfte wird hier als gleich hoch unterstellt. Ebenfalls ist die IT-Betreuung nicht unbedingt von der Regelarbeitszeit der Mitarbeiter abhängig.

### (4) Hilfskostenstellen

Hilfskostenstellen erbringen ihre Vorleistungen nur für bestimmte nachgelagerte Kostenstellen, wobei diese Vorleistungen i.d.R. quantifizierbar und messbar sind. Typische Hilfskostenstellen sind z.B. interne Werkstatt, internes Labor, betriebseigene Tankstelle oder Geschäfts- und Dienstfahrzeuge (Fuhrpark).

Allgemeine Kostenstellen und Hilfskostenstellen stellen Vorkostenstellen dar, Haupt- und Nebenkostenstellen sind Endkostenstellen. Es ergibt sich folgende Zusammenfassung:[45]

[45] In der Literatur ist die Einteilung der Kostenstellen nicht einheitlich. So werden teilweise die Allgemeinen Kostenstellen zu den Hilfskostenstellen gerechnet sowie Verwaltungs- und Vertriebshilfsstellen zu Endkostenstellen (vgl. z.B. Schweitzer/Küpper u.a., Systeme der Kosten- und Erlösrechnung, 11. Aufl. 2016, S. 143).

| **Vorkostenstellen** | | **Endkostenstellen** | |
|---|---|---|---|
| erbringen interne Leistungen für andere Kostenstellen (Betriebsteile) | | erstellen Leistungen (Produkte), die unmittelbar an externe Dritte abgegeben werden | |
| **Allgemeine Kostenstellen** | **Hilfskostenstellen** | **Hauptkostenstellen** | **Nebenkostenstellen** |
| erbringen interne Leistungen für fast alle anderen Kostenstellen (Personalverwaltung, Gebäudebewirtschaftung, technische Abteilung etc.) | erbringen interne Leistungen für eine begrenzte Anzahl anderer Kostenstellen (z.B. Werkstatt, Labor) | erbringen externe Leistungen, die sich aus dem Betriebsziel ergeben (im Rettungswesen z.B. Krankentransporte, Rettungsdiensteinsätze, Notarzteinsätze) | erbringen externe Leistungen, die sich nicht zwingend aus dem Betriebsziel ergeben (z.B. Cafeteria) |

Abbildung 20: Gliederung der Kostenstellen

### A.5.4 Betriebsabrechnungsbogen (BAB)

Die Ausgestaltung der Kostenstellenrechnung ist abhängig vom eingesetzten System der Kostenrechnung (Ist-, Normal- oder Plankostenrechnung sowie Voll- oder Teilkostenrechnung). Die nachfolgenden Ausführungen beziehen sich auf eine Vollkostenrechnung auf Basis der Istkosten, lassen sich aber auch auf die anderen Formen übertragen.

Die Zurechnung der Kostenarten auf die Kostenstellen erfolgt entweder mit Hilfe von Konten für die einzelnen Kostenstellen (z.B. über Kostenstellenkontierungen auf den Kontierungsbelegen) oder in **Matrixform** als sog. Betriebsabrechnungsbogen (BAB). In der Praxis wird am häufigsten der Betriebsabrechnungsbogen verwandt, der in den Zeilen alle Kostenarten und in den Spalten alle Kostenstellen enthält. Maßgebend sind Kostenartenplan und Kostenstellenplan des Betriebes; letzterer entspricht meist der Aufbauorganisation.

Abweichend vom Betriebsabrechnungsbogen in Unternehmen, wo die Einzelkosten dem jeweiligen Kostenträger meist direkt zugeordnet werden, ist es in der öffentlichen Verwaltung üblich, sowohl die Einzel- als auch die Gemeinkosten im BAB zu verteilen. Diese Vorgehensweise ist auch sinnvoll, da die Einzelkosten im Vergleich zu den Gemeinkosten häufig von untergeordneter Bedeutung sind. Des Weiteren sind sämtliche Kosten einer Kostenstelle auf einen Blick erkennbar, was aus controllingorientierter Sicht interessant ist. Eine Trennung von Einzel- und Gemeinkosten ist jedoch erforderlich, wenn in der Kostenträgerrechnung ein Verfahren der Zuschlagskalkulation (vgl. Kap. A.6.2.3) angewandt werden soll.

Üblicherweise werden in der Tabelle des BAB zuerst die Kosten (entweder nur die Gemeinkosten oder die Einzel- und Gemeinkosten) je Kostenart auf die einzelnen Kostenstellen verteilt. Diese Zuordnung von Kostenarten auf Kostenstellen nennt man primäre Kostenverrechnung oder **Primärkostenverrechnung**. Sie stellt den ersten Teil bei Erstellung des BAB dar. In den nachfolgenden Beispielen werden sowohl die Einzel- als auch die Gemeinkosten auf die jeweiligen Kostenstellen verteilt.

MERKE: In den Zeilen werden die Kostenarten gemäß dem betrieblichen Kostenartenplan eingetragen, in den Spalten die Kostenstellen entsprechend dem betrieblichen Kostenstellenplan. Der BAB ist formal richtig, wenn die Zeilensumme des BAB als Summe der Kostenarten der Spaltensumme aller Kosten in den Kostenstellen entspricht. Somit gilt: Zeilensumme gleich Spaltensumme.

Nach der primären Kostenverrechnung werden für jede Kostenstelle die bisher zugeordneten Kosten als Zwischensumme zusammengefasst. Als nächstes erfolgt der zweite Teil bei der Erstellung des BAB, nämlich die sekundäre Kostenverrechnung oder **Sekundärkostenverrechnung**. Dieser zweite Teil bezieht sich auf die Unterscheidung zwischen Vor- und Endkostenstellen. Die Vorkostenstellen erbringen innerbetriebliche Leistungen für andere Kostenstellen, wobei die Leistungen der Vorkostenstellen mit den angefallenen Kosten zu bewerten sind. Ausgehend von der Summe der primären Kosten je Kostenstelle werden die Kostenstellen im zweiten Teil des BAB zusätzlich mit den innerbetrieblichen Leistungen belastet, die sie von anderen Stellen erhalten haben (sekundäre Kosten). Die Gesamtkosten einer Kostenstelle ergeben sich damit als Summe ihrer primären und sekundären Kosten. Die Stellen, die innerbetriebliche Leistungen liefern, werden um die Beträge entlastet, mit denen die empfangenden Stellen belastet wurden. Übrig bleiben letztlich die Endkostenstellen.

Der formale Aufbau des BAB sowie die notwendigen Arbeitsschritte ergeben sich aus der nachfolgenden Übersicht:

| **Kostenstellen / Kostenarten** | **Vorkostenstellen** | | **Endkostenstellen** | |
|---|---|---|---|---|
| | **Allgemeine Kostenstellen** | **Hilfskostenstellen** | **Hauptkostenstellen** | **Nebenkostenstellen** |
| **primäre Kostenarten** | 1. Verteilung der primären Kostenarten auf die Kostenstellen | | | |
| **Zwischensumme** | 2. Ermittlung der Summe der primären Kosten je Kostenstelle | | | |
| **sekundäre Kostenarten** | 3. Verrechnung der Vorkostenstellen auf die Endkostenstellen (innerbetriebliche Leistungsverrechnung) | | | |
| **Gesamtkosten** | 4. Ermittlung der Gesamtkosten der einzelnen Endkostenstellen | | | |

**Beispiel:**[46]

| Betriebsabrechnungsbogen Friedhof | | | | | | | |
|---|---|---|---|---|---|---|---|
| Primäre Kostenverrechnung | Kostenstellen / Kostenarten | Gesamtkosten | Vorkostenstellen | | Endkostenstellen | |
| | | | Verwaltung | Technik | Krematorium | Friedhofshalle |
| | Personalkosten | 6.100.000 | 400.000 | 100.000 | 3.500.000 | 2.100.000 |
| | Sachkosten | 850.000 | 70.000 | 5.000 | 750.000 | 25.000 |
| | Abschreibungen | 800.000 | 20.000 | 30.000 | 500.000 | 250.000 |
| | Kalk. Zinsen | 400.000 | 10.000 | 15.000 | 250.000 | 125.000 |
| | Interne Verrechnungen | 100.000 | 100.000 | - | - | - |
| | | 8.250.000 | 600.000 | 150.000 | 5.000.000 | 2.500.000 |
| Sekundäre Kostenverrechnung | Umlage Kostenstelle Verwaltung | | -600.000 | 50.000 | 275.000 | 275.000 |
| | Umlage Kostenstelle Technik | | | -200.000 | 100.000 | 100.000 |
| | | 8.250.000 | | | 5.375.000 | 2.875.000 |

## Erläuterungen zur Erstellung des obigen BAB:

### 1. Schritt: Primärkostenverrechnung

Alle Kosten (Einzel- und Gemeinkosten) der Kostenartenrechnung wurden den Kostenstellen **direkt** (als Stelleneinzelkosten) oder **indirekt** mithilfe von Verrechnungsschlüsseln (als Stellengemeinkosten) zugeordnet. Für das obige Beispiel sind folgende Zuordnungskriterien gewählt worden:
Personalkosten: direkt nach Lohn- und Gehaltslisten,
Sachkosten: direkt nach Materialentnahmescheinen,
Abschreibungen, kalk. Zinsen: direkt nach den Daten des Anlagenachweises,
Interne Leistungsverrechnung: direkt nach Stundenaufzeichnungen auf die Kostenstelle Verwaltung.

---

[46] Beispiel in Anlehnung an: Klümper/Möllers/Zimmermann, Kommunale Kosten- und Wirtschaftlichkeitsrechnung, 19. Aufl. 2017, S. 231.

**2. Schritt: Sekundärkostenverrechnung**
Die Vorkostenstellen wurden von links beginnend auf die nachfolgenden Kostenstellen umgelegt. Die Verteilung endet, wenn alle Kosten auf den Endkostenstellen erfasst sind. Für das Beispiel wurden folgende Umlageschlüssel gewählt:
Verwaltung: Die Leistungen für die Endkostenstellen sind gleich, für die Vorkostenstelle Technik wurden Tätigkeiten im Wert von 50.000 € erfasst.
Technik: Die Kosten gehen jeweils zu 50 % auf die Endkostenstellen.

Primär- und Sekundärkostenverrechnung werden in den folgenden Kapiteln ausführlicher erläutert.

### A.5.5 Primärkostenverrechnung

Bei der Verteilung der primären Kosten auf die Kostenstellen wird nach primären **Kostenstellen-Einzelkosten** und **Kostenstellen-Gemeinkosten** unterschieden.

**Primäre Kostenstellen-Einzelkosten** (z.B. Gehalt des Kostenstellenleiters, Reparaturrechnung für das Gebäude, Materialkosten) sind Kosten, die einer Kostenstelle anhand von Belegen (Entnahmescheine, Lohn- und Gehaltsbuchungen, Eingangsrechnungen, Bestellungen, Daten lt. Anlagenbuchhaltung) **direkt** zugeordnet werden können. Direkt zurechenbar sind sie, wenn sich die verursachende Kostenstelle auf den Belegen eindeutig nachweisen lässt.

Bei **primären Kostenstellen-Gemeinkosten** (z.B. Raum- oder Energiekosten, Steuern, Versicherungen) ist hingegen eine direkte Zuordnung der Kosten auf eine Kostenstelle nicht möglich, weil sie für mehrere Kostenstellen zugleich anfallen. Eine Zuordnung auf einzelne Kostenstellen kann nur **indirekt** mit Hilfe von sog. **Verteilungsschlüsseln** (Verrechnungsschlüssel) erfolgen. Eine direkte Zuordnung von Energiekosten für ein Gebäude lässt sich jedoch vornehmen, wenn der Verbrauch mithilfe von Ablesegeräten erfasst werden kann.

Feststehende Regeln für die Auswahl von Verteilungsschlüsseln gibt es nicht. Es sollte der Schlüssel ausgewählt werden, der der Kostenverursachung am besten entspricht. Neben dem Prinzip der Kostenverursachung ist auch zu beachten, dass der Verteilungsschlüssel in der Anwendung praktikabel und wirtschaftlich ist.

Die Probleme bei der Zurechnung von Gemeinkosten wachsen mit der Betriebsgröße und den sich daraus ergebenden Organisationsstrukturen, wenn ehemals in den Abteilungen ausgeführte Arbeiten von Zentralabteilungen wahrgenommen werden (z.B. Zentraleinkauf). Damit verringern sich die Einzelkosten in den Abteilungen; zugleich verlagern sich Kosten in den ‚Überbau' (**overhead costs**). Bei einem offensichtlichen Missverhältnis zwischen der direkten Kostenverursachung und der Kostenzurechnung sollte deshalb ein nach Verantwortlichkeiten abgestuftes Abrechnungssystem entwickelt werden.

Die Zuordnung der Gemeinkosten kann nach **Mengen- oder Wertschlüssel** erfolgen. Einige gebräuchliche Mengen- und Wertschlüssel können der folgenden Abbildung entnommen werden:[47]

| Mengenschlüssel | Wertschlüssel |
|---|---|
| **Zählgrößen** (z.B. Anzahl der Buchungen, Anzahl der hergestellten oder abgesetzten Menge, Anzahl der Mitarbeiter)<br>**Zeitgrößen** (z.B. Tage, Monate, Stunden)<br>**Längen- und Raumgrößen** (z.B. Kilometer, Fläche, Rauminhalt)<br>**Gewichtsgrößen** (z.B. Verbrauchs-, Transportgewichte)<br>**Technische Maßgrößen** (z.B. kWh, Kalorien) | **Kostengrößen** (z.B. Personal-, Material-, Herstellkosten)<br>**Umsatzgrößen** (z.B. Waren-, Kreditumsatz)<br>**Bestandsgrößen** (z.B. Bestandswert an Rohstoffen, Zwischen- oder Endprodukten, Anlagenbestandswert)<br>**Verrechnungsgrößen** (z.B. Verrechnungspreise) |

Abbildung 21: Wert- und Mengenschlüssel

Mengenschlüssel sollten den Wertschlüsseln vorgezogen werden, da letztere oft gegen das Verursachungsprinzip verstoßen. Außerdem ist zu berücksichtigen, dass Wertschlüssel bei Preisänderungen angepasst werden müssen. In einzelnen Fällen werden Schlüssel herangezogen, die Gewichtungen beinhalten. So kann man beispielsweise bei der Verteilung von Reinigungskosten neben der Fläche auch Gewichtungsfaktoren für den Verschmutzungsgrad und die Bodenbeschaffenheit heranziehen. Solche Schlüssel, die Gewichtungsfaktoren beinhalten, werden **Äquivalenzziffern** genannt. Da Äquivalenzziffern im Rahmen der Kostenträgerrechnung eine größere Rolle spielen als in Verbindung mit der Kostenstellenrechnung, werden sie erst im Rahmen der Kostenträgerrechnung dargestellt (vgl. Kap. A.6).

### A.5.6 Sekundärkostenverrechnung

Bei der Verrechnung der Vorkostenstellen auf die Endkostenstellen wird ebenso wie bei der Primärkostenverrechnung zwischen Stelleneinzel- und Stellengemeinkosten unterschieden. **Sekundäre Kostenstellen-Einzelkosten** lassen sich direkt von den Vorkostenstellen auf die empfangenden Kostenstellen verteilen, bei **sekundären Kostenstellen-Gemeinkosten** ist wiederum nur eine Verteilung mit Hilfe von Verrechnungsschlüsseln möglich. Für die Sekundärkostenverrechnung kommen teilweise die gleichen Verrechnungsschlüssel wie bei der Primärkostenverrechnung in Frage, was die folgende Übersicht zeigt:

[47] In Anlehnung an: Schweitzer/Küpper u.a., Systeme der Kosten- und Erlösrechnung, 11. Aufl. 2016, S. 149.

| Kostenstelle | Verrechnungsschlüssel |
|---|---|
| Verwaltungsabteilung | Anzahl der Beschäftigten in den einzelnen Kostenstellen |
| Gebäude | qm der genutzten Fläche |
| Einkauf | Anzahl Bestellungen, Rechnungen, Angebote |
| Lager | Mengen- oder wertmäßiger durchschnittlicher Lagerbestand oder beanspruchte Lagerfläche in $m^2$ bzw. Lagerraum in $m^3$, ltr. oder hltr. |
| Werkstatt | geleistete Arbeitsstunden |
| Materialprüfung/Labor | Anzahl Proben oder Analysen |
| Finanzbuchhaltung | Anzahl Buchungen |
| Hausdruckerei | Anzahl der Kopien |

Abbildung 22: Verrechnungsschlüssel Sekundärkostenverrechnung

Die sekundäre Kostenverrechnung (auch als **innerbetriebliche Leistungsverrechnung** oder **Umlagerechnung** bezeichnet) gestaltet sich oft schwierig, da zwischen den Kostenstellen häufig ein ständiger wechselseitiger Leistungsaustausch stattfindet. So erstellen Vorkostenstellen nicht nur Leistungen für sich selbst und für andere Kostenstellen, sondern erhalten auch Leistungen von den anderen Vorkostenstellen. Ohne eine genaue innerbetriebliche Leistungsverrechnung kann keine verursachungsgerechte Ermittlung der Selbstkosten der Kostenträger ermittelt werden. Da selbsterstellte Produkte teilweise in der Bilanz zu **aktivieren** sind, ist die genaue Ermittlung auch aus bilanzieller Sicht notwendig. Letztlich ist hier wieder die Wirtschaftlichkeit der erbrachten Leistungen nachzuweisen, da innerbetriebliche Leistungen im Regelfall von außerhalb des Betriebes bezogen werden können (Inanspruchnahme von Fremdleistungen). Die innerbetriebliche Leistungsverrechnung kann mittels einer Reihe verschiedener Verfahren durchgeführt werden. Im Folgenden werden drei Verfahren beschrieben, nämlich das

- Anbau- oder Blockverfahren,
- Stufenleiter- oder Treppenverfahren,
- Gleichungssystem- oder simultanes Verfahren.

**Beispiel:**

Der vereinfachte Betriebsabrechnungsbogen des Produktbereiches „Friedhof" enthält die Vorkostenstellen Verwaltung und Technik und die Endkostenstellen Friedhofshalle und Krematorium. Leistungseinheiten in der Vorkostenstelle Verwaltung sind die geleisteten Arbeitsstunden. In der Kostenstelle Technik werden Wärmeeinheiten erzeugt, die der Beheizung der Gebäude und der Warmwasserbereitung dienen. In den einzelnen Kostenstellen sind Verbrauchsmesser installiert; sie ergeben in Summe die Leistungsmengen, die von der Vorkostenstelle Technik erzeugt worden sind.

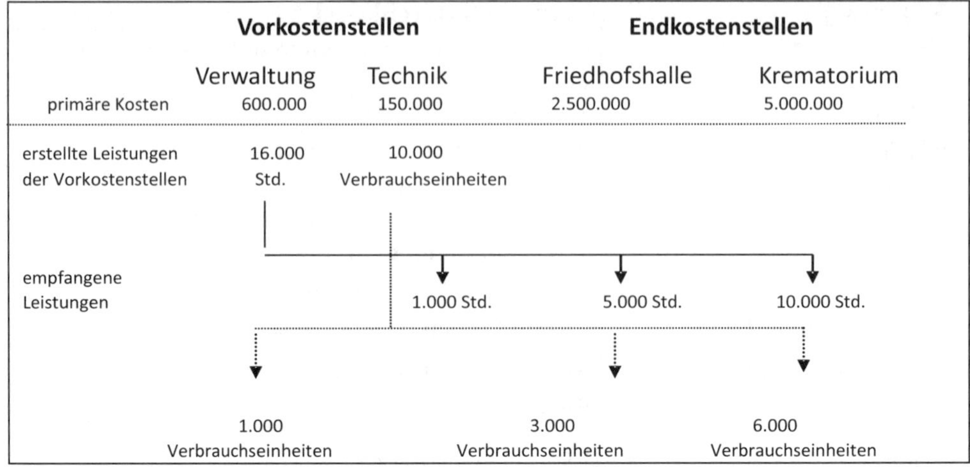


### A.5.6.1 Anbauverfahren

Beim Anbauverfahren werden die Kosten der Vorkostenstellen ausschließlich auf die Endkostenstellen verteilt. Wechselseitige Liefer- oder Dienstleistungsbeziehungen zwischen Vorkostenstellen werden nicht berücksichtigt, so dass das Verfahren nur grobe Näherungswerte liefert. Es wird jeweils ein Verrechnungspreis gebildet, der sich aus den primären Kostenstellenkosten dividiert durch die Summe der an die Endkostenstellen abgegebenen Leistungseinheiten ergibt.

Die Verrechnungssätze im Anbauverfahren errechnen sich somit wie folgt:

$$\text{Verrechnungssatz der Kostenstelle} = \frac{\sum \text{primäre Kosten der Kostenstelle}}{\sum \text{Leistungsabgabe an Endkostenstellen}}$$

Im Berechnungsbeispiel werden die Beziehungen

| | | | | |
|---|---|---|---|---|
| | Verwaltung | an | Technik | 1.000 Stunden |
| und | Technik | an | Verwaltung | 1.000 Verbrauchseinheiten |

vernachlässigt. Die primären Kosten der Verwaltung in Höhe von 600.000 € beziehen sich daher nur auf die 15.000 Std., die für die Endkostenstellen erbracht worden sind, die primären Kosten der Technik in Höhe von 150.000 € nur auf die 9.000 Verbrauchseinheiten, die für die Endkostenstellen erbracht worden sind.

Die Kosten für eine Verwaltungsstunde betragen

$$\frac{600.000\ €}{15.000\ \text{Std.}} = 40{,}00\ €/\text{Std.}$$

Die Kosten für eine Verbrauchseinheit (VE) betragen

$$\frac{150.000\ €}{9.000\ \text{VE}} = 16{,}6667\ €/\text{VE}$$

Durch Multiplikation mit den an die jeweilige Endkostenstelle geleisteten Arbeitsstunden bzw. Verbraucheinheiten ergibt sich folgender verkürzter BAB (die Spalte „Gesamtkosten“ wurde zur vereinfachten Darstellung weggelassen):

| **Kostenstellen** / **Kostenarten** | **Vorkostenstellen** | | **Endkostenstellen** | |
|---|---|---|---|---|
| | Verwaltung | Technik | Friedhofs-halle | Kremato-rium |
| primäre Kosten | 600.000 | 150.000 | 2.500.000 | 5.000.000 |
| sekundäre Kostenverrechnung Verwaltung | -600.000 | | 200.000 | 400.000 |
| sekundäre Kostenverrechnung Technik | | -150.000 | 50.000 | 100.000 |
| Gesamtkosten | | | 2.750.000 | 5.500.000 |

Im Ergebnis bleibt festzustellen, dass sich das Anbauverfahren nur dann anbietet, wenn zwischen den Vorkostenstellen keine oder nur geringe Leistungsbeziehungen bestehen.

### A.5.6.2 Stufenleiterverfahren

Das Stufenleiterverfahren berücksichtigt zusätzlich innerbetriebliche Leistungen der Vorkostenstellen untereinander. Es bietet sich an, wenn die Vorkostenstellen derart angeordnet werden können, dass am Anfang der Reihe Abrechnungsbereiche stehen, die möglichst viele der nachgeordneten Stellen beliefern, ihrerseits aber von den folgenden keine oder nur geringwertige Leistungen erhalten. Bei wechselseitigen Liefer- oder Dienstleistungsbeziehungen wird die Reihenfolge durch eine Hilfsrechnung bestimmt, wobei der Wert einer Leistungsbeziehung durch Aufteilung der primären Kostenstellenkosten der abgebenden Kostenstelle berechnet wird.

Die Verrechnungssätze im Stufenleiterverfahren errechnen sich wie folgt:

$$\text{Verrechnungssatz Kostenstelle} = \frac{\sum \text{primäre+sekundäre Kosten der Kostenstelle}}{\sum \text{Leistungsabgabe an nachgelagerte Kostenstellen}}$$

Auf das Beispiel bezogen können nur die 1.000 Stunden berücksichtigt werden, die die Verwaltung für die Kostenstelle Technik erbringt. Die Leistungsbeziehungen zwischen der Kostenstelle Technik und der Verwaltung werden nicht abgebildet, da sie einen geringeren Wert aufweisen. Pro Stunde errechnen sich

$$\frac{600.000\ €}{16.000\ \text{Std.}} = 37{,}50\ €/\text{Std.}$$

Der Wert der Leistungen Verwaltung an Technik beträgt 37,50 € · 1000 Stunden = 37.500 €. Der Wert der Leistungen Technik an Verwaltung ist geringer, er beträgt 15 € · 1000 = 15.000 €. Die Vorkostenstelle Verwaltung ist damit wichtiger (der Verteilungsfehler ist geringer) und steht an erster Stelle.

Durch Multiplikation des Stundensatzes mit den an die nachfolgenden Kostenstellen geleisteten Arbeitsstunden ergibt sich die Umlage für die Vorkostenstelle Verwaltung. Die Verteilung der Kosten der Vorkostenstelle Technik erfolgt wie beim Anbauverfahren auf die Endkostenstellen. Die Reihenfolge der Endkostenstellen kann beliebig gewählt werden, da zwischen Endkostenstellen keine Leistungsbeziehungen bestehen.

| **Kostenstellen** / **Kostenarten** | **Vorkostenstellen** | | **Endkostenstellen** | |
|---|---|---|---|---|
| | Verwaltung | Technik | Friedhofshalle | Krematorium |
| primäre Kosten | 600.000 | 150.000 | 2.500.000 | 5.000.000 |
| sekundäre Kostenverrechnung Verwaltung | -600.000 | 37.500 | 187.500 | 375.000 |
| sekundäre Kostenverrechnung Technik | | -187.500 | 62.500 | 125.000 |
| Gesamtkosten | | | 2.750.000 | 5.500.000 |

Kennzeichnet man die Verrechnungsrichtung durch entsprechende Pfeile, ergibt sich im BAB folgendes Bild, das einer Stufe bzw. Treppe ähnelt:

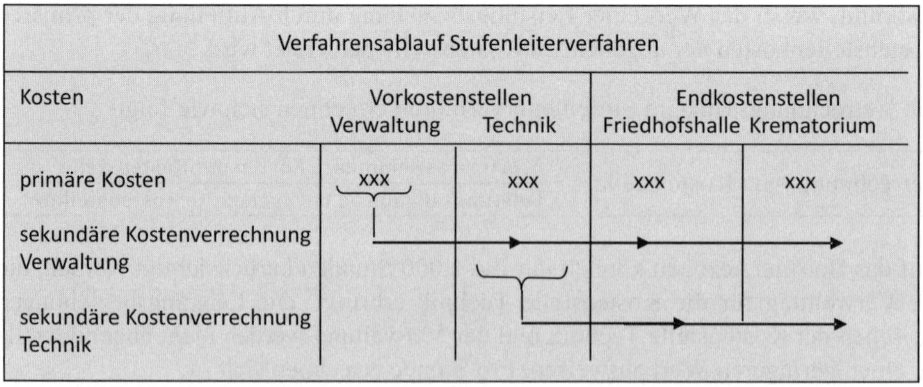

| Verfahrensablauf Stufenleiterverfahren | | | | |
|---|---|---|---|---|
| Kosten | Vorkostenstellen | | Endkostenstellen | |
| | Verwaltung | Technik | Friedhofshalle | Krematorium |
| primäre Kosten | xxx | xxx | xxx | xxx |
| sekundäre Kostenverrechnung Verwaltung | | | | |
| sekundäre Kostenverrechnung Technik | | | | |

Die innerbetriebliche Leistungsverrechnung erfolgt beim Stufenleiterverfahren nur in eine Richtung, und zwar von links nach rechts, wenn die Vorkostenstellen im BAB links vor den Endkostenstellen angeordnet sind. Das in der Praxis oft verwendete Verfahren stellt ein Näherungsverfahren dar, hat aber den Nachteil, dass beim Bestehen von nennenswerten wechselseitigen Leistungsbeziehungen zwischen den Vorkostenstellen keine verursachungsgerechte Kostenverrechnung möglich ist.

### A.5.6.3 Gleichungssystemverfahren

Beim Gleichungssystemverfahren werden sämtliche Liefer- bzw. Dienstleistungsbeziehungen zwischen den Vorkostenstellen berücksichtigt. Die Ermittlung erfolgt durch ein System linearer Gleichungen. Die Unbekannten (Variablen) dieses Gleichungssystems entsprechen den Verrechnungssätzen, die Anzahl der Gleichungen der Anzahl der Vorkostenstellen (im Beispiel die Kostenstellen Verwaltung und Technik). Das Gleichungssystemverfahren führt unabhängig von der Struktur der Leistungsbeziehungen stets zur exakten Lösung.

Für die Leistungen der beiden Vorkostenstellen müssen zunächst die Kostenverrechnungssätze bestimmt werden. Die Ermittlung der Verrechnungspreise, die die unbekannten Größen darstellen, ergibt sich wie folgt: Für jede Kostenstelle muss der Kostenwert der von ihr erbrachten Leistungen gleich der Summe aus den primären und sekundären Kosten der Kostenstelle sein. Die linke Seite der Gleichung erfasst den **Gesamtwert der Leistungszuflüsse** (Input) für jede Kostenstelle, der sich aus den primären Stellenkosten sowie den von anderen Kostenstellen bezogenen Leistungen bewertet mit den gesuchten Verrechnungspreisen ergibt. Die rechte Seite umfasst den **Gesamtwert der Leistungsabflüsse** (Output) als Produkt aus der gesamten Leistungsmenge und dem gesuchten Verrechnungspreis für die Leistung der Kostenstelle.

---

**MERKE:** primäre Stellenkosten + Wert der bezogenen Leistungen = gesamter Wert der abgegebenen Leistungen oder
Gesamtwert der zufließenden Leistungen = Gesamtwert der abfließenden Leistungen oder Wert des Inputs = Wert des Outputs.

---

Die primären Kosten für die Vorkostenstelle Verwaltung betragen 600.000 €, dieser Betrag erhöht sich um die Kosten für die zugeflossenen 1.000 Verbrauchseinheiten $k_t$ von der Kostenstelle Technik. Von der Vorkostenstelle Verwaltung wurden 16.000 Arbeitsstunden erbracht, die mit dem Stundenverrechnungssatz $k_v$ zu multiplizieren sind.

$600.000 + 1.000\ k_t = 16.000\ k_v$

Die primären Kosten für die Vorkostenstelle Technik betragen 150.000 €, dieser Betrag erhöht sich um die Kosten für die zugeflossenen 1.000 Arbeitsstunden $k_v$ von der Kostenstelle Verwaltung. Von der Vorkostenstelle Technik wurden 10.000 Verbrauchseinheiten erbracht, die mit dem Verrechnungssatz pro Verbrauchseinheit $k_t$ zu multiplizieren sind.

$150.000 + 1.000\ k_v = 10.000\ k_t$

Zur Lösung werden die beiden Formeln mathematisch auf die Null-Form gebracht:

I. $600.000 + 1.000\ k_t - 16.000\ k_v = 0$
II. $150.000 + 1.000\ k_v - 10.000\ k_t = 0$

mit $k_v$ = Kosten pro Arbeitsstunde Verwaltung
mit $k_t$ = Kosten pro Verbrauchseinheit Technik

Nach dem Lösen des Gleichungssystems mit zwei Unbekannten nach den gängigen Verfahren (Additions-, Subtraktions- oder Einsetzungsmethode) ergibt sich folgender BAB mit den Verrechnungssätzen:

$k_v = 38{,}68 \quad k_t = 18{,}87$

| **Kostenstellen** / **Kostenarten** | **Vorkostenstellen** | | **Endkostenstellen** | |
|---|---|---|---|---|
| | Verwaltung | Technik | Friedhofshalle | Krematorium |
| primäre Kosten 8.250.000 | 600.000 | 150.000 | 2.500.000 | 5.000.000 |
| Kostenumlage der Vorkostenstellen untereinander: Leistungen von Verwaltung an Technik | -38.680 (1000 · 38,68) | +38.680 (1000 · 38,68) | | |
| Leistungen von Technik an Verwaltung | +18.870 (1.000 · 18,87) | -18.870 (1.000 · 18,87) | | |
| Kosten nach Umlage zwischen Vorkostenstellen | 580.190 | 169.810 | 2.500.000 | 5.000.000 |
| Sekundärkostenverrechnung zwischen Vor- und Endkostenstellen: | -580.190 | | 193.400 (5.000 · 38,68) | 386.800 (10.000 · 38,68) |
| | | -169.810 | 56.610 (3.000 · 18,87) | 113.220 (6.000 · 18,87) |
| Insgesamt 8.250.000 | | | 2.750.010 | 5.500.020 |

Kleinere Ungenauigkeiten in der Beispielsrechnung ergeben sich durch Rundungsdifferenzen bei den Zwischenergebnissen. Die rechnerische Richtigkeit der Leistungsverrechnung lässt sich dadurch nachweisen, dass die Summe der primären Kosten mit den Kosten auf den Endkostenstellen nach Durchführung der innerbetrieblichen Leistungsverrechnung verglichen wird. Diese Probe sollte stets unabhängig vom angewandten Verfahren durchgeführt werden.

Bei mehr als zwei Vorkostenstellen im BAB bietet sich die Matrix-Schreibweise an, die Lösung erfolgt mit Hilfe von Algorithmen zur Lösung von linearen Gleichungssystemen (z.B. Determinantenmethode, Simplex-Algorithmus, Matrizenrechnung). Geeignete Standardsoftware zur Lösung von Gleichungssystemen ist verfügbar.[48] Im Gegensatz zum Stufenleiterverfahren ist es beim Gleichungsverfahren unerheblich, in welcher Reihenfolge die Kostenstellen verrechnet werden und wie sie miteinander verflochten sind.

### A.5.7 Kostenmanagement auf der Kostenstellenebene

Erst die Kostenstellenrechnung ermöglicht mit der Zuordnung der in der Kostenartenrechnung erfassten Kosten auf die „Orte der Kostenentstehung“ eine Überwachung und Kontrolle der **Wirtschaftlichkeit der Leistungserstellung** in einzelnen Verantwortungs- bzw. Leistungsbereichen. Deshalb wird die Kostenrechnung in der Einführungsphase häufig in einem ersten Schritt nur bis zur Kostenstellenrechnung ausgebaut. Die in einer Kostenstelle ermittelten Gesamtkosten geben den Ressourcenverbrauch für die von dieser Kostenstelle erbrachten Leistungen wieder. Daraus ergeben sich Anhaltspunkte für eine Beurteilung der Wirtschaftlichkeit der Leistungserstellung in der jeweiligen Kostenstelle, und zwar nicht nur in den Endkostenstellen, sondern auch in den Vorkostenstellen. So lassen sich u.a. durch einen Vergleich der geplanten mit den tatsächlich entstandenen Kosten kostenstellenbezogene Abweichungen ermitteln, die Ansätze zur Optimierung der Wirtschaftlichkeit aufzeigen. Dies setzt allerdings voraus, dass auch pro Kostenstelle und Kostenart geplant wird. Des Weiteren ergibt sich im Rahmen der Kostenstellenrechnung die Möglichkeit, einige Kostenstellen mit ähnlichen Leistungen sowohl betriebsintern als auch betriebsextern zu vergleichen (z.B. einzelne Friedhöfe in unterschiedlichen Stadtbezirken, in unterschiedlichen Städten oder in kirchlicher Trägerschaft). Analog zur Wirtschaftlichkeitskontrolle auf der Kostenartenebene ist allerdings zu beachten, dass sich kein Nachweis für wirtschaftliches oder unwirtschaftliches Handeln ableiten lässt. Dies ist erst unter Berücksichtigung der Leistungsseite im Rahmen der Kostenträgerrechnung möglich. Aus der Kostenstellenrechnung können sich aber erste Erkenntnisse zur Wirtschaftlichkeit von Vorleistungen ergeben.

[48] Die Durchführung des Gleichungsverfahrens mit einer Matrizenrechnung in Excel ist u.a. dargestellt in: Friedl/Hofmann/Pedell, Kostenrechnung, 3. Aufl. 2017, S. 130 ff.

Die in der Kostenstellenrechnung vorgenommene Zuordnung eines Kostenstellenverantwortlichen ist eine unabdingbare Voraussetzung für ein Kostenmanagement. Wirtschaftliches Handeln setzt neben der Kenntnis der Kostensituation auch die eindeutige **Zuordnung der Kostenverantwortung** voraus. Nur so können Optimierungspotenziale genutzt und Verbesserungsvorschläge umgesetzt werden. Hier ist zu beachten, dass der jeweilige Kostenstellenverantwortliche i.d.R. nur die der Kostenstelle direkt zugeordneten Einzelkosten unmittelbar beeinflussen kann. Es empfiehlt sich, die Kostenstellen so abzugrenzen, dass möglichst Kostenstelleneinzelkosten vorliegen. Allerdings sollte dies nicht zu einer so differenzierten Ausgestaltung der Kostenstellenrechnung führen, dass sich der Aufwand für die Verbuchung der Primärkosten unter wirtschaftlichen Gesichtspunkten nicht mehr vertreten lässt. Dies gilt insbesondere für die Phase der Einführung einer Kostenrechnung.

# A.6 Kostenträgerrechnung

## A.6.1 Aufgaben der Kostenträgerrechnung

In der Kostenträgerrechnung als dritter und letzter Stufe der Kostenrechnung erfolgt die Zurechnung der in der Kostenartenrechnung erfassten und über die Kostenstellenrechnung weiter verrechneten Kosten auf Kostenträger. Es wird die Frage beantwortet, **wofür** Kosten angefallen sind bzw. anfallen werden. Die Kostenträgerrechnung dient der

- Ermittlung von Selbstkostenpreisen und Preisuntergrenzen,
- Bewertung der Bestände von fertigen und unfertigen Erzeugnissen,
- Bewertung der aktivierten Eigenleistungen,
- Ermittlung des Erfolgs von Erzeugnissen durch Gegenüberstellung von Kosten und Erlösen.

Die hergestellten Güter oder Dienstleistungen werden **Kostenträger** genannt und können End- oder auch innerbetriebliche Zwischenprodukte sein. Der Begriff Kostenträger wird gewählt, weil er allgemeiner ist als der Begriff Produkt; er umfasst auch Produktgruppen oder nur Messgrößen, wie z.B. Kosten je km oder Kosten je Arbeitsstunde. Kostenträger sind jene betrieblichen Leistungen, die den Güterverzehr ausgelöst haben und demzufolge die Kosten „tragen“ sollen. Die nachfolgende Tabelle enthält Beispiele für Kostenträger im kommunalen Bereich:

| | **Kostenträger, Leistungseinheit** |
|---|---|
| Abfallbeseitigung | Leerung einer Mülltonne einer bestimmten Größe |
| Grünflächenabteilung | Quadratmeter Grünfläche |
| Wasserversorgung | Kubikmeter Frischwasser |
| Abwasserentsorgung | Kubikmeter Frischwasser, (befestigte) Grundstücksfläche |
| Druckerei | Druckaufträge |
| Krankenhaus | Pflegetage je Patient |
| Alten- und Pflegeheim | Pflegetage |
| Kindertagesstätte | Platz pro Monat |
| Rechnungsprüfung | Prüftage |
| Einwohnermeldewesen | Antrag, Bearbeitung einer Anfrage |
| Rettungsdienst | Fahrzeugeinsätze |

Abbildung 23: Kostenträger im kommunalen Bereich

Die Kostenträgerrechnung ist in Betrieben der Massenfertigung weniger gleichartiger Erzeugnisse verhältnismäßig einfach. Hier werden die gesamten in einer Abrechnungsperiode entstandenen Kosten auf die in dieser Periode hergestellten Leistungseinheiten verrechnet. Die Kostenzuordnung wird jedoch umso schwieriger, je mehr verschiedenartige Erzeugnisse gleichzeitig erstellt werden, wie das z.B. im Dienstleistungssektor der Fall ist. Hier ist häufig eine Trennung zwischen Kostenstellen und Kostenträgern nicht so einfach möglich, weshalb auch zwischen Prozessen und Kostenträgern unterschieden wird (vgl. Kap. A.7 zur Prozesskostenrechnung). Da die einzelnen Erzeugnisse unterschiedlich hohe Kosten haben, müssen die Kostenträgerrechnungen auf die einzelnen Erzeugnisse (Produkte) oder Erzeugnisgruppen (Produktgruppen) abgestellt werden.

Die Kostenträgerrechnung kann entweder zeitbezogen oder stückbezogen durchgeführt werden. Man unterscheidet deshalb

- Kostenträger**zeit**rechnung (kurzfristige Betriebsergebnisrechnung) und
- Kostenträger**stück**rechnung (Kalkulation der Herstellkosten und Selbstkosten).

Betrachtet man die Kosten, die eine Produktart in der Abrechnungsperiode hervorgerufen hat, dann spricht man von der **Kostenträgerzeitrechnung**. Hier werden die Kosten für die in einem Zeitraum erstellte Menge einer bestimmten Produktart oder Erzeugnisgruppe ermittelt und den Erlösen gegenübergestellt. Die Kostenträgerzeitrechnung stellt konzeptionell eine zeitraumbezogene **interne** Erfolgsrechnung zur Kontrolle der Rentabilität und Wirtschaftlichkeit einer Produktart oder Erzeugnisgruppe dar. Im Unterschied zur externen handelsrechtlichen Gewinn- und Verlustrechnung wird sie in kürzeren Zeitabständen (meist monatlich) nach dem **Gesamtkosten- oder Umsatzkostenverfahren** erstellt und beschränkt sich auf die Darstellung des betrieblichen Erfolgs (also ohne neutrale Aufwendungen und Erträge).[49]

---

MERKE: Die Kostenträgerzeitrechnung (kurzfristige Erfolgsrechnung) stellt den gesamten Kosten einer Produktart oder Erzeugnisgruppe die gesamten Erlöse in einer Abrechnungsperiode gegenüber und ermittelt so den kurzfristigen Betriebserfolg in Form von Kostenüber- bzw. Kostenunterdeckungen.

---

Will man die Kosten für ein Stück, d.h. für ein einzelnes Produkt oder für eine einzelne Sachgüter- oder Dienstleistungseinheit errechnen, spricht man von der **Kostenträgerstückrechnung.** Sie wird auch als Stückkalkulation, Kalkulation der Herstellkosten bzw. Selbstkosten oder nur als Kalkulation bezeichnet. Nach dem Zeitpunkt der Kalkulation unterscheidet man Vor-, Zwischen-, Nachkalkulation und mitlaufende Kalkulation.

[49] Zur Kostenträgerzeitrechnung nach dem Gesamtkosten- und Umsatzkostenverfahren vgl. z.B. Coenenberg/Fischer/Günther, Kostenrechnung und Kostenanalyse, 9. Aufl. 2017, S. 194 ff.

Die **Vorkalkulation** wird vor der Leistungserstellung durchgeführt. Sie hat damit Plan-Charakter, da die voraussichtlichen Kosten kalkuliert werden (z.B. Angebotskalkulation, Gebührenbedarfsberechnung bei der Erhebung von Benutzungsgebühren nach dem KAG). Überprüft man die geplanten Kosten mit den tatsächlichen Istkosten, spricht man von der **Nachkalkulation.** Aus den Abweichungen werden Erfahrungen für Folgekalkulationen gewonnen. Die Nachkalkulation ist eine Kontrollrechnung. **Zwischenkalkulationen** werden bei Kostenträgern mit langer Herstellungsdauer erforderlich. Von **mitlaufender Kalkulation** spricht man bei einer projektbegleitenden Rechnung. Sie wird meistens bei Großprojekten, die über mehrere Jahre laufen, zur Kontrolle der Kostenhöhe eingesetzt. Es sollen rechtzeitig Kostenabweichungen gegenüber der Vorkalkulation erkannt werden, damit Maßnahmen zur Reduzierung von Kostenüberschreitungen noch während der Projektlaufzeit eingeleitet werden können.

Die Unterschiede zwischen Kostenträgerzeit- und Kostenträgerstückrechnung sind in der folgenden Übersicht zusammengefasst:

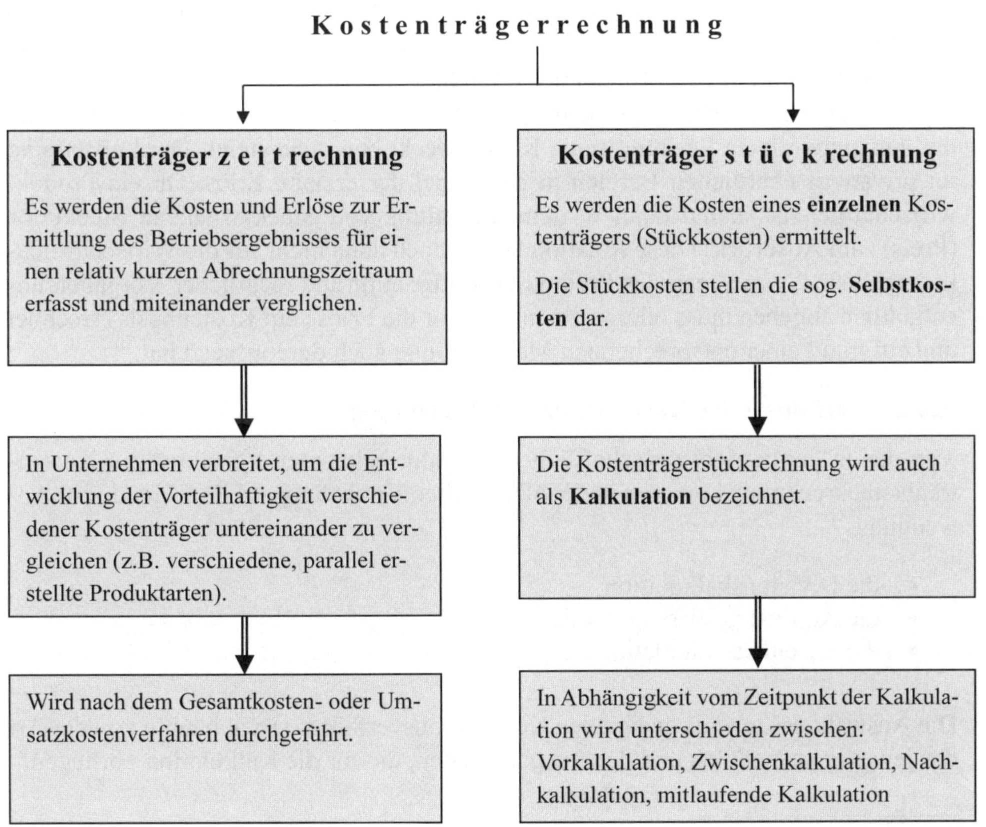

**MERKE:** Unter Kostenträgerstückrechnung (auch: Kalkulation) versteht man die Zurechnung der Kosten auf die Kostenträger. Die Kostenträgerrechnung soll zeigen, wofür die einzelnen in den verschiedenen Kostenstellen angefallenen Kosten aufgewandt worden sind.

Einer näheren Betrachtung bedürfen die Aufgaben der Kostenträgerrechnung im Hinblick auf die Preisfindung und die Wirtschaftlichkeitskontrolle.

Die Kostenträgerrechnung dient der **Preisfindung**; die in einer Periode entstandenen bzw. entstehenden Kosten werden auf die Produkte verteilt, um zu ermitteln, welchen Preis man hätte erzielen müssen bzw. welchen Preis man erzielen muss, um die Kosten wenigstens zu decken. Dass man diese Selbstkosten pro Stück in der Privatwirtschaft (im Gegensatz zur öffentlichen Verwaltung, die teilweise eine Monopolstellung hat) nicht einfach als Entgelt von seinen Abnehmern verlangen kann, liegt auf der Hand. Der Preis, der sich erzielen lässt, hängt in erster Linie von der Nachfrage und vom Verhalten der Konkurrenz ab.

Im Hinblick auf die **Wirtschaftlichkeitskontrolle** ist die Kostenträgerrechnung wichtig für die Klärung der Frage, ob es wirtschaftlich ist, ein bestimmtes Produkt anzubieten. Auf den ersten Blick ergibt sich hier eine Überschneidung mit der ersten Zielsetzung, der Preisfindung; denn wirtschaftlich ist ein Kostenträger dann, wenn die ihm zugeordnete Leistung seine Kosten deckt bzw. übersteigt. Die Leistung ist im privatwirtschaftlichen Bereich in der Regel der erzielte Erlös. Ob ein Produkt wirtschaftlich ist, käme dann in dem Verhältnis von Stückkosten zu Stückerlös (Preis) zum Ausdruck. Diese Relation lässt jedoch dann nicht auf die Wirtschaftlichkeit schließen, wenn man das Produkt entweder aufgrund rechtlicher Vorgaben unentgeltlich abgeben muss oder wenn man zuvor die Erlöse auf Kostenbasis errechnet und aufgrund einer entsprechenden Marktstellung auch durchgesetzt hat.[50]

### A.6.2 Verfahren der Kostenträgerstückrechnung

Von den in der betriebswirtschaftlichen Literatur bekannten Verfahren zur Kostenträgerstückrechnung kommen in der öffentlichen Verwaltung i.d.R. folgende zur Anwendung:[51]

- die Divisionskalkulation,
- die Äquivalenzziffernkalkulation und
- die Zuschlagskalkulation.

Die Auswahl des jeweils geeigneten Kalkulationsverfahrens ist abhängig von der Art des jeweiligen Produkts und der Ausgangsdaten, die für die Kalkulation vorliegen.

[50] Vgl. Schuster, F., Kommunale Kosten- und Leistungsrechnung, 3. Aufl. 2010, S. 201.

[51] Zu anderen abgeleiteten Verfahren wie Maschinenstundensatz- und Kuppelkalkulation vgl. Coenenberg/Fischer/Günther, Kostenrechnung und Kostenanalyse, 9. Aufl. 2017, S. 154 ff.

| Divisionskalkulation | Äquivalenzziffernkalkulation | Zuschlagskalkulation |
|---|---|---|
| • einfache (einstufige) | • einfache (einstufige) | summarische |
| • mehrfache | • mehrfache | differenzierende |
| • mehrstufige | • mehrstufige | |

Abbildung 24: Kalkulationsverfahren

Divisionskalkulation und Äquivalenzziffernkalkulation lassen sich anwenden, ohne dass eine Differenzierung der Kostenarten nach Einzel- und Gemeinkosten vorausgesetzt wird. Die Zuschlagskalkulation setzt diese Trennung voraus.

### A.6.2.1 Divisionskalkulation

#### A.6.2.1.1 Einfache (einstufige) Divisionskalkulation

Die einfache (einstufige) Divisionskalkulation kommt in Betracht, wenn nur ein **einheitliches Produkt** (Massenprodukt) erstellt wird und **keine Bestandsveränderungen** bei fertigen und unfertigen Erzeugnissen vorkommen. Die Kosten pro Kostenträger (Einheit) werden durch folgende Division ermittelt:

$$\text{Kosten pro Kostenträger} = \frac{\text{Gesamtkosten einer Periode}}{\text{Anzahl der erstellten Kostenträger dieser Periode}}$$

Die wichtigste Voraussetzung ist, dass der gesamte Betrieb von allen erstellten Leistungseinheiten in der gleichen Weise in Anspruch genommen wird. Weiterhin muss gewährleistet sein, dass in einer Periode die produzierten und abgesetzten Mengen übereinstimmen; eine Lagerhaltung von fertigen und unfertigen Erzeugnissen (Halb- oder Fertigprodukte) erfolgt nicht.

In einigen Bereichen der Kommunalverwaltung (z.B. Strom-, Gas- und Wasserversorgung, Abwasserbeseitigung) sind diese Anwendungsvoraussetzungen erfüllt und folglich wird das Verfahren dort angewandt. Die Leistungseinheiten sind im Regelfall homogen, es handelt sich um „cbm Wasser“ bzw. „kwh Strom“. Eine Kostenstellenrechnung wäre bei dieser Variante der Divisionskalkulation nicht erforderlich, so dass auch ein BAB entbehrlich wäre.

#### A.6.2.1.2 Mehrfache Divisionskalkulation

Im Gegensatz zur einfachen Divisionskalkulation ist eine Kostenstellenrechnung erforderlich. Es werden **mehrere verschiedene homogene Produktarten** erstellt. Für jede Produktart existiert eine Endkostenstelle.

Die mehrfache Divisionskalkulation erfordert den Rechenweg der einfachen Divisionskalkulation mehrfach, nämlich jeweils für jede einzelne Endkostenstelle. Es wird vorausgesetzt, dass keine Lagerhaltung erfolgt bzw. keine Bestandsveränderungen von Halb- oder Fertigprodukten entstehen.

Die mehrfache Divisionskalkulation wird z.B. in den kommunalen Bereichen Friedhofswesen, Straßenreinigung, Rettungsdienst oder Freizeiteinrichtungen angewandt. Die mehrfache Divisionskalkulation lässt sich auch bei der Abfallbeseitigung anwenden, wenn Abfalltonnen unterschiedlicher Größe geleert werden und entsprechende Kostenstellen für die Leerung der unterschiedlichen Abfalltonnen gebildet worden sind.

#### A.6.2.1.3 Mehrstufige Divisionskalkulation

Die mehrstufige Divisionskalkulation wird angewandt, wenn sich die Produktion in unterschiedlichen Fertigungsstufen vollzieht und auf jeder Produktionsstufe fertige oder unfertige Erzeugnisse eingelagert werden. Die Divisionskalkulation muss hier auf jeder Fertigungsstufe durchgeführt werden. Neben den **Stückkosten für die abgesetzten Fertigerzeugnisse** lassen sich die **Stückkosten für die gelagerten fertigen und unfertigen Erzeugnisse** ermitteln.

**Beispiel:**

Ein Betrieb stellt nur ein Produkt her. Die Produktion erfolgt in zwei Stufen. In der Abrechnungsperiode werden in der ersten Fertigungsstufe 1000 Stück Halbfabrikate mit Herstellkosten von 20.000 € erstellt. In der zweiten Fertigungsstufe werden 800 Stück Halbfabrikate mit Herstellkosten von 8.000 € zu Fertigprodukten weiterverarbeitet. Es werden 500 Stück verkauft. Die Verwaltungs- und Vertriebskosten betragen 3.000 €.

Die Stückkosten der **abgesetzten** Fertigprodukte werden wie folgt ermittelt:

$$\frac{20.000}{1000} + \frac{8.000}{800} + \frac{3.000}{500} = 20 + 10 + 6 = 36$$

Die Stückkosten der **gelagerten** Halbfabrikate betragen 20 € und die Stückkosten der gelagerten Fertigprodukte 30 €. Zusätzlich lassen sich die Lagerbestandsveränderungen bei den Halbfabrikaten ermitteln. Sie betragen:

200 Stück · 20 € = 4.000 €

Die Lagerbestandsveränderungen bei den Fertigprodukten betragen:

300 Stück · 30 € = 9.000 €

(Probe: Die Gesamtkosten von 31.000 € ergeben sich aus der Summe der Selbstkosten der abgesetzten Menge in Höhe von 18.000 sowie der Lagerbestandsveränderung der Halbfabrikate von 4.000 € und der Lagerbestandsveränderung der Fertigprodukte von 9.000 €).

Bei mehr als zwei Fertigungsstufen finden die mehrstufigen Verfahren nach der sog. Durchwälzmethode oder Additionsmethode Anwendung.[52] In Gebietskörperschaften wird die mehrstufige Divisionskalkulation nur selten angewandt, da überwiegend Dienstleistungen erstellt werden und eine Lagerhaltung damit ausgeschlossen ist.

### A.6.2.2 Äquivalenzziffernkalkulation

Die Äquivalenzziffernkalkulation wird häufig in Fällen angewandt, in denen die Kostenträger zwar nicht völlig homogen (gleichartig) sind, wie bei der Divisionskalkulation, jedoch eine **starke Ähnlichkeit** zwischen ihnen besteht. Bei der Produktion von Gütern spricht man auch von **Sortenfertigung**. Aufgrund dieser Ähnlichkeit geht man davon aus, dass die Kosten der einzelnen Kostenträger in einem bestimmten Verhältnis zueinander stehen. Dieses Verhältnis wird mit Hilfe von sog. Äquivalenzziffern (Gewichtungsfaktoren) ausgedrückt, wobei ein Kostenträger als Vergleichsbasis gewählt wird, dem die Äquivalenzziffer 1,00 zugeordnet wird. Die Kostenunterschiede der anderen Kostenträger werden durch je eine Äquivalenzziffer, bezogen auf den Basiskostenträger, dargestellt. Wird z.B. einem Kostenträger die Äquivalenzziffer 1,75 zugeordnet, so verursacht dieser Kostenträger im Vergleich zum Basis-Kostenträger 75 % mehr Kosten. Die Ermittlung der Äquivalenzziffern stellt das schwierigste Problem dar. Sie werden aufgrund von Erfahrungen, Beobachtungen, einfachen Kostenuntersuchungen oder auch qualifizierten Schätzungen festgelegt.

MERKE: Unter Äquivalenzziffern versteht man Verhältniszahlen, die angeben, wie sich die Kosten der Sorten zu den Kosten einer Einheitssorte verhalten, der meist die Äquivalenzziffer 1 zugeteilt wird. Der Begriff „Sorten" lässt sich auch auf Dienstleistungen mit starker Ähnlichkeit übertragen.

Zur Durchführung einer Äquivalenzziffernkalkulation werden folgende Angaben benötigt:

- die Höhe der Gesamtkosten,
- die Leistungsmenge und
- die entsprechenden Äquivalenzziffern.

---

[52] Zu Berechnungsbeispielen vgl. Coenenberg/Fischer/Günther, Kostenrechnung und Kostenanalyse, 9. Aufl. 2016, S. 141 f.

**Beispiel: Äquivalenzziffernkalkulation für den Bereich Abfallwirtschaft**

Zur Verdeutlichung soll nachfolgend die Äquivalenzziffernkalkulation für den Bereich „Abfallwirtschaft“ mit dem Produkt „Restmüllabfuhr“ durchgeführt werden. Die Restmüllabfuhr erfolgt mit drei unterschiedlichen Behältergrößen. Untersuchungen haben ergeben, dass die Leerung eines 240-Liter-Behälters 75 % mehr Kosten verursacht als die Leerung eines 120-Liter-Behälters, ein Großraumbehälter hingegen das 7-fache. Ziel der Kostenträgerstückrechnung ist nicht die Ermittlung der Kosten pro Tonne, sondern die Ermittlung der Kosten je Behältergröße. Damit ist auch nicht die abgefahrene Tonne der Kostenträger, sondern die jeweilige Behältergröße.

Die Äquivalenzziffernkalkulation erfolgt in fünf Schritten:

(1) Bestimmung der „Einheitssorte“ mit der Äquivalenzziffer 1 und der Äquivalenzziffern der einzelnen Sorten.

(2) Multiplikation der einzelnen Leistungsmengen mit der entsprechenden Äquivalenzziffer. Mit Hilfe dieser Gewichtung ergeben sich für jede Art von Abfallbehältern sog. Recheneinheiten.

(3) Addition der Anzahl der Recheneinheiten. Im Beispiel ergeben sich 27.375 Recheneinheiten.

(4) Division der Gesamtkosten durch die Summe der Recheneinheiten. Im Beispiel werden die Gesamtkosten der Restmüllabfuhr in Höhe von 7.796.339 € durch 27.375 Recheneinheiten geteilt, wodurch sich Kosten pro Recheneinheit von 284,80 € ergeben.

(5) Im letzten Schritt werden die Kosten pro Recheneinheit mit den jeweiligen Äquivalenzziffern multipliziert, um die Kosten je Sorte zu ermitteln. Im Beispiel erhält man die Kosten für die Abfuhr der einzelnen Behälterarten.

| **Gesamtkosten Restmüllabfuhr:** | | | **7.796.339 €** | |
|---|---|---|---|---|
| Art der Abfallbehälter | Anzahl Behälter | Äquivalenzziffer | Anzahl Recheneinheiten | Kosten je Abfallbehälter pro Jahr |
| 120-Liter-Behälter | 12.500 | 1,00 | 12.500 | 284,80 € |
| 240-Liter-Behälter | 7.500 | 1,75 | 13.125 | 498,40€ |
| 1.100-Liter Container | 250 | 7,00 | 1.750 | 1993,60 € |
| Insgesamt | 20.250 | | 27.375 | |
| | **Kosten pro Recheneinheit:** | | **284,80 €** | |

Erfolgt der Einsatz der Äquivalenzziffern in einem Bereich mit nur einem Produkt mit dem Ziel, die Gesamtkosten dieses Produktes auf unterschiedliche Kostenträger zuzuordnen, wird dies als **einfache Äquivalenzziffernkalkulation** bezeichnet. Werden in einem Bereich mehrere Produkte erstellt und wird die Äquivalenzziffernkalkulation mehrfach für die Kostenzuordnung auf Kostenträger eingesetzt (z.B. zusätzlich auf die Produkte Biomüllabfuhr und Papierabfuhr), handelt es sich um eine **mehrfache Äquivalenzziffernkalkulation.** Wenn bei einer mehrstufigen Sortenfertigung Lagerbestandsveränderungen an unfertigen und/oder fertigen Produkten auftreten, lässt sich die **mehrstufige Äquivalenzziffernkalkulation** nutzen; bei diesem Verfahren wird die einfache Äquivalenzziffernkalkulation mit einer mehrstufigen Divisionskalkulation verbunden.

Aufgrund der relativ einfachen Handhabung und des damit verbundenen geringen Ermittlungsaufwandes kommt die Äquivalenzziffernkalkulation häufig im Dienstleistungsbereich zur Anwendung. So werden Äquivalenzziffern z.B. gebildet

- in Krankenhäusern nach der Behandlungsintensität, Fallschwere und durchschnittlichen Verweildauer (sog. Relativgewichte),
- in Pflegeeinrichtungen nach der Pflegeintensität entsprechend des standardmäßigen Pflegezeitbedarfs pro Bewohner und Tag,
- in der Hotellerie nach Größe und Ausstattung der Zimmer,[53]

[53] Vgl. Graumann, M., Kostenrechnung und Kostenmanagement, 6. Aufl. 2017, S. 214.

- in kommunalen kostenrechnenden Einrichtungen wie Straßenreinigung, Abfall- und Abwasserbeseitigung, Winterdienst etc. um unterschiedliche Verschmutzungsgrade zu berücksichtigen.

Die Anwendung der Äquivalenzziffernkalkulation erfordert wie die Divisionskalkulation keine Trennung der Kostenarten nach Einzel- und Gemeinkosten.

### A.6.2.3 Zuschlagskalkulation

Die Zuschlagskalkulation kommt zur Anwendung, wenn **heterogene**, d.h. unterschiedliche Produkte hergestellt werden. Man spricht von Serien- und Einzelfertigung. **Einzelfertigung** liegt vor, wenn sich jedes erzeugte Produkt von jedem anderen unterscheidet, z.B. die Errichtung einer Straßenbrücke. Eine **Serienfertigung** von artverschiedenen Produkten erfolgt z.B. in der Automobilindustrie; es werden verschiedene Fahrzeugtypen, diese jedoch mehrfach, also in Serie hergestellt.

Weitere typische Anwendungsfälle für die Zuschlagskalkulation liegen vor, wenn Güter des Anlagevermögens selbst erstellt werden und für die Bilanz bzw. den Anlagenachweis bewertet werden oder wenn Reparaturen kalkuliert werden müssen. Die Zuschlagskalkulation wird im Regelfall angewandt, wenn die erbrachten Leistungen nach Zeit- und Sachaufwand abgerechnet werden.

#### Kostenträgereinzel-/ Kostenträgergemeinkosten

Zwingend notwendig für die Durchführung der Zuschlagskalkulation ist eine **Trennung der Kosten in Einzel- und Gemeinkosten** in der Kostenartenrechnung. Die Einzelkosten werden den Auftragspapieren entnommen (z.B. Stundenaufzeichnungen, Materialentnahmescheine, Eingangsrechnungen). Die Gemeinkosten werden mithilfe von Zuschlagssätzen auf die Einzelkosten verrechnet, d.h. den Einzelkosten „zugeschlagen".

Werden im BAB die Kostenarten nach Einzelkosten und Gemeinkosten unterschieden, so lassen sich dort die Gemeinkostenzuschläge in Prozent ermitteln.

Das Hauptproblem der Zuschlagskalkulation ist die **Wahl geeigneter Bezugsgrößen**, mit deren Hilfe sich die Gemeinkosten den jeweiligen Kostenträgern möglichst verursachungsgerecht zuschlagen lassen. Es muss eine Bezugsgröße gefunden werden, die sich in gleicher Weise wie die Gemeinkosten entwickelt. Die Bezugsgröße muss in einer prozentualen Beziehung zu den Gemeinkosten stehen und darüber hinaus exakt zu ermitteln sein. Die Zuschlagskalkulation kann in die beiden Varianten summarische und differenzierte Kalkulation unterteilt werden.

#### A.6.2.3.1 Summarische Zuschlagskalkulation

Bei der summarischen Zuschlagskalkulation wird ein **einziger Gemeinkostenzuschlag** errechnet, der sämtliche Gemeinkosten einer Abrechnungsperiode den Kostenträgern zuordnet. Als Zuschlagsbasis können die gesamten Einzelkosten, die Materialeinzelkosten (bei materialintensiver Produktion) oder die Fertigungseinzelkosten (bei lohnintensiver Produktion) gewählt werden.

**Beispiel:**

In einem Betrieb sind lediglich zwei, jedoch unterschiedliche Produkte erzeugt worden. Die Einzelkosten für die beiden Produkte betragen:

| | Produkt X | Produkt Y |
|---|---|---|
| Fertigungsmaterial | 78,00 € | 120,00 € |
| Fertigungslöhne | 120,00 € | 78,00 € |
| Insgesamt | 198,00 € | 198,00 € |

Für den Gesamtbetrieb wurden in der Vorperiode 2.820.000 € Gesamtkosten ermittelt. Sie verteilen sich auf:

| | |
|---|---|
| Fertigungsmaterial | 440.000 € |
| Fertigungslöhne | 500.000 € |
| Gesamte Einzelkosten | 940.000 € |
| Gesamte Gemeinkosten | 1.880.000 € |

| Ermittlung der Selbstkosten pro Stück | **Produkt X** | **Produkt Y** |
|---|---|---|
| Einzelkosten pro Stück | 198 | 198 |
| + Gemeinkosten pro Stück (200 %) | 396 | 396 |
| = Selbstkosten | 594 | 594 |

$$\text{Zuschlagssatz für die Gemeinkosten} = \frac{1.880.000 \cdot 100}{940.000} = 200\ \%$$

Die summarische Zuschlagskalkulation wird in der Praxis selten angewandt. Sie ist ein ungenaues Verfahren, denn es wird vorausgesetzt, dass sämtliche Gemeinkosten nur von einer Zuschlagsbasis abhängen und dass eine verursachungsgerechte Beziehung zwischen einer Bezugsgröße und den gesamten Gemeinkosten besteht. Lagerbestandsveränderungen bei unfertigen und fertigen Produkten lassen sich nicht berücksichtigen. Alles in allem wird deutlich, dass die mit Hilfe der summarischen Zuschlagskalkulation ermittelten Kostenträgerstückkosten in der Regel keine sinnvollen Steuerungsgrößen darstellen. Im Hinblick auf eine controllingorientierte Kosten- und Leistungsrechnung lassen sich keine vernünftigen Aussagen ableiten.

#### A.6.2.3.2 Differenzierende Zuschlagskalkulation

Bei der differenzierten Zuschlagskalkulation werden die Gemeinkosten nicht summarisch, sondern nach Betriebsbereichen bzw. Kostenstellen differenziert zugeschlagen. Die Differenzierung wird mit einer entsprechend aufgebauten Kostenstellenrechnung erreicht. Es werden vier unterschiedliche Typen von Endkostenstellen nach betrieblichen Funktionsbereichen gebildet:

- Fertigungskostenstellen,
- Materialkostenstellen,
- Verwaltungskostenstellen,
- Vertriebskostenstellen.

In der Praxis kommen häufig mehrere Fertigungskostenstellen mit unterschiedlichen Zuschlagssätzen auf die jeweiligen Fertigungseinzelkosten vor. Die Begriffsbildung der Zuschlagskalkulation, die aus der Industrie stammt, lässt sich auf einige Teilbereiche in Gebietskörperschaften übertragen. In einem zentralen Bauhof einer Gemeinde ist eine Bildung von Fertigungs-, Material- und Verwaltungskostenstellen möglich. In den Fertigungsstellen werden z.B. Schulmöbel oder Spielplatzgeräte repariert. Es bietet sich dabei an, Unter-Kostenstellen einzurichten, wie z.B. eine Kostenstelle „Reparatur Schulmöbel“ und eine Kostenstelle „Reparatur Spielplatzgeräte“.

In der Materialkostenstelle werden die benötigten Ersatzteile beschafft und gegebenenfalls bis zum Verbrauch gelagert. In der Verwaltungskostenstelle werden die Kosten der Betriebsführung erfasst, außerdem die Kosten, die durch die Leistungsverrechnung an die empfangenden Kostenstellen entstehen. Zu beachten ist, dass die Verwaltungskostenstelle im System der Zuschlagskalkulation eine Endkostenstelle darstellt und nicht wie in den Beispielen zur Kostenstellenrechnung eine Vorkostenstelle.

Vertriebskostenstellen haben für Gebietskörperschaften nur eine geringe Bedeutung, da diese im Regelfall keine eigenen Produkte zum Verkauf herstellen und auch nur begrenzt selbst hergestellte Erzeugnisse lagern.

Die Gemeinkosten werden den Funktionsbereichen zugeordnet, so dass sich Material-, Fertigungs-, Verwaltungs- und Vertriebsgemeinkosten ergeben. Zu den **Materialgemeinkosten** gehören z.B. Personalkosten, Miete, Versicherungen für das Lager und für die Einkaufsabteilung. **Fertigungsgemeinkosten** sind z.B. Löhne und Gehälter, die im Fertigungsbereich anfallen, aber den Kostenträgern nicht direkt zugerechnet werden können, sowie Energiekosten und Abschreibungen für Fertigungsmaschinen und Produktionshallen. **Verwaltungsgemeinkosten** sind Kosten, die insbesondere für die Leitung des Betriebs, für die Personalabteilung und das Rechnungswesen anfallen; ebenfalls dazu gehören die Abschreibungen auf das Verwaltungsgebäude. **Vertriebsgemeinkosten** umfassen z.B. Kosten für die

Verkaufsabteilung, für Werbung, für Versand und für Lagerung der Fertigfabrikate. Daneben können noch Sondereinzelkosten für die Fertigung (z.B. Anfertigung eines Modells) und den Vertrieb (z.B. Verkaufsprovisionen, die sich einem Auftrag zuordnen lassen) anfallen.

Bei der differenzierten Zuschlagskalkulation wird unterstellt, dass die Entwicklung der Gemeinkosten im Material- und Fertigungsbereich von den jeweiligen Einzelkosten abhängig ist bzw. dass eine proportionale Beziehung zwischen ihnen besteht. Bei den Verwaltungs- und Vertriebsgemeinkosten wird unterstellt, dass eine entsprechende Beziehung zwischen ihnen und den **Herstellkosten**[54] besteht, wobei als Herstellkosten die **Summe von Materialeinzel- und Materialgemeinkosten sowie Fertigungseinzel- und Fertigungsgemeinkosten** bezeichnet wird. Werden die Verwaltungs- und Vertriebsgemeinkosten zu den Herstellkosten addiert, so erhält man die **Selbstkosten**.

Die Ermittlung der Zuschlagssätze erfolgt im Regelfall bereits in der Kostenstellenrechnung, wenn dort die Gemeinkosten getrennt erfasst werden.

Nachfolgend ist in allgemeiner Form (ohne Sondereinzelkosten für Fertigung und Vertrieb) das **Kalkulationsschema** für die differenzierte Zuschlagskalkulation dargestellt:

| | |
|---|---|
| 1. Materialeinzelkosten | |
| 2. + Materialgemeinkosten (in % von 1.) | |
| 3. = | Materialkosten |
| 4. Fertigungs (Lohn-)einzelkosten | |
| 5. + Fertigungsgemeinkosten (in % von 4.) | |
| 6. = | Fertigungskosten |
| 7. | = Herstellkosten (3 + 6) |
| 8. | + Verwaltungsgemeinkosten (in % von 7.) |
| 9. | + Vertriebsgemeinkosten (in % von 7.) |
| 10. | = Selbstkosten |

Abbildung 25: Schema differenzierte Zuschlagskalkulation

Bei Aufträgen der Gebietskörperschaften an private Unternehmen (z.B. Beschaffungen der Bundeswehr, Feuerwehr) oder bei Leistungen an Private (z.B. kommunale Entsorgungsleistungen) liegen häufig keine vollständig funktionierenden Märkte vor. Für die Kalkulation öffentlicher Aufträge und Leistungen gibt es deshalb spezielle Regeln in den sog. **Leitsätzen für die Preisermittlung auf Grund von**

[54] Die Herstellkosten der Kostenrechnung sind nicht identisch mit den Herstellungskosten gemäß § 255 Abs. 2 HGB. So gehören Verwaltungskosten nicht zu den Herstellkosten, jedoch wahlweise zu den Herstellungskosten. Kalkulatorische Kosten sind Bestandteil der Herstellkosten, sie gehören aber nicht zu den Herstellungskosten; nur in Ausnahmefällen dürfen nach § 255 Abs. 3 HGB Fremdkapitalzinsen berücksichtigt werden.

**Selbstkosten (LSP)**, mit denen die öffentlichen Auftraggeber versuchen, Kosten und Preise der ihnen angebotenen Leistungen zu kontrollieren, sofern ein Vergleich auf der Basis von Marktpreisen (Ausschreibung) nicht möglich ist.[55] Die LSP beziehen sich insbesondere auf die Zuschlagskalkulation und machen Vorgaben für die Berechnung der kalkulatorischen Zinsen, den Gewinnaufschlag, Lizenzgebühren etc. Für die Kalkulation der Benutzungsgebühren für kommunale Leistungen enthalten die jeweiligen landesrechtlichen Kommunalabgabengesetze Berechnungsvorgaben.

Die Berechnung der Zuschlagssätze wird nachfolgend unter Verwendung der Einzelkosten aus dem Beispiel zur summarischen Zuschlagskalkulation dargestellt:

**Beispiel:**

**Kostenstellenrechnung: (Beiträge in €)**

| Kostenstellen / Kostenarten | insgesamt | Endkostenstellen Material | Fertigung | Verwaltung | Vertrieb |
|---|---|---|---|---|---|
| Einzelkosten | 940.000 | 440.000 | 500.000 | | |
| Summe primäre + sekundäre Gemeinkosten | 1.880.000 | 120.000 | 1.160.000 | 400.000 | 200.000 |
| Herstellkosten | | | 2.220.000 | | |

Die Kostenstruktur des Betriebs führt zu folgenden Zuschlagssätzen:

$$\text{Materialgemeinkostenzuschlag} = \frac{\text{Materialgemeinkosten}}{\text{Materialeinzelkosten}} \cdot 100 = \frac{120 \cdot 100}{440} = 27{,}27\ \%$$

$$\text{Fertigungsgemeinkostenzuschlag} = \frac{\text{Fertigungsgemeinkosten}}{\text{Fertigungseinzelkosten}} \cdot 100 = \frac{1.160 \cdot 100}{500} = 232\ \%$$

$$\text{Verw.}-\text{Gemeinkostenzuschlag} = \frac{\text{Verwaltungsgemeinkosten}}{\text{Herstellkosten}} \cdot 100 = \frac{400 \cdot 100}{2.220} = 18{,}02\ \%$$

$$\text{Vertriebsgemeinkostenzuschlag} = \frac{\text{Vertriebsgemeinkosten}}{\text{Herstellkosten}} \cdot 100 = \frac{200 \cdot 100}{2.220} = 9{,}01\ \%$$

[55] Vgl. Verordnung PR Nr. 30/53 über die Preise bei öffentlichen Aufträgen vom 21.11.1953, zuletzt geändert durch VO v. 25.11.2003 (BGBl. I S. 2304) sowie Nr. 5 Leitsätze für die Preisermittlung auf Grund von Selbstkosten.

Die Stückkalkulation für die Produkte X und Y mit den Einzelkosten

| | Produkt X | Produkt Y |
|---|---|---|
| Materialeinzelkosten | 78 € | 120 € |
| Fertigungslöhne | 120 € | 78 € |
| Insgesamt | 198 € | 198 € |

führt zu den folgenden Selbstkosten:

| Kostenteile | % | € (X) | € (Y) |
|---|---|---|---|
| Materialeinzelkosten | | 78,00 | 120,00 |
| + Materialgemeinkosten | 27,27 % | 21,27 | 32,72 |
| = Materialkosten | | 99,27 | 152,72 |
| Fertigungslohn | | 120,00 | 78,00 |
| + Fertigungsgemeinkosten | 232 % | 278,40 | 180,96 |
| + Sondereinzelkosten der Fertigung | | 0,00 | 0,00 |
| = Fertigungskosten | | 398,40 | 258,96 |
| Herstellkosten | | 497,67 | 411,68 |
| + Verwaltungsgemeinkosten | 18,02 % | 89,68 | 74,18 |
| + Vertriebsgemeinkosten | 9,01 % | 44,84 | 37,09 |
| + Sondereinzelkosten des Vertriebs | | 0,00 | 0,00 |
| = Selbstkosten | | 632,19 | 522,95 |

Die in diesem Kapitel dargestellte Zuschlagskalkulation wird häufig dem Grundsatz der verursachungsgerechten Kostenzurechnung nicht gerecht. Es kann z.B. nicht schlüssig begründet werden, warum für teurere Materialien grundsätzlich auch höhere Bestell-, Prüf- und Lagergemeinkosten anfallen oder warum Gemeinkosten im Fertigungsbereich (kalk. Abschreibungen, Zinsen) grundsätzlich proportional zu den Fertigungslöhnen entstehen, was durch die Lohnzuschlagskalkulation letztlich vorausgesetzt wird. Ebenso ist es nicht plausibel, dass die für ein Produkt anfallenden Verwaltungskosten (Rechnungswesen, Geschäftsleitung etc.) von der Höhe der Herstellungskosten abhängig sein sollen. Besonders gravierend ist dieses Problem bei den Fertigungsgemeinkosten, da hier die Zuschlagssätze in der Praxis weit mehr als 100 % betragen. Eine Abwandlung der oben dargestellten Zuschlagskalkulation könnte darin bestehen, dass in personalintensiven Dienstleistungsbereichen ein Zuschlag in Form von Fertigungsstunden oder -minuten und nicht als prozentualer Aufschlag auf die Fertigungseinzelkosten errechnet wird. Hierzu muss jedoch der Zeitbedarf der einzelnen Verrichtungen durch Arbeitszeitaufschreibungen ermittelt werden, der dann mit dem vorher ermittelten Personalkostensatz pro Stunde bzw. Minute zu multiplizieren ist.[56] In Kap. A.7 wird die **Prozesskostenrechnung**, die solche Zeitanteile berücksichtigt, als weiterer Ansatz zu einer verursachungsgerechteren – jedoch aufwändigeren – Kalkulation vorgestellt.

Geht man davon aus, dass sich der Marktpreis eines Produkts in Unternehmen nur selten durch eine Kalkulation der Selbstkosten plus einem Gewinnzuschlag ermitteln lässt, sondern dass der Marktpreis primär durch die Kostenstruktur der Konkurrenz bzw. durch die Nachfrager bestimmt wird, so spielen sog. maximal zulässige Kosten als Kostenziel eine Rolle. In diesem Zusammenhang ist die **Zielkostenrechnung (Target Costing)** entwickelt worden, die in Kap. A.10.3 dargestellt wird.

### A.6.3 Kostenmanagement auf der Kostenträgerebene

Wie im privatwirtschaftlichen Bereich so ist die Kostenträgerstückrechnung auch im öffentlichen Bereich zunächst nur ein Hilfsmittel zur Preisfindung. Welches Entgelt für ein Produkt erzielt werden kann, hängt primär vom Markt und damit vom Verhalten der Nachfrager und Konkurrenten ab.[57]

In der Kommunalverwaltung ist die Verbindung von Kostenträgerstückrechnung und Preisbildung enger, wenn es um die Kalkulation der Benutzungsgebühren geht. Da das erzielte Gebührenaufkommen die Kosten einer Einrichtung in der Regel decken soll, führt die Kostenträgerstückrechnung hier mehr oder weniger direkt zur Preisbestimmung. Jedoch sollte man das Verhalten der Bürger als Nachfrager nicht außer Acht lassen. So könnte z.B. eine Erhöhung der Abfallgebühr zu vermehrten illegalen Müllablagerungen führen.[58]

Häufig wird die Meinung vertreten, als könne man mit Hilfe der Kostenträgerstückrechnung die Wirtschaftlichkeit einzelner Produkte überprüfen, also beispielsweise feststellen, ob die eine Kommune einen Personalausweis wirtschaftlicher erstellt als die andere Kommune. Dabei wird jedoch oft übersehen, dass es sich bei der Kostenträgerstückrechnung um die letzte Stufe der Vollkostenrechnung handelt. Es haben hier bereits zahlreiche Schlüsselungen, d.h. Gemeinkostenverteilungen stattgefunden, und zwar nicht nur im Rahmen der Kostenstellenrechnung des betreffenden Teilbetriebs, sondern auch in den Betriebsabrechnungen anderer Teilbetriebe, die gegenüber dem betrachten Teilbetrieb interne Dienstleistungen erbringen.[59]

---

MERKE: Die Selbstkosten eines Produkts lassen sich oft nicht verursachungsgerecht ermitteln. Dies ist bei einem produktbezogenen Vergleich auf der Basis von Vollkosten zu beachten.

---

[56] Einen Anhaltspunkt bieten die sog. „normalen“ Personalkosten für Kommunen, die regelmäßig in den KGST-Materialien „Kosten eines Arbeitsplatzes“ veröffentlicht werden.
[57] Vgl. Schuster, F., Kommunale Kosten- und Leistungsrechnung, 3. Aufl. 2010, S. 223.
[58] Ebenda S. 223.
[59] Ebenda S. 224.

# A.7 Prozesskostenrechnung

Die traditionellen Verfahren der Kostenrechnung sichern oft keine verursachungsgerechte Umlage der Gemeinkosten. Sie eignen sich in erster Linie für Produktionsbetriebe, die einen hohen Anteil an Einzelkosten haben und die Gemeinkosten problemlos z.B. im Rahmen der Zuschlagskalkulation als prozentualer Zuschlag den Einzelkosten hinzugerechnet werden können. Je höher jedoch dieser Zuschlagssatz ist, desto weniger lassen sich die Gemeinkosten aktiv steuern. Auch ist der ursächliche Zusammenhang zwischen Einzelkosten und den darauf verrechneten Gemeinkosten häufig nicht gegeben. Diese Schlüsselung von Gemeinkosten ist letztlich willkürlich und kann insbesondere bei hohen Gemeinkostenanteilen zu erheblichen Kostenverzerrungen führen.

Die Prozesskostenrechnung (**Activity Based Costing**) widmet sich dem Problem der Verrechnung der hohen Gemeinkostenanteile, die insbesondere im Dienstleistungsbereich vorkommen. Sie unterstellt dabei, dass ein großer Teil der Gemeinkosten nicht von der Menge der hergestellten oder verkauften Produkte abhängt, sondern vom Umfang abteilungs- und bereichsübergreifender Geschäftsabläufe, die im Rahmen der Leistungserstellung anfallen. Die Prozesskostenrechnung orientiert sich damit an den Geschäftsprozessen. Das folgende Beispiel stellt das Problem der Gemeinkostenverrechnung anhand der Verwaltungsgemeinkosten dar:

**Beispiel:**

Die Herstellkosten der Periode betragen 1 Mio. €, die Verwaltungsgemeinkosten 200.000 €. Der Zuschlagssatz auf die Herstellkosten beträgt somit 20 %. Die Herstellkosten pro Stück weisen eine Höhe von 50 € auf.

| verrechnete Verwaltungsgemeinkosten je Auftrag | | |
|---|---|---|
| | bei Verkauf von 1 Stück | bei Verkauf von 100 Stück |
| Herstellkosten | 50 € | 5.000 € |
| 20 % VwGK | 10 € | 1.000 € |

Es ist einleuchtend, dass bei einem Verkauf von 100 Stück je Verkaufsvorgang (Prozess) nicht die hundertfache Leistung der Verwaltungsabteilung erbracht werden muss wie beim Verkauf von einem Stück pro Verkaufsprozess. Auch wenn häufig ein Mengenrabatt gewährt wird, lässt sich dadurch der Fehler in der Kostenrechnung nicht beheben. Durch die Zuschlagskalkulation werden damit Kleinaufträge zu „günstig“ und Großaufträge „zu teuer“ kalkuliert.[60] Anstelle der Bestell- oder Verkaufsmenge als Bezugsgröße für die Verrechnung der Gemeinkosten treten

[60] Vgl. Graumann, M., Kostenrechnung und Kostenmanagement, 6. Aufl. 2017, S. 353.

in der Prozesskostenrechnung die verursachten Aktivitäten oder Prozesse (z.B. Anzahl der Bestellvorgänge), die zumeist durch die zeitliche Inanspruchnahme des Personals gemessen werden. Nach Einführung einer Prozesskostenrechnung würde sich eine Gleichverteilung der Gemeinkosten auf die Aufträge ergeben und demzufolge ein Großauftrag weniger und ein Kleinauftrag stärker mit Gemeinkosten belastet als vorher.

In den seltensten Fällen wird in der Praxis eine Prozesskostenrechnung analytisch von „unten nach oben" aufgebaut, d.h. auf der Basis von Tätigkeiten, die dann zu Teil- oder Hauptprozessen zusammengefasst werden. Meist bildet eine bestehende Vollkostenrechnung, die in eine Kostenarten-, Kostenstellen- und Kostenträgerrechnung gegliedert ist, die Basis für einen prozessorientierten Umbau. Die Prozesskostenrechnung kann sowohl als Ist- als auch als Plankostenrechnung durchgeführt werden.

Der **Ablauf der Prozesskostenrechnung** lässt sich in verschiedene Arbeitsschritte einteilen:

(1) Auswahl der Analyseprojekte (Kostenstellen, Abteilungen),
(2) Tätigkeitsanalyse zur Ermittlung von Teilprozessen,
(3) Zusammenfassung der Teilprozesse zu Hauptprozessen mit einheitlichen Kostentreibern,
(4) Ermittlung der Kostentreiber (Prozessgrößen),
(5) Bestimmung der Prozessmengen,
(6) Durchführung der Prozesskostenrechnung und Zurechnung zum Kostenträger.

Bevor eine Prozesskostenrechnung eingeführt wird, gilt es herauszufinden, welche **Prozesse mit hohen Gemeinkostenanteilen** sich überhaupt für eine Einführung eignen. Grundsätzlich geeignet sind wiederholbare (repetitive), strukturierte Prozesse mit vergleichsweise geringem Entscheidungsspielraum und keine innovativen und dispositiven Tätigkeiten, wie sie z.B. in der Forschung und Entwicklung oder im Top Management anfallen. Man sollte sich auf die Bereiche konzentrieren, die betriebliche Kostenschwerpunkte darstellen und in denen in der bestehenden Kostenrechnung keine verursachungsgerechte Kostenzuordnung abgebildet wird. Dies dürfte in erster Linie im Verwaltungsbereich mit dem größten Anteil an Gemeinkosten (**Personalgemeinkosten**) sein. Eine vollständige Einteilung **aller** Bereiche eines Betriebes in Teil- und Hauptprozesse und die jeweilige Zuordnung von Kostenwerten (flächendeckende Prozesskostenrechnung) dürfte eine Illusion sein. Häufig wird eine Prozesskostenrechnung deshalb fallweise als **Einmal-Rechnung für bestimmte Prozesse** neben der bisherigen Kostenrechnung durchgeführt.

Nach Auswahl der Analyseobjekte erfolgt im zweiten Schritt eine **Tätigkeitsanalyse** mit dem jeweiligen Zeitbedarf in den einzelnen Kostenstellen. Man verwendet dafür unterschiedliche Erhebungstechniken wie z.B. Beobachtungsverfahren,

Selbstaufschreibungen, Multimomentaufnahmen oder Fragebögen. Zum Teil wird auch auf Erfahrungswerte (z.B. Ergebnisse früherer Erhebungen) zurückgegriffen. Danach bündelt man gleichartige Tätigkeiten (**Aktivitäten**) einer Kostenstelle zu **Teilprozessen**. In der Praxis ist es häufig ausreichend, die sechs bis acht zeitaufwändigsten Aktivitäten zu identifizieren, da sie in Anlehnung an das Pareto-Prinzip rd. 80 % des Ressourcenbedarfs in Anspruch nehmen und so auf die Erhebung der restlichen 20 % aus Wirtschaftlichkeitsgründen verzichtet werden kann.[61] Ein Teilprozess ist die kleinste Einheit, in der die zugehörigen Kosten erfasst werden. Im Allgemeinen bezieht sich ein Teilprozess auf eine Kostenstelle.

Die Größen, von denen die Kosten einer Tätigkeit abhängen, werden als **Kostentreiber** bzw. „Kostenantriebskräfte“ **(Cost-Driver)** bezeichnet. Durch diese Begriffe wird betont, dass die Anzahl der zur Herstellung der Produkte erforderlichen Prozesse das Volumen der entstehenden Gemeinkosten „vorantreibt“[62] und nicht etwa die Höhe eines Auftragswertes. Die Kostentreiber stellen die eigentlichen Bezugsgrößen für die Verrechnung der Gemeinkosten dar. Wie bereits dargestellt, ist z.B. die Höhe der Verwaltungsgemeinkosten im Einkauf nur zum Teil vom Wert der verkauften Produkte, sondern primär von der Anzahl der Bestellvorgänge und Bestellpositionen abhängig. So gibt es bei der Bearbeitung von Anträgen die Kostentreiber Anzahl der eingehenden Anträge, bei der Überprüfung von Widersprüchen die Anzahl der Arbeitsstunden. Dabei können dieselben Cost-Driver auf unterschiedliche Kostenstellen wirken. Die Teilprozesse mit denselben Kostentreibern werden dann kostenstellen-, abteilungs- bzw. funktionsübergreifend zu **Hauptprozessen** zusammengefasst.

Die Kostentreiber sind gleichzeitig **Prozessgrößen**, d.h. sie stellen Maßgrößen zur Quantifizierung des Outputs eines Prozesses dar. Sind die Prozessgrößen mengenabhängig, besteht eine direkte Beziehung zwischen dem Leistungsvolumen und den zu verrechnenden Gemeinkosten. Die Prozessgrößen können jedoch auch wertabhängig sein.[63] Die Festlegung von geeigneten Prozessgrößen ist die schwierigste Phase bei der Einführung einer Prozesskostenrechnung, da sie auch geeignet sein muss zur Bildung von aussagefähigen Kennzahlen für eine Wirtschaftlichkeitskontrolle, zu einer besseren Kalkulation in der Kostenträgerrechnung und zu einer besseren Gemeinkostenplanung.

MERKE: Bei der Prozesskostenrechnung werden die Gemeinkosten nicht über Zuschlagssätze auf die Produkte verrechnet, sondern über die in Anspruch genommenen Prozesse. Die Prozesse sind kostenstellenübergreifend. Die Prozesskostenrechnung ist ein Kostenrechnungssystem, in welchem Gemeinkosten durch Auflösung in dahinter liegende Vorgänge (Aktivitäten/Prozesse) über quantitative

[61] Vgl. Graumann, M., Kostenrechnung und Kostenmanagement, 6. Aufl. 2017, S. 355.
[62] Vgl. Coenenberg/Fischer/Günther, Kostenrechnung und Kostenanalyse, 9. Aufl. 2017, S. 165.
[63] Weitere Kategorien von Prozessgrößen sind zusammengestellt in: Coenenberg/Fischer/Günther, Kostenrechnung und Kostenanalyse, 9. Aufl. 2017, S. 166.

Bezugsgrößen (Kostentreiber bzw. Cost-Driver) verrechnet werden. Die Kostentreiber sind gleichzeitig Prozessgrößen, d.h. sie stellen Maßgrößen zur Messung des Outputs eines Prozesses dar. Die Einzelkosten werden wie in der Zuschlagskalkulation den Produkten direkt zugerechnet.

Je Hauptprozess sind dann die **Prozessmengen** zu bestimmen (z.B. die Anzahl der eingegangenen Anträge). Mit den ermittelten Prozessen, Prozessgrößen und Prozessmengen lässt sich nun eine Prozesskostenkalkulation durchführen. Dividiert man die Prozesskosten der einzelnen Hauptprozesse durch die jeweiligen Prozessmengen, ergeben sich die einzelnen Prozesskostensätze:

**Prozesskostensatz = Prozesskosten / Prozessmenge**

Für Tätigkeiten, deren Kosten unabhängig von den Prozessmengen anfallen (z.B. Overheadkosten wie Abteilung leiten, Mitarbeiter beurteilen, Betriebsabläufe organisieren) gibt es keine produktbezogenen Mengengrößen. Sie stellen sog. **leistungsmengenneutrale Kosten** dar, für die keine Prozesskostensätze errechnet werden können. Die sog. **leistungsmengeninduzierten Kosten** (z.B. Bestellungen bearbeiten, Rechnungen prüfen) werden hingegen mit Prozesskostensätzen verrechnet. Die leistungsmengenneutralen (lmn) Prozesskosten werden in der Regel proportional als Umlagesatz zu den leistungsmengeninduzierten (lmi) Kosten verrechnet. Die lmn-Kosten haben den Charakter von Fixkosten, während die lmi-Kosten mit variablen Kosten vergleichbar sind. Dementsprechend ermittelt man für jeden lmi-Prozess einen Prozesskostensatz und einen Umlagesatz. Die Addition dieser beiden Sätze ergibt den **Gesamtprozesskostensatz** für den einzelnen Prozess. Diese Art der Zuordnung von Overheadkosten berücksichtigt damit stärker die Tatsache, dass komplexere Produkte einen höheren Verwaltungsaufwand verursachen als weniger komplexe Produkte.

MERKE: Gesamtkostenprozesssatz = Prozesskostensatz für lmi-Kosten + Umlagesatz für lmn-Kosten

Im letzten Schritt sind die ermittelten Prozesskostensätze mit der Kalkulation zu verbinden, wobei für jedes Produkt zu untersuchen ist, welche Prozesse und Prozesskostensätze in Anspruch genommen werden.

Aufgrund der unterschiedlichen Zuordnung der Kosten zu den Produkten ergeben sich zwangsläufig auch Unterschiede bezüglich der Renditen der einzelnen Produkte. Da die Prozesskostenrechnung eine genaue Analyse der einzelnen Tätigkeiten in den Kostenstellen voraussetzt, werden auf diesem Wege unproduktive Tätigkeiten besser und schneller aufgedeckt als durch die traditionellen Kostenrechnungssysteme. Damit ist die Prozesskostenrechnung auch Ausgangspunkt für ein Prozessmanagement mit dem Ziel, eine zu erbringende Leistung möglichst kostensparend durchzuführen, indem etwa Zuständigkeiten und Schnittstellen optimiert und Doppel- bzw. Parallelarbeiten minimiert werden sollen.[64]

| **Zusammenfassung der Begriffe der Prozesskostenrechnung**[65] | |
|---|---|
| Aktivität | Auf Erzielung eines Ergebnisses/ einer Leistung gerichtete Tätigkeit (Verrichtung) innerhalb eines Arbeitsablaufs und einer Kostenstelle, die Ressourcen und damit Kosten verbraucht |
| homogene (repetitive) Aktivität | Im Hinblick auf Struktur, chronologischen Ablauf, Zeitdauer und Kostenbeanspruchung standardisierte oder zumindest ähnliche Aktivität, die in einer Periode in nicht unwesentlichen Stückzahlen verrichtet wird |
| Teilprozess | Zusammenfassung von homogenen Aktivitäten in einer Kostenstelle, die mit einem quantifizierbaren Ergebnis (Leistung) abschließen |
| Hauptprozess | Kostenstellen- und funktionsübergreifende Zusammenfassung von Teilprozessen |
| Kostentreiber | Bezugsgröße (Einflussgröße) der Kostenentstehung und -entwicklung von Teil- und Hauptprozessen |
| leistungsmengeninduzierte (lmi) Kosten | Prozesskosten, deren Aufkommen sich proportional zu Anzahl der Kostentreiber verhält (prozessvariable Kosten) |
| leistungsmengenneutrale (lmn) Prozesskosten | Prozesskosten, deren Aufkommen keiner Anzahl von Kostentreibern zugerechnet werden kann (prozessfixe Kosten) |
| Prozesskostensatz | Teilprozesskosten in Relation zur Anzahl der Kostentreiber (Prozessmenge) |

Abbildung 26: Begriffe der Prozesskostenrechnung

Nachfolgend soll der dargestellte Ablauf der Prozesskostenrechnung mit Hilfe eines Beispiels aus der öffentlichen Verwaltung verdeutlicht werden. Auf die Zusammenfassung von Teilprozessen zu Hauptprozessen wird in diesem Beispiel allerdings verzichtet.[66]

**Beispiel 1:**

In einem Bauordnungsamt, das aus den drei Kostenstellen „Vor- und Grundprüfung“, „Genehmigungsprüfung“ und „Bauüberwachung“ besteht, sind zunächst die Tätigkeiten analysiert und die Teilprozesse gebildet worden. Wie oben erwähnt ist es i.d.R. ausreichend, sechs bis acht Teilprozesse zu identifizieren. Danach wird für

[64] Vgl. Graumann, M., Kostenrechnung und Kostenmanagement, 6. Aufl. 2017, S. 351.
[65] In Anlehnung an: Langenbeck/Burgfeld-Schächer, Kosten- und Leistungsrechnung, 3. Aufl. 2017, S. 233.
[66] Modifiziert entnommen aus: Homann, K., Kommunales Rechnungswesen, 6. Aufl. 2005, S.182.

die leistungsmengeninduzierten Prozesse der jeweilige Zeitbedarf als geeigneter Kostentreiber anhand von Zeitaufschreibungen ausgewählt.

In der Kostenstelle „Vor- und Grundprüfung“ sind vier hauptamtliche vollbeschäftigte Mitarbeiter tätig, wobei mit Personalkosten von insgesamt 260.000 € gerechnet, d.h. mit einem Normalkostensatz von 65.000 € pro Vollzeitbeschäftigten kalkuliert wird. Zunächst werden die Kosten pro Arbeitsstunde entsprechend der Jahresarbeitszeit unter folgenden Annahmen ermittelt:

| Regelarbeitszeit | 39 Std./Woche (5 Tage) |
|---|---|
| Durchschnittliche tägliche Arbeitszeit | 7,8 Std./Tag |
| Roh-Jahresarbeitstage (ohne Sonntage, Samstage, Feier- und Urlaubstage) | 220 Tage |
| Kranken- und sonstige Fehltage (Mittelwert der letzten 4 Jahre) | 15 Tage |
| durchschnittliche Arbeitstage/Jahr | 205 Tage · 7,8 Std. |
| durchschnittliche Arbeitsstunden/Jahr | 1.599 Std |
| kalkulatorischer Kostensatz pro Arbeitsstunde = 65.000 : 1.599 = 40,65 €/Std | |

Im Ausschluss daran erfolgt die Ermittlung der Prozesskostensätze, der Umlagesätze und der Gesamtprozesssätze. Dabei werden Planwerte, d.h. Planprozesskosten und geplante Kostentreibermengen verwandt. Die entsprechenden Daten für die Kostenstelle „Vor- und Grundprüfung“ des Bauordnungsamtes können der nachfolgenden Tabelle entnommen werden:

| Teilprozess | Kostentreiber | Kostentreibermenge | Zeitanteil in % | Prozess-Kosten in € | Prozess-Kostensatz in € | Umlagesatz in € | Gesamtprozesskostensatz in € |
|---|---|---|---|---|---|---|---|
| Registrierung eingehender Bauanträge (lmi) | Anzahl der Bauanträge | 400 | 3,0 | 7.800 | 19,50 | 2,16 | 21,66 |
| Überprüfung der Unterlagen auf Vollständigkeit (lmi) | Anzahl der Unterlagen | 2.000 | 4,0 | 10.400 | 5,20 | 0,58 | 5,78 |
| Zurückweisung von unvollständigen Anträgen (lmi) | Anzahl der Zurückweisungen | 100 | 3,0 | 7.800 | 78,00 | 8,67 | 86,67 |
| Prüfung nachbarlicher Einwendungen (lmi) | Anzahl der Stunden | 180 | 12,0 | 31.200 | 173,33 | 19,26 | 192,59 |
| Prüfung der Bauzeichnungen (lmi) | Bruttorauminhalt in 1000 cbm | 760 | 38,0 | 98.800 | 130,00 | 14,44 | 144,44 |

| | | | | | | | |
|---|---|---|---|---|---|---|---|
| Vorbereitung von Ausnahmen und Befreiungen (lmi) | Anzahl der Befreiungen | 250 | 20 ,0 | 52.000 | 208,00 | 23,11 | 321,11 |
| Vorbereitung der Genehmigung von Bauvoranfragen (lmi) | Anzahl der Vorbescheide | 200 | 10,0 | 26.000 | 130,00 | 14,44 | 144,44 |
| Summe I | | | | 234.000 | | | |
| Nicht zurechenbare Aktivitäten (lmn) | | | 10,0 | 26.000 | | | |
| Summe II | | | | 260.0000 | | | |

Für die nicht zurechenbaren Aktivitäten können keine Kostentreiber gefunden werden. Die Prozesskostensätze für die lmi-Prozesse werden errechnet, indem man die Prozesskosten durch die Kostentreibermengen dividiert. Die Verteilung der leistungsmengenneutralen Kosten erfolgt proportional zu den Kosten der lmi-Prozesse. Der allgemeine Umlagesatz von 11,11 % errechnet sich, indem die Kosten der nicht zurechenbaren Aktivitäten in Höhe von 26.000 € durch die gesamten leistungsmengeninduzierten Prozesskosten in Höhe von 234.000 € dividiert werden. Die Umlagesätze für die einzelnen Teilprozesse entsprechen dann jeweils 11,11 % der Prozesskostensätze. Die Summe aus Umlagesatz und Prozesskostensatz ergibt den jeweiligen Gesamtprozesskostensatz für einen Teilprozess.

Anschließend lassen sich die Gemeinkosten der Vor- und Grundprüfung für jeden Bauantrag individuell je nach Anzahl der spezifischen Kostentreiber kalkulieren, z.B.

| **Bauantrag X (Gemeinkosten der Vor- und Grundprüfung):** | | |
|---|---|---|
| Voranfrage | 144,44 | 144,44 |
| 1 Antrag | 21,66 | 21,66 |
| 8 Anlagen + 2 erneut geprüft | 5,78 | 57,80 |
| 1 Rückgabe von Anlagen | 86,67 | 86,67 |
| 2 Einwendungen | 192,59 | 385,18 |
| Prüfung 600 cbm | 144,44 | 86,66 |
| Summe | | **782,41** |

Erkennbar ist, dass im Beispiel der Teilprozess „Einwendungen“ die meisten Kosten verursacht. Hier sollte zuerst nach Rationalisierungs- und Umorganisationsmöglichkeiten gesucht werden. Um die gesamten Prozesskosten eines Bauantrages zu ermitteln, müssen noch die Einzelkosten und die Prozesskosten aus den Kostenstellen „Genehmigungsprüfung“ und „Bauüberwachung“ berücksichtigt werden.

Im folgenden Beispiel soll die Kalkulation von zwei Aufträgen in der Beschaffungsabteilung einer Gebietskörperschaft mit unterschiedlich hohen

Materialeinzelkosten nach der Zuschlagskalkulation und nach einer Prozesskostenkalkulation gegenübergestellt werden.

**Beispiel 2:**[67]

Für die Beschaffungsabteilung in einer Gemeinde wurde für die Gemeinkosten folgendes Jahresbudget ermittelt:

| **Kostenarten** | **€** |
|---|---|
| Personalkosten inkl. AG-Anteil SV | 320.000 |
| Kommunikationskosten | 50.000 |
| andere Sachkosten | 35.000 |
| kalk. Abschreibung | 10.000 |
| kalk. Zinsen | 5.000 |
| **Summe Gemeinkosten** | **420.000** |

Insgesamt wurde durch die Beschaffungsabteilung Material für die gesamte Gemeinde in Höhe von 1.680.000 € gekauft. In der Kostenstelle sind ein Einkaufsleiter (jährlich Bruttoverdienst 80.000 €) und vier weitere Mitarbeiter (Verdienst pro Mitarbeiter jährlich 60.000 €) tätig. Für einen Auftrag A mit Materialeinzelkosten von 10.000 € und einen Auftrag B mit Materialeinzelkosten von 20.000 € werden die Gesamtkosten nach der Zuschlagskalkulation bei einem Gemeinkostenzuschlag von 25 % wie folgt kalkuliert:

Zuschlagskalkulation:

| **Aufträge** | **A** | **B** |
|---|---|---|
| Materialeinzelkosten | 10.000 € | 20.000 € |
| 25 % Materialgemeinkosten | 2.500 € | 5.000 € |
| Materialkosten | 12.500 € | 25.000 € |

Die Beschaffungsabteilung führt nunmehr die Prozesskostenrechnung ein. Eine durchgeführte Tätigkeitsanalyse ergibt die entsprechenden Maßgrößen und Prozessmengen, woraus sich die leistungsmengeninduzierten (lmi), die leistungsmengenneutralen (lmn) und die gesamten Prozesskostensätze ermitteln lassen:

[67] Beispiel in Anlehnung an: Graumann, M., Kostenrechnung und Kostenmanagement, 6. Aufl. 2017, S. 409.

| | Teilprozesse | Maßgrößen | Prozessmengen | Vollzeit-Mitarbeiter | Prozesskosten in € | Prozess-Kostensatz-lmi in € | Umlagesatz-lmn in € | Gesamtprozesskostensatz in € |
|---|---|---|---|---|---|---|---|---|
| 1 | Angebote einholen | Anzahl Angebote | 3.000 | 2,0 | 120.000 | 40,0 | 13,33 | 53,33 |
| 2 | Bestellungen durchführen | Anzahl Bestellungen | 1.200 | 1,0 | 60.000 | 50,0 | 16,67 | 66,67 |
| 3 | Termine überwachen | 60 % der Bestellungen | 720 | 0,5 | 30.000 | 41,67 | 13,89 | 55,56 |
| 4 | Reklamationen bearbeiten | 20 % der Bestellungen | 240 | 0,5 | 30.000 | 125,0 | 41,66 | 166,66 |
| 5 | Zwischensumme | | | 4,0 | 240.000 | | | |
| 6 | Abteilung leiten | | | 1,0 | 80.000 | | | |
| 7 | Summe | | | 5,0 | 320.000 | | | |

Für die Ausführung der Aufträge A und B wurde eine unterschiedliche Anzahl von Angeboten eingeholt, Bestellungen durchgeführt, Termine überwacht sowie Reklamationen bearbeitet, die sich aus der nächsten Übersicht ergeben. Die restlichen, nicht personalbezogenen Gemeinkosten von 100.000 € sind auf die Summe der Einzelkosten und prozessbezogenen Personalkosten im Rahmen einer Zuschlagskalkulation hinzuaddiert worden.

| **Positionen** | **Anzahl Vorgänge Auftrag A** | **Gesamtprozesskostensatz A** | **Auftrag A in €** | **Anzahl Vorgänge Auftrag B** | **Gesamtprozesskostensatz B** | **Auftrag B in €** |
|---|---|---|---|---|---|---|
| Fertigungsmaterial | | | 10.000,00 | | | 20.000,00 |
| Prozesskosten: | | | | | | |
| Angebote einholen | 15 | 53,33 | 799,95 | 15 | 53,33 | 799,95 |
| Bestellungen durchführen | 6 | 66,67 | 400,02 | 6 | 66,67 | 400,02 |
| Termine überwachen | 5 | 55,56 | 277,80 | 5 | 55,56 | 277,80 |
| Reklamationen bearbeiten | 3 | 166,66 | 499,98 | 3 | 166,66 | 499,98 |
| Zwischensumme | | | 11.977,75 | | | 21.977,75 |
| Zuschlag übrige Kosten (5%)[68] | | | 598,89 | | | 1.098,89 |
| Gesamtkosten | | | 12.576,64 | | | 23.076,64 |

Der Vergleich der Ergebnisse der Zuschlagskalkulation und der Prozesskostenkalkulation zeigt, dass Auftrag A mit den geringeren Einzelkosten nach der traditionellen Zuschlagskalkulation mit zu niedrigen Gemeinkosten kalkuliert wurde, während Auftrag B mit den höheren Einzelkosten zu teuer kalkuliert wurde.

[68] Die übrigen Gemeinkosten betragen 100.000 €. Die Einzelkosten von 1.680.000 € zzgl. der Personalkosten von 320.000 € ergeben 2.000.000 €. Der Zuschlagssatz beträgt somit 5 %.

### Kritik zur Prozesskostenrechnung

Die ermittelten Verrechnungssätze für die einzelnen Teilprozesse eignen sich für die Kostenkontrolle und das Kostenmanagement, um **Rationalisierungspotentiale** zu erkennen. Darüber hinaus können Soll-Ist-Vergleiche durchgeführt werden. Abweichungen und Unwirtschaftlichkeiten in der Kostenstelle können direkt auf die verursachenden Prozesse zurückgeführt werden. Zusätzlich zu den Soll-Ist-Vergleichen lassen sich unter Verwendung der Istwerte kostenstellenbezogene Zeitvergleiche und Betriebsvergleiche durchführen. Auch kann eine prozessorientierte Kalkulation der Kosten pro Produkt vorgenommen werden.

Eine willkürliche Gemeinkostenschlüsselung wird durch eine Prozesskostenrechnung vermieden. Es wird eine hohe Transparenz in gemeinkostenintensiven Betriebs- bzw. Verwaltungsbereichen erreicht und es werden wichtige Ansatzpunkte für die Kosten- und Wirtschaftlichkeitskontrolle und die **Entwicklung von Verbesserungsmaßnahmen** geliefert. Außerdem erreicht man eine genauere Zuordnung der Kosten zu den Leistungen und erhält eine verursachungsgerechtere Entgeltkalkulation, als es im Rahmen der traditionellen Kostenrechnung möglich ist. Arbeitsabläufe werden kostenstellenübergreifend erfasst, was zu einer verbesserten Sichtweise der Arbeitsabläufe führt. Damit können die Ergebnisse der Prozesskostenrechnung als Ausgangspunkt für ein **Prozessmanagement** dienen, bei der Betriebe oder Teilbereiche entsprechend der Prozesse umorganisiert werden um z.B. Doppelarbeiten zu vermeiden oder die Unwirtschaftlichkeit interner Leistungserstellung gegenüber einem Fremdbezug vom Markt zu ermitteln.

Auf der anderen Seite beeinträchtigen einige Annahmen und Verfahren der Prozesskostenrechnung die verursachungsgerechte Erfassung und Verrechnung der Kosten. So wird z.B. grundsätzlich angenommen, dass ein proportionaler Zusammenhang zwischen den Kostentreibern und den verursachten Kosten besteht. Davon kann aber nicht in jedem Fall ausgegangen werden. Zu kritisieren ist auch die Verteilung der Kosten der leistungsmengenneutralen Prozesse über eine Zuschlagsbildung. Zusätzlich ist zu beachten, dass Einführung und Pflege der Prozesskostenrechnung mit einem **erheblichen Aufwand** verbunden sind. Dies gilt insbesondere für die Tätigkeits- und Prozessanalyse sowie die Bestimmung geeigneter Kostentreiber für jeden Teilprozess. Die Prozesskostenrechnung sollte deshalb nur fallweise in einzelnen Bereichen eines Unternehmens oder einer Gebietskörperschaft eingesetzt werden, und zwar auch nur dann, wenn die Bereitschaft vorhanden ist, aus den Daten die notwendigen Konsequenzen, nämlich die Optimierung der Geschäftsprozesse, zu ziehen. Einem möglichen Einsatz einer Prozesskostenrechnung sollte auf jeden Fall eine Kosten-Nutzen-Analyse (vgl. Kap. B.7) vorausgehen.

**MERKE:** Die Vorteile der Prozesskostenrechnung bestehen vor allem in einer verbesserten, weil verursachungsgerechteren Zurechnung der Gemeinkosten auf die Kostenträger und in einer Aufdeckung unproduktiver Tätigkeiten. Die Prozesskostenrechnung ist mit erheblichem Erfassungs- und Planungsaufwand verbunden, so dass sich die Frage der Wirtschaftlichkeit stellt. Die klassische Kostenrechnung sollte deshalb nicht durch eine Prozesskostenrechnung ersetzt werden. Die Prozesskostenrechnung soll nur dazu dienen, die Tätigkeiten, Teilprozesse und Hauptprozesse kostenrechnerisch zu beurteilen. Es sollte dabei geprüft werden, ob auf besonders teure Prozesse verzichtet werden kann oder ob sich durch alternative Abläufe Gemeinkosten reduzieren lassen.

# A.8 Teilkostenrechnung

## A.8.1 Einführung

Das bisher dargestellte System der Vollkostenrechnung verteilt sämtliche, während einer Periode angefallenen Kosten auf die Kostenträger. In den kalkulierten Herstell- und Selbstkosten der Produkte sind sowohl fixe wie auch variable Kostenbestandteile enthalten. Ein solches Kostenrechnungssystem kann bei der Lösung bestimmter betriebswirtschaftlicher Probleme zu Fehlentscheidungen führen.

Die **Mängel der Vollkostenrechnung** haben in erster Linie ihre Ursache in der Proportionalisierung der Fixkosten sowie in der Umlage von fixen Teilen der Gemeinkosten nach Verrechnungsschlüsseln.

Im Rahmen der Vollkostenrechnung wird keine Trennung in fixe und variable Kosten vorgenommen. Wenn nun beispielsweise durch einen zusätzlichen Auftrag die Produktionsmenge um 10 % zunimmt, muss der Vollkostenrechner davon ausgehen, dass auch die Gesamtkosten um 10 % steigen. Dies wäre nur dann der Fall, wenn sich auch die Fixkosten proportional zur Produktionsmenge ändern. Bekanntlich bleiben die Fixkosten bei einer Änderung der Ausbringungsmenge konstant. Aufgrund dieser **Proportionalisierung der Fixkosten** kann die Vollkostenrechnung zu krassen Fehlentscheidungen führen: Angenommen, ein Betrieb stellt 10.000 Einheiten des Produktes x her, welches Stückkosten von 100 € verursacht. Ein Kunde bestellt nun zusätzlich 1.000 Einheiten von Produkt x, will aber nur 90 € pro Stück zahlen. Die Kapazität ist nicht vollständig ausgelastet und würde für die Fertigung dieser Menge ausreichen. Der Vollkostenrechner muss diesen Zusatzauftrag ablehnen, da der Preis geringer ist als die Herstellkosten pro Stück. Der **Zusatzauftrag** führt jedoch nicht zu einem Verlust, da bei insgesamt 11.000 hergestellten Einheiten die Stückkosten inklusive der Fixkosten möglicherweise unter 90 € liegen. In die Entscheidungsfindung bezüglich des Zusatzauftrages dürfen die Fixkosten nicht eingehen, da die Annahme des Auftrages nicht dazu führt, dass sich die Fixkosten verändern. Es sind allein die Kosten einzubeziehen, die durch den Auftrag verursacht werden und damit zusätzlich anfallen.

Die im Rahmen der Kostenträgerrechnung berechneten und bei der Kalkulation benutzten Zuschlagsätze enthalten auch **nach Schlüsseln verteilte fixe Gemeinkosten**, die den Kostenträgern zugerechnet werden. Wenn z.B. in einer Produktionsstätte verschiedene Produkte hergestellt werden, so lässt sich nicht wirklich feststellen, welcher Teil der kalkulatorischen Abschreibung für diese Produktionsstätte von welchem der Produkte verursacht wurde. Genauso wenig lassen sich die in der Verwaltungsabteilung gezahlten Gehälter und andere Fixkosten den Produkten verursachungsgerecht zuordnen.

Auch bei der **Wahl zwischen verschiedenen Fertigungsverfahren** kann eine Vollkostenrechnung zu Fehlentscheidungen führen. Ein Verfahren mit geringen fixen und hohen variablen Stückkosten sollte einem Verfahren mit hohen fixen und geringen variablen Stückkosten bei einem Vollkostenvergleich vorgezogen werden. Da die Fixkosten nicht kurzfristig abbaubar sind, sollten auch hier die Teilkosten bei der Entscheidungsfindung herangezogen werden.

Letztlich sind Teilkosteninformationen zur Durchführung von **Kostenanalysen** wichtig.

**Teilkostenrechnungen** berücksichtigen grundsätzlich nur solche Kosten, die für die Lösung eines bestimmten Entscheidungsproblems relevant sind. In Teilkostenrechnungen wird zwischen fixen und variablen Kosten bzw. zwischen Einzel- oder Gemeinkosten unterschieden. Die Kosten werden den einzelnen Kostenträgern nur teilweise zugeordnet. Ermittelt wird in der Teilkostenrechnung der sog. **Deckungsbeitrag**. Unter Deckungsbeitrag versteht man die Differenz zwischen Erlös und variablen Kosten bzw. Einzelkosten eines Produkts. Dieser Differenzbetrag dient der Deckung des Fixkostenblocks. Ein Stückgewinn kann mit der Teilkostenrechnung nicht ermittelt werden, da in der Teilkostenrechnung keine fixen Stückkosten ermittelt werden.

Für die Ermittlung und Kontrolle der Benutzungsgebühren in Gebietskörperschaften ist die Vollkostenrechnung in der Regel sachgerecht. Soweit aber kurzfristige Entscheidungen zu treffen sind, führt die Vollkostenrechnung wegen der Gleichbehandlung von fixen und variablen Kosten oft zu falschen Schlussfolgerungen. Im Folgenden werden verschiedene Verfahren der Teilkostenrechnung und mögliche Anwendungsbereiche für Gebietskörperschaften vorgestellt.

MERKE: Bei kurzfristigen Entscheidungen (Annahme von Zusatzaufträgen, Wahl zwischen verschiedenen Fertigungsverfahren, Durchführung von Kostenanalysen) sollten zusätzlich Teilkostenrechnungen durchgeführt werden.

In der betriebswirtschaftlichen Literatur finden sich unterschiedliche Teilkostenrechnungssysteme auf der Basis von variablen Kosten und auf der Basis von Einzelkosten. Auf Basis der variablen Kosten unterscheidet man die **einstufige Deckungsbeitragsrechnung (Direct Costing)** und die **mehrstufige Deckungsbeitragsrechnung (stufenweise Fixkostendeckungsrechnung)**, auf Basis der Einzelkosten die **Deckungsbeitragsrechnung auf der Basis relativer Einzelkosten** und die **Grenzplankostenrechnung**. In diesem Kapitel werden die ersten drei Verfahren der Teilkostenrechnung, die sich auf Istkosten beziehen, dargestellt. Die Grenzplankostenrechnung geht von Plankosten aus und wird im Rahmen der Plankostenrechnung in Kap. A.9.4 behandelt.

### A.8.2 Einstufige Deckungsbeitragsrechnung

Die einstufige Deckungsbeitragsrechnung (Direct Costing) zählt zum Teilkostenrechnungssystem auf der Basis von variablen Kosten. „Direct" soll bei der Kennzeichnung dieses Systems besagen, dass auf die Produkte nur solche Kosten weiterverrechnet werden, die direkt mit der Beschäftigung (Ausbringungsmenge, output) variieren. Aus diesem Grund werden die Gesamtkosten der Periode entweder bereits in der Kostenartenrechnung oder erst im BAB in fixe und variable Kosten getrennt. Den Kostenträgern werden nur die variablen Kosten, d.h. die Kosten, die direkt mit der Änderung der Beschäftigung variieren, zugeordnet. Die Deckungsbeitragsrechnung ist eine retrograde Rechnung, da man von den Erlösen ausgeht und hiervon zunächst die variablen Kosten subtrahiert. Das Ergebnis wird als Deckungsbeitrag bezeichnet. Solange der Deckungsbeitrag positiv ist, trägt er zur Deckung der fixen Kosten bei.

Die einstufige Deckungsbeitragsrechnung kann als Kostenträgerzeit- und Kostenträgerstückrechnung durchgeführt werden. Bei der **Kostenträgerzeitrechnung** wird von den Gesamterlösen der Periode die Summe der variablen Kosten abgezogen um den Gesamtdeckungsbeitrag zu erhalten. Anschließend wird der Fixkostenblock subtrahiert. Die dann verbleibende Differenz entspricht dem Betriebsergebnis der Periode.

In der **Kostenträgerstückrechnung** werden vom Nettoerlös (Listenpreis ./. Rabatte, Skonto etc.) einer Produkteinheit die variablen Stückkosten abgezogen; das Ergebnis ist der Stückdeckungsbeitrag. Es gilt somit:

| **Nettoerlös** | **Netto-Stückerlös** |
|---|---|
| **– gesamte variable Kosten** | **– variable Stückkosten** |
| **= Gesamtdeckungsbeitrag** | **= Stückdeckungsbeitrag** |

**Kostenspaltung:** Die variablen Kosten setzen sich aus Einzelkosten und variablen Gemeinkosten zusammen. Einzelkosten stellen vollständig variable Kosten dar, Gemeinkosten können aber aus variablen und fixen Kostenbestandteilen bestehen, so dass eine Ermittlung der entsprechenden Anteile, eine Kostenspaltung, erforderlich werden kann. Diese erfolgt meist nach Kostenarten getrennt in der Kostenstellenrechnung. Die Aufteilung in fixe und variable Kosten hängt in hohem Maße vom Betrachtungszeitraum ab; je kürzer er ist, desto mehr Kosten stellen fixe Kosten dar. Je länger der Betrachtungszeitraum, umso weniger Kosten sind fix. Zur Abgrenzung bietet sich hier ein Zeitraum von einem Jahr an, möglich sind aber auch kürzere Zeiträume.[69] Fixe Kosten entstehen oft aufgrund von vertraglichen Verpflichtungen, die

[69] Vgl. Graumann, M., Kostenrechnung und Kostenmanagement, 6. Aufl. 2017, S. 252.

auch in späteren Perioden noch Wirkung entfalten. Für eine genaue Kostenanalyse ist deshalb die **Bindungsdauer** (Monate, Jahre) festzustellen. So ist in den letzten Jahren sowohl in der Wirtschaft als auch in der öffentlichen Verwaltung ein verstärkter Trend zur **Umwandlung von fixen Personalkosten in variable Kosten** (z. B. durch variable Gehaltsbestandteile, Zeit- und Leiharbeitsverträge, Werkverträge) erkennbar. Fixe Anlagekosten lassen sich z.B. durch den Abschluss von kurzfristigen **Leasingverträgen** in variable Kosten umwandeln.

Zur Kostenspaltung können unterschiedliche Verfahren genutzt werden, von denen das proportionale Verfahren bei linearem Kostenverlauf in Abhängigkeit von der Produktions- und Absatzmenge bereits in Kap. A.1.3.3 dargestellt wurde.[70]

Ausgehend von einer linearen Kostenfunktion $K = K_f + k_v \cdot x$ ergeben sich bei zwei unterschiedlichen Mengen und zwei Kostenwerten die variablen Stückkosten $k_v$ wie folgt:

$$k_v = \frac{K_2 - K_1}{x_2 - x_1}$$

Es werden die Istkosten von zwei Perioden sowie die Istmengen in diesen Perioden verglichen und die Unterschiede ermittelt. Die fixen Kosten lassen sich im Weiteren durch die Subtraktion der variablen Kosten von den gesamten Kosten bestimmen:

$$K_f = K_2 - k_v \cdot x_2 = K_1 - k_v \cdot x_1$$

**Beispiel 1:**

Die Stadt A verfügt über eine Musikschule, die entsprechend den Leistungsarten, die den Bürgern angeboten werden, in vier Endkostenstellen gegliedert ist. Es handelt sich um die Kostenstellen Musiktherapie, Klavierunterricht, Gitarrenunterricht und Gesangsunterricht. Auf diesen Kostenstellen sind bereits sämtliche in der Musikschule angefallenen Kosten berücksichtigt.
Über die vier Endkostenstellen liegen folgende Informationen im Hinblick auf die Gesamtkosten, den Gesamterlös und die erteilten Unterrichtsstunden vor. Beim Gesamterlös (hier: gleichzeitig Nettoerlös) handelt es sich um die Entgelte, die erzielt worden sind.

[70] Andere Verfahren bei mehr als zwei Werten sind z.B. Analyse von Streupunktdiagrammen und Korrelationsrechnungen (Methode der kleinsten Quadrate).

| | Musiktherapie | Klavierunterricht | Gitarrenunterricht | Gesangsunterricht |
|---|---|---|---|---|
| Gesamtkosten in € | 525.000 | 90.000 | 144.000 | 36.000 |
| Gesamterlös in € | 225.000 | 81.000 | 160.000 | 27.000 |
| Unterrichtsstunden | 15.000 | 4.500 | 8.000 | 1.500 |

Ein Vergleich von Gesamtkosten und Gesamterlösen bei den einzelnen Kostenstellen zeigt, dass lediglich beim Gitarrenunterricht der Gesamterlös höher als die Gesamtkosten ist. Bei einer Vollkostenrechnung nach dem Verfahren der mehrfachen Divisionskalkulation ergeben sich pro Unterrichtstunde folgende Kosten und Erlöse:

| Kostenstellen | Kosten pro Stunde in € | Erlös pro Stunde in € |
|---|---|---|
| Musiktherapie | 35,00 | 15,00 |
| Klavierunterricht | 20,00 | 18,00 |
| Gitarrenunterricht | 18,00 | 20,00 |
| Gesangsunterricht | 24,00 | 18,00 |

Die Kosten pro Unterrichtstunde sind nach dem Verfahren der mehrfachen Divisionskalkulation ermittelt worden. Aus den vorliegenden Zahlen kann man nun den Schluss ziehen, dass die Stadt mit Ausnahme des Gitarrenunterrichts die Musikschule schließen sollte, da die Erlöse die Kosten nicht decken. Bei dieser Betrachtungsweise werden natürlich alle anderen Erwägungen, die eine Rolle spielen, außer Acht gelassen. So wird insbesondere unterstellt, dass keine Verbundeffekte zwischen den einzelnen angebotenen Dienstleistungen bestehen, dass sich also z.B. das Einstellen von Musiktherapie, Klavier- und Gesangsunterricht nicht negativ auf den Gitarrenunterricht auswirkt. Auch wird unterstellt, dass sich die Fixkosten vorerst nicht abbauen lassen und die variablen Kosten eindeutig ermittelt werden können.

Zur weiteren Entscheidungsfindung werden die Kosten in fixe und variable Bestandteile aufgespalten. Eine durchgeführte Kostenspaltung ergibt folgende Zahlen:

| Kosten in € | Musiktherapie | Klavierunterricht | Gitarrenunterricht | Gesangsunterricht |
|---|---|---|---|---|
| variable Kosten | 375.000 | 60.000 | 110.000 | 24.000 |
| fixe Kosten | 150.000 | 30.000 | 34.000 | 12.000 |
| Gesamtkosten | 525.000 | 90.000 | 144.000 | 36.000 |

Bei der Fragestellung, welche Leistungsarten die Stadt in Zukunft für den Bürger erbringen soll, berücksichtigt die Teilkostenrechnung die fixen Kosten nicht. Begründung dafür ist, dass die fixen Kosten in jedem Fall auftreten, unabhängig davon, ob Leistungen erbracht werden oder nicht. Wenn die Frage geklärt werden soll, welche Leistungen angeboten werden sollen, sind nur die variablen Kosten mit den Erlösen zu vergleichen. Wenn Leistungen erbracht werden, fallen Erlöse und variable Kosten an, werden keine erbracht, entfallen die Erlöse und die variablen Kosten. Die Gegenüberstellung der variablen Kosten mit den Erlösen in den einzelnen Kostenstellen ergibt folgendes Bild:

| | **Musiktherapie** | **Klavierunterricht** | **Gitarrenunterricht** | **Gesangsunterricht** |
|---|---|---|---|---|
| Erlöse in € | 225.000 | 81.000 | 160.000 | 27.000 |
| variable Kosten in € | 375.000 | 60.000 | 110.000 | 24.000 |
| Differenzbetrag = Deckungsbeitrag in € | – 150.000 | 21.000 | 50.000 | 3.000 |

Die Tabelle zeigt, dass lediglich bei der Musiktherapie die Erlöse geringer als die variablen Kosten sind. Es wäre also sinnvoll, diese Leistung dem Bürger nicht mehr anzubieten, während bei allen anderen Leistungen die Erlöse größer sind als die variablen Kosten.

**MERKE:** Eine Leistung ist solange anzubieten, wie die Erlöse die variablen Kosten decken. Es liegt dann ein positiver Deckungsbeitrag vor. Wird der Deckungsbeitrag negativ, sind die Leistungen nicht mehr anzubieten.

Um diese Aussage zu überprüfen, kann der Gesamterfolg der Musikschule als Differenz zwischen Gesamterlös und Gesamtkosten ermittelt werden. Wenn alle Leistungen erbracht werden, ergibt sich ein Verlust in Höhe von -302.000 €.

| **Erlöse in allen Kostenstellen:** | **493.000** |
|---|---|
| Gesamtkosten in allen Kostenstellen: | 795.000 |
| Verlust in € | – 302.000 |

Nach den obigen Ausführungen sollen die Leistungen dann nicht mehr angeboten werden, wenn der Deckungsbeitrag negativ wird. Wird die Musiktherapie nicht mehr angeboten, entfallen die variablen Kosten, jedoch vorerst nicht die fixen Kosten. Es ergibt sich zwar trotzdem ein Verlust, er ist jedoch geringer geworden:

| **Erlöse in den Kostenstellen Klavier-, Gitarren- und Gesangsunterricht** | **268.000** |
|---|---|
| Gesamtkosten in den Kostenstellen Klavier-, Gitarren- und Gesangsunterricht | 270.000 |
| Fixe Kosten der Musiktherapie | 150.000 |
| Verlust in € | – 152.000 |

Der Verlust hat sich auf 152.000 € verringert. Die Verbesserung beträgt 150.000 € und entspricht dem negativen Deckungsbeitrag bei der Kostenstelle Musiktherapie.

Nach der Vollkostenrechnung sind bis auf den Gitarrenunterricht alle anderen Leistungen der Musikschule nicht mehr anzubieten. Der Verlust ist wäre hier wesentlich höher:

| **Erlöse in der Kostenstelle Gitarrenunterricht** | **160.000** |
|---|---|
| Kosten der Kostenstelle Gitarrenunterricht | 144.000 |
| fixe Kosten der Kostenstellen Musiktherapie, Klavier- und Gesangsunterricht | 192.000 |
| Gesamtkosten nach Aufgabe aller Leistungen mit Ausnahme des Gitarrenunterrichts | 336.000 |
| Verlust in € | –176.000 |

Im Zusammenhang mit der Frage Voll- oder Teilkostenrechnung stehen die Begriffe **„kurzfristige und langfristige Preisuntergrenze“**. Unter Preisuntergrenze werden Preise verstanden, die mindestens beim Verkauf von Leistungseinheiten erzielt werden sollen. Die langfristige Preisuntergrenze ist der Betrag, der auf Dauer erzielt werden soll. Die kurzfristige Preisuntergrenze ist der Betrag, mit dem man sich innerhalb eines begrenzten Zeitraumes gerade noch begnügen kann.

Langfristig müssen alle angefallenen variablen und fixen Kosten durch Erlöse gedeckt sein, sonst ist ein Betrieb nicht lebensfähig. So müssen die Abschreibungen auf Dauer auch „verdient“ werden. Die Preise, die für den Verkauf der Leistungen erzielt werden, müssen daher zumindest den Stückkosten entsprechen, die alle Kostenbestandteile enthalten, also fixe und variable. Die **langfristige Preisuntergrenze** entspricht somit den gesamten Stückkosten. In der Musikschule der Stadt betragen die gesamten Stückkosten 35,00 €, 20,00 €, 18,00 € und 24,00 €.

Die kurzfristige Preisuntergrenze ist niedriger als die langfristige Preisuntergrenze. Kurzfristig ist es sinnvoll, Produkte dann noch herzustellen und zu verkaufen, wenn die gesamten Stückkosten auf dem Markt zwar nicht zu erzielen sind, jedoch über die variablen Kosten hinaus ein Teil der fixen Kosten mitverdient wird. Sinnvoll ist Herstellung und Verkauf dann nicht mehr, wenn die variablen Stückkosten nicht mehr gedeckt sind. Die **kurzfristige Preisuntergrenze** entspricht somit den variablen Stückkosten. Bezogen auf die Musikschule ergeben sich folgende kurzfristigen Preisuntergrenzen:

| **Musiktherapie** | **25,00 €** | **(375.000 € : 15.000)** |
|---|---|---|
| Klavierunterricht | 13,33 € | ( 60.000 € : 4.500) |
| Gitarrenunterricht | 13,75 € | (110.000 € : 8.000) |
| Gesangsunterricht | 16,00 € | ( 24.000 € : 1.500) |

Bis auf die Musiktherapie liegen die Erlöse bei allen Leistungsarten über der kurzfristigen Preisuntergrenze. Bei der Musiktherapie ist die Mindestanforderung an den Erlös nicht mehr erfüllt. Wie bereits gezeigt, ist es sinnvoll, diese Leistung nicht mehr anzubieten.

**Beachte:** Die Ausrichtung der Verkaufspreise auf kurzfristige Preisuntergrenzen kann einen Betrieb in Liquiditätsschwierigkeiten bringen. Da in der kurzfristigen Preisuntergrenze nur die variablen Kosten erfasst werden, bleiben die fixen Kosten, die kurzfristig zu Ausgaben führen wie z.B. Miete, Steuern, Gehälter, Versicherungsbeiträge, unberücksichtigt. Eine liquiditätsorientierte Preisuntergrenze muss zumindest die ausgabenwirksamen fixen Kosten mit berücksichtigen.

**Beispiel 2:**

Ein Fortbildungsinstitut beabsichtigt, sein Fortbildungsangebot um einen Lehrgang zur Vorbereitung auf die Bilanzbuchhalterprüfung zu erweitern. Für die Durchführung des Lehrgangs müssen keine zusätzlichen Räume angemietet werden und auch das vorhandene Verwaltungspersonal muss nicht aufgestockt werden. Der Unterricht wird ausnahmslos von nebenberuflich tätigen Referenten zu einem Stundensatz von 30 € durchgeführt. Pro Unterrichtsstunde wird darüber hinaus mit variablen Kosten von 8 € gerechnet (Kopien, Reinigung, Verpflegung etc.). Der Anteil der als fix zu betrachtenden Raum- und Verwaltungskosten ist mit 50 € pro Unterrichtsstunde zu veranschlagen. Der Gesamtstundenumfang des Lehrganges beträgt 680 Std., die Teilnahmegebühr 4.080 € (hier: gleichzeitig Nettoerlös). Es liegen 10 Anmeldungen vor. Lohnt es sich aus Sicht des Instituts, den Lehrgang durchzuführen?

**Entscheidung aufgrund der Vollkostenrechnung:**

| **Kosten der Maßnahme:** | **pro Stunde** | **insgesamt** |
|---|---:|---:|
| Dozentenhonorar | 30 € | 20.400 € |
| sonstige variable Kosten | 8 € | 5.440 € |
| Raum- und Verwaltungskosten (fix) | 50 € | 34.000 € |
| Summe | 88 € | 59.840 € |

Erlöse pro Unterrichtsstunde: 4.080 / 680 · 10 = 60 €, Erlöse insgesamt: 40.800 €

Wird die Entscheidung aufgrund der Vollkostenrechnung getroffen, findet der Lehrgang zur Vorbereitung auf die Bilanzbuchhalterprüfung nicht statt, da pro Unterrichtsstunde ein Verlust von 28 € entsteht. Bezogen auf die gesamte Maßnahme beträgt der Verlust also 28 · 680 = 19.040 €.

**Entscheidung aufgrund der Teilkostenrechnung:**

Die als fix zu betrachtenden Raum- und Verwaltungskosten bleiben bei der einstufigen Deckungsbeitragsrechnung außer Ansatz, da sie in gleicher Höhe anfallen, unabhängig davon, ob der Lehrgang stattfindet oder nicht.
Verglichen werden lediglich die variablen Kosten pro Unterrichtsstunde in Höhe von 38 € mit den Erlösen pro Unterrichtsstunde in Höhe von 60 € (bei 10 Teilnehmern). Die Differenz zwischen den Erlösen und den variablen Stückkosten beträgt 22 €. Jede Unterrichtsstunde leistet einen Beitrag zur Deckung des Fixkostenblocks von 22 €. Wird die Maßnahme durchgeführt, so entsteht insgesamt ein Deckungsbeitrag von

DB = 680 · 22 = 14.960 €

Das Jahresergebnis des Fortbildungsinstituts verbessert sich bei Lehrgangsdurchführung um 14.960 €. Die Deckungsbeitragsrechnung kann also zu völlig anderen Ergebnissen führen als die Vollkostenrechnung. Bei Anwendung der Deckungsbeitragsrechnung wird der Zusatzauftrag angenommen, bei Kalkulation des Zusatzauftrags auf der Grundlage der Vollkostenrechnung ist der Zusatzauftrag abzulehnen. Mithilfe der Deckungsbeitragsrechnung lässt sich auch die Frage beantworten, ab welcher Teilnehmerzahl der Lehrgang durchgeführt werden kann **(Break-even-Analyse)**:

Bei einer Teilnahmegebühr von 4.080 € und 680 Std. bringt jeder Teilnehmer einen Erlös von 6 € pro Unterrichtsstunde. Die variablen Kosten pro Stunde belaufen sich auf 38 € pro Stunde. Also kann der Lehrgang ab sieben Teilnehmern durchgeführt werden, weil dann die variablen Kosten der Maßnahme gedeckt sind (38/6 = 6,33 bzw. aufgerundet 7 Teilnehmer). Bei 6,33 Teilnehmern betragen die Gesamterlöse 25.840 € und entsprechen der Höhe der gesamten variablen Kosten.

**Annahme von Zusatzaufträgen:**

Allgemein ist festzustellen, dass alle Aufträge, die zu Preisen unterhalb der derzeitigen Verkaufspreise angenommen werden (Zusatzaufträge)

- die zurzeit nicht ausgelasteten Kapazitäten optimal nutzen und
- die Gewinnsituation des Betriebes verbessern.

Die Annahme eines Zusatzauftrages empfiehlt sich immer dann, wenn sein Preis über den variablen Stückkosten liegt.

MERKE: Vorteil der einstufigen Deckungsbeitragsrechnung sind Informationen über die Bestimmung der Gewinnschwelle (Break-even-Analyse), für die Berechnung von Preisunter- und Preisobergrenzen und für Entscheidungen zwischen Eigenfertigung und Fremdbezug.
Nachteil der einstufigen Deckungsbeitragsrechnung ist, dass die Fixkosten nicht analysiert werden und damit vollkommen unkontrolliert bleiben.

### A.8.3 Mehrstufige Deckungsbeitragsrechnung

Die mehrstufige Deckungsbeitragsrechnung (**Fixkostendeckungsrechnung**) unterscheidet sich vom Direct Costing insbesondere dadurch, dass sie die Fixkosten nicht einfach in einem Block bzw. in ihrer Gesamtheit den Bruttoerfolgen der verkauften Produkte gegenüberstellt. Die Fixkosten werden nach dem Kriterium der Zurechenbarkeit in verschiedene Teilblöcke oder Fixkostenschichten aufgespalten und zwar nach

- Produkt- bzw. Erzeugnisfixkosten,
- Produkt- bzw. Erzeugnisgruppenfixkosten,
- Produkt- bzw. Erzeugnisbereichsfixkosten und
- Unternehmens- bzw. Betriebsfixkosten.

Schematisch betrachtet ergibt sich der in der folgenden Abbildung dargestellte mehrstufige Aufbau der Fixkostendeckungsrechnung:

| | Produktbereich I | | | | Produktbereich II | |
|---|---|---|---|---|---|---|
| | Produktgruppe A | | Produktgruppe B | | C | D |
| | Produkt $A_1$ | Produkt $A_2$ | Produkt $B_1$ | Produkt $B_2$ | Produkt $C_1$ | Produkt $D_1$ |
| Erlöse (Nettoerlöse)<br>- variable Kosten | | | | | | |
| = Deckungsbeitrag I<br>- Produktfixkosten | | | | | | |
| = Deckungsbeitrag II<br>- Produktgruppenfixkost. | | | | | | |
| = Deckungsbeitrag III<br>- Produktbereichsfixkost. | | | | | | |
| = Deckungsbeitrag IV<br>- Unternehmensfixkost. | | | | | | |
| = Betriebsergebnis | | | | | | |

Abbildung 27: Mehrstufige Fixkostendeckungsrechnung als Kostenträgerzeitrechnung

Der Deckungsbeitrag I ergibt sich als Differenz aus den Erlösen minus der variablen Kosten. Der Teil der fixen Kosten, der den einzelnen Kostenträgern direkt zurechenbar ist (Produkt- oder Erzeugnisfixkosten) wird anschließend von den Deckungsbeiträgen I subtrahiert; man erhält dann den Deckungsbeitrag II. Sofern fixe Kosten nicht einem bestimmten Kostenträger, sondern nur mehreren Kostenträgern zugerechnet werden können (z.B. Produkt- oder Erzeugnisgruppe) spricht man von Produktgruppenfixkosten. Subtrahiert man diese vom Deckungsbeitrag II, so erhält man den Deckungsbeitrag III. Der Deckungsbeitrag IV ermittelt sich nach Abzug der Kosten für den Produktbereich. Bei den Bereichsfixkosten handelt es sich um fixe Kosten aus mehreren Kostenstellen, die zu dem Bereich gehören. Unternehmensfixe Kosten bilden den restlichen Fixkostenblock, der für den Betrieb insgesamt angefallen ist und nicht mehr verursachungsgerecht einem Kostenträger, einer Kostenträgergruppe oder einem Bereich zugerechnet werden kann, wie z.B. die Kosten der allgemeinen Verwaltung, der Geschäftsführung oder des IT-Zentrums. Nach der Subtraktion vom Deckungsbeitrag IV erhält man schließlich das Betriebsergebnis (Gewinn oder Verlust) der Rechnungsperiode.

Die Auswertung der Fixkostendeckungsrechnung zeigt möglicherweise Schwachstellen im Betrieb auf; Hinweise hierauf sind insbesondere negative Deckungsbeiträge von Produkten oder Produktgruppen. Hier sollte dann über eine Einstellung des Angebotes durch Eliminierung aus dem Programm nachgedacht werden, wobei allerdings die Abbaubarkeit der Fixkosten sowie andere monetäre und nicht-monetäre Effekte zu beachten sind. Zumindest jene Fixkosten, die bestimmten Produkten oder Produktgruppen zurechenbar sind, lassen sich langfristig bei einer Änderung des Produktionsprogramms abbauen. Als weitere Angaben können Verhältniszahlen in das Schema aufgenommen werden, um den Anteil der jeweiligen Fixkosten am Deckungsbeitrag einer übergeordneten Ebene darzustellen.

**Beispiel:**

In einer **kommunalen Verwaltungsakademie** könnte eine Fixkostendeckungsrechnung vereinfacht wie folgt aussehen:

| **Bereiche** | **Ausbildung** | | | **Fortbildung** | |
|---|---|---|---|---|---|
| **Kursarten** | **Beamtenausbildung** | **Angestelltenausbildung** | **IT-Fortbildung** | **Rechnungswesen** | **Verwaltungsrecht** |
| Teilnehmergebühren | 270.000 | 300.000 | 320.000 | 380.000 | 400.000 |
| variable Kosten, z.B. Honorare | 20.000 | 70.000 | 100.000 | 390.000 | 260.000 |
| **Deckungsbeitrag 1** | **250.000** | **230.000** | **220.000** | **-10.000** | **140.000** |

| | | | | | |
|---|---|---|---|---|---|
| Kursfixkosten, z.B. für Miete, kalk. Kosten für PCs | 50.000 | 50.000 | 90.000 | 70.000 | 60.000 |
| **Deckungsbeitrag 2** | **200.000** | **180.000** | **130.000** | **-80.000** | **80.000** |
| Bereichsfixkosten, z.B. Gehalt Fachbereichsleiter | 60.000 | | 100.000 | | |
| **Deckungsbeitrag 3** | **320.000** | | **30.000** | | |
| Fixkosten der Akademie, z.B. Gehalt des Leiters, Sekretariat | 170.000 | | | | |
| **Deckungsbeitrag 4 (= Ergebnis der Akademie)** | **180.000** | | | | |

Auf allen Hierarchiestufen werden nur die Kosten ausgewiesen, die diesen Hierarchiestufen eindeutig und verursachungsgerecht zugeordnet werden können. Alle Kosten können in der Regel von den jeweiligen Führungskräften verantwortet werden. Im Beispiel decken bei der Fortbildung im Rechnungswesen die Erlöse nicht einmal die variablen Kosten (Dozentenhonorare). Streicht man dieses Produkt, verbessert sich das Betriebsergebnis sofort. Es zeigt sich auch, dass sich Fixkosten (z.B. Miete bei Einhaltung von Kündigungsfristen) mit zeitlicher Verzögerung abbauen lassen. Insofern ist die Fixkostendeckungsrechnung ebenfalls für eine mittelfristige Planung geeignet, bei der ein schrittweiser Abbau von Fixkosten möglich ist. Für die praktische Einführung einer mehrstufigen Fixkostendeckungsrechnung ist es vorteilhaft, wenn die Betriebsorganisation nach Produkten, Produktgruppen bzw. Produktbereichen aufgebaut ist.

MERKE: Die mehrstufige Deckungsbeitragsrechnung ermöglicht nicht nur kurzfristige Entscheidungen auf Ebene der einzelnen Produkte, sondern bietet auch Informationen für mittel- und langfristige Entscheidungen für bestimmte Produktgruppen, Kostenstellen oder Betriebs- bzw. Produktbereiche. Mit der Analyse der Fixkosten ist sie vorteilhafter als das Direct Costing.

### A.8.4 Deckungsbeitragsrechnung mit relativen Einzelkosten

Im Rahmen der **Deckungsbeitragsrechnung auf der Basis relativer Einzelkosten** werden die Gesamtkosten in Einzel- und Gemeinkosten unterteilt. Als Deckungsbeitrag wird der **Überschuss der Einzelerlöse über die Einzelkosten** eines bestimmten Kalkulationsobjektes (**Bezugsgröße**), wie z.B. ein Erzeugnis, eine Erzeugnisgruppe oder eine Kostenstelle bezeichnet. Der Deckungsbeitrag des Kalkulationsobjektes trägt damit zur Deckung variabler und fixer Gemeinkosten und zur Erzielung eines Gewinns bei, wobei darauf verzichtet wird, die Gemeinkosten in fixe und variable Bestandteile aufzuspalten. Im Gegensatz zu den bisher behandelten Verfahren werden auch die variablen Gemeinkosten nicht mehr auf Kostenträger weiterverrechnet.

Deckungsbeiträge werden nicht nur für Kostenträger errechnet, sondern es werden Hierarchien von Kalkulationsobjekten (Bezugsgrößen) gebildet, die vom Gesamtbetrieb bis hin zu den einzelnen Erzeugnissen reichen und für die jeweils Deckungsbeiträge ermittelt werden. Einzelkosten entstehen für eine bestimmte Bezugsgröße. Gemeinkosten entstehen für mehrere Bezugsgrößen. Sie werden deshalb einer übergeordneten Bezugsgröße als Einzelkosten zugerechnet. Die **Unterscheidung zwischen Einzel- und Gemeinkosten ist somit relativ, d.h. abhängig von der jeweils gewählten Bezugsgröße**. Ist z.B. die Bezugsgröße der gesamte Betrieb, sind alle Kosten des Betriebes als Einzelkosten zu verstehen. Kosten, die für den gesamten Betrieb Einzelkosten sind, gelten als Gemeinkosten untergeordneter Kalkulationsobjekte. So wird z.B. das Gehalt des Betriebsleiters als Teil der Einzelkosten des gesamten Betriebs und zugleich als Teil der Gemeinkosten einer Abteilung, Kostenstelle oder eines Produktbereiches angesehen.

Damit lassen sich in diesem System alle Kosten als Einzelkosten verrechnen. Die Verrechnung jeder Kostenart als Einzelkosten erfolgt soweit unten in der Hierarchie wie möglich. Die Betriebsergebnisrechnung wird – wie bei der Fixkostendeckungsrechnung – stufenweise durchgeführt. Ausgehend von den Erlösen werden auf den einzelnen Hierarchiestufen zuerst die entsprechenden Einzelkosten abgezogen, dann die stufenbezogenen Deckungsbeiträge (Erlös abzüglich Einzelkosten) und letztlich wird das Periodenergebnis ermittelt.

Folgendes Beispiel soll die Anwendung der Deckungsbeitragsrechnung mit relativen Einzelkosten verdeutlichen. Betrachtet wird ein städtisches Krankenhaus mit vier Abteilungen. Die Verteilung der Erlöse und Einzelkosten auf die vier Abteilungen ist der nachfolgenden Tabelle zu entnehmen:[71]

**Beispiel:**

| Abteilung | Erlöse | Einzelkosten |
|---|---|---|
| Chirurgische Abteilung | 4.200.000 € | 2.730.000 € |
| Gynäkologische Abteilung | 1.460.000 € | 910.000 € |
| Innere Abteilung | 2.500.000 € | 1.625.000 € |
| Urologische Abteilung | 1.950.000 € | 1.235.000 € |

[71] Beispiel in Anlehnung an: Homann, K., Kommunales Rechnungswesen, 6. Aufl. 2005, S. 167, Sprenger-Menzel/Brockhaus, Grundlagen des Controllings in Verwaltungs-, Wirtschafts- und Dienstleistungsbetrieben, 5. Aufl. 2018, S. 68.

Außerdem sind weitere Kosten für die beiden Krankenhausgebäude und das gesamte Krankenhaus angefallen. Für das Gebäude I betragen die Einzelkosten 585.000 €. Die Einzelkosten für das Gebäude II belaufen sich auf 914.000 €. Während im Gebäude I die innere und die gynäkologische Abteilung untergebracht sind, ist das Gebäude II mit der chirurgischen und der urologischen Abteilung belegt. Für das gesamte Krankenhaus wurden Einzelkosten in Höhe von 2.000.000 € ermittelt.

Die Bezugsgrößenhierarchie besteht aus den drei Stufen Abteilungen, Gebäude I und II sowie Krankenhaus insgesamt. Für jede Stufe werden jeweils Einzelkosten ausgewiesen und die Deckungsbeiträge bzw. das Nettoergebnis berechnet:

| | **Innere Abteilung** | **Gynäkologie** | **Chirurgie** | **Urologie** | **Insgesamt** |
|---|---|---|---|---|---|
| Erlöse | 2.500.000 | 1.460.000 | 4.200.000 | 1.950.000 | 10.110.000 |
| Einzelkosten der Abteilungen | 1.625.000 | 910.000 | 2.730.000 | 1.235.000 | 6.500.000 |
| = Deckungsbeitrag I | 875.000 | 550.000 | 1.470.000 | 715.000 | 3.610.000 |
| - Einzelkosten der Gebäude I und II | 585.000 | | 914.000 | | 1.499.000 |
| = Deckungsbeitrag II | 840.000 | | 1.271.000 | | 2.111.000 |
| - Einzelkosten des gesamten Krankenhauses | 2.000.000 | | | | 2.000.000 |
| = Nettoergebnis in € | | | | | 111.000 |

Die Deckungsbeitragsrechnung mit relativen Einzelkosten wurde von P. Riebel[72] entwickelt. Er unterscheidet in seiner Grundrechnung jedoch zwischen

- **Leistungskosten**, die vom tatsächlich realisierten Leistungsprogramm abhängen und sich automatisch mit Art, Menge und Wert der erzeugten bzw. abgesetzten Produkte verändern und
- **Bereitschaftskosten**, die auf Grund von Planungen und Erwartungen disponiert werden, um die institutionellen und technischen Voraussetzungen für die Realisierung des Leistungsprogramms zu schaffen.

Die Leistungskosten lassen sich in die Gruppen der absatz-, produktions- und beschaffungsabhängigen Kosten aufteilen, die selbst noch tiefer untergliedert werden können. Bereitschaftskosten entstehen durch Entscheidungen, mit denen die Voraussetzungen für die Realisation des Leistungsprogramms geschaffen werden. Die Bereitschaftskosten werden nach der zeitlichen Zurechenbarkeit in Perioden-

[72] Vgl. Riebel, P., Einzel- und Deckungsbeitragsrechnung, 5. Aufl., Wiesbaden 1985.

Einzelkosten und Perioden-Gemeinkosten unterteilt. Perioden-Einzelkosten sind fixe Kosten, die den jeweiligen Abrechnungsperioden direkt zugerechnet werden können. So können z.B. Urlaubs- oder Weihnachtsgelder Einzelkosten des jeweiligen Jahres und gleichzeitig Gemeinkosten einer monatlichen Abrechnungsperiode sein. Aufgrund der zeitlichen Differenzierung der Bereitschaftskosten kann die Deckungsbeitragsrechnung mit relativen Einzelkosten für kurzfristige, mittelfristige und langfristige Planungsentscheidungen hilfreich sein. In der Praxis scheitert sie allerdings an ihrer Komplexität, am Verzicht auf die Schlüsselung variabler Gemeinkosten und der abweichenden Definition vieler bekannter Begriffe aus der Kosten- und Leistungsrechnung.

### A.8.5 Optimales Produktionsprogramm

Unter einem optimalen Produktionsprogramm versteht man eine Konzentration der Produktion auf Produkte mit dem höchsten Deckungsbeitrag. Die Rangfolge der herzustellenden Produkte richtet sich dabei nach der Höhe der von ihnen erwirtschafteten absoluten oder relativen Deckungsbeiträge. Unter der Voraussetzung, dass ausreichende Produktionskapazitäten vorhanden sind, d.h. **keine Engpässe** vorliegen, hängt die Produktionsrangfolge von der **absoluten Höhe der positiven Deckungsbeiträge pro Stück** ab. Die Rangfolge hat jedoch eine untergeordnete Bedeutung, da bei Unterbeschäftigung (wenn der Betrieb nicht ausgelastet ist) jedes nachgefragte Produkt mit positivem Deckungsbeitrag produziert werden sollte.

In der Praxis gibt es in vielen Unternehmen Engpässe, die die Produktionsmenge in einer bestimmten Kostenstelle beschränken. Dies können räumliche, personelle oder materialbedingte Engpässe sein. Einfacher zu lösen ist ein vorliegender Engpass, den mehrere Produkte durchlaufen müssen. Mathematisch schwieriger gestaltet sich die Lösung, wenn mehrere Produkte mehrere Engpässe im Unternehmen durchlaufen müssen.

#### (1) Ein Engpass bei mehreren Produkten

Es wird angenommen, dass sich die Produktionsrangfolge nach der zeitlichen Inanspruchnahme (in Minuten oder Stunden) dieses Engpasses richtet. Die Rangfolge der Produktion bestimmt sich nach dem Stückdeckungsbeitrag pro Minute/Stunde, der den **relativen Deckungsbeitrag** darstellt.

**Beispiel:**

Ein Unternehmen stellt die vier Produkte A, B, C und D her. In Spalte (2) der folgenden Tabelle sind die jeweils maximal absetzbaren Mengen $x_a$ für die geplante Periode eingetragen. Die Differenz von Preis p und variablen Stückkosten $k_v$ ergibt den Stückdeckungsbeitrag db in Spalte (5). Alle vier Produkte müssen eine Produktionsabteilung durchlaufen, die über eine Jahreskapazität von 4.800 Maschinenstunden verfügt. Wegen dieses Engpasses können nicht alle maximal absetzbaren Mengen lt. Spalte (2) produziert werden. In Spalte (6) ist angegeben, wie viele Maschinenstunden in der Engpassstelle zur Herstellung einer Produktionseinheit benötigt werden.

In Spalte (7) ist der engpassbezogene (relative) Deckungsbeitrag pro Stück ermittelt worden. In Spalte (9) ergibt sich die optimale Produktionsmenge $x_p$.

| (1) Produkt | (2) $x_a$ (max) | (3) p | (4) $k_v$ | (5) db in € | (6) Eng-pass-Std. | (7) db/Std. in € | (8) Rang | (9) $x_p$ | (10) Summe Kapazität |
|---|---|---|---|---|---|---|---|---|---|
| A | 300 | 300 | 120 | 180 | 18 | 10 | 4. | - | - |
| B | 500 | 160 | 60 | 100 | 4 | 25 | 1. | 500 | 2.000 |
| C | 200 | 240 | 90 | 150 | 10 | 15 | 3. | 40 | 400 |
| D | 400 | 210 | 90 | 120 | 6 | 20 | 2. | 400 | 2.400 |

Die Produktionsentscheidung richtet sich nach der Höhe der relativen Deckungsbeiträge. Die vier Produkte werden optimal in der Rangfolge B, D, C und A produziert, wobei wegen der begrenzten Kapazität des Engpasses Produkt A überhaupt nicht und Produkt C nur teilweise hergestellt werden können. Produkte B und D werden in ihren maximal absetzbaren Mengen hergestellt. Für Produkt C steht nur noch eine Kapazität von 400 Stunden zur Verfügung, weshalb nur 40 Stück hergestellt werden können.

### (2) Mehrere Engpässe bei mehreren Produkten

Bei mehreren Engpässen müssen die Produkte A – D in einem mehrstufigen Fertigungsprozess mehrere Kostenstellen mit vorhandenen Engpässen durchlaufen. Die Produkte konkurrieren somit um mehrere Produktionsengpässe. Da die einzelnen Engpässe voneinander abhängig sind, kann das optimale Produktionsprogramm nur im Rahmen einer simultanen Planung bestimmt werden. In der Mathematik spricht man hier von der **linearen Programmierung**, wobei mehrere lineare Gleichungen nach der sog. **Simplex-Methode** bzw. mit Hilfe einer entsprechenden Software aufgelöst werden.[73] Die Engpässe werden als Restriktionen in den mathematischen Nebenbedingungen zu den Gleichungen berücksichtigt.

## A.8.6 Beurteilung der Teilkostenrechnung

Die Vorteile der Teilkostenrechnung gegenüber der Vollkostenrechnung liegen im Wesentlichen je nach gewähltem System in der Vermeidung einer nicht verursachungsgerechten Verteilung von Fixkosten bzw. Gemeinkosten. Mit der im Rahmen der Teilkostenrechnung vorgenommenen Kostenauflösung und der Berücksichtigung lediglich der Kostenbestandteile, die dem Produkt direkt zuzuordnen sind, werden

[73] Berechnungsbeispiel mit Lösung nach der Simplex-Methode vgl. z.B. Däumler/Grabe, Kostenrechnung 2, Deckungsbeitragsrechnung, 9. Aufl. 2009, S. 94 ff.; Wöhe, G., Einführung in die Allgemeine Betriebswirtschaftslehre, 26. Aufl. 2016, S. 910.

für unterschiedliche Entscheidungssituationen die relevanten Kosteninformationen transparent. Dies betrifft vor allem Entscheidungen zur

- Preisgestaltung bzw. Differenzierung,
- Ermittlung von Preisuntergrenzen für den Verkauf und Preisobergrenzen für den Einkauf,
- Leistungsausweitung für eine Auslastung der Kapazität, Übernahme von Zusatzaufträgen,
- Reduzierung und Einstellungen von Leistungen sowie Betriebsschließungen,
- Bestimmung des optimalen Produktionsprogrammes,
- Ermittlung der Gewinnschwelle (Break-Even-Menge),
- Eigenfertigung oder zum Fremdbezug („Make or Buy").

Das Entscheidungsproblem „Eigenfertigung oder Fremdbezug" tritt nicht nur im Produktionsbereich, sondern auch in anderen betrieblichen Bereichen wie z.B. bei Fragen der Personalrekrutierung in Eigenregie oder durch eine Personalberatungsgesellschaft, bei eigenem Mahn- und Inkassowesen oder der Einschaltung einer Factoringgesellschaft, bei eigener Organisationsabteilung oder der Einschaltung eines externen Organisationsberaters etc. auf.

---

**MERKE:** Die Teilkostenrechnung liefert einen entscheidenden Beitrag zur Wirtschaftlichkeitssteuerung, der in der ausgewählten Fragestellung weit über die Aussagekraft der Kostenrechnung auf Vollkostenbasis hinausgeht.

---

Dies bedeutet nicht, dass die Teilkostenrechnung ein Ersatz für die Vollkostenrechnung sein kann. Ein nachhaltiges Ergebnis kann nur erreicht werden, wenn auf Dauer alle Kosten und nicht nur die variablen Kosten bzw. die Einzelkosten gedeckt sind. Für die Organisationseinheiten, die Benutzungsgebühren erheben, ist deshalb das Kostendeckungsgebot bei der Kalkulation der Gebühren zu beachten, das u.a. in den Kommunalabgabengesetzen geregelt ist. Diesem Ziel kann die Kostenrechnung auf Teilkostenbasis systembedingt nicht gerecht werden. Sie ist auch nicht geeignet, wenn überhaupt keine Erlöse vorhanden sind oder die variablen Kosten bzw. die Einzelkosten im Vergleich zu den Fix- oder Gemeinkosten nur gering sind.

**Die Kostenrechnung auf Teilkostenbasis stellt aus diesen Gründen für ausgewählte Problemstellungen eine notwendige und wichtige Ergänzung dar.**

Mit der Teilkostenrechnung können vor allem Entscheidungen auf operativer Ebene, d.h. bei kurzfristigen Betrachtungszeiträumen, unterstützt und abgesichert werden. Unter dieser Zielsetzung sollte die Teilkostenrechnung auch im öffentlichen Bereich an Bedeutung gewinnen.

# A.9 Plankostenrechnung als Controllinginstrument

## A.9.1 Einführung

Im bisher dargestellten Grundsystem der Kostenarten-, Kostenstellen- und Kostenträgerrechnung wurden tatsächlich realisierte Istdaten berücksichtigt. Die Plankostenrechnung (PKR) betrachtet zukunftsbezogene Planwerte. Die Errechnung von Kosten, die in der Planperiode erwartet werden, ist für die Vorbereitung von Entscheidungen aus controlling-orientierter Sicht unverzichtbar. Eine Istkostenrechnung ist jedoch trotzdem notwendig, da sie einerseits die Basis für die Schätzung der Plankosten ist und andererseits die Ermittlung und Analyse von Kostenabweichungen zwischen Plankosten und Istkosten ermöglicht. In der Analyse werden die Ursachen der Abweichungen ermittelt wie z.B. Beschäftigungsabweichung, Preisabweichung und Verbrauchsabweichung. Als „Beschäftigung" wird die Produktions-, Leistungs- oder Ausbringungsmenge verstanden. Die Plankosten für eine oder mehrere zukünftige Perioden sind damit von folgenden Faktoren abhängig:

- Planverbrauchsmenge an Einsatzgütern (z.B. Rohstoffe),
- Planpreise der Einsatzgüter,
- Planbeschäftigung (geplante Produktions-, Leistungs-, Ausbringungsmenge).

Wenn man für eine Periode z.B. mit einer Planbeschäftigung von 500 Stück gerechnet hat, kann die spätere tatsächliche Istbeschäftigung über oder unter dem Planwert liegen. Werden die Plankosten (Planmenge · Planpreis) auf die Istbeschäftigung bezogen, erhält man sog. **Sollkosten**. Sollkosten haben einen Vorgabecharakter, da sie bezogen auf die Istbeschäftigung nicht überschritten werden sollten. Eine Unwirtschaftlichkeit ist zu vermuten, wenn die Istkosten über den Sollkosten liegen. Dies ist in einer **Kostenkontrolle** aufzudecken, die in kurzen Zeitabständen z.B. monatlich durchzuführen ist, um ein frühzeitiges Gegensteuern zu ermöglichen. Für die Plankostenrechnung gelten grundsätzlich folgende Beziehungen:[74]

Plankosten = Planmenge · Planpreis · Planbeschäftigung
Sollkosten = Planmenge · Planpreis · Istbeschäftigung
Istkosten = Istmenge · Istpreis · Istbeschäftigung

## A.9.2 Formen der Plankostenrechnung

Die Systeme der Plankostenrechnung können danach differenziert werden, ob die geplanten Kosten an die tatsächliche Beschäftigung angepasst werden (**flexible Plankostenrechnung**) oder nicht (**starre Plankostenrechnung**). In der flexiblen Plankostenrechnung kann wiederum mit Vollkosten (**flexible Plankostenrechnung**

[74] Vgl. Wöhe, G., Einführung in die Allgemeine Betriebswirtschaftslehre, 26. Aufl. 2016, S. 913.

**auf Vollkostenbasis**) oder Teilkosten (**flexible Plankostenrechnung auf Teilkostenbasis**) gerechnet werden. Die flexible Plankostenrechnung auf Teilkostenbasis wird auch als Grenzplankostenrechnung bezeichnet. Die Plankostenrechnung auf Vollkostenbasis bezieht alle fixen und variablen Kosten in die Planung ein. Die Plankostenrechnung auf Teilkosten- oder Grenzkostenbasis berücksichtigt zunächst nur die variablen Plankosten. Die fixen Plankosten werden im Block verrechnet. Es werden somit unterschieden:

- starre Plankostenrechnung (Vergleich von Ist- und Plankosten auf Vollkostenbasis),
- flexible Plankostenrechnung (Vergleich von Ist-, Plan- und Sollkosten auf Vollkostenbasis),
- Grenzplankostenrechnung (Vergleich von Ist-, Plan- und Sollkosten auf Teilkostenbasis).

Im Aufbau sollte die Plankostenrechnung der Istkostenrechnung mit den Stufen Kostenartenrechnung, Kostenstellenrechnung und Kostenträgerrechnung entsprechen.

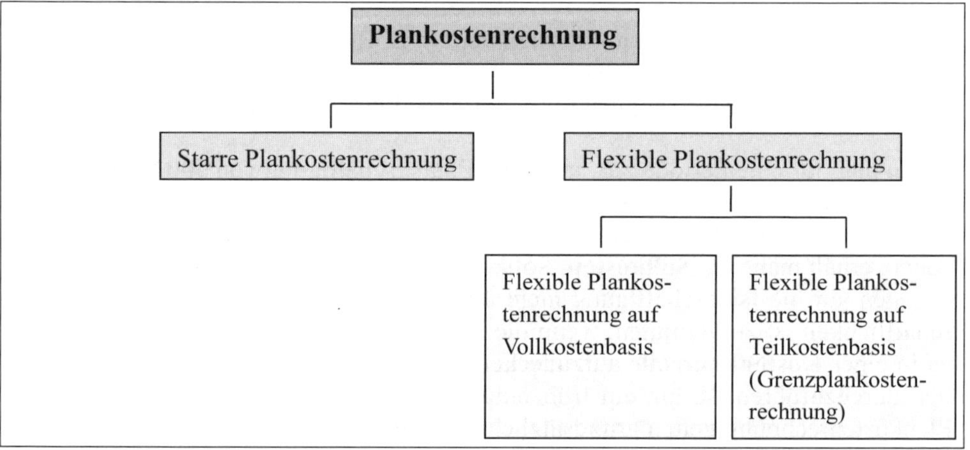


Abbildung 28: Formen der Plankostenrechnung

### A.9.3 Starre Plankostenrechnung

In der starren Plankostenrechnung (PKR) werden die Kosten nicht in fixe und variable Bestandteile getrennt. Die starre PKR ermittelt in der Planungsphase die gesamten Plankosten für einen **einzigen** (starren) Beschäftigungsgrad, nämlich die **Planbeschäftigung** (Planausbringung, -leistung) und stellt nach Ablauf der Periode die Istkosten fest. Die Plankosten werden im Zeitverlauf nicht an die tatsächliche Beschäftigung (Istbeschäftigung) angepasst, obwohl dies für eine sinnvolle Kontrolle der Kosten erforderlich wäre. Auch andere Faktoren, die sich auf die Kosten auswirken, bleiben unberücksichtigt. Da keine Trennung in fixe und variable Kosten erfolgt, wird unterstellt, dass sich auch die Fixkosten proportional zur Ausbringungsmenge ändern. Dies stellt einen systematischen Fehler der starren Plankostenrechnung dar.

Da die Höhe der Fixkosten nicht bekannt ist, können keine Sollkosten, d.h. auf die jeweilige Istbeschäftigung umgerechnete Plankosten ermittelt werden. Bekannt sind nur die verrechneten Plankosten. Damit lässt sich sinnvoll nur die **Differenz zwischen Istkosten und verrechneten Plankosten**, also die **Gesamtabweichung** (GA) feststellen. Die Ursachen der Kostenabweichung können nicht analysiert werden, was die folgende Grafik verdeutlicht:

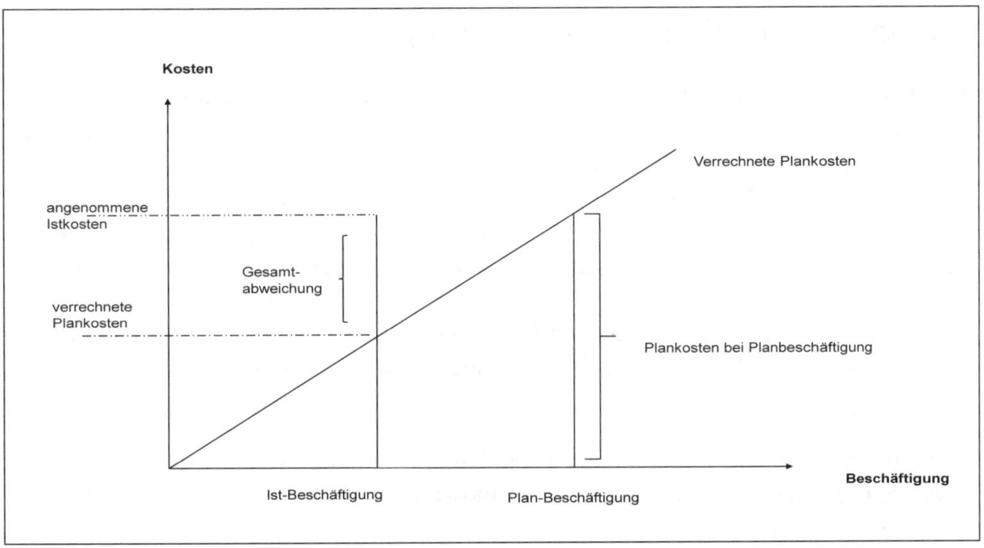


Abbildung 29: Starre Plankostenrechnung

Der **Plankostenverrechnungssatz** für jede Kostenstelle ergibt sich, indem man die Plankosten $K^p$ durch die Planbeschäftigung dividiert. Er ist Grundlage der innerbetrieblichen Leistungsverrechnung, der anschließenden Kostenträgerrechnung und damit der kurzfristigen Erfolgsrechnung.

Das Produkt aus Plankostenverrechnungssatz und Istbeschäftigung ergibt die sog. **verrechneten Plankosten ($K^{ver}$)**.

**Beispiel:**

Die Kostenabrechnung für die Kostenstelle Y weist nach Ablauf des Geschäftsjahres Istkosten in Höhe von 175.000 € auf; es wurden 70 Einheiten produziert. Die geplante Menge betrug 100 Einheiten bei Plankosten von 200.000 €. Es ergeben sich folgende Werte:
Istkosten $K^i = 175.000$ €

Plankosten $K^p = 200.000$ €
Istmenge $x^i = 70$
Planmenge $x^p = 100$

Plankostenverrechnungssatz $k^p = \frac{K^P}{x^P} = \frac{200.000\ €}{100} = 2.000$ €

Verrechnete Plankosten = $K^{ver} = k^p \cdot x^i = 2.000\ € \cdot 70 = 140.000$ €

Es wurden nur 140.000 € auf die Kostenträger weiterverrechnet. Die Gesamtabweichung (GA) ergibt sich als Differenz zwischen den Istkosten $K^i$ und den verrechneten Plankosten $K^{ver}$ (ein Vergleich zwischen Istkosten und Plankosten wäre unsinnig, da sich beide Kostenbeträge auf unterschiedliche Ausbringungsmengen beziehen):

$GA = K^i - K^{ver} = 175.000\ € - 140.000\ € = 35.000$ €

Die Istkosten übersteigen die verrechneten Plankosten, d.h. es wurden zu wenige Kosten verrechnet. Worauf die Gesamtabweichung zurückzuführen ist (z.B. auf Mengen-, Preis- und/oder Verbrauchsabweichungen) lässt sich nicht erkennen. Da keine Ursachenanalyse der Abweichungen möglich ist, ist die starre Plankostenrechnung kein geeigneter Maßstab für die Wirtschaftlichkeitskontrolle, da hier völlige Proportionalität zwischen Beschäftigung und Plankosten unterstellt wird. Würde man z.B. eine Beschäftigung von 0 unterstellen, müsste vom Kostenstellenleiter verlangt werden, dass er mit Kosten von 0 auskommt, was eine absurde Vorgabe wäre. Mengen-, Preis- und Verbrauchsabweichungen lassen sich in der flexiblen Plankostenrechnung ermitteln.

Weil die starre Plankostenrechnung keine Unterscheidung zwischen fixen und variablen Kosten kennt, ist sie **stets eine Vollkostenrechnung**. Sie ist nur geeignet in Bereichen, in denen keine oder nur geringfügige Beschäftigungsschwankungen vorkommen, wie das z.B. im Verwaltungsbereich (z.B. Stabsstellen, Grundstücks- und Gebäudebewirtschaftung) der Fall ist. Ein Vergleich zwischen Istkosten und Plankosten würde hier eher einem Vergleich von Istkosten mit vorgegebenen (kostenstellenbezogenen) **Budgetkosten** entsprechen.[75]

**MERKE:** Im Rahmen der starren Plankostenrechnung erfolgt keine Trennung der Kosten in fixe und variable Teile. Die starre PKR ermittelt in der Planungsphase die gesamten Plankosten je Kostenstelle bei Planbeschäftigung, also mit einem für die Dauer des Abrechnungszeitraums konstant (starr) gehaltenen Auslastungsgrad (Beschäftigungsgrad), und stellt nach Ablauf der Periode die Istkosten fest.

[75] Vgl. Haberstock, L., Kostenrechnung II, 10. Aufl. 2008, S. 13.

### A.9.4 Flexible Plankostenrechnung als Vollkostenrechnung

Für Zwecke der Kostenkontrolle ist es erforderlich, die variablen und fixen Kostenbestandteile zu kennen. Die flexible Plankostenrechnung vermeidet den Systemfehler der starren Plankostenrechnung, nämlich die Proportionalisierung der Fixkosten. Sie gibt die **Sollkosten**, d.h. die erwarteten Kosten für einen bestimmten Beschäftigungsgrad vor. Dadurch wird eine Anpassung der geplanten Kosten an die jeweilige Beschäftigung (Istbeschäftigung) möglich. Die flexible Plankostenrechnung trennt fixe und variable Kosten. Die **Kostenspaltung** erfolgt zur Kostenkontrolle **nur in der Kostenstellenrechnung**. In der Kostenträgerrechnung arbeitet man dagegen weiter mit verrechneten Plankosten, die sich durch Multiplikation des Plankalkulationssatzes auf Vollkostenbasis mit der jeweiligen Istbeschäftigung ergeben. Es lassen sich dadurch Kostenvorgaben nicht nur für die vorab festgelegte Planbeschäftigung, sondern für jeden anderen Beschäftigungsgrad errechnen. Die Sollkosten berücksichtigen nur die Beschäftigungsabweichung, nicht dagegen Preisabweichungen oder Abweichungen bei der Qualität des eingesetzten Materials oder ähnliches. Die Sollkosten entsprechen den Kosten, die unter der Annahme wirtschaftlichen Umgangs mit den Ressourcen bei der jeweiligen Istbeschäftigung anfallen „sollten". Sollkosten ($K^S$) sind also die Kosten für Beschäftigungsgrade, die von der **Planbeschäftigung** abweichen und entstehen sollten, wenn statt der geplanten Beschäftigung eine andere Beschäftigung eingetreten ist.

Bei einer Beschäftigung von 0 entsprechen die Sollkosten den fixen Kosten (siehe Abb. 30). Man unterscheidet somit

- **Plankosten** = erwartete Gesamtkosten in der Planungsrechnung.
- **Sollkosten** = auf die jeweilige Istbeschäftigung umgerechnete Plankosten unter Berücksichtigung der vollen fixen Plankosten und der anteiligen variablen Plankosten (Plankosten bei Istbeschäftigung).
- **Istkosten** = angefallene Kosten der zu festen Verrechnungspreisen bewerteten tatsächlichen Verbrauchsmengen und –zeiten; die Festpreisbewertung lässt Preisschwankungen unberücksichtigt.

$$\text{Sollkosten} = \frac{\text{variable Plankosten} \cdot \text{Istbeschäftigung}}{\text{Planbeschäftigung}} + \text{Planfixkostenblock}$$

Den schematischen Aufbau der flexiblen Plankostenrechnung auf Vollkostenbasis zeigt die folgende Abbildung:

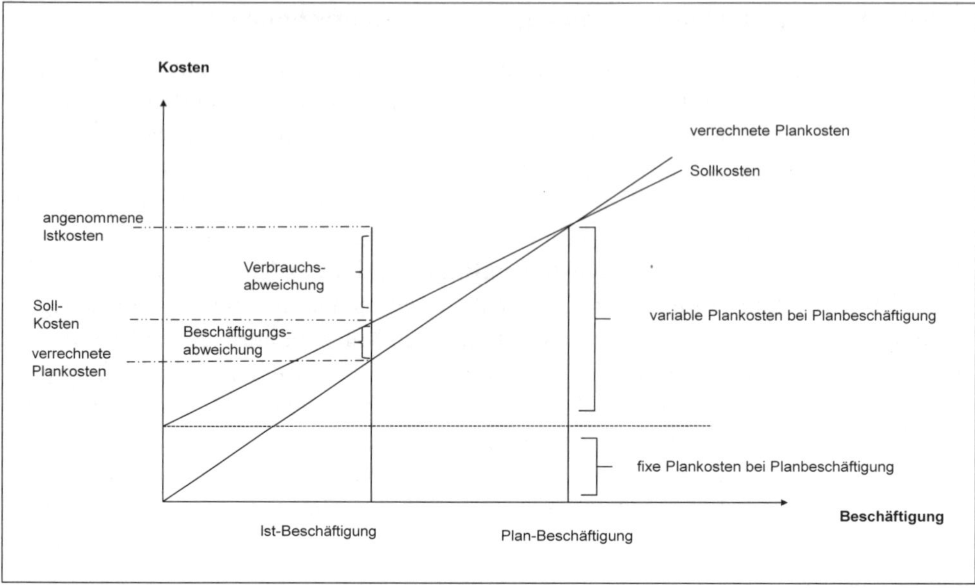


Abbildung 30: Beschäftigungsabweichung und Verbrauchsabweichung

Als **Verbrauchsabweichung** wird die Differenz zwischen Ist- und Sollkosten des jeweiligen Beschäftigungsgrades bezeichnet. Verbrauchsabweichungen größer als 0 können eine unwirtschaftliche Arbeitsweise bei der Einsatzmenge als Ursache haben (hierfür ist der Kostenstellenleiter grundsätzlich verantwortlich) oder auf externe, nicht eingeplante Preissteigerungen zurückzuführen sein. Dies ist näher zu analysieren. Die Verbrauchsabweichung stellt den wichtigsten Untersuchungsgegenstand in der flexiblen Plankostenrechnung dar.

Die Differenz zwischen Sollkosten und verrechneten Plankosten wird als **Beschäftigungsabweichung** bezeichnet. Hierfür ist der Kostenstellenleiter nicht verantwortlich, da er keinen Einfluss auf die Beschäftigung hat. Wichtig ist es, das Management über diese Abweichung im Rahmen des Berichtswesens regelmäßig zu informieren.

Die **Gesamtabweichung** ist die Summe aus Verbrauchs- und Beschäftigungsabweichung.

**Beispiel 1:**

Neben den bereits errechneten Werten aus der starren Plankostenrechnung sind nach der vorgenommenen Kostenspaltung für die Planbeschäftigung von 100 Einheiten 80.000 € fixe Kosten und gesamte variable Kosten in Höhe von 120.000 € ermittelt worden.

Die Sollkosten der Istbeschäftigung betragen:

$$K^s = K_f^p + \frac{K_v^p}{x^p} \cdot x_i = 80.000\ € + \frac{120.000\ €}{100} \cdot 70 = 80.000\ € + 84.000\ € = 164.000\ €$$

Mithilfe der aus Kap. A.1.3.3 bekannten Kostenfunktion lassen sich in der für die Plankostenrechnung abgewandelten Form für jede beliebige Menge die Sollkosten errechnen:

$$K^s = K_f^p + k_v^p \cdot x_i = 80.000 + 1.200x_i$$

MERKE: Bei der flexiblen PKR werden die Kosten in fixe und variable Bestandteile aufgeteilt. Somit können Sollkostenfunktionen ermittelt werden, über die die Plankosten an die Istsituation angepasst werden. Sollkosten sind die Kosten, die entstehen „sollten", wenn die Plankosten an eine von der Planbeschäftigung abweichende Istbeschäftigung angepasst werden.

Um die Sollkosten für verschiedene Beschäftigungsgrade vorgeben zu können, bedient man sich häufig der

- Stufenmethode oder der
- Variatormethode.

Erfolgt die Sollkostenvorgabe nach der **Stufenmethode** (auch: mehrstufige synthetische Methode), so werden unter Differenzierung nach Kostenstellen und Kostenarten für verschiedene Beschäftigungsgrade (z.B. für eine Kapazitätsauslastung von 100%, 90%, 80%) die jeweiligen Sollkosten bestimmt.[76] Bei der **Variatormethode** (auch: einstufige synthetische Methode) werden zunächst die Sollkosten für die Planbeschäftigung ermittelt und – unter **Aufspaltung der Kosten in fixe und variable Bestandteile** – die Sollkosten für andere Beschäftigungsgrade abgeleitet. Man glaubt, dieses Ableiten durch ein Arbeiten mit „Veränderungsfaktoren" **(Variatoren)** vereinfachen zu können: Für jede Kostenart einer Kostenstelle wird ein Variator festgelegt, der angibt, um wie viel Prozent sich die Sollkosten verändern, wenn sich die Beschäftigung um 10% ändert. Fixe Kosten haben einen Variator von 0. Bei proportionalen Kosten ist der Variator > 0. Bei einem Variator von 10 liegen vollständig proportionale Kosten vor. Bei einem Variator von 8 sind 80 % der Kosten proportional und 20 % fix. Der Variator lässt sich errechnen aus dem Verhältnis der variablen Plankosten zu den gesamten Plankosten multipliziert mit 10.

Die Variatorrechnung ist sehr aufwendig, da der Variator je Kostenart ermittelt werden muss, um dann die Sollkosten je Kostenart durch Multiplikation mit dem jeweiligen Variator errechnen zu können. In der Regel beruht die Ermittlung des Variators auf Berechnungen und Schätzungen auf Basis von Vergangenheitswerten.

[76] Vgl. hierzu: Schweitzer/Küpper/Friedl/Hofmann/Pedell, Systeme der Kosten- und Erlösrechnung, 11. Aufl. 2016, S. 318f.

**MERKE:** Der Variator ist eine Kennzahl zur Kostenstruktur, die angibt, wie hoch der Anteil der variablen Kosten an den gesamten Plankosten ist. Der Wert des Variators liegt zwischen 0 und 10.

Im Beispiel beträgt der Variator:

$V = \frac{K_v^p}{K^p} \cdot 10 = \frac{120.000\,€}{200.000\,€} \cdot 10 = 6$, d.h. 60 % der Plankosten sind

variabel. Auf Basis des Variators errechnen sich die Sollkosten wie folgt:

$K^s = 80.000\,€ + \frac{6}{10} \cdot 200.000\,€ \cdot \frac{70}{100} = 80.000\,€ + 84.000\,€ = 164.000\,€$

Zur Kostenkontrolle können nun folgende Abweichungen ermittelt werden:

**Gesamtabweichung GA** = $K^i - K^{ver}$ = 175.000 € – 140.000 € = 35.000 €
**Verbrauchsabweichung VA** = $K^i - K^s$ = 175.000 € - 164.000 € = 11.000 €
**Beschäftigungsabweichung BA** = $K^s - K^{ver}$ = 164.000 € – 140.000 € = 24.000 €

Bei der **Verbrauchsabweichung** übersteigen die Istkosten die Sollkosten, was eine unwirtschaftliche Arbeitsweise bei der Einsatzmenge als Ursache haben kann. Eine Analyse muss zeigen, auf welche Ursachen die Verbrauchsabweichung zurückzuführen und wer dafür verantwortlich ist. Vergleicht man $K^s - K^{ver}$, so wird deutlich, dass mit der Vollkostenkalkulation bei dem verminderten Beschäftigungsgrad von 70 % nur 140.000 € auf die Kostenträger verteilt werden, obwohl 164.000 € erforderlich wären. Die **Beschäftigungsabweichung** von 24.000 € ist positiv, d.h. die Kapazitäten sind nicht ausgelastet; bei der verminderten Beschäftigung können nicht alle Fixkosten auf die Kostenträger verteilt werden, sondern nur ein der reduzierten Beschäftigung entsprechender Anteil (70 % von 80.000 = 56.000 €) geht in die verrechneten Plankosten ein. Zusammenfassend lässt sich feststellen, dass die Ausbringungsmenge erheblich unter Plan liegt und die geringere Menge zu höheren Kosten als geplant produziert wird.

Als weitere Abweichungsart könnte die Differenz zwischen den geplanten Gesamtkosten bei Planbeschäftigung (Plankosten) und geplanten Gesamtkosten bei Istbeschäftigung (Sollkosten) ermittelt werden. Es handelt sich dann um eine **budgetbezogene Plan-Ist-Abweichung** als Veränderung der geplanten Gesamtkosten, die durch eine Veränderung des Beschäftigungsgrades hervorgerufen wird. Sie beträgt im betrachteten Beispiel $K^p - K^s$ = 200.000 € – 164.000 € = 36.000 €.

**Beispiel 2:**

Im Rahmen der Produktion von Sachgütern wird mit einer Auslastung von 1300 Einheiten geplant, der geplante Beschäftigungsgrad (Planbeschäftigung) beträgt also

1300 Stück. Die gesamten fixen Plankosten $K_f^P$ betragen 5.200 €, die gesamten variablen Plankosten $K_v^P$ 6.500 €.

Die Plankosten $K^P$ ergeben sich als Summe von $K_f^P$ und $K_v^P$, d.h.
$K^P = K_f^P + K_v^P = 5.200\ € + 6.500\ € = 11.700\ €$.

Aus diesen Werten lässt sich die Kostenfunktion herleiten: Wenn bei 1300 Einheiten die variablen Plankosten insgesamt 6.500 € betragen, so ergeben sich variable Stückkosten $k_v^p$ von 6.500 € /1.300 = 5,0 €.

$K^P = 5.200 + 5{,}0x$

Mit der Kostenfunktion können die entsprechenden Kosten für jede beliebige Outputmenge bestimmt werden. Werden statt der geplanten 1300 Einheiten nur 1000 hergestellt, so lassen sich die Sollkosten mit der Kostenfunktion bestimmen. Gleiches gilt, wenn 1500 Einheiten hergestellt werden. Bei einer Istbeschäftigung von 1000 bzw. 1500 produzierten Einheiten ergeben sich also folgende Sollkosten:

bei 1000 Stück: $K^S = 5.200 + \frac{6.500}{1300} \cdot 1000 = 10.200$ € oder
$K^S = 5.200 + 5 \cdot 1000 = 10.200$ € bzw.

bei 1500 Stück: $K^S = 5.200 + \frac{6.500}{1300} \cdot 1500 = 12.700$ €

**MERKE:** Sollkosten = fixe Kosten + variable Kosten/Planbeschäftigung · Istbeschäftigung oder
Sollkosten = fixe Kosten + variable Stückkosten · Istbeschäftigung

Teilt man die Plankosten von 11.700 € durch die Planbeschäftigung von 1300 Einheiten, erhält man die Plankosten pro Stück in Höhe von 9,00 €. Es werden also pro Stück 9,00 € verrechnet (pro Stück fließen 9,00 € in die Kalkulation ein). Die verrechneten Plankosten pro Stück stellen den **Plankostenverrechnungssatz** dar.

**MERKE:** Planverrechnungssätze geben die Kostenstellenplankosten für eine Planbezugsgrößeneinheit an.
Plankostenverrechnungssatz = Summe der Plankosten : Planbeschäftigung

Bei einer Istbeschäftigung von 1000 sind insgesamt 9,00 € · 1000 = 9.000 € an Kosten auf die produzierte Menge verrechnet worden. Dies sind die **verrechneten Plankosten** (verr. $K^P$).

**MERKE:** Verrechnete Plankosten = Plankostenverrechnungssatz · Istbeschäftigung

Die verrechneten Plankosten $K^{ver}$ sind bei Beschäftigungsgraden unterhalb der Planbeschäftigung geringer als die Sollkosten $K^S$, bei Beschäftigungsgraden über der

Planbeschäftigung sind die verrechneten Plankosten $K^{ver}$ größer als die Sollkosten $K^S$. Unter Verwendung der verrechneten Plankosten und der jeweiligen Istkosten können nun die **Kostenabweichungen** ermittelt und analysiert werden:

Bei einer Ist-Beschäftigung von 1000 Einheiten betragen die Sollkosten wie oben errechnet 10.200 €, d.h. es hätte diese Summe verrechnet werden müssen. Die tatsächlich verrechneten Plankosten betragen lediglich 9.000 €. Die Differenz zwischen verrechneten Plankosten und Sollkosten stellt die **Beschäftigungsabweichung** (BA) dar.

$BA = K^S - K^{ver} = 10.200\ € - 9.000\ € = 1.200\ €$

---

**MERKE:** Die Beschäftigungsabweichung ergibt sich durch die Proportionalisierung von Fixkosten bei den verrechneten Plankosten.
Beschäftigungsabweichung = Sollkosten – verrechnete Plankosten

---

Bei einer Istbeschäftigung von 1500 Einheiten ergibt sich folgende Beschäftigungsabweichung:
$BA = K^S - K^{ver} = 12.700 - 9\ € \cdot 1500 = -\ 800\ €$

In diesem Fall liegen die Sollkosten um 800 € unter den verrechneten Plankosten, d.h. es wurde zu viel verrechnet.

Die **Abweichungsanalyse** ergibt – wie oben darstellt – zunächst die **Beschäftigungsabweichung** als Differenz zwischen Sollkosten und verrechneten Plankosten. Diese Größe zeigt, in welchem Umfang die Änderung der Beschäftigung gegenüber der Planbeschäftigung an der gesamten Abweichung der Istkosten von den Plankosten beteiligt ist. Bei Übereinstimmung von Plan- und Istbeschäftigung ist sie gleich 0. Die Beschäftigungsabweichung wird als ein Maß für die Nutzung der fixen Kosten angesehen: Sind Ist- und Planbeschäftigung identisch, so handelt es sich bei den fixen Kosten ausschließlich um „**Nutzkosten**", die sich mit abnehmender Beschäftigung in „**Leerkosten**" verwandeln.

Jedoch sind Beschäftigungsabweichungen für die Kontrolle einzelner Kostenstellen kaum ein geeigneter Indikator, da die jeweiligen Kostenstellenleiter für solche Abweichungen in der Regel nicht verantwortlich zu machen sind.

Die **Verbrauchsabweichung** (VA) als Differenz zwischen Ist- und Sollkosten ist Ausdruck für den Mehr- und Minderverbrauch. Verbrauchsabweichungen sind vom Kostenstellenleiter grundsätzlich zu verantworten. Betragen die Istkosten z.B. 11.000 €, ergibt sich die folgende Verbrauchsabweichung bei 1000 Einheiten:

| | |
|---|---:|
| Istkosten | 11.000 € |
| - Sollkosten | 10.200 € |
| Verbrauchsabweichung | 800 € |

Die **Gesamtabweichung** ergibt sich zur Kontrolle wie folgt:

| Beschäftigungsabweichung | 1.200 € | **oder** | Istkosten | 11.000 € |
|---|---|---|---|---|
| + Verbrauchsabweichung | 800 € | | – verr. Plankosten | 9.000 € |
| | 2.000 € | | | 2.000 € |

MERKE: Verbrauchsabweichung = Istkosten – Sollkosten bei Istbeschäftigung. Ein Mehrverbrauch ist von den Kostenstellenleitern zu verantworten. Die Ermittlung von Verbrauchsabweichungen ist der eigentliche Zweck der flexiblen Plankostenrechnung.

Zur weiteren Analyse der Ursachen von Verbrauchsabweichungen ist deren Aufspaltung in verschiedene Teilabweichungen (Preis- und Mengenabweichung) erforderlich. Es müssten Istpreise und Istmengen berücksichtigt werden, damit eine konkrete Berechnung möglich ist.

Eine **Preisabweichung** ergibt sich, wenn die Planpreise der Einsatzgüter mit den tatsächlichen Preisen nicht übereinstimmen. Für eine Preisabweichung kann der Kostenstellenleiter grundsätzlich nicht verantwortlich gemacht werden.

Die **Mengenabweichung** entsteht, wenn die geplanten und tatsächlich verbrauchten Gütermengen unterschiedlich hoch sind. Es lässt sich ermitteln, welcher Mehrverbrauch gegenüber der als wirtschaftlich angesehenen Sollmenge eingetreten ist. Sie ist damit eine wichtige Größe für die Kostenkontrolle. Eine **Mengenabweichung hat der Kostenstellenleiter grundsätzlich zu verantworten**.

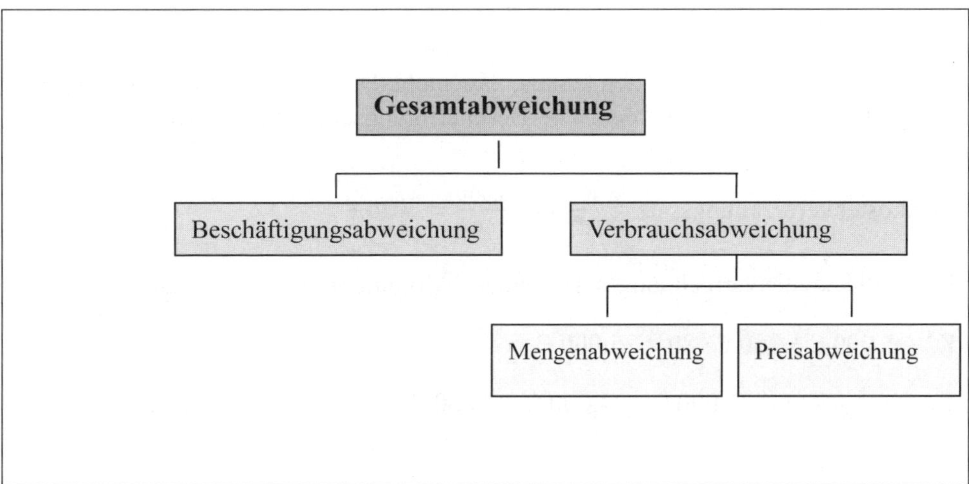


Abbildung 31: Einteilung der Gesamtabweichung

**MERKE:** Preisabweichung = Input-Istmenge · (Input-Ist-Preis – Input-Plan-Preis), Mengenabweichung = Input-Plan-Preis · (Input-Ist-Menge – Input-Soll-Menge).

**Beispiel 3:**[77]

Der städtische Bauhof plant die Herstellung von 100 Parkbänken. Für die Herstellung einer Bank werden voraussichtlich verbraucht:

- 3 $m^2$ Holz, man rechnet mit einem Preis von 10 € pro $m,^2$
- 4 Arbeitsstunden, man rechnet mit Lohnkosten von 40 € pro Stunde,
- 2 Maschinenstunden, wobei die Maschinenstunde 30 € kostet,
- außerdem erhält der Bauhofleiter ein Gehalt von 5.000 € in der Planperiode.

Die **Kostenfunktion** für diesen Sachverhalt lautet:

$K^P = K_f + (m_1 \cdot p_1 + m_2 \cdot p_2 + m_3 \cdot p_3) \cdot 100$

$K^P = 5.000 + (3 \cdot 10 + 4 \cdot 40 + 2 \cdot 30) \cdot 100 = 5.000 + 25.000 = 30.000$

- $m_1 = m^2$/Parkbank
- $p_1$ = Preis/$m^2$ Holz
- $m_2$ = Arbeitsstunden/ Parkbank
- $p_2$ = Lohnkosten/Arbeitsstunde
- $m_3$ = Maschinenstunden/ Parkbank
- $p_3$ = Kosten/Maschinenstunde
- $K_f$ = Gehalt des Bauhofleiters

Zusammengefasst ergibt sich die folgende Kostenfunktion:

$K^P = 5.000 + 250 \cdot x$

Am Ende der Periode stellt sich heraus, dass nicht die geplanten 100 Bänke, sondern lediglich 80 hergestellt wurden. Die Beschäftigungsabweichung ermittelt sich wie folgt:

Plankostenverrechnungssatz = $\frac{K^P}{x^P} = \frac{30.000}{100} = 300$ €

$K^{ver}$ = Plankostenverrechnungssatz · Istbeschäftigung = 300 € · 80 = 24.000 €

$K^S$ = 5.000 € + 250 € · 80 = 25.000 €

$BA = K^S - K^{ver}$ = 25.000 € – 24.000 € = 1.000 €

[77] In Anlehnung an: Skript zum Repetitorium Kostenrechnung, Weiterbildungsgesellschaft der IHK Bonn/Rhein-Sieg mbH, 2008, Kap. 9.4 Verbrauchsabweichung.

Aus den Zahlen der Buchhaltung ergibt sich, dass bei der Produktion der 80 Bänke tatsächliche Kosten von 25.720 € entstanden sind. Es liegt somit eine Verbrauchsabweichung von 720 € als Differenz zwischen den Sollkosten bei Istbeschäftigung und den Istkosten vor. Will man die Verbrauchsabweichung weiter analysieren, dann sind zusätzliche Informationen nötig. Es sind die Istpreise der Einsatzgüter zu berücksichtigen, um zu klären, inwiefern die Verbrauchsabweichung auf eine Preisabweichung und/oder eine Verbrauchmengenabweichung beruht. Für eine Verbrauchsabweichung kann es somit zwei **Ursachen** geben:

**(1) Es liegt eine Preisabweichung (PA) vor:**

Die tatsächlichen Preise der Einsatzgüter (Istpreise) entsprachen nicht den geplanten Preisen (Planpreise). Kostet z.B. das Holz tatsächlich 12 € statt der ursprünglich angenommenen 10 €, stimmen die Planpreise nicht mit den Istpreisen überein und es liegt eine Preisabweichung vor. Die Höhe der Preisabweichung lässt sich wie folgt ermitteln:

Es werden pro Tisch 3 $m^2$ Holz verbraucht, was tatsächlich um 2 € pro $m^2$ teurer als angenommen war. Pro Parkbank entspricht dies 6 € mehr an Materialkosten. Bei 80 Parkbänken beträgt die Kostenerhöhung 480 €. Die Istpreise liegen über den Planpreisen. Die Preisabweichung beträgt also 480 €.

**(2) Es liegt eine Mengenabweichung (MA) vor:**

Die tatsächlich verbrauchten Mengen an Einsatzgütern (Istmengen) entsprachen nicht den geplanten Mengen (Planmengen). Tatsächlich waren für die Herstellung einer Parkbank nicht 2, sondern 2,1 Maschinenstunden (Istmengen) erforderlich. Da die Planmengen nicht mit den Istmengen übereinstimmen, liegt eine Mengenabweichung vor, die sich wie folgt ermitteln lässt:

Es werden pro Parkbank 0,1 Maschinenstunden mehr benötigt als ursprünglich angenommen. 0,1 Maschinenstunden kosten 3 €, jede Parkbank wird also um 3 € teurer. Bei 80 Parkbänken beträgt die Kostenerhöhung 240 €. Die Istmengen liegen über den Planmengen. Die Mengenabweichung beträgt also 240 €.

Durch Preis- und Mengenabweichungen ergeben sich insgesamt höhere Kosten von 720 €.

**Verbrauchsabweichung (VA):** = MA + PA = 480 € + 240 € = 720 €

Stehen für die Erstellung einer bestimmten Leistung z.B. mehrere unterschiedlich wirtschaftliche Produktionsverfahren zur Wahl, so könnte die Abweichung des Istverbrauchs von dem geplanten Verbrauch auch darauf zurückzuführen sein, dass nicht das der Planung zugrundeliegende Verfahren angewandt wurde. Dies signalisiert eine Differenz zwischen den Sollkosten des geplanten und des realisierten

Verfahrens, die man als **Verfahrensabweichung** bezeichnet. Ändert sich gegenüber der ursprünglichen Planung das Produktionsprogramm oder die Auftragszusammensetzung, so wird sich dies ebenfalls in der Kostenhöhe bemerkbar machen. Um diesen Einfluss deutlich zu machen, werden die Sollkosten des geplanten Programms bzw. der geplanten Auftragszusammensetzung mit den Sollkosten der effektiv realisierten Programm- und Auftragsstruktur verglichen. Auf diese Weise versucht man die **Programm-** bzw. **Auftragsabweichung** zu ermitteln. Schließlich könnte man auch die **Qualitätsabweichung** als Differenz der Sollkosten der Planqualität und der Istqualität ermitteln. Sie hat ihre Ursache in qualitätsmäßigen Veränderungen des Materialeinsatzes und wird daher auch häufig „Einsatzabweichung" genannt.

Die **Nachteile** dieser Variante der Plankostenrechnung sind vor allem darin zu sehen, dass sie auf dem Vollkostenkonzept basiert und damit grundsätzlich auch die Mängel der Vollkostenrechnung aufweist. Die flexible Plankostenrechnung stützt sich zwar auf eine Trennung der fixen und variablen Bestandteile der Kosten, jedoch wird bei Ermittlung der Sollkosten unterstellt, dass die Fixkosten proportional zur Ausbringungsmenge veränderbar sind. Der **Vorteil** der flexiblen Plankostenrechnung auf Vollkostenbasis gegenüber der starren Plankostenrechnung ist, dass durch die Berechnung der Sollkosten eine Kostenkontrolle ermöglicht wird, wobei sich Mengen- und Preiseffekte getrennt ermitteln lassen.

MERKE: Die flexible Plankostenrechnung auf Vollkostenbasis trennt Fixkosten und variable Kosten auf Kostenstellenebene, ermöglicht die Aufteilung der Gesamtabweichung in eine Verbrauchs- und Beschäftigungsabweichung sowie eine Kostenkontrolle durch Berechnung der Sollkosten, proportionalisiert jedoch die Fixkosten.

### A.9.5 Flexible Plankostenrechnung als Teilkostenrechnung (Grenzplankostenrechnung)

Im System der flexiblen Plankostenrechnung auf Teilkostenbasis, auch Grenzplankostenrechnung genannt, erfolgt sowohl in der Kostenstellen- als auch in der Kostenträgerrechnung eine Trennung von variablen und fixen Kosten. In der **Kostenstellenrechnung** entspricht der Kostenverlauf dem der flexiblen Plankostenrechnung auf Vollkostenbasis. In der **Kostenträgerrechnung** wird dagegen mit Plankostensätzen gearbeitet, die **nur** die **variablen Plankosten** als Bezugsgröße enthalten. Es wird unterstellt, dass alle variablen Kosten proportionale (lineare) Kosten sind. Die proportionalen Kosten je Mengeneinheit sind gleichzeitig die Grenzkosten, d.h. die zusätzlichen Kosten bei einer Produktion einer zusätzlichen Mengeneinheit.

Die Fixkosten aus den Kostenstellen werden als Summe in das Betriebsergebnis übernommen. Aus diesem Grund fallen im System der Grenzplankostenrechnung die variablen Sollkosten und die verrechneten Plankosten (ohne Fixkosten) zusammen, was die folgende Abbildung erkennen lässt. Eine **Beschäftigungsabweichung** gibt es in der Grenzplankostenrechnung **nicht**.

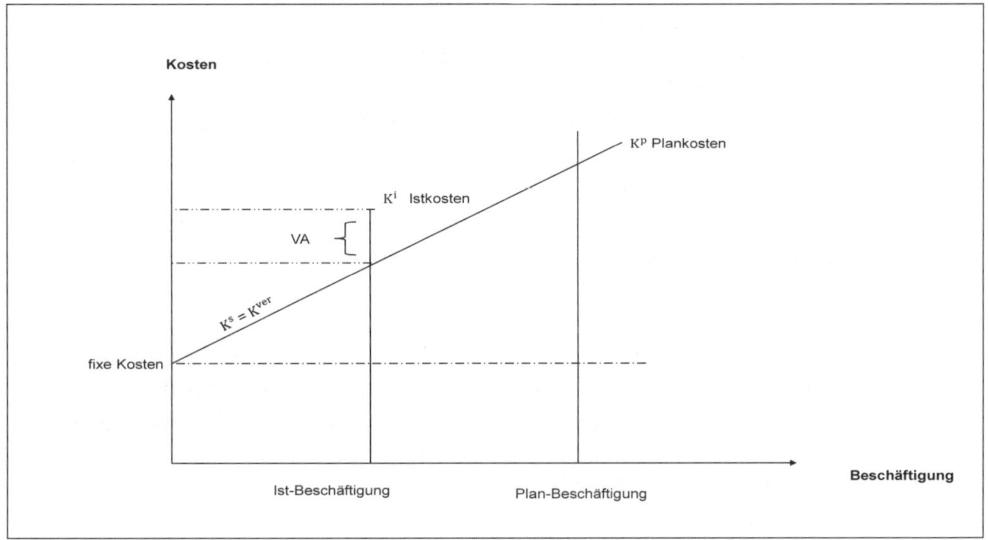


Abbildung 32: Flexible Plankostenrechnung auf Teilkostenbasis

Wendet man die Grenzplankostenrechnung auf das Beispiel 1 zur flexiblen Plankostenrechnung auf Vollkostenbasis an, so ergeben sich die gleichen Istkosten, Plankosten und Sollkosten. Die Istbeschäftigung beträgt 70 Einheiten, die erwarteten variablen Istkosten pro Einheit betragen 1.200 €, die Ist-Fixkosten 80.000 €. Im o.g. Beispiel 1 betrug die Verbrauchsabweichung 11.000 €, die Beschäftigungsabweichung 24.000 € und die Gesamtabweichung 35.000 €. Die gesamten Istkosten betragen 175.000 €; es ergeben sich variable Istkosten von 95.000 €.

In der Grenzplankostenrechnung wird nur die **Verbrauchsabweichung** als Differenz zwischen den variablen Istkosten und den variablen Sollkosten ermittelt. Sie beträgt:

$$VA_v = K_v^i - K_v^s = 95.000\,€ - 1.200\,€ \cdot 70 = 11.000\,€$$

Der entscheidende Vorteil der Grenzplankostenrechnung liegt darin, dass die schwerwiegenden Mängel des Vollkostenrechnungssystems vermieden werden. Insbesondere wird der Erkenntnis Rechnung getragen, dass die fixen Kosten nach ihrer Proportionalisierung, also nach einer Verrechnung auf einzelne Leistungseinheiten nicht mehr sinnvoll kontrolliert werden können, dass es also nur möglich ist, diese Kosten periodenweise für einzelne Kostenstellen zu überwachen. Im Rahmen solcher Kostenkontrollen darf man allerdings nicht übersehen, dass die Leiter der einzelnen Kostenstellen in der Regel nur für einen Teil der für die betreffenden Kostenstellen direkt erfassbaren fixen Kosten selbst verantwortlich sind. Sie sind also nicht für sämtliche Fixkosten einer Kostenstelle verantwortlich.

Die Grenzplankostenrechnung liefert bessere Kosteninformationen für die Vorbereitung unternehmerischer Entscheidungen, insbesondere für die Ermittlung der kurzfristigen Preisuntergrenze oder die Annahme bzw. Ablehnung von Zusatzaufträgen. Sie ist geeignet für Betriebe mit einem hohen Anteil der variablen Kosten an den Gesamtkosten. Weniger geeignet ist sie damit für Gebietskörperschaften und Dienstleistungsunternehmen, die im Regelfall einen hohen Fixkostenanteil aufweisen. Welche konkrete Aussagefähigkeit solche Kosteninformationen haben, hängt jedoch sehr stark davon ab, ob die Grenzplankostenrechnung als Teilkostenrechnung in ihrem Aufbau den einfachen Prinzipien des Direct Costing folgt oder ob sie nach den Grundsätzen des Rechnens mit relativen Einzelkosten und Deckungsbeiträgen gestaltet ist.

**MERKE:** Die Grenzplankostenrechnung trennt fixe und variable Kosten auf Kostenstellen- und Kostenträgerebene, ermittelt Plankosten nur auf Basis der variablen, also proportionalen Kosten, proportionalisiert die Fixkosten nicht, sondern übernimmt sie in einer Summe in das Betriebsergebnis und kennt keine Beschäftigungsabweichung. Die Verbrauchsabweichung stellt eine sinnvolle Option für die Kostenkontrolle und Kostensteuerung dar.

Die nachfolgende Übersicht fasst die Plankostenrechnungssysteme zusammen:[78]

| | **Starre Plankostenrechnung** | **Flexible Plankostenrechnung** | |
|---|---|---|---|
| Kriterium | | auf Vollkosten-Basis | auf Grenzkosten-Basis |
| **Trennung in fixe und variable Kosten:** | | | |
| • zur Kontrolle, d.h. in der Kostenstelle | nein | ja | ja |
| • zur Kalkulation, d.h. pro Kostenträger (Produkt) | nein | nein | ja |
| **Plankostenverrechnungssatz:** | auf Vollkosten-Basis | auf Vollkosten-Basis | auf Grenzkosten-Basis |
| **Kostenkontrolle:** | | | |
| • Verbrauchsabweichung (Effizienz) | nein | ja | ja |
| • Beschäftigungsabweichung (Leistung) | nein | ja | (= 0) |
| • Leerkosten/Nutzkosten (Auslastung) | nein | ja | ja |
| **Entscheidungsunterstützung:** | | | |
| • variable Kostensätze für kurzfristige Entscheidungen (z.B. DB-Rechnung) | unbekannt nur Vollkosten | unbekannt nur Vollkosten | bekannt auch variable Kosten |

Abbildung 33: Vergleich der Plankostenrechnungssysteme

[78] Vgl. Coenenberg/Fischer/Günther, Kostenrechnung und Kostenanalyse, 9. Aufl. 2017, S. 265.

# A.10 Kostenmanagement (Kosten- und Leistungscontrolling)

## A.10.1 Controlling und Berichtswesen

Controlling als ein Teilbereich eines Führungssystems bezieht sich auf das gesamte Unternehmen bzw. auf die gesamte Gebietskörperschaft. Während bei ergebnisorientierten Unternehmen ein möglichst hoher Gewinn angestrebt wird, geht es bei Gebietskörperschaften eher um wirtschaftliches Handeln und um ein ausgeglichenes Jahresergebnis.

Im Controlling werden die Zahlen des Rechnungswesens und anderer Quellen gesammelt und so aufbereitet, dass sie für Führungszwecke verwandt werden können. Aus dem Rechnungswesen stammen in erster Linie Kosten und Erlöse, also die Daten aus der Kosten- und Leistungsrechnung. Sie bilden für das Controlling die Ausgangsdaten zur Ableitung weiterer Entscheidungen. Aus den Zielsetzungen für das gesamte Unternehmen bzw. für die gesamte Gebietskörperschaft werden konkrete Ziele für einzelne Bereiche abgeleitet, an denen die Zielerreichung gemessen wird. Es werden Soll-Ist-Abweichungen festgestellt und Maßnahmen zur Verbesserung von ungewünschten Abweichungen erarbeitet. Das Controlling koordiniert die gesamte Führung und Steuerung. In der Praxis ist die Kosten- und Leistungsrechnung oft im Controllingbereich angesiedelt. Der Controllingbereich kann als Stabsstelle zur Erledigung der übergeordneten Controllingaufgaben eingerichtet werden und/oder in einzelnen Abteilungen (Bereichscontrolling). In großen international tätigen Unternehmen wird die Funktion des Controllers häufig vom sog. **Chief Financial Officer (CFO)** ausgeübt, der zugleich Vorgesetzter der Bereichscontroller sowie für das Finanzmanagement (Kapitalbeschaffung, Finanzplanung) ist.

Die Auswertung der Kostenrechnung und des Betriebsabrechnungsbogens durch entsprechende Berichte gehört zum **Kosten- und Leistungs-Controlling**. Die Hauptaufgabe des Controllings ist dabei die Erstellung der Abweichungsanalysen und die Vorlage von systematischen Entscheidungsvorschlägen zum Gegensteuern für das Management, das für die zu treffenden Entscheidungen verantwortlich ist. Sinnvoll ist nicht nur eine jährliche Analyse, sondern auch unterjährige (monats- oder quartalsweise) Analysen. Die Analysen umfassen gewöhnlich

- **Vergleiche**
  Zeitvergleiche einzelner Kosten- und Erlösarten (Veränderungen zum Vorjahr, mögliche Trends etc.),
  interne oder externe Vergleiche im Rahmen von Benchmarking (z.B. mit anderen Abteilungen, Betrieben oder Einrichtungen gleicher Art),

Plan-Ist-Vergleiche, Plan-Soll-Vergleiche i. S. einer Abweichungsanalyse im Rahmen einer flexiblen Plankostenrechnung, Kennzahlenvergleiche (z.B. Umsatz-, Qualitätskennzahlen).

- **Einzelanalysen (Ursachenforschung)**
  Strukturanalysen,
  Abhängigkeitsanalysen,
  Abweichungsanalysen (z.B. bei den Kostenarten und je Kostenstelle).

- **Vorschläge**
  Maßnahmen zur Kostensenkung – Rationalisierung,
  Maßnahmen zur Verbesserung der Leistung – Steigerung der Produktivität, Anpassung der Preise oder Entgelte/Gebühren.

Die Vergleichsrechnungen sind die Kernpunkte der Kostenanalyse. Dabei ist das sog. Benchmarking (Vergleich von Einrichtungen, um „beste Lösungen" für die Erledigung von Aufgaben zu ermitteln) ein sehr wichtiges Controlling-Instrument. Zusätzlich kann bei Gebietskörperschaften für Produkte, die auch am freien Markt angeboten werden (Ingenieurleistungen nach HOAI, Gartenbau, Druckerzeugnisse, Vervielfältigungen etc.) ein direkter Preisvergleich durchgeführt werden. Das Ergebnis dieser Analyse kann z.B. sein, dass die Leistungen im Rahmen einer Ausschreibung an externe Anbieter vergeben werden. Zur Ermittlung der benötigten Kennzahlen sollte ein Kennzahlenkatalog erstellt werden.

Da die Controllingaufgaben sehr umfangreich sind, werden sie in der Praxis oft **dezentralisiert** bei entsprechender Spezialisierung der Controller. Das Kosten- und Leistungscontrolling ist nur ein Teilgebiet des Controllings. Weitere Einsatzfelder ergeben sich aus der folgenden Abbildung:

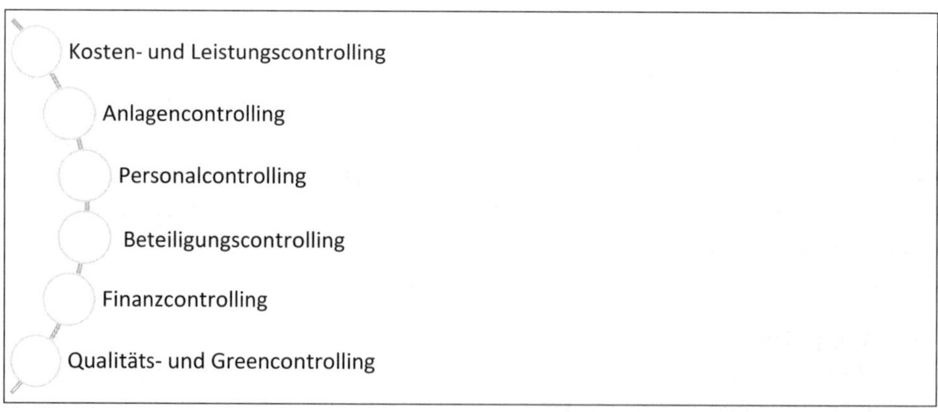


Abbildung 34: Controllingbereiche

Das **Anlagen-Controlling** bezieht sich auf das Anlagevermögen (Anlagenrechnung). **Personal-Controlling** beinhaltet eine an den Aufgaben orientierte Personalwirtschaft.

Beim **Beteiligungs-Controlling** liegt der Schwerpunkt in der Analyse und Berichterstattung über den Jahresabschluss (Bilanz und G+V-Rechnung), die Kosten- und Leistungsrechnung und die Kennzahlensysteme der Betriebe, an denen ein Unternehmen oder eine Gebietskörperschaft beteiligt ist.

Das **Finanz-Controlling** bezieht sich in Gebietskörperschaften auf die Planung und den Vollzug des Haushaltsplans sowie auf die Finanzierung der Ausgaben.

Aufgabe von **Qualitäts-Controlling** ist, Vorschläge für Qualitätsstandards zu erarbeiten und Maßstäbe zu entwickeln, die Qualität messbar macht. Hierzu gehört das sog. **Green-Controlling**, das über die CSR-Richtlinie[79]der EU zunehmend an Bedeutung gewinnt. Das Green-Controlling versucht, die **ökologische Nachhaltigkeit** in die Unternehmenssteuerung einzubauen, um das Risiko zu verringern, dass Kunden z.B. den Kauf umweltschädlicher Produkte meiden.
Eine ausführliche Behandlung der unterschiedlichen Controlling-Einsatzfelder ist an dieser Stelle nicht vorgesehen.[80]

---

**MERKE:** Mit einer Kosten- und Leistungsrechnung allein wird kein wirtschaftliches Verhalten bewirkt. Wichtig ist, dass die Ergebnisse der Auswertung der Kosten- und Leistungsrechnung in Entscheidungen zur Kostensteuerung und entsprechende Maßnahmen umgesetzt werden.

---

## A.10.2 Aufgaben und Instrumente des Kostenmanagements

Sowohl in der Unternehmenspraxis als auch in der öffentlichen Verwaltung hat sich in den letzten Jahren gezeigt, dass die traditionelle Kostenrechnung oft nicht mehr ausreicht, um die aktuellen Herausforderungen zu bewältigen, sondern zusätzlich ein wirksames Kostenmanagement erforderlich wird. Die folgende Übersicht zeigt Entwicklungstendenzen, die hieraus resultierenden Anforderungen für die Führungsebene sowie die daraus ableitbaren Aufgabenfelder des Kostenmanagements.[81]

---

[79] CSR = Corporate Social Responsibility. Kapitalmarktorientierte Kapitalgesellschaften mit mehr als 500 Beschäftigte haben im Lagebericht u.a. über Umwelt-, Arbeitnehmer- und Sozialbelange sowie Schutz der Menschenrechte und Bekämpfung von Korruption und Bestechung zu berichten (vgl. § 289c HGB).

[80] Zum Green-Controlling vgl. Deimel/Erdmann/Isemann/Müller, Kostenrechnung, S. 559 f. Zum Projektcontrolling als weiterem Einsatzfeld des Controllings vgl. Coenenberg/Fischer/Günther, Kostenrechnung und Kostenanalyse, 9. Aufl. 2017, S. 505 ff.

[81] Quelle: in modifizierter Form übernommen von Götze, U., Kostenrechnung und Kostenmanagement, 4. Aufl. 2007, S.271.

| Tendenzen | Herausforderungen für die Führungsebene | Aufgabenfelder des Kostenmanagements |
|---|---|---|
| Globalisierung<br>Sättigung<br>Konkurrenz durch Schwellenländer | Wettbewerbsdruck<br>Kostendruck | Management von<br>• Kostenhöhe<br>• Kostenstruktur<br>• Kostenverlauf |
| Automatisierung<br>Komplexität | Anstieg der Gemeinkosten und Fixkosten | Gemeinkostenmanagement<br>Fixkostenmanagement |
| höhere Relevanz der Kundenwünsche und Prozessabläufe | Kundenorientierung<br>Prozessorientierung | marktorientiertes Kostenmanagement,<br>Prozesskostenmanagement |
| Relevanz zusätzlicher strategischer Erfolgsfaktoren | Qualität, Ökologie und Zeit als strategische Erfolgsfaktoren | Management von Qualitätskosten, Umweltkosten und Zeitkosten |
| stärkere Einbeziehung der Mitarbeiter | Probleme der Verhaltenssteuerung | kostenbezogene Mitarbeiterführung |

Abbildung 35: Aufgabenfelder des Kostenmanagements

MERKE: Kostenmanagement ist die Gesamtheit aller Steuerungsmaßnahmen, die der Beeinflussung von Kostenstruktur und Kostenverhalten sowie der Senkung des Kostenniveaus dienen. Dem Kostenmanagement können Planungs-, Kontroll-, Informations-, Organisations-, Personalführungs- und Controllingaufgaben zugeordnet werden.

Obwohl beim Kostenmanagement die Kosten im Vordergrund stehen, sind die Erlöse nicht zu vernachlässigen. In den folgenden Ausführungen stehen jedoch die Kosten im Vordergrund. Für das Kostenmanagement lassen sich eine Vielzahl von Instrumenten nutzen, die auf die Gestaltung des Kostenniveaus und der Kostenstruktur vor allem in **Bezug auf die Gemein- und Fixkosten** abstellen. Im Dienstleistungsbereich und damit auch in Gebietskörperschaften (hier insbesondere in den Bereichen Zentrale Dienste bzw. Bereiche mit Querschnittsaufgaben) haben diese Kosten meistens einen sehr hohen Anteil. Einige Instrumente, die sich für das Management der Gemein- und Fixkosten eignen, sind die Ansätze der **Budgetierung** und der **Gemeinkostenwertanalyse**. Sie sollen hier neben dem **Target Costing** im Überblick vorgestellt werden, wobei die bereits behandelten Methoden der **Fixkosten- und Prozesskostenrechnung** ebenfalls zu den Instrumenten eines Gemein- und Fixkostenmanagements zählen.[82]

[82] Vgl. Schweitzer/Küpper u.a., Systeme der Kosten- und Erlösrechnung, 11. Aufl. 2016, S. 60 mit weiteren Verweisen sowie Götze, U., Kostenrechnung und Kostenmanagement, 4. Aufl.2007, S. 277.

### A.10.3 Zielkostenrechnung (Target Costing)

Die traditionellen Vollkostensysteme versuchen, die Selbstkosten eines Produktes zu kalkulieren, um dadurch eine Grundlage für den Verkaufspreis zu erhalten. Sie sind somit produktionsorientiert. Die Zielkostenrechnung (Target Costing)[83] geht davon aus, dass der Preis nicht über die Ermittlung der Selbstkosten vom Hersteller bestimmt werden kann, sondern vom Markt vorgegeben wird. **Zielkosten sind die Kosten, die der Markt erlaubt** (allowable costs). Die Zielkostenrechnung geht von den realisierbaren Erlösen für betriebliche Leistungen aus und wandelt sie in Kostenvorgaben für die verschiedenen Leistungsteilbereiche um. Es muss erforscht werden, was der Kunde zu zahlen bereit ist. Die Frage lautet also nicht, „was kostet ein Produkt?", sondern „was darf ein Produkt kosten?".

MERKE: Mit Hilfe des Target Costing soll die Frage beantwortet werden, wie hoch die Kosten eines Produkts unter gegebenen wirtschaftlichen und technischen Bedingungen sein dürfen, damit ein gewünschter Gewinn oder eine gewünschte Einsparung realisiert werden kann.

Target Costing bezieht sich auf den gesamten Produktlebenszyklus. Man geht davon aus, dass die Kosten in der Planungsphase neuer Produkte und Produktionsverfahren stärker beeinflussbar sind als später im Produktionsablauf. Aus diesem Grund werden die Kosten im Planungsstadium genauer betrachtet. Die Gesamtzielkosten werden aufgespalten in einzelne Komponenten oder Bauteile des Produkts, deren Teilkosten den Konstrukteuren und Entwicklern als Zielvorgaben für nicht zu überschreitende Kosten dienen sollen. Die Produktkomponenten können oft in unterschiedlicher Ausführung und Qualität hergestellt werden. Ausgehend von einem realisierbaren Erlös für das Fertigprodukt werden die vertretbaren Kostenanteile für die unterschiedlichen Qualitäten als Zielvorgaben ermittelt.

Da die Zielkosten oft niedriger sind als die Prognosen lt. der bisherigen Kostenrechnung, spricht man von einer Ziellücke. Es müssen deshalb Überlegungen angestellt werden, durch welche Maßnahmen bei möglichst gleichbleibender Qualität die Ziellücke geschlossen werden kann.[84]

Wegen seiner Zukunftsbezogenheit wird das Target Costing als strategisches Zielkostenmanagement bezeichnet. Target Costing ist als Ablösung der bisher eingeführten Verfahren der Kostenträgerrechnung zu verstehen. In vielen Fällen wird eine Kombinationsform unterschiedlichster Zurechnungskriterien sinnvoll sein.

---

[83] Eine ausführliche Darstellung des Target Costing ist enthalten in: Coenenberg/Fischer/Günther, Kostenrechnung und Kostenanalyse, 9. Aufl. 2017, S. 555 ff. und Schweitzer/Küpper u.a., Systeme der Kosten- und Erlösrechnung, 11. Aufl. 2016, S. 718 ff.

[84] Ein ausführliches Rechenbeispiel ist enthalten in: Langenbeck/Burgfeld-Schächer, Kosten- und Leistungsrechnung, 3. Aufl. 2017, S. 256.

**Beispiel:**

**Zielkostenrechnung**

| | | |
|---|---|---|
| Zielpreis | 550 € | |
| - Zielgewinn | 50 € | |
| = Zielkosten (allowable costs) | 500 € | vom Markt erlaubte Kosten |
| | | |
| Ziellücke | 80 € | Ausgleich durch Einsparungsmöglichkeiten |
| ↓ | | |
| ↑ | | |
| Prognosekosten (drifting costs) | 580 € | lt. bisheriger Kostenrechnung |

Target Costing lässt sich auch in Gebietskörperschaften anwenden, insbesondere wenn es um die Begrenzung der Höhe von Benutzungsgebühren oder ähnlichen Entgelten geht, die nach den entstandenen Kosten kalkuliert werden. Gemeinden konkurrieren oft um ansiedlungswillige Einwohner und Unternehmen, für die die Höhe von kommunalen Abgaben ein wesentlicher Gesichtspunkt für eine Standortentscheidung ist. Erhebt eine Gemeinde wesentlich höhere Abgaben als eine andere Gemeinde im Umkreis und entscheiden sich Einwohner oder Unternehmen aus diesem Grund gegen eine Ansiedlung, wird sich dies langfristig negativ auf die Einnahmesituation der betroffenen Gemeinde auswirken, wenn es nicht andere Faktoren gibt, die für die Gemeinde sprechen.

### A.10.4 Gemeinkostenwertanalyse

Ziel der **Gemeinkostenwertanalyse** (Overhead Value Analysis) ist die Reduzierung der Gemeinkosten und die Verbesserung des Kosten-Nutzen-Verhältnisses sämtlicher Prozesse in den Bereichen und Abteilungen mit hohen Gemeinkostenanteilen. Dabei werden drei Fragen gestellt:

- Dient der Prozess dem Betriebsziel bzw. ist er gesetzlich vorgeschrieben oder kann darauf verzichtet werden?
- Wird der Prozess so effizient wie möglich durchgeführt?
- Kann der aus dem Prozess resultierende Nutzen noch weiter gesteigert werden?

Die Gemeinkostenwertanalyse wird nicht regelmäßig, sondern nur nach Bedarf in Form eines Projekts durchgeführt. Die Beantwortung der Fragen findet im Rahmen einer Analyse statt, bei der Mitarbeiter, die sich mit der Materie auskennen, beteiligt werden sollten. Das Projekt ist sinnvollerweise zu gliedern in eine Vorbereitungs-, Analyse-, Entscheidungs- und Realisierungsphase. In der **Vorbereitungsphase** geht es zunächst um die Festlegung der Ziele, die man mit der Gemeinkostenwertanalyse erreichen will (z.B. Reduzierung von Bearbeitungszeiten, Einsparung von Personal, Einschränkung des Leistungsangebots) und um die Festlegung der jeweiligen Untersuchungsbereiche, in denen die Gemeinkostenwertanalyse durchgeführt werden soll. In der **Analysephase** wird in der Praxis oft eine provokative Kostenersparnis von 40 % eingefordert, um anschließend nach Einsparungsmöglichkeiten z.B. durch Leistungsreduktion oder durch eine effizientere Leistungserstellung zu suchen. In der **Entscheidungsphase** sind die in der Analysephase erarbeiteten Vorschläge einem Gremium zur Entscheidung vorzulegen. Das Gremium ordnet die Vorschläge nach folgenden Kategorien:

- A-Vorschläge, die zu einer Kosteneinsparung führen, innerhalb von 2 Jahren realisierbar wären und die Betriebsziele nicht wesentlich beinträchtigen bzw. gesetzlich möglich sind.
- B-Vorschläge, die zwar zu einer Kosteneinsparung führen, aber spürbare Konsequenzen, die risikobehaftet sind, beinhalten, so dass die Vorschläge zunächst zurückgestellt und weiter untersucht werden müssen.
- C-Vorschläge, die nur schwer oder gar nicht umsetzbar sind oder als unwirtschaftlich gelten.[85]

Abschließend geht es in der **Realisierungsphase** um die Umsetzung der Vorschläge, wobei den betreffenden Bereichen und Abteilungen zugleich das Budget und die Planstellen entsprechend gekürzt werden. Anzumerken ist, dass eine Gemeinkostenwertanalyse immer besser ist als eine globale Gemeinkostenkürzung, die zwar einfacher umsetzbar ist, aber auch sparsame Bereiche und Abteilungen bestraft. Auch die sparsamsten und effizientesten Kostenstellenverantwortlichen werden sonst nach mehreren globalen Kürzungen versuchen, Sicherheitspolster einzukalkulieren, um bei der nächsten Kürzungsrunde weniger betroffen zu sein.

Da die Gemeinkosten überwiegend fixe Kosten darstellen, wird in der Literatur auch von einem gesonderten **Fixkostenmanagement** (auch Fixkostencontrolling) gesprochen. Strategien eines Fixkostenmanagements sind[86]

- Fixkostenreduktion,
- Fixkostenumwandlung und
- Fixkostenumlastung.

Eine **Fixkostenreduktion** kann durch Verkauf und Stilllegung von fixkostenintensiven Anlagen oder durch Personalabbau erfolgen, wobei es eine Vielzahl von Faktoren (z.B. gesetzliche, tarifliche, politische) gibt, die einen Abbau von Fixkosten behindern. Bei der **Fixkostenumwandlung** sollen fixe Kosten durch variable Kosten ersetzt werden, wobei nicht unbedingt eine Verringerung des gesamten Kostenniveaus erfolgt (z.B. Leasing statt Kauf, Fremdbezug statt Eigenherstellung,

[85] Vgl. Coenenberg/Fischer/Günther, Kostenrechnung und Kostenanalyse, 9. Aufl. 2016, S. 928.
[86] Vgl. u.a. Graumann, M., Kostenrechnung und Kostenmanagement, 6. Aufl. 2017, S. 424.

Werkverträge oder freie Mitarbeiter statt Arbeitsverträge, Leistungslohn statt Zeitlohn). Bei einer **Fixkostenumlastung** sollen Fixkosten aus einem nicht ausgelasteten Bereich in einen Engpassbereich überführt werden. Zwar bleibt die Höhe der fixen Kosten konstant, jedoch werden durch die höhere Auslastung Leerkosten in Nutzkosten umgewandelt. Um die Ziele für ein Management der Fixkosten zu erreichen, müssen sie transparent gemacht werden, indem u.a. Informationen über Bindungsdauern, Kündigungsfristen und -zeitpunkte von Verträgen sowie Nutzungsdauern von Anlagen bereitgestellt werden.

| Maßnahme Nr. | Maßnahme Bezeichnung | Einzelvorhaben Nr. | Einzelvorhaben Bezeichnung | Bezugsgröße | Ersparnis (Tsd. €) |
|---|---|---|---|---|---|
| 1 | Sofortmaßnahmen | 1.1 | Reisekostensenkung | Reisen | |
| | | 1.2 | Reduktion Messebesuche | Besuche | |
| | | 1.3 | Verzicht auf Werbekampagnen | Aufträge/ Produkte | |
| | | 1.4 | Hinauszögern von Ersatzinvestitionen | Maschinen/ Fahrzeuge/BGA | |
| 2 | Nichtverlängerung bzw. Kündigung von Verträgen | 2.1 | Kündigung von Miet- bzw. Leasingverträgen | Gebäude/Fahrz./ Maschinen/BGA | |
| | | 2.2 | Kündigung von Wartungsverträgen | Gebäude/Fahrz./ Maschinen/BGA | |
| | | 2.3 | Nichtbesetzung offener bzw. frei werdender Stellen | Mitarbeiter | |
| | | 2.4 | Kündigung von Arbeitsverträgen | Mitarbeiter | |
| 3 | Umlastung von Ressourcen | 3.1 | Umlastung von Sachanlagen | Gebäude/Fahrz./ Maschinen/BGA | |
| | | 3.2 | Umlastung von Personal | Mitarbeiter | |
| 4 | Verkauf bzw. Verschrottung eigener Sachmittel | 4.1 | Verkauf von Sachanlagen | Gebäude/Fahrz./ Maschinen/BGA | |
| | | 4.2 | Verschrottung von Sachanlagen | Gebäude/Fahrz. Maschinen/BGA | |
| | | | | Summe: | |

Abbildung 36: Unternehmerischer Aktionsplan[87]

[87] In Anlehnung an: Graumann, M., Kostenrechnung und Kostenmanagement, 6. Aufl. 2017, S. 429, mit Verweis auf Oecking, G., Grundlagen des Fixkostenabbaus, in: BBK 195, Fach 21, S. 1559 ff.

## A.10.5 Budgetierung

Unternehmen planen ihre künftigen Kosten und Erlöse meistens im Rahmen von Budgets. In Gebietskörperschaften werden die Budgets häufig anhand der künftigen Aufwendungen und Erträge festgelegt. Es wird festgelegt, welche Kosten und Erlöse bzw. Aufwendungen und Erträge in einem zukünftigen Zeitraum anfallen sollen. Die Budgets beziehen sich dabei nicht nur auf das Gesamtunternehmen bzw. die ganze Gebietskörperschaft, sondern auch auf einzelne Teilbereiche, indem Teilbudgets festgelegt werden. Wie detailliert diese Unterteilung ist, hängt vom Entscheidungsrahmen ab, der den Entscheidungsträgern eingeräumt werden soll. Je detaillierter geplant wird, desto enger ist der Entscheidungsrahmen.

Die Einhaltung der Budgets wird oft für die Beurteilung der Entscheidungsträger und für deren erfolgsabhängige Bezahlung zugrunde gelegt.

In der Praxis haben sich unterschiedliche Budgetierungsformen entwickelt, die allein aber auch kombiniert eingesetzt werden. Die wichtigsten Formen sind[88]

- das Gesamtbudget im Rahmen einer jährlichen Ergebnis- und Finanzplanung,
- das Activity-Based-Budgeting,
- die Fortschreibungsbudgetierung und
- das Zero Base Budgeting.

Das **Gesamtbudget** wird durch einen jährlichen Ergebnisplan (Plan-GuV) mit den angestrebten Aufwendungen und Erträgen (bzw. Kosten und Erlösen) und durch einen Finanzplan, der neben den zahlungswirksamen Größen der Ergebnisplanung vor allem die geplanten Investitionen und deren Finanzierung enthält, aufgestellt.

Beim **Activity-Based-Budgeting** werden die Kosten kostenstellenübergreifend über Aktivitäten oder Prozesse (vgl. Kap. A.7 zur Prozesskostenrechnung) geplant.

Bei der **Fortschreibungsbudgetierung** orientiert man sich an den Vergangenheitswerten. Anpassungen der Vergangenheitswerte erfolgen durch Zu- oder Abschläge, die sich z.B. nach Preissteigerungs- oder Wachstumsraten richten können. Von Vorteil ist die Akzeptanz durch die Mitarbeiter, wenn keine unverhältnismäßig hohen Abschläge vorgenommen werden. Von Nachteil ist, dass vorhandene Unwirtschaftlichkeiten in den budgetierten Bereichen einfach fortgeschrieben werden.

Beim **Zero-Base-Budgeting** muss das gesamte Budget vom Kostenstellenverantwortlichen von Grund auf neu geplant und mit den jeweiligen Leistungen begründet werden. Die Vorjahreswerte werden auf Null gesetzt. Alle bisherigen Prozesse und Leistungen werden zunächst also infrage gestellt. In einem weiteren Schritt ist das Leistungsniveau festzulegen, wobei zu entscheiden ist, ob ein geringes, mittleres

[88] Ausführlicher vgl. Friedl/Hofmann/Pedell, Kostenrechnung, 3. Aufl. 2017, S. 518 ff.

oder hohes Niveau ausgewählt wird. So stellt sich die Frage, ob durch eine Reduzierung des Leistungsniveaus eine Gemeinkostensenkung und ein möglichst wirtschaftlicher Ressourceneinsatz erreicht werden kann. Das Leistungsniveau kann eingeteilt werden in

- Minimalniveau (geringstes Leistungsniveau),
- Standardniveau (derzeitiges Leistungsniveau) und
- erhöhtes Niveau (aus Sicht des verantwortlichen Mitarbeiters wünschenswertes Leistungsniveau),

wobei es eine Managemententscheidung ist, welches Leistungsniveau realisiert werden soll.

| **Zero-Base-Budgeting** | **Untersuchungseinheit: Rechnungswesen** | | |
|---|---|---|---|
| **Funktionsbeschreibung** | **Leistungsniveau** | | |
| | **niedrig** | **mittel** | **hoch** |
| Vorbereitung der Belege zur Buchung | ✓ | | |
| Buchung der Belege | | ✓ | |
| Durchführung der Lohnbuchhaltung | | ✓ | |
| Fakturierung der Eingangsrechnungen | | ✓ | |
| Ablage und Aufbewahrung der Belege | ✓ | | |
| Eingangskontrolle und Mahnwesen | | | ✓ |
| Aufstellung des Jahresabschlusses | | ✓ | |
| Führen der laufenden Betriebsstatistik | | ✓ | |

Abbildung 37: Beispiele für Leistungsniveaus[89]

Auch beim Zero-Base-Budgeting erfolgt die Durchführung ähnlich wie bei der Gemeinkostenwertanalyse sinnvollerweise in mehreren Schritten. Das Zero-Base-Budgeting sollte jedoch nicht jährlich durchgeführt werden, um den nötigen Mehraufwand zu begrenzen. Es eignet sich jedoch, wenn Leistungen und Aktivitäten insgesamt in Frage gestellt werden sollen.

Weitere Ansätze zur Budgetierung haben sich in den letzten Jahren herausgebildet. Es handelt sich um das Better Budgeting, das Beyond Budgeting und das Advanced Budgeting. Hierzu sei auf die Fachliteratur verwiesen.[90]

[89] In Anlehnung an: Graumann, M., Kostenrechnung und Kostenmanagement, 6. Aufl. 2017, S. 444.
[90] Vgl. z.B. Coenenberg/Fischer/Günther, Kostenrechnung und Kostenanalyse, 9. Aufl. 2016, S. 933 f.

# A.11 Exkurs: Gebührenkalkulation in der Kommunalverwaltung

## A.11.1 Allgemeines

Grundlage für die Ermittlung des Bedarfs an Entgelten ist die Kalkulation der Selbstkosten. Die Festlegung der Entgelte setzt damit immer eine Ermittlung der Selbstkosten voraus.

Die Gemeinde hat nach den kommunalrechtlichen Vorschriften die zur Erfüllung ihrer Aufgaben erforderlichen Finanzmittel zu beschaffen. Dies soll zunächst, **soweit vertretbar und geboten**, aus selbst zu bestimmenden Entgelten für die von ihr erbrachten Leistungen geschehen (vgl. z.B. § 77 Abs. 2 GO NRW). Als selbst zu bestimmende Entgelte sind hier nicht nur die öffentlich-rechtlichen Gebühren und Beiträge anzusehen, sondern auch entsprechende privatrechtliche Entgelte. Auf privatrechtliche Entgelte wirken sich die Vorschriften der jeweiligen Kommunalabgabengesetze ebenfalls aus, wenn sie für eine Einrichtung oder Anlage erhoben werden, die überwiegend dem Vorteil einzelner Personen oder Personengruppen dient (vgl. z.B. § 6 Abs. 1 Satz 1 KAG NRW). Die Pflicht zur Erhebung von Entgelten überhaupt bleibt aber bestehen. Steuern sind im Verhältnis zu den Entgelten grundsätzlich nur nachrangiges Finanzierungsmittel. Kredite dürfen i.d.R. nur als letzte Finanzierungslösung und nur für Investitionen und Investitionsfördermaßnahmen in Anspruch genommen werden.

Soweit neben den Entgelten eine Subventionierung aus allgemeinen Deckungsmitteln (z.B. Landeszuschüsse, Umlagen) erfolgt, sind diese gesondert auszuweisen und bei der Berechnung eines Kostendeckungsgrades außer Acht zu lassen. Die Unterschiede zwischen den Begriffen Gebühren, Entgelte und Beiträge ergeben sich aus den folgenden Übersichten, die sich auf die Rechtsgrundlagen in NRW beziehen:

<table>
<tr><th colspan="2">Gebühren (§ 4 Abs. 2 KAG NRW)<br>Öffentlich-rechtlich Geldleistungen, die als Gegenleistung erhoben werden</th></tr>
<tr><th>Verwaltungsgebühren (§ 5 KAG NRW)</th><th>Benutzungsgebühren (§ 6 KAG NRW)</th></tr>
<tr><td>Gebühren für besondere Leistungen der Verwaltung</td><td>Gebühren für die Inanspruchnahme öffentlicher Einrichtungen und Anlagen</td></tr>
<tr><td>z.B<br>Genehmigungen<br>Abgabe von Plänen<br>Beglaubigungen<br>Erlaubnisse<br>Gestattungen</td><td>z.B.<br>Abwasserbeseitigung, Wasserversorgung<br>Straßenreinigung, Märkte, Rettungsdienste, kommunale Friedhöfe, Nahverkehr, Bäder, Sportanlagen, Theater, Museen</td></tr>
</table>

| **Entgelte (§ 6 Abs. 1 Satz 1 KAG NRW)** |
| --- |
| **Entgelte sind privatrechtlich geforderte Geldleistungen, die als Gegenleistung für die Inanspruchnahme öffentlicher Einrichtungen erhoben werden** |
| z.B. Nahverkehr, Wasserversorgung<br>Theater, Museen, Konzerthallen, Oper<br>Bäder, Sporthallen<br>Stromversorgung, Gasversorgung, Wasserversorgung |

| **Beiträge (§ 8 KAG NRW)** |
| --- |
| Beiträge sind öffentlich-rechtlich geforderte Geldleistungen, die dem Ersatz des Aufwandes für die Herstellung, Anschaffung und Erweiterung öffentlicher Einrichtungen dienen. Sie sind Gegenleistungen für die durch die mögliche Inanspruchnahme entstehenden wirtschaftlichen Vorteile der Beitragsschuldner<br>z.B. Erschließungsbeiträge<br>Straßenausbaubeiträge |

Abbildung 38: Kommunale Gebühren, Entgelte und Beiträge

Die kommunalen Benutzungsgebühren setzen die Inanspruchnahme (Benutzung) einer kommunalen öffentlichen Einrichtung voraus. Sie sind als Pflicht- oder als freie Gebühren zu kalkulieren. Es gelten das Kostendeckungsgebot und das Kostenüberschreitungsverbot. Hieraus ergibt sich grundsätzlich die Notwendigkeit einer Vollkostenrechnung, die alle variablen und fixen Kosten, die nach betriebswirtschaftlichen Grundsätzen ansatzfähig sind, enthält. Für die Pflichtgebühren gilt grundsätzlich das Gebot der vollen Deckung der Kosten **(Vollkostendeckung).** Der Begriff „soweit vertretbar" bedeutet, dass bei der Festlegung der Gebühren auf die wirtschaftlichen Kräfte der Abgabepflichtigen Rücksicht zu nehmen ist (vgl. z.B. § 77 Abs. 3 GO NRW). Das kann bedeuten, dass z.B. bei Gebühren für soziale Einrichtungen wie Kindertagesstätten gestaffelte Gebühren eine Rolle spielen können und/oder eine Subventionierung aus allgemeinen Deckungsmitteln (Steuern) in Frage kommt. Es kann auch bedeuten, dass je nach Art der öffentlichen Einrichtung eine volle Kostendeckung nicht erreicht werden kann, was aber nicht dazu führen darf, dass aus politischen Gründen die Rangfolge der Einnahmebeschaffung nicht eingehalten wird.

Die Aufgabe der Betriebsabrechnung ist mit der Ermittlung der Selbstkosten, in der Regel auf Vollkostenbasis, beendet. Die Bestimmung der Entgelthöhe ist eine rechtliche sowie politische Entscheidung. Eine Abweichung von der gebotenen Kostendeckung bedarf einer eingehenden Prüfung. Dabei ist ein strenger Maßstab anzulegen. Finanzwirtschaftliche sowie soziale (Sozialstaatsgebot) u.ä. Gesichtspunkte sind gegeneinander abzuwägen.

Über die Höhe der Gebühren und damit über den Deckungsgrad der Kosten entscheidet die Gemeindevertretung. Dies geschieht üblicherweise im Zusammenhang mit den Beratungen zum Haushaltsplan. Die Kalkulation des Gebührensatzes ist unter Berücksichtigung der Kostenentwicklung des laufenden Jahres aufzustellen. Die Vorlage für die Gemeindevertretung muss in der Regel folgende Punkte berücksichtigen:

- Anlass der Gebührenanpassung (z.B. Kostensteigerungen),
- Erläuterung der Entwicklung der zu deckenden Kosten,
- Erläuterung des Umfangs der voraussichtlichen Leistungsmenge,
- Kalkulationsverfahren,
- derzeitiger und künftiger Gebührensatz,
- Schätzung des voraussichtlichen Gebührenaufkommens,
- Angaben über den Kostendeckungsgrad,
- Gründe für die Abweichung von der Vollkostendeckung,
- Satzungsentwurf.

Die weiteren Ausführungen in diesem Kapitel beziehen sich überwiegend auf die Abwassergebühren; sie gelten aber auch sinngemäß für andere Benutzungsgebühren:

### A.11.2 Problem der Überkapazitäten

Ein problematisches Thema, das immer wieder diskutiert wird, sind Überkapazitäten bei den kommunalen Einrichtungen. Überkapazitäten, die sich nicht mit betriebsbedingten Sicherheits- bzw. Kapazitätsreserven begründen lassen, sondern auf Fehleinschätzungen bzw. Planungsfehlern beruhen, dürfen nach dem Grundsatz der Kostenerforderlichkeit nicht als Kosten berücksichtigt werden.[91] Die Gebietskörperschaft muss aus allgemeinen Deckungsmitteln hierfür aufkommen. Die Abgrenzung ist natürlich schwierig und problematisch. Zusammenfassend ist festzustellen, dass es darauf ankommt, ob die Kosten insgesamt betrieblich erforderlich sind - andernfalls sind sie als neutrale Aufwendungen auszugliedern.

### A.11.3 Kalkulation der Benutzungsgebühren

Die Kalkulation dient der Ermittlung der Gebühr. Die Kommunalabgabengesetze der Bundesländer lassen einen mehrjährigen Kalkulationszeitraum von drei, vier oder fünf Jahren zu. Nach § 6 Abs. 2 KAG NRW sind die Benutzungsgebühren spätestens alle drei Jahre neu zu kalkulieren. **Kostenüberdeckungen** sind auszugleichen. Auch hier schreiben die Kommunalabgabengesetze unterschiedliche Ausgleichszeiträume vor. Für Nordrhein-Westfalen gilt ein Ausgleichszeitraum von bis zu vier Jahren;

[91] Zu Einzelheiten vgl. Vetter, Andrea, in: Christ/Oebbecke, Handbuch Kommunalabgabenrecht, 2016, Rn. 163f.

dies gilt ebenfalls für Kostenunterdeckungen. Der Gebührensatz entspricht den Stückkosten eines Kostenträgers aus der Kostenrechnung (Selbstkosten). Die Kalkulation stellt im Rahmen der Kostenrechnung die dritte Stufe, nämlich die Kostenträgerrechnung dar. Aus den Stückkosten ergibt sich schließlich eine **Gebührensatzobergrenze.** Eine volle Kostendeckung durch die Gebühr ist nicht vorgeschrieben und in der Praxis in bestimmten Bereichen auch nicht üblich (z.B. bei Schwimmbädern, Museen, Theatern, Bibliotheken sowie im Nahverkehr). Darüber hinaus werden aus sozial- oder umweltpolitischen Gründen häufig **Gebührenermäßigungen** (z.B. für Schüler, Studenten, Schwerbehinderte, Familien) gewährt, die jedoch nicht zu Lasten der übrigen Benutzer gehen dürfen, sondern aus allgemeinen Deckungsmitteln der Gebietskörperschaft aufzubringen sind.

### A.11.4 Gleichheitsprinzip und Äquivalenzprinzip

Wesentliche Elemente, die der Gebühren- und der Beitragserhebung zugrunde liegen, sind das **Gleichheitsgebot** nach Art. 3 GG und das Äquivalenzprinzip. Im Verhältnis der Gebührenpflichtigen untereinander ist grundsätzlich zu gewährleisten, dass gleiche Sachverhalte gleich und ungleiche gemäß ihren Unterschieden ungleich behandelt werden. Eine Abgrenzung, wann der Gleichheitssatz verletzt ist, kann nicht allgemein vorgenommen werden, weil sich eine Beurteilung darüber immer am jeweiligen Sachverhalt ausrichten muss. Hinsichtlich der Gebührenerhebung wird der Gleichheitssatz in Kap. A.11.5 näher erläutert.

Das **Äquivalenzprinzip** besagt, dass Gebühren und Leistungen in einem angemessenen Verhältnis zueinanderstehen müssen. Die Kommunalabgabengesetze der Länder verlangen insoweit eine Bemessung der Benutzungsgebühr nach der Inanspruchnahme der Einrichtung oder Anlage. Der Begriff der Inanspruchnahme darf nicht dahingehend interpretiert werden, dass sich die Höhe der Gebühren für den Nutzer einer Einrichtung oder Anlage danach richtet, welcher konkrete Aufwand ihm individuell zugerechnet werden könnte. Eine Verletzung des Äquivalenzprinzips ist erst gegeben, wenn ein grobes Missverhältnis zwischen Gebührenhöhe und Leistungserbringung vorliegt.

Im Abwasserbereich ist davon auszugehen, dass die Gemeinden nach den Wassergesetzen verpflichtet sind, das auf ihrem Gebiet anfallende Abwasser zu beseitigen und die Gemeinde die dafür notwendigen Einrichtungen oder Anlagen bereitstellt. Die dem Nutzer gegenüber erbrachte Leistung besteht nicht in der Bereitstellung dieses oder jenes konkreten Einrichtungsteiles, sondern in der Entsorgung des auf dem Grundstück anfallenden Schmutz- und Niederschlagswassers. Bei der leitungsgebundenen Abwasserbeseitigung besteht die erbrachte Leistung darin, dass das Abwasser in das Leitungssystem der Einrichtung übernommen und bis zu einem Punkt abgeleitet wird, der vom Grundstück des Einleiters so weit entfernt ist, dass für die Bewohner des Grundstücks keine Geruchsbelästigung und gesundheitlichen Gefahren durch das Abwasser entstehen können; mit der technischen Übernahme des

Abwassers ist als Leistungsgegenstand zugleich die Übernahme der Verantwortung für die (weitere) Beseitigung des Abwassers durch die Gemeinde verbunden. Die über die Gebühren abzudeckenden Kosten für die Anlage, die nur in ihrer Gesamtheit die ihr zugedachte Aufgabe erfüllen kann, sind insoweit von allen Nutzern entsprechend der vorgenannten Inanspruchnahme zu tragen.

Bei der Abwasserbeseitigung muss nicht die Entfernung der einzelnen Einleiter zur Kläranlage im Rahmen der Gebührenbemessung berücksichtigt werden. Hier gilt der Grundsatz der technischen und wirtschaftlichen Einheit kommunaler Einrichtungen und Anlagen, wonach jede in Anspruch genommene Leistungseinheit gleichmäßig zu den Gesamtkosten der Gesamtanlage beizutragen hat. Bei der Inanspruchnahme können sich dennoch erhebliche Unterschiede ergeben. Diese richten sich z.B. nicht nur nach der Menge des eingeleiteten Abwassers, vielmehr kann auch dessen Qualität (Verschmutzungsgrad) ein entscheidender Maßstab für den Grad der Inanspruchnahme sein.

### A.11.5 Wirklichkeits- und Wahrscheinlichkeitsmaßstab

Die Benutzungsgebühren sind entsprechend der tatsächlichen Inanspruchnahme zu bemessen (Wirklichkeitsmaßstab). Soweit dies technisch nicht möglich oder wirtschaftlich nicht vertretbar ist, kann ein Wahrscheinlichkeitsmaßstab zugrunde gelegt werden, der nicht in einem offensichtlichen Missverhältnis zu der Inanspruchnahme stehen darf. Es ist also vorrangig die tatsächliche Leistungserbringung gegenüber dem Nutzer einer Einrichtung oder Anlage bei der Gebührenfestsetzung zu berücksichtigen. So ist z.B. bei der Abwasserentsorgung der Wirklichkeitsmaßstab aber in der Regel nicht anwendbar, soweit es sich um die leitungsgebundene Entsorgung handelt. Der Aufwand für die Installation entsprechender Messeinrichtungen ist sehr hoch. Aus diesem Grunde wird regelmäßig der Wahrscheinlichkeitsmaßstab angewandt. Keines Wahrscheinlichkeitsmaßstabes bedarf es dann, wenn die entsorgte Menge ohne zusätzlichen Aufwand gemessen werden kann, wie dies bei der Entsorgung von abflusslosen Gruben oder Kleinkläranlagen der Fall ist. Dann ist auch das Ermessen der Gemeinde hinsichtlich der Wahl des zugrunde zu legenden Maßstabes eingeschränkt, da hier der Wirklichkeitsmaßstab vorrangig anzuwenden ist. Einer besonderen Betrachtungsweise bedarf das Niederschlagswasser, wenn dieses im Trenn- oder Mischsystem mit entsorgt wird. In noch stärkerem Maße als beim Schmutzwasser ist für das Niederschlagswasser nur ein Wahrscheinlichkeitsmaßstab anwendbar (z.B. Größe der versiegelten Fläche als Maßstab für die Regenentwässerung eines Grundstücks).

Bei der Abwasserentsorgung hat sich als sachlich gerechtfertigter und von der Rechtsprechung anerkannter **Wahrscheinlichkeitsmaßstab** die Zugrundelegung des einem Grundstück zugeführten Frischwassers entwickelt. Dem kann die aus einer eigenen Wasserversorgungsanlage entnommene oder auf andere Weise dem Grundstück zugeführte Wassermenge hinzugerechnet werden. Da bei den hauseigenen

Versorgungsanlagen die Erfassung des tatsächlichen Wasserverbrauchs u.U. wieder aufwendig ist, kann eine zusätzliche Schätzung erforderlich werden. Bei der Inanspruchnahme der Abfallbeseitigung wird häufig auf das Behältervolumen als Wahrscheinlichkeitsmaßstab abgestellt. Gebräuchlicher Maßstab bei der Straßenreinigung ist der sog. Frontmeter; für Anlieger ist dabei die Grundstücksseite entlang der Straße maßgebend.

### A.11.6 Grundgebühr, Zusatzgebühr, Mindestgebühr

Die Benutzungsgebühr ist leistungsbezogen zu erheben. Sofern eine kostenrechnende Einrichtung nach Leistungsbereichen differenziert (z.B. in der Kostenstellenrechnung), müssen die Kosten für den jeweiligen Bereich ermittelt werden und nur die dort entstandenen Kosten dürfen bei der Gebühr für diesen Bereich berücksichtigt werden. Dies geschieht häufig bei der getrennten Erhebung von Schmutzwasser- und Niederschlagswassergebühren oder der Erhebung von Abfallgebühren nach verschiedenen Abfallarten.

Eine **Grundgebühr** darf **neben** einer verbrauchsabhängigen Gebühr erhoben werden. Dies ist insoweit wörtlich zu verstehen, als die ausschließliche Erhebung einer Grundgebühr unzulässig ist, was nämlich wiederum zu einer pauschalen Benutzungsgebühr führen würde, die mit dem Äquivalenzprinzip nicht vereinbar ist. Sinn der Grundgebühr ist es, die Kosten einer Einrichtung oder Anlage, die sich allein aus deren Vorhaltung ergeben, auf alle Nutzer zu verteilen. Maßstab für die Verteilung der Abwassergrundgebühr kann z.B. die mögliche Durchflussmenge der eingebauten Wasserzähler oder die Zahl der auf dem Grundstück vorhandenen Wohneinheiten oder Wohn- und Gewerbeeinheiten sein. Soll eine Grundgebühr erhoben werden, so ist es erforderlich, die für die Aufrechterhaltung der Betriebsbereitschaft notwendigen Kosten (fixe Kosten) von den leistungsabhängigen Kosten (variable Kosten) zu trennen. Gerade in Abwasser- und Abfallentsorgungseinrichtungen können die fixen Kosten einen erheblichen Umfang annehmen. So sind die Abschreibungen des Anlagevermögens weitgehend zu berücksichtigen, weil die Abnutzung der technischen Anlagen nicht vordergründig vom Maß der Nutzung abhängt. Weiterhin muss Personal eingesetzt werden, das die Betriebsbereitschaft der Einrichtung oder Anlage aufrechterhält. Energiekosten, Mieten, Versicherungsbeiträge, Betriebsmittel u.a. müssen bezahlt bzw. eingesetzt werden, unabhängig davon, ob und in welchem Umfang Abwasser anfällt und entsorgt wird. Entscheidend ist, dass das Aufkommen aus der Grundgebühr den Fixkostenanteil nicht übersteigt.

Zusätzlich zur Grundgebühr wird nach dem Maß der jeweiligen Inanspruchnahme eine **Zusatzgebühr** (Arbeits-, Verbrauchsgebühr) erhoben, mit der die laufenden verbrauchsabhängigen Kosten der jeweiligen Inanspruchnahme abgegolten werden.

Eine **Mindestgebühr** kann bei geringer Inanspruchnahme erhoben werden. Es werden zwar sämtliche fixen und variablen Kosten abgedeckt. Die Besonderheit ist jedoch, dass hier eine Pauschalierung erfolgt, da eine weitergehende Differenzierung der Inanspruchnahme im Verhältnis zum Gebührenerlös einen unangemessen hohen Ermittlungsaufwand bedeuten würde. Es soll erreicht werden, dass sich Leistungsbezieher, die besonders niedrige Leistungsmengen in Anspruch nehmen, angemessen an den Kosten der Leistungserstellung beteiligen. Mindestgebühren werden in der Praxis häufig bei der Abfallentsorgung festgelegt.

Innerhalb eines Gebührenmaßstabes kann eine **Staffelung** bei einer im Hinblick auf das Äquivalenzprinzip sachlichen Rechtfertigung vorgesehen werden. Die Staffelung kann unter bestimmten Voraussetzungen z.B. Rabatte für Großverbraucher aber auch Anreize zur Abfallvermeidung in der Abfallwirtschaft enthalten.

### A.11.7 Die Gebührenpflichtigen

Im Gegensatz zu den nach § 8 KAG NRW zu erhebenden grundstücksbezogenen Beiträgen ist bei den Benutzungsgebühren der Kreis der Gebührenschuldner nicht namentlich festgelegt. Die Formulierung des § 6 KAG NRW legt fest, dass Benutzungsgebühren von dem zu erheben sind, der die Leistung in Anspruch nimmt. Bei der Abwasserentsorgung könnte die Inanspruchnahme dem **Grundstückseigentümer** zugerechnet werden, der das aufgrund der Nutzung seines Grundstücks anfallende Abwasser entsorgen lässt. Insoweit stellen die Abwassergebühren grundstücksbezogene Gebühren dar. Gebührenpflichtige Nutzer können aber auch diejenigen sein, die das Abwasser unmittelbar produzieren, also Mieter, Pächter oder sonstige Nutzer. Diese Gebührenzuordnung erscheint insoweit gerechter, als der einzelne Abwasserproduzent unmittelbar entsprechend seinem ihm zurechenbaren Wasserverbrauch belastet wird. Die Heranziehung von Mietern und Pächtern durch den Abwasserentsorger ist aber wesentlich aufwendiger (z.B. bei Wohnungswechsel) und damit nicht zuletzt teurer. Aus solchen praktischen Gründen hat sich allgemein die Heranziehung der Grundstückseigentümer zu den Abwassergebühren durchgesetzt. Wen die Gebietskörperschaft als Gebührenschuldner in Anspruch nimmt, muss sie in der Gebührensatzung festlegen (§ 2 Abs. 1 KAG NRW).

Die Gebührenpflicht entsteht in Anwendung des § 38 AO, sobald der Tatbestand verwirklicht ist, an den die Satzung die Gebührenpflicht knüpft, bei der Benutzungsgebühr somit mit dem Ende der in der Satzung festgelegten Leistungsperiode. Die Benutzungsgebühr ist bei der Abwasserentsorgung i.d.R. eine Jahresgebühr. Es wird aber bei der Abwasserentsorgung sowie bei der Abfallentsorgung oder Straßenreinigung als zulässig angesehen, die Gebührenpflicht schon zu Beginn der Leistungsperiode entstehen zu lassen. Dabei wird fingiert, dass die jeweilige Einrichtung in der gesamten Leistungsperiode in Anspruch genommen wird und für die Vorhaltung der Einrichtung oder Anlage entsprechende Vorhaltekosten entstehen. Der Umstand, dass der Gebührenbescheid zu Beginn der Leistungsperiode für das ganze Jahr erlassen wird, hat allerdings zur Folge, dass die Gebühr pro Leistungseinheit unabhängig von einer nachträglichen Abrechnung dem Grunde und der Höhe nach endgültig entsteht. Das bedeutet, dass Gebührenerhöhungen während des Jahres i.d.R. unzulässig sind. Eine solche Gebührenerhöhung müsste, auch wenn sie erst für den Zeitraum nach der Satzungsänderung vorgesehen ist, rückwirkend in Kraft gesetzt werden, weil der Gebührensatz geändert werden soll, der zu Beginn der Leistungsperiode festgesetzt worden ist. Eine rückwirkende den Bürger belastende Gesetzesänderung, dazu gehören auch Satzungsänderungen, ist aber grundsätzlich ausgeschlossen und nur in den vom Bundesverfassungsgericht entwickelten Ausnahmefällen zulässig. Voraussetzung ist, dass der dem Rechtstaatsprinzip geltende Vertrauensschutz des Bürgers nicht mehr gegeben ist und er mit einer solchen Änderung rechnen musste oder diese Änderung aus wichtigen Gründen des Allgemeinwohls erforderlich ist. Rein fiskalische Gründe reichen für eine rückwirkende Gebührenerhöhung nicht aus.

Die Grundsätze des Gebührenrechts gelten i.d.R. auch dann, wenn juristische Personen des Privatrechts in die Aufgabenerfüllung eingebunden werden, die Durchführung der Aufgaben also privatisiert wird.

Soweit die Umsätze von kostenrechnenden Betrieben der **Umsatzsteuer** unterliegen, wie das bei der Wasserversorgung der Fall ist, kann die Umsatzsteuer auf den Gebührenpflichtigen übergewälzt werden. Dies gilt jedoch nicht für die Bereiche Abwasser- und Abfallentsorgung sowie Straßenreinigung (vgl. z.B. § 6 Abs. 2 S. 5 KAG NRW).

Soweit durch den Betrieb der öffentlichen Einrichtung **Nebenerlöse** erzielt werden, wie z.B. aus der Verwertung von Abfällen in Abfallentsorgungseinrichtungen, sind diese von den Kosten abzusetzen.

# A.12 Einführung der Kosten- und Leistungsrechnung in Gebietskörperschaften

In folgender Reihenfolge empfiehlt es sich, Kosten- und Leistungsrechnungen in Gebietskörperschaften auf Grundlage des § 6 Abs. 3 HGrG (Einführung in geeigneten Bereichen) und den entsprechenden Regelungen in der Bundeshaushaltsverordnung, den Landeshaushaltsverordnungen und den kommunalen Haushaltsverordnungen einzuführen; darauf aufbauend lassen sich dann Budgetierungen verwirklichen:

- Einführung einer Kosten- und Leistungsrechnung auf Vollkostenbasis - soweit diese noch nicht erfolgt - bei den kostenrechnenden Teilbereichen mit einer vollständigen Erfassung von Personalkosten, Sachkosten, kalkulatorischen Kosten und internen Verrechnungskosten,
- Ausdehnung auf alle Bereiche, in denen Benutzungsgebühren, Entgelte oder Beiträge erhoben werden,
- Kosten- und Leistungsrechnung für die sog. Hilfsbetriebe und Querschnittsbereiche/ Servicestellen, die interne Verrechnungen vorzunehmen haben oder deren Leistungen auch von privaten Anbietern erbracht werden können (z.B. Fahrzeugunterhaltung, Bauhof, Pflege von Grünanlagen),
- andere Verwaltungsbereiche, bei denen häufig Investitionsentscheidungen getroffen werden, für die Kostendaten benötigt werden oder hinreichende Handlungsspielräume zur Umsetzung von kostenanalytischen Entscheidungen bestehen,
- die Ermittlung der Kosten sonstiger Verwaltungsabläufe/-prozesse empfiehlt sich nur sporadisch, um unnötigen Arbeitsaufwand zu verhindern z.B. Ermittlung der Kosten eines Wohngeld- oder Sozialhilfebescheides.

Daneben ist ein Berichtswesen als Steuerungsinstrument und zur Verbesserung der Kostentransparenz zu entwickeln, es kann eine Budgetierung eingeführt werden, es lassen sich Zielvereinbarungen in Bezug auf Kosten/Erlöse, Mengen, Budgetvorgaben und Qualitäten abschließen. Schließlich kann eine Steuerung auf Grundlage der Informationen des Berichtswesens (Soll-Ist-Abweichungen) erfolgen.

Voraussetzung für die Einführung betriebswirtschaftlicher Elemente in einer Gebietskörperschaft ist natürlich eine intensive Schulung nicht nur der Mitarbeiter, sondern auch der **Führungskräfte** und der **politischen Entscheidungsträger**. Letztere müssen ausreichend **betriebswirtschaftliches Verständnis** mitbringen. So weiß mancher, der vielleicht Verantwortung für mehrere Millionen Euro hat, nicht einmal, wie wichtige Kostenrechnungsinstrumente aussehen oder kann nicht einmal eine Auswertung einer Kostenrechnung verstehen.

Der Gedanke der Kosten- und Leistungsrechnung muss von oben (Verwaltungsführung) nach unten (Mitarbeiter) getragen werden, also nach dem Top-down- und nicht nach dem Bottom-up-Prinzip erfolgen. Veränderungen in der Einstellung der Vorgesetzten und Beschäftigten und die **Entwicklung eines Kostenbewusstseins** sind schließlich die Voraussetzungen für einen sinnvollen Einsatz der Kosten- und Leistungsrechnung.

Weiterhin ist darauf hinzuweisen, dass die Erfassungs- und Bewertungsverfahren in den einzelnen Teilbereichen einer Gebietskörperschaft möglichst einheitlich gewählt werden.

Vor Einführung einer Kostenrechnung, bei der auch über die Anschaffung von **KLR- und Controlling-Software** zu entscheiden ist, sollte mindestens eine Nutzwertanalyse erstellt werden, in der Anforderungen anhand eines Kriterienkataloges zu definieren sind. Hierfür sind die aktuelle Situation der Behörde und der IT-Architektur sowie die zukünftige Entwicklung der Behördenziele und -aufgaben sowie der Hard- und Software-Landschaft aufzunehmen und vollständig hinsichtlich ihrer KLR-Relevanz zu bewerten. Die Einführung von KLR/Controlling sollte in der Form eines Projekts, das durch Einmaligkeit und die zeitliche Befristung der Aufgabenstellung gekennzeichnet ist, durchgeführt werden.[92]

---

**MERKE:** Eine Kosten- und Leistungsrechnung müsste an sich in jeder Gebietskörperschaft selbstverständlich sein, unabhängig davon, welches Steuerungs-Konzept gewählt wird. Dabei ist eine flächendeckende Kosten- und Leistungsrechnung nicht zwingend erforderlich, um Steuerungsinformationen zu erhalten.

---

[92] Ein detaillierter Projektplan zur Einführung für die KLR ist enthalten in: Haushaltsrecht, KLR-Handbuch der Bundesfinanzverwaltung, Stand 2008, S. 33 ff.

# B. Finanzierung- und Wirtschaftlichkeitsrechnung

# B.1 Einleitung

In der betriebswirtschaftlichen Literatur werden die Bereiche „Investition“ und „Finanzierung“ in der Regel gemeinsam betrachtet. Dies macht grundsätzlich Sinn, da zwischen der Beschaffung der Finanzmittel (Finanzierung) und ihrer Verwendung (Investition) eine enge Verknüpfung besteht. Einerseits sind Investitionsvorhaben nicht realisierbar, sofern es nicht gelingt, die notwendigen Finanzmittel zu beschaffen. Andererseits erübrigt sich eine Finanzierung, wenn man die Mittel nicht zielgerichtet verwenden kann. Da Kapital aber nicht unentgeltlich zur Verfügung gestellt wird, muss geprüft werden, ob eine Investition vorteilhaft ist. Dies hängt unter anderem davon ab,

- ob die Einzahlungen die Auszahlungen übersteigen. Bei Investition und Finanzierung werden also i.d.R. Geldströme betrachtet; dabei muss berücksichtigt werden, dass eine Einzahlung in einigen Jahren einen geringeren Wert darstellt als eine Einzahlung in gleicher Höhe bereits im laufenden Jahr („Zeit ist Geld“),
- ob es für die Mittelverwendung keine bessere Alternative gibt. § 6 Abs. 2 HGrG schreibt für alle finanzwirksamen Maßnahmen angemessene Wirtschaftlichkeitsuntersuchungen vor. § 13 KomHVO NRW sieht beispielsweise vor, dass ab einer von der Gemeindevertretung zu bestimmenden Investitionssumme unter mehreren in Betracht kommenden Möglichkeiten durch einen Wirtschaftlichkeitsvergleich, mindestens durch einen Vergleich der Anschaffungs- oder Herstellungskosten und der Folgekosten, die für die Gemeinde wirtschaftlichste Lösung ermittelt werden soll.

---

MERKE: **Finanzierung** = Maßnahme zur Kapitalbeschaffung, Zuführung liquider Mittel (Mittelherkunft), **Investition** = Anlage von finanziellen Mitteln zum Erwerb eines Vermögensgegenstandes (Mittelverwendung)

---

Im folgenden Kapitel werden zuerst die Grundlagen der Finanzierung im Überblick dargestellt. Vertiefende Darstellungen sind in der Fachliteratur ausreichend vorhanden.[93] Anschließend erfolgt eine Darstellung der Investitionsrechnung, aufgegliedert nach statischen (Kap. B.4) und dynamischen Methoden (Kap. B.5) und Kosten-Nutzen-Untersuchungen (Kap. B.7). Kap. B.6 betrachtet die steuerlichen Auswirkungen bei dynamischen Methoden. In Kap. B.8 werden Investitionsprogrammentscheidungen kurz dargestellt. Die Einbeziehung von Unsicherheiten bei den Investitionsentscheidungen wird in Kap. B.9 untersucht. Kap. B.10 befasst sich mit Unternehmensbewertungen als Spezialfall der dynamischen Investitionsrechnung.

[93] Vgl. z.B. Perridon/Steiner/Rathgeber, Finanzwirtschaft der Unternehmung, 17. Aufl. 2017, S. 389 ff.

# B.2 Finanzierung

## B.2.1 Begriff und Arten der Finanzierung

Die Finanzierung befasst sich im Wesentlichen sowohl mit der Zusammensetzung der Passivseite der Bilanz als auch mit dem Zufluss und dem Abfluss von Eigen- und Fremdkapital. Ohne entsprechende Geldbewegungen kann der betriebliche Leistungserstellungsprozess nicht ablaufen. Den Güterströmen stehen die Finanzströme (gegebenenfalls mit zeitlicher Verzögerung) spiegelbildlich gegenüber. Die Beschaffung der Produktionsfaktoren führt zu Auszahlungen, der Absatz der Leistungen führt zu Einzahlungen. Erst durch die Ausstattung des Betriebes mit Geld und dem Rückfluss der verbrauchten Finanzmittel nach erfolgter Produktion wird eine erneute Leistungserstellung möglich. Ständig ist darauf zu achten, dass der Betrieb über ausreichende Finanzmittel verfügt, d.h. es ist eine Finanzplanung erforderlich, die die Zahlungsfähigkeit bei einer Minimierung der Kapitalkosten sicherstellen soll. Die Zahlungsfähigkeit ist gesichert, wenn jedes Jahr gilt: **Einzahlungen ≥ Auszahlungen**. Es muss aber auch sichergestellt sein, dass vorübergehende Engpässe, in denen z.B. die tatsächlichen Einzahlungen kleiner als die geplanten Einzahlungen bzw. die tatsächlichen Auszahlungen größer als die geplanten Auszahlungen sind, die Liquidität nicht gefährden. Insofern muss im Rahmen einer Finanzplanung eine Liquiditätsvorsorge betrieben werden. Die obigen Ausführungen gelten sinngemäß auch für Gebietskörperschaften (Bund, Länder, Gemeinden).

---

MERKE: Die Aufgaben der Finanzierung sind die Kapitalbeschaffung und die Liquiditätssicherung.

---

Die Finanzplanung erstreckt sich dabei auf eine Optimierung der Außen- und Innenfinanzierung.[94] Im Folgenden werden Außen- und Innenfinanzierungsinstrumente hinsichtlich ihrer Entstehung und ihrer Verwendung im Überblick dargestellt, bevor auf Einzelheiten eingegangen wird.

[94] Vgl. Wöhe, G., Einführung in die Allgemeine Betriebswirtschaftslehre, 26. Aufl. 2016, S. 527.

| | Eigenfinanzierung | Fremdfinanzierung |
|---|---|---|
| **Außenfinanzierung** | **Eigenkapitalzuführung**, differenziert nach Rechtformen der Unternehmen (Beteiligungsfinanzierung)<br>• Einlagen des Einzelkaufmanns<br>• Einlagen der Personengesellschaften (OHG, KG)<br>• Stammeinlagen der GmbH<br>• Aktien der AG, KGaA | **kurzfristige Fremdfinanzierung**<br>• Lieferantenkredit<br>• Kundenanzahlungen<br>• Kontokorrentkredit<br>• Wechseldiskontkredit<br>**langfristige Fremdfinanzierung**<br>• Schuldverschreibungen (Anleihen, Obligationen)<br>• Schuldscheindarlehen<br>• langfristige Bankkredite, z.B. Hypothekendarlehen<br>• langfristige Darlehen von Nichtbanken z.B. Gesellschafterdarlehen |
| **Innenfinanzierung** | **Innenfinanzierung aus Gewinnen** (Selbstfinanzierung)<br>• offene Selbstfinanzierung (Einstellung in Rücklagen)<br>• verdeckte Selbstfinanzierung (stille Reserven)<br>**Innenfinanzierung aus Vermögensumschichtungen**<br>• Verkauf von Aktiva<br>• Finanzierung aus Abschreibungen | **Innenfinanzierung aus**<br>• der Bildung von Rückstellungen<br>• der Bildung von Rechnungsabgrenzungsposten |

Abbildung 39: Finanzierungsarten und -instrumente nach Entstehung und Verwendung

**Außenfinanzierung** umfasst alle Formen der Beschaffung von Geld, das von Personen, Instituten oder anderen Unternehmen stammt, die außerhalb des betrachteten Betriebes stehen. Durch die Außenfinanzierung kann das Eigenkapital erhöht werden **(Eigen- oder Eigenkapitalfinanzierung)**. Dies geschieht entweder durch alte oder neue Gesellschafter. Alte Gesellschafter können Geld zusätzlich in das Unternehmen geben und so ihren Anteil am Unternehmen erhöhen. Durch die Aufnahme neuer Gesellschafter fließt ebenfalls Eigenkapital von außen zu, was in der Regel auch zu neuen Beteiligungsverhältnissen führt. Wer Eigenkapital dem Unternehmen zur Verfügung stellt,

- ist an dem Unternehmen beteiligt,
- ist an den Gewinnen oder Verlusten beteiligt,
- kann oft im Unternehmen mitentscheiden und
- haftet in der Regel im Verlust- oder Insolvenzfall.

Als Eigenkapital werden die Geldmittel bezeichnet, die entweder selbst erwirtschaftet oder von den Eigentümern zur Verfügung gestellt wurden. Außenstehende Dritte (also andere Personen als die Eigentümer) haben keinen Einfluss auf diese Gelder. Bei einer entsprechenden Eigenkapitalausstattung ist der Betrieb nur begrenzt von der Bereitschaft Dritter abhängig, ihm Kredit zu gewähren. Überdies kann er i.d.R. zwischen mehreren Kreditgebern wählen und das vorteilhafteste Angebot nutzen. Als Folge davon sinkt auch der Einfluss, den Kreditgeber unter Umständen auf die Geschäftsführung ausüben können (z.B. Auflagen bei der Kreditgewährung).

Neben diesen direkten Vorteilen spielt das Eigenkapital bei der Unternehmensbeurteilung gegenüber Dritten (z.B. Kreditgebern) eine herausragende Rolle. Eine angemessenere Eigenkapitalausstattung sorgt auch für eine Reduzierung der Zinsänderungsrisiken bei Aufnahme von Krediten.

Wird dem Unternehmen Geld von außen zugeführt, ohne dass sich die Beteiligungsverhältnisse ändern, handelt es sich i.d.R. um eine Kreditfinanzierung, also um die Beschaffung von Fremdkapital **(Fremd- oder Fremdkapitalfinanzierung)**. Die Kreditgeber sind damit Gläubiger mit einem Anspruch auf Rückzahlung und in der Regel auf Zinsen. Fremdkapitalgeber sind somit

- nicht an dem Unternehmen beteiligt,
- nicht an den Gewinnen oder Verlusten beteiligt,
- können im Unternehmen nicht mitentscheiden und
- haften nicht im Verlust- oder Insolvenzfall des Unternehmens.

Liegt der Ursprung des Kapitals im Unternehmen, spricht man von **Innenfinanzierung**. Die Innenfinanzierung erfolgt zum einen aus den sich durch den Umsatz ergebenden Einzahlungsüberschüssen (Cash-Flow) abzüglich der ausgeschütteten Gewinne, zum anderen aus Vermögensumschichtungen innerhalb des Unternehmens.

Zu beachten ist, dass jeder Finanzmittelzufluss immer zwei Ebenen zuzuordnen ist.

**Beispiele:**

(1) Der Kaufmann leistet eine Kapitaleinlage durch Bareinzahlung bzw. der Gesellschafter einer GmbH erhöht seine Stammeinlage.

**Außenfinanzierung + Eigenfinanzierung (Beteiligungsfinanzierung)**

Für Gebietskörperschaften ist diese Finanzierungsform im Gegensatz zu privaten Betrieben nicht üblich, während die Formen 2 – 4 von Bedeutung sind.

(2) Die Bank gewährt der Gemeinde A einen Kredit.

**Außenfinanzierung + Fremdfinanzierung (Kreditfinanzierung)**

(3) Ein Teil des Jahresüberschusses verbleibt im Betrieb und erhöht durch eine entsprechende Umbuchung das Eigenkapital (Thesaurierung).

**Innenfinanzierung + Eigenfinanzierung**

(4) Für spätere Pensionszahlungen wird eine Rückstellung gebildet (Aufwand jetzt, Auszahlung später).

**Innenfinanzierung + Fremdfinanzierung**

MERKE: Im Ergebnis geht es bei der Zuordnung immer um die beiden Fragestellungen: „Wem gehört das Geld?“ (Eigen- und Fremdfinanzierung) und „Woher kommt das Geld?“ (Innen- und Außenfinanzierung)

In den nächsten beiden Gliederungspunkten werden die Finanzierungsarten Außen- und Innenfinanzierung ausführlicher dargestellt. Innerhalb der beiden Gliederungspunkte wird jeweils zwischen Eigen- und Fremdfinanzierung unterschieden.

### B.2.2 Außenfinanzierung

Während es bei der Eigen- und Fremdfinanzierung um die Frage geht, wem das Geld gehört, steht bei der Unterscheidung in Außen- und Innenfinanzierung die Frage im Mittelpunkt, woher das Geld kommt, ob von außerhalb des Betriebes oder aus dem Betrieb selbst.

Im Gegensatz zur Innenfinanzierung fließt das Geld bei der Außenfinanzierung zeitgleich mit dem Entstehen des Finanzierungseffekts von außen über Eigen- oder Fremdkapitalgeber zu. Die Gelder wurden also nicht im Rahmen der betrieblichen Tätigkeit erwirtschaftet. Kapitalgeber können z.B. Kreditinstitute (durch Kreditgewährung) oder Lieferanten (durch Einräumung von Zahlungszielen) sein. In beiden Fällen handelt es sich um eine Fremdfinanzierung. Zur Außenfinanzierung zählt ebenfalls die Finanzierung über staatliche Zuschüsse oder Subventionen. Aber auch die Eigentümer können z.B. durch weitere Einlagen dem Unternehmen von außen Geld zuführen. Hier handelt es sich dann um eine externe Eigenfinanzierung, die in der Literatur auch Beteiligungsfinanzierung genannt wird.[95]

MERKE: Bei der Außenfinanzierung erfolgt der Geldzufluss zeitgleich mit der Erhöhung eines Passivpostens der Bilanz. Das Unternehmen erwirtschaftet die Gelder nicht aus eigener Tätigkeit, sondern es werden Zahlungsmittel durch die Eigentümer oder Fremdkapitalgeber zugeführt. Die Außenfinanzierung wird folgerichtig in Eigen- und Fremdfinanzierung unterteilt.

#### B.2.2.1 Außen-Eigenfinanzierung (Beteiligungsfinanzierung)

Die Außen-Eigenfinanzierung erfolgt durch Zuführung von Eigenkapital durch Eigenkapitalgeber außerhalb des Unternehmens, indem diese sich an dem Unternehmen beteiligen.

Die Eigenkapitalgeber stellen ihren Anteil am Kapital grundsätzlich unbefristet zur Verfügung, sie haften begrenzt (z.B. Aktionäre) oder unbegrenzt (z.B. persönlich haftende Gesellschafter einer OHG). Die Art des Beteiligungskapitals ist abhängig von der Rechtsform und Größe des Unternehmens. Das Eigenkapital wird je nach Rechtsform des Unternehmens als Grundkapital, Stammkapital, Rücklagen und Kapitaleinlagen bezeichnet. **Emissionsfähige Unternehmen** wie Aktiengesellschaft (AG) oder

[95] Vgl. Wöhe, G., Einführung in die Allgemeine Betriebswirtschaftslehre, 26. Aufl. 2016, S. 534.

Kommanditgesellschaft auf Aktien (KGaA) haben die Möglichkeit, Aktien an der Börse auszugeben und können sich dadurch hohe Eigenkapitalbeträge beschaffen. **Nicht-emissionsfähige Unternehmen** wie Einzelunternehmen (Einzelkaufmann), Offene Handelsgesellschaft (OHG), Kommanditgesellschaft (KG), Gesellschaft mit beschränkter Haftung (GmbH) oder die Genossenschaft besitzen diese Möglichkeit nicht.[96]

**MERKE:** Eigen- bzw. Beteiligungsfinanzierung liegt vor, wenn Eigenkapital von außen zugeführt wird.

Typisch für die Eigenfinanzierung ist, dass die Eigenkapitalgeber am Gewinn oder Verlust beteiligt sind und ihr Kapital ohne zeitliche Befristung zur Verfügung stellen.

Ohne Eigenkapital erhält man im Normalfall auch kein Fremdkapital. Je höher das Eigenkapital ist, desto länger kann ein Unternehmen „schlechte Zeiten" mit anhaltenden Verlusten überstehen. Ein hohes Eigenkapital vermindert das Risiko für Fremdkapitalgeber und erhöht somit die Kreditwürdigkeit. Eigenkapitalgeber sind am Gewinn beteiligt; wird kein Gewinn erwirtschaftet, erhalten die Eigenkapitalgeber keinen Gewinn und belasten damit nicht das Unternehmen. Fremdkapitalgeber haben dagegen auch in Krisenzeiten, wenn kein oder nur ein geringer Gewinn erwirtschaftet wird, einen Rechtsanspruch auf die Zins- und Tilgungszahlungen.

Für **Gebietskörperschaften** spielt die Beteiligungsfinanzierung, also das Einbringen von Eigenkapital bei gleichzeitiger Übernahme unternehmerischer Risiken, im Vergleich zur Kreditfinanzierung nur eine geringere Rolle. Für öffentliche Unternehmen in privater Rechtsform (z.B. in der Energie- und Wasserwirtschaft) kommt eine Beteiligungsfinanzierung eher in Betracht.[97]

### B.2.2.2 Außen-Fremdfinanzierung (Kreditfinanzierung)

Wie bei der Eigenfinanzierung geht es auch hier um die Frage: Wem gehört das Geld? Bei der Eigenfinanzierung gehören die Mittel den Eigentümern. Die Fremdkapitalfinanzierung erfolgt durch Zuführung von Finanzmitteln, die dem Betrieb nicht gehören und somit Verbindlichkeiten darstellen. Oft wird unter Fremdfinanzierung nur der klassische Bank- oder Sparkassenkredit verstanden. Bei genauerer Betrachtung der Passivseite einer Bilanz wird aber deutlich, dass es mehrere Formen der Fremdfinanzierung gibt:

[96] Zur Unterscheidung der einzelnen Gesellschaftsformen vgl. z.B. Endriss (Hrsg), Bilanzbuchhalter-Handbuch, 10. Aufl. 2015, S. 1399 f; Wöhe, G., Einführung in die Allgemeine Betriebswirtschaftslehre, 26. Aufl. 2016, S. 205 ff.

[97] Eine ausführliche Darstellung der unterschiedlichen Beteiligungsfinanzierungen für die unterschiedlichen Gesellschaftsformen (Personen- und Kapitalgesellschaften) ist enthalten in: Perridon/Steiner/Rathgeber, Finanzwirtschaft der Unternehmung, 17. Aufl. 2017, S. 423 ff.

## Formen der Fremdfinanzierung

| Außenfinanzierung | Innenfinanzierung |
|---|---|
| **kurzfristige Fremdfinanzierung**<br>Lieferantenkredit, Kundenanzahlungen, Kontokorrentkredit, Wechseldiskontkredit<br>**langfristige Fremdfinanzierung**<br>Schuldverschreibungen (Anleihen, Obligationen), Schuldscheindarlehen, langfristige Bankkredite, z.B. Hypothekendarlehen, langfristige Darlehen von Nichtbanken z.B. Gesellschafterdarlehen | Rückstellungen,<br>passive Rechnungsabgrenzungsposten,<br>sonstige Verbindlichkeiten |

Abbildung 40: Formen der Fremdfinanzierung

Für viele Unternehmen und Gebietskörperschaften stellt der **Bank- oder Sparkassenkredit** die übliche Form der Fremdfinanzierung dar. Entsprechend dem Bilanzgliederungsschema lässt sich die Fremdfinanzierung in **langfristige** Kreditfinanzierung (Schuldverschreibungen, Schuldscheindarlehen, langfristige Bankkredite, langfristige Darlehen von Nichtbanken) und **kurzfristige** Kreditfinanzierung (u.a. Lieferantenkredit, Kundenanzahlungen, Kontokorrentkredit, Kassen- bzw. Liquiditätskredit) einteilen.[98]

**Schuldverschreibungen** (Anleihen, Obligationen) sind Wertpapiere, die zum Teil auch an der Börse gehandelt werden. Sie können mit unterschiedlichen Kupons und Rückzahlungsmodalitäten sowie Zusatzrechten (Options- und Wandelanleihen) ausgegeben werden. Eine besondere Art von Obligationen sind **Kommunalobligationen**. Sie dienen der Refinanzierung von Kommunaldarlehen, die Gemeinden gewährt werden. **Schuldscheindarlehen** beziehen sich meist auf eine Laufzeit von 2-15 Jahren. Dem Darlehen liegt in der Regel ein Schuldschein zugrunde, in dem die wichtigsten Bestimmungen des Darlehensvertrags enthalten sind. Der Schuldschein ist kein Wertpapier, sondern lediglich ein beweiserleichterndes Dokument.[99] Als Kreditgeber treten häufig öffentlich-rechtliche und private Versicherungsunternehmen und Sozialversicherungsträger auf. **Bankkredite** werden nach ihren Tilgungsmodalitäten in Raten-, Annuitäten- und endfällige Kredite eingeteilt.

Das Fremdkapital steht nur zeitlich befristet zur Verfügung. Der Fremdkapitalgeber hat formell keinen Einfluss auf die Geschäftsführung, aber durch die Bedingungen bei der Kreditvergabe können tatsächliche Einwirkungsmöglichkeiten der Banken entstehen. Oft sind bei der Prüfung der **Kreditfähigkeit und –würdigkeit** zusätzlich **Sicherheiten** wie Bürgschaften, Garantien, Pfandrechte, Grundpfandrechte oder

[98] Zur Unterscheidung der einzelnen Kreditformen vgl. Perridon/Steiner/Rathgeber, Finanzwirtschaft der Unternehmung, 17. Aufl. 2017, Kapitel D. II.
[99] Vgl. Perridon/Steiner/Rathgeber, Finanzwirtschaft der Unternehmung, 17. Aufl. 2017, S. 478.

Sicherungsübereignung von beweglichen Sachen bzw. Sicherungsabtretungen von Rechten üblich. Die **Kreditwürdigkeitsprüfung** soll feststellen, ob ein Kreditnehmer willens und in der Lage ist, seinen Zins- und Tilgungsverpflichtungen rechtzeitig und in vollem Umfang nachzukommen.[100]

**MERKE:** Typisch für die Fremdfinanzierung ist, dass die Kapitalgeber nicht am Gewinn bzw. Verlust und der Geschäftsführung beteiligt sind und ihr Kapital nur zeitlich befristet für einen festen Zinsanspruch zur Verfügung stellen.

Der Kredit hat gegenüber dem Eigenkapital den Nachteil, dass er in jedem Fall, also auch in Verlustjahren, verzinst werden muss. Die abgeflossenen Zinsen engen naturgemäß den finanziellen Handlungsspielraum ein. So fehlt dieses Geld unter Umständen für notwendige Investitionen. Ferner sind Zinsen Kostenbestandteile, die im Gegensatz zu Gewinnbestandteilen unter allen Umständen in die Angebotspreise mit einkalkuliert werden müssen. Betriebe mit einem sehr hohen Fremdkapitalanteil sind damit hinsichtlich ihrer Preisgestaltung längst nicht so flexibel wie eigenkapitalstarke Betriebe. Im Hinblick auf den Umfang der Fremdkapitalzinsen sind diese Betriebe völlig unbeweglich. Sie können für die Zukunft nicht einmal deren Höhe zuverlässig vorhersagen. Dies gilt insbesondere auch für Gebietskörperschaften.

Ein weiterer Nachteil des Kredits ist, dass durch die regelmäßigen Tilgungsraten laufend Liquidität entzogen wird. Das hat möglicherweise unangenehme Begleiterscheinungen zur Folge. Beispielsweise kann dieser Liquiditätsentzug in schwierigen Zeiten einen teuren Überbrückungskredit notwendig machen. Wird dieser nicht gewährt, läuft der Betrieb Gefahr, illiquide und somit „insolvenzreif" zu werden; eine solche Finanzierung über Überbrückungskredite ist in vielen größeren Städten in der Bundesrepublik mittlerweile der Fall (Verschuldung durch sog. Kredite zur Liquiditätssicherung).

**Beispiel:**

Die Stadt E hat 5 Mio. € Kredit aufgenommen. Jährlich sind 500.000 € für Zinsen und Tilgung aufzuwenden (8 % Zins + 2 % Tilgung).

Die Stadt F hat nur 3 Mio. € Kredit aufgenommen, da sie über eine bessere Eigenkapitalausstattung verfügt. Bei ihr fließen jährlich nur 300.000 € für den Kapitaldienst ab (8 % Zins + 2 % Tilgung).

Aufgrund des Kapitaldienstes fließt bei der Stadt E 200.000 € mehr Liquidität ab als bei der Stadt F.

Wenn die Stadt E diesen Mittelabfluss nicht durch die Zuführung von Eigenmitteln ausgleichen kann, muss sie sich um einen weiteren Kredit in der genannten Höhe bemühen. Ferner macht die Stadt E 160.000 € weniger Überschuss bzw. mehr Verlust

[100] Vgl. Perridon/Steiner/Rathgeber, Finanzwirtschaft der Unternehmung, 17. Aufl. 2017, S. 448.

im Jahr als Stadt F, da sie für die zusätzlichen 2 Mio. € an Krediten 8 % Zinsen bezahlen muss.

Gesondert erwähnt sei an dieser Stelle noch der **Lieferantenkredit**. Der Kunde (Unternehmen, Gebietskörperschaft etc.) erhält Lieferungen oder Leistungen, die er später bezahlt. Viele Lieferanten honorieren eine schnelle Zahlung (meist innerhalb von 10 oder 14 Tagen) durch die Gewährung eines Rechnungsabschlags (Skonto). Im Vergleich mit anderen Kreditzinsen sind die Kosten für einen entgangenen Skontoabzug relativ hoch.

**Beispiel:**

Die Stadt E erhält eine Rechnung in Höhe von 100.000 € für durchgeführte Instandsetzungsarbeiten an einem Schulgebäude. Auf der Rechnung steht: „Zahlbar spätestens in 10 Tagen bei 3 % Skontoabzug. Der volle Betrag ist spätestens in 60 Tagen fällig“. Wie teuer ist der Lieferantenkredit für die Stadt in %?

Zahlt die Stadt innerhalb von 10 Tagen, so muss sie nur 97.000 € überweisen. Zahlt sie später, nimmt sie den Lieferantenkredit für 50 Tage in Anspruch und muss 100.000 € überweisen. Die Differenz sind die Zinskosten für den Lieferantenkredit, die meistens erheblich sind. Unter der Voraussetzung der vollen Inanspruchnahme des Zahlungsziels kann man zur Ermittlung des Jahreszinssatzes folgende **Näherungsformel** verwenden:

$$\text{Kreditzinssatz} = \frac{\frac{\text{Skonto}}{1-\text{Skonto}} \cdot 360}{\text{Zahlungsziel - Skontofrist}} = \frac{\frac{0{,}03}{0{,}97} \cdot 360 \text{ Tage}}{60 - 50 \text{ Tage}} = 0{,}2227 = 22{,}27\ \%$$

Damit ist der Lieferantenkredit eine der teuersten Arten der Refinanzierung, wenn nicht sogar die teuerste Art. Vom Skontoabzug ist deshalb in der Praxis in jedem Fall Gebrauch zu machen.

Durch die Aufnahme von Fremdkapital kann eine Steigerung der Eigenkapitalrentabilität erreicht werden, solange die Kosten für zusätzliches Fremdkapital unter der Rendite für die geplante Investition liegen (**Leverage-Effekt**).[101]

**Kreditsubstitute** sind Finanzinstrumente, die durch ihre Finanzierungswirkung Ähnlichkeiten zu den bisher erwähnten Krediten haben, jedoch in ihrer rechtlichen und wirtschaftlichen Struktur zum Teil erheblich davon abweichen. Zu den für Gebietskörperschaften wichtigsten Kreditsubstituten gehören Factoring, Asset-Backed-Securities und Leasing. Durch ihren Einsatz kann sich eine mögliche Kreditaufnahme erübrigen.[102] Unter **Factoring** versteht man den vertraglich festgelegten Ankauf von Forderungen aus Lieferungen und Leistungen durch einen Faktor. Dabei kann der Forderungsveräußerer dem Faktor die gesamte Debitorenbuchhaltung, das

[101] Vgl. u.a. Wöhe, Einführung in die Allgemeine Betriebswirtschaftslehre, 26. Aufl. 2016, S. 602.

[102] Zu den einzelnen Unterschieden vgl. Wöhe, G., Einführung in die Allgemeine Betriebswirtschaftslehre, 26. Aufl. 2016, S. 555 f.

Inkasso- und das Mahnwesen übertragen. **Asset-Backed-Securities** (ABS)[103] entstehen durch die Verbriefung von Forderungen, die durch Verkauf an einen Fonds aus der Bilanz ausgegliedert werden. Bei den Forderungen kann es sich um erwartete Forderungen aus Lieferungen und Leistungen, Miet-, oder Zinsforderungen handeln.

**Beispiel:**[104]

Die Stadt E verfügt über jährlich konstante Mietforderungen in Höhe von 10 Mio. € aus der Vermietung von stadteigenen Wohnungen, die über einen Zeitraum von fünf Jahren erwartet werden. Die Stadt möchte durch einen Verkauf der Forderungen an eine eigens dafür gegründete Zweckgesellschaft den Gesamtbetrag ihrer Kreditaufnahme reduzieren. Der Kapitalmarktzins, der als Referenzzins dient, beträgt derzeit 4 %. Der Kaufpreis entspricht dem auf dem Verkaufszeitpunkt $t_0$ abgezinsten Barwert der künftigen Mieteinnahmen (Transaktionskosten werden zur Vereinfachung vernachlässigt). Der Barwert beträgt 44.518.000 € (zur Berechnung vgl. Kap. B.5.1). Das Eigentum der Wohngrundstücke verbleibt im Vermögen der Stadt E. Die Rechte der Mieter bleiben durch das ABS-Geschäft unberührt. Durch die Einzahlung der Mittel in Höhe von 44.518.000 € kann die Stadt kurzfristige Kredite tilgen. Da die Anteilsscheine für die Käufer eine risikoarme Kapitalanlage darstellen, erhalten sie einen geringeren Zins, der sich am Geldmarktsatz (EURIBOR) orientiert.

**Leasing** als eine Sonderform der Außen-Fremdfinanzierung ist in der Regel teurer als die Finanzierung durch einen Bankkredit. Unter Umständen kann sich jedoch aufgrund der steuerlichen Absetzbarkeit der Leasingraten als Aufwand in Unternehmen eine Steuerersparnis ergeben. Da die Steuerersparnis in der Regel für Gebietskörperschaften keine Bedeutung hat, dürfte Leasing hier unvorteilhaft sein. Die Vorteilhaftigkeit ist durch eine dynamische Wirtschaftlichkeitsrechnung nachzuweisen.

Weiterhin sei erwähnt, dass es daneben noch mittelbare Finanzierungsmöglichkeiten über Fondsgesellschaften (Investmentfonds, Hedgefonds etc.) geben kann. Von einem **Fonds** spricht man, wenn mehrere Kapitalgeber Geld für einen gemeinsamen Anlagezweck aufbringen.[105]

Bei **Gebietskörperschaften** gibt es seit einigen Jahren die Tendenz, Investitionsprojekte (insbesondere Infrastrukturprojekte) im Rahmen von öffentlich-privaten-Partnerschaften, sog. **Public-Private-Partnerships (PPP)** umsetzen und begleiten zu lassen. Hierunter versteht man eine

- langfristige, vertragliche Zusammenarbeit,
- zwischen Gebietskörperschaften und Privatwirtschaft,
- zur wirtschaftlichen Erfüllung öffentlicher Aufgaben,

[103] Wörtlich übersetzt handelt es sich bei ABS um durch Vermögen (Assets) gesicherte (Backed) Wertpapiere (Securities).
[104] In Anlehnung an Prokop/Borde, Kommunales Finanzmanagement, 2010, S. 123.
[105] Ebenda S. 571 f.

- bei der ein gemeinsamer Organisationszusammenhang besteht.[106]

Beim PPP gibt es **unterschiedliche Vertragsmodelle** wie Erwerber-, Inhaber-, Leasing-, Miet-, Contracting-, Konzessions-, und Gesellschaftsmodelle. Diese unterscheiden sich im Wesentlichen darin, ob der öffentliche oder der private Partner während der Laufzeit der PPP Eigentümer der Infrastruktur ist und welche Regeln für den Eigentumsübergang getroffen werden für den Fall, dass der private Partner während der Laufzeit der PPP das Eigentum an der Infrastruktur hat. Beim **Erwerbermodell** erwirbt der öffentliche Partner zum Vertragsende die Infrastruktur vom privaten Partner. Beim **Inhabermodell** ist der öffentliche Partner Eigentümer der Infrastruktur, räumt dem privaten Partner aber während der Vertragslaufzeit ein umfassendes Nutzungs- und Besitzrecht ein. Die Modelle unterscheiden sich weiterhin darin, nach welchen Regeln der Eigentumsübergang am Ende der Vertragslaufzeit erfolgt. So ist etwa der öffentliche Partner beim **Leasingmodell** im Gegensatz zum Erwerbermodell nicht verpflichtet, die Infrastruktur am Ende der Vertragslaufzeit zu erwerben; er hat aber ein Optionsrecht. Beim **Mietmodell** verbleibt die Infrastruktur im Eigentum des privaten Partners.[107]

In der Praxis lässt sich durch solche Modelle zwar auch die Kreditaufnahme durch die Gebietskörperschaft reduzieren, jedoch ist der Einsatz von PPP in der Regel teurer als bei einer alleinigen Durchführung der Investition durch die Gebietskörperschaft selbst.

In Zusammenhang mit einer kostenminimalen Gestaltung der Außenfinanzierung unter Wahrung des finanziellen Gleichgewichts zur Erhaltung der Zahlungsfähigkeit stehen auch die Bilanzkennzahlen zur Kapitalstruktur und Liquidität. Hier wird unterschieden zwischen vertikalen (z.B. Eigenkapital- und Fremdkapitalquote, Verschuldungsgrad) und horizontalen Finanzierungsregeln (z.B. Goldene Bank- und Bilanzregel, Deckungsgrade).[108] Für die Kreditwürdigkeitsprüfung durch Kreditgeber haben solche Regeln in der Praxis einen hohen Stellenwert.

### B.2.3 Innenfinanzierung

Die Kapitalbeschaffung aus innerbetrieblichen Quellen wird als Innenfinanzierung bezeichnet. Sie kann sich aus Vermögensumschichtungen, aus einbehaltenen Gewinnen, aus Abschreibungsgegenwerten und aus Rückstellungsgegenwerten ergeben. Zu beachten ist, dass sich nicht unmittelbar durch einbehaltene Gewinne, Abschreibungen und Rückstellungen Finanzierungswirkungen ergeben, sondern durch die Einzahlungen aus den **Umsatzerlösen,**[109] in denen diese Werte einkalkuliert sind.

[106] Ebenda S. 74.

[107] Vgl. Chancen und Risiken Öffentlich-Privater Partnerschaften, Gutachten des Wissenschaftlichen Beirats beim Bundesministerium der Finanzen 02/2016.

[108] Zu den einzelnen Kennzahlen vgl. u.a. Heidler, H., Öffentliches Rechnungs- und Prüfungswesen, Band 1, Kap. A.17.

[109] Zu den Umsatzerlösen sollen hier nach einer weiten Begriffsauslegung bei Gebietskörperschaften neben den Erlösen aus wirtschaftlicher Betätigung auch Gebühren, Steuern, Beiträge und Zuweisungen für laufende Zwecke gehören.

Unterschieden wird bei der Innenfinanzierung zwischen **Innen-Eigenfinanzierung** (Vermögensumschichtungen, einbehaltene Gewinne und Abschreibungsgegenwerte) und **Innen-Fremdfinanzierung** (Rückstellungsgegenwerte).

### B.2.3.1 Innen-Eigenfinanzierung

Bei der Innenfinanzierung gibt es keine Kapitalgeber, die dem Betrieb die Mittel zuführen. Der Betrieb muss sich diese selbst „erarbeiten". So macht beispielsweise ein Unternehmen im Rahmen der betrieblichen Tätigkeit **Gewinne**. Diese resultieren aus der Differenz zwischen den Aufwendungen für die Leistungserstellung und den Erträgen aus dem Absatz. Sofern diese Differenzbeträge nicht das Unternehmen verlassen, sondern über einen bestimmten Zeitraum darin verbleiben, sind dem Unternehmen zweifelsohne Finanzmittel zugeflossen. Die Finanzierung aus ausgewiesenen einbehaltenen (thesaurierten) Gewinnen wird auch als **offene Selbstfinanzierung** bezeichnet. Bei Kapitalgesellschaften erfolgt eine Umbuchung dieser Gewinne in die Gewinnrücklagen. Eine **stille Selbstfinanzierung** liegt vor, wenn die einbehaltenen Gewinne nicht in der Bilanz ausgewiesen werden. Sie entsteht durch eine Unterbewertung oder Nicht-Aktivierung von Vermögensgegenständen (Aktiva) oder durch eine Überbewertung von Schulden (Passiva) im Rahmen der Nutzung bilanzpolitischer Möglichkeiten.[110] Man spricht hier auch von stillen Reserven oder stillen Rücklagen.

---

MERKE: Die Selbstfinanzierung ist eine Form der Innenfinanzierung, wobei Gewinne als liquide Mittel zur Verfügung stehen. Bei der offenen Selbstfinanzierung wird der buchungsmäßige Gewinn nicht ausgeschüttet, sondern in Gewinnrücklagen gebucht. Bei der stillen Selbstfinanzierung entstehen Finanzierungseffekte durch Unterbewertung von Aktiva oder zu hohem Ausweis von Passivposten.

---

Die Innenfinanzierung kann auch aus **Abschreibungsgegenwerten** erfolgen. Abschreibungen sind Kosten und werden in die Verkaufspreise einkalkuliert. Gelingt es, den so kalkulierten Preis am Markt durchzusetzen, fließen die Abschreibungsbestandteile als Umsatzerlöse in Form von Einzahlungen zurück (verdiente Abschreibungen). Den Einzahlungen aus den Umsatzerlösen stehen in Höhe der einkalkulierten Abschreibungen keine unmittelbaren Auszahlungen gegenüber, so dass sie als Finanzmittel für Investitionen oder zur Schuldentilgung zur Verfügung stehen. Die verdienten Abschreibungen führen damit zu einer Verbesserung der Liquidität: Der Bilanzwert des Vermögensgegenstandes im Anlagevermögen verringert sich um die Abschreibungen, das Bankguthaben im Umlaufvermögen nimmt entsprechend zu. Dieser zeitlich begrenze Effekt tritt bis zum Zeitpunkt der Ersatzbeschaffung auf. Es ist dann Aufgabe einer Finanzplanung, dafür zu sorgen, dass zum Ersatzzeitpunkt die ausreichenden finanziellen Mittel zur Verfügung stehen. In diesem Zusammenhang werden in der betriebswirtschaftlichen Literatur zwei Effekte behandelt, nämlich

110 Über- und Unterbewertungen bezeichnet man auch als Bilanz- bzw. Jahresabschlusspolitik, vgl. Heidler, H., Öffentliches Rechnungs- und Prüfungswesen, Band 1, Kap. A.16.

- Kapitalfreisetzungseffekt und
- Kapazitätserweiterungseffekt.

Der **Kapitalfreisetzungseffekt** drückt aus, dass wie beschrieben die Ersatzbeschaffungen erst zu einem späteren Zeitpunkt erfolgen, die Abschreibungsgegenwerte aber bereits während der Nutzungsdauer des Vermögensgegenstandes als Einzahlungen zufließen. Unter **Kapazitätserweiterungseffekt** versteht man, dass durch die Kapitalfreisetzung unter Umständen eine Erweiterung der periodischen Leistungskapazität erreicht wird (sog. Lohmann-Ruchti-Effekt), der sich jedoch bei steigenden Wiederbeschaffungspreisen reduziert.[111]

Der Verkauf eines nicht genutzten Grundstücks stellt eine Finanzierung aus **außerplanmäßigen Vermögensumschichtungen** dar. Dies gilt auch für den Verkauf von kurzfristigen Forderungen (factoring). Ein zeitlich begrenzter Finanzierungseffekt ergibt sich z.B., wenn betriebsnotwendige Wirtschaftsgüter verkauft und anschließend zurück gemietet werden (sale-and-lease-back). Ebenfalls lässt sich eine Kapitalfreisetzung zur kurzfristigen Verbesserung der Liquidität durch Umstrukturierungs- bzw. **Rationalisierungsmaßnahmen** erreichen (z.B. Verringerung des durchschnittlichen Lagerbestandes durch Just-In-Time-Fertigung oder Optimierung der Maschinenauslastung durch Schichtbetrieb).

### B.2.3.2 Innen-Fremdfinanzierung

**Rückstellungen** sind Schulden, deren Eintritt und/oder Höhe am Abschlussstichtag unsicher ist (z.B. Rückstellungen für Pensionen, Prozessrisiken oder Gewährleistungen). Die Rückstellungen zählen zur **innerbetrieblichen Fremdfinanzierung**, da sie in der Bilanz zum Fremdkapital gerechnet werden. Die Angebotspreise enthalten auch die Kosten für gebildete Rückstellungen, obwohl zunächst keine Auszahlungen gegenüberstehen. Diese Gelder fließen über den Umsatzprozess zu, verbleiben aber zunächst (in Einzelfällen auch auf Dauer) im Unternehmen und stärken somit dessen Finanzierungsbasis bis zur Auflösung der Rückstellung bei Eintritt einer Zahlungsverpflichtung. Entsprechend ihrer Funktion werden die Rückstellungen in die betreffenden Passivpositionen der Bilanz eingestellt. Dieser Passivierungsvorgang begründet nach außen erkennbar die Innenfinanzierung.

Der Finanzierungseffekt aus Rückstellungen ist umso größer, je höher der Betrag der Zuführung ist und je weiter die entsprechende Auszahlung in der Zukunft liegt. Die praktische Relevanz dieses Finanzierungseffektes wird auch deutlich, wenn man sich den hohen prozentualen Anteil der Rückstellungen im Verhältnis zur Bilanzsumme (insb. bei Gebietskörperschaften und Großunternehmen) vorstellt. Die **Pensionsrückstellungen** sind das beste Beispiel für langfristige Rückstellungen, die zu einer hohen Innenfinanzierung führen können. Übersteigen dagegen die jährlichen Pensionszahlungen die Zuführungen, so gibt es keinen zusätzlichen Finanzierungseffekt

[111] Ein Berechnungsbeispiel ist enthalten in: Wöhe, G., Einführung in die Allgemeine Betriebswirtschaftslehre, 26. Aufl. 2016, S. 590.

mehr; dem Unternehmen oder der Gebietskörperschaft werden dann finanzielle Mittel entzogen. Die Bildung der Pensionsrückstellung und deren Finanzierungswirkung lässt sich vereinfacht wie folgt beschreiben:

**Beispiel:**

Für den Beamten B werden ab dem 66. Lebensjahr (Ruhestandsbeginn am 1. 1. 01) bis voraussichtlich zum 78. Lebensjahr Pensionszahlungen zu leisten sein. Der Pensionsanspruch (Zeitpunkt der Pensionszusage) beginnt mit dem 25. Lebensjahr.

Die jährliche Zuführung zur Pensionsrückstellung wird in drei Schritten berechnet:

(1) Die zwischen dem 66. und 78. Lebensjahr zu leistenden Pensionszahlungen werden auf den Zeitpunkt des Ruhestandsbeginns mit dem Kalkulationszinsfuß (z.B. für Kommunen in NRW 5 Prozent gemäß § 37 Abs. 1 KomHVO) abgezinst. Das Ergebnis ist der Barwert X der erwarteten Pensionszahlungen bezogen auf den 1. 1. 01

(2) Im zweiten Schritt wird der Barwert aus (1) auf den Zeitpunkt des Beginns des Pensionsanspruchs abgezinst. Das Ergebnis ist der Barwert der erwarteten Pensionszahlungen Y bezogen auf den Zeitpunkt der Pensionszusage.

(3) Mit Hilfe des Annuitätenfaktors wird aus dem Barwert Y ein gleichbleibender Betrag (die Annuität A) ermittelt, der für den Zeitraum der Pensionszusage bis zum Ruhestandsbeginn 1. 1. 01 gilt. Die Annuität stellt die jährliche Zuführung zur Pensionsrückstellung dar.[112]

Es ist erkennbar, dass der Aufwand bereits mit Beginn der Pensionszusage anfällt, die tatsächlichen Auszahlungen erst wesentlich später zu leisten sind. Das folgende abschließende Beispiel fasst nochmal die einzelnen Finanzierungseffekte bei der Innenfinanzierung zusammen:

**Beispiel:**

Ein Betrieb hat in den Angebotspreis für sein Produkt folgende Positionen einkalkuliert:

| | |
|---|---:|
| reine Produktionskosten (Personal, Material) | 1.000 € |
| Gewinnaufschlag | 150 € |
| Rückstellung für Gewährleistung | 50 € |
| Abschreibungen Anlagevermögen | 100 € |
| Summe Angebotspreis | 1.300 € |

Wenn nun über den Absatz eines Produkts die 1300 € zufließen, werden für die erneute Produktion eines Produkts nur 1000 € benötigt. Das restliche Geld verbleibt

[112] Barwert- und Annuitätenberechnung werden in Kap. B.5 erläutert.

zunächst im Betrieb. Was langfristig damit geschieht, muss spätestens am Jahresende bei der Bilanzaufstellung entschieden werden. Dann entscheidet sich auch, wie die verbliebenen 300 € verteilt werden, also welche Bilanzpositionen letztlich vom Innenfinanzierungseffekt betroffen sind. Erst zu diesem Zeitpunkt erfolgt die eigentliche Kapitalbildung im Rahmen der Innenfinanzierung.

Maßgeblich für einen **Finanzierungseffekt** ist, dass Bilanzpositionen auf der Passivseite erhöht werden (also z.B. Rücklagen oder Rückstellungen). Voraussetzung hierfür ist, dass die kalkulierten Erträge auch tatsächlich über die Umsatzerlöse zufließen.

Wie das Beispiel zeigt, erfolgt der Finanzierungseffekt nicht zeitgleich mit dem Liquiditätszufluss. Das ist ein charakteristisches Merkmal der Innenfinanzierung. Eine weitere Besonderheit ist, dass der Geldzufluss nicht von Fremdkapitalgebern stammt, sondern durch die betriebliche Tätigkeit (Umsatz) bedingt ist (also mehr oder weniger von „innen“ kommt). Im Beispiel entsteht durch die mögliche Einstellung des Gewinnaufschlags (von 150 €) in die Rücklagen auf der Passivseite eine echte Substanzmehrung, die, sofern sie auf Dauer im Betrieb verbleibt, Eigenkapitalcharakter hat.

Ähnlich verhält es sich bei den Rückstellungen (im Beispiel 50 €) und bei den Abschreibungen (im Beispiel 100 €). Es ergibt sich ein ähnlicher Innenfinanzierungseffekt. Das Geld ist bereits über die Umsatzerlöse zugeflossen und verbleibt zunächst im Betrieb.

# B.3 Einführung in die Investitions-/ Wirtschaftlichkeitsrechnung

## B.3.1 Grundbegriffe

Aufgabe der Investitions- oder Wirtschaftlichkeitsrechnung[113] ist es zu zeigen, welche Vorteile eine Investition bringt. Grundsätzlich verbindet man mit dem Begriff der Investition die Vorstellung, dass es sich dabei um eine zielgerichtete Kapitalverwendung handelt. Im Rahmen dieser Kapitalverwendung werden finanzielle Mittel zur Beschaffung von Anlagevermögen eingesetzt. Ungeachtet von Begriffsdefinitionen im engeren oder weiteren Sinne soll nachfolgend der Begriff der Investition wie folgt definiert werden:

**Investition:** Vorgang der mittel- und langfristigen Kapitalbindung, bei dem finanzielle Mittel für Sachanlagevermögen oder Finanzanlagevermögen verwendet werden.

Die Abgrenzung der Investitionsarten kann auf unterschiedliche Weise vorgenommen werden. Im Weiteren werden die Investitionen nach dem **Investitionsobjekt** und nach den **Investitionsmotiven** unterschieden.

**Investitionsarten nach dem Investitionsobjekt:**

- **Sachinvestitionen** (z.B. Erwerb von Grundstücken, Gebäuden, Maschinen),
- **Finanzinvestitionen** (z.B. Erwerb von Beteiligungen, Wertpapieren),
- **Immaterielle Investitionen** (z.B. Erwerb von Patenten, Konzessionen).

**Investitionsarten nach den Investitionsmotiven:**

- **Neu- oder Erweiterungsinvestitionen** (Investitionen, die erstmals vorgenommen werden wie z.B. Gründung oder Erweiterung eines Betriebes),
- **Ersatzinvestitionen** (eine alte Sachanlage wird aus technischen oder wirtschaftlichen Gründen durch eine neue ersetzt),
- **Rationalisierungsinvestitionen** (der Ersatz hat rein wirtschaftliche Gründe wie z.B. Kosteneinsparungen, Verbesserung der Produktqualität oder der Leistungsfähigkeit). Rationalisierungsinvestitionen sind häufig mit Ersatz- und/oder Erweiterungsinvestitionen verbunden.

Gegenstand der Ausführungen in diesem Lehrbuch sind **Sachinvestitionen**; die Ausführungen lassen sich sinngemäß auch auf andere Investitionen übertragen.

---

[113] Beide Begriffe werden hier synonym verwandt, obwohl teilweise in der Literatur der Begriff Wirtschaftlichkeitsrechnung umfassender verstanden wird.

**Investitionsentscheidungen**

Im Zusammenhang mit der Durchführung von Investitionsentscheidungen gibt es vier Fragestellungen:

- **Einzelentscheidung**

  Man vergleicht die Vorteile einer einzelnen Investition mit den damit verbundenen Ausgaben und Kosten. Wenn die Vorteile überwiegen, wird die Investition durchgeführt, sonst nicht.

- **Auswahlentscheidung**

  Hier gibt es mehrere Investitionsalternativen. Jede Alternative muss zunächst auf ihre Vorteilhaftigkeit geprüft werden. Anschließend werden die Alternativen in eine Rangfolge gebracht. Sind Finanzmittel nur für eine vorteilhafte Alternative vorhanden, wird nur die mit dem besten Rang durchgeführt.

- **Entscheidung über optimale Nutzungsdauer bzw. optimalen Ersatzzeitpunkt**

  Zum einen geht es um die Frage, wie viele Jahre eine neue Investition genutzt werden soll. Zum anderen wird untersucht, ob z.B. eine alte Sachanlage durch eine neue ersetzt werden soll und wann der Zeitpunkt des Ersatzes sein soll.

- **Investitions- und Finanzierungsprogrammplanung**

  Es geht darum, wie ein Investitionsprogramm aus mehreren sich nicht ausschließenden Investitionen aussieht, wenn nur ein bestimmter Kapitalbetrag (Budget) bzw. zusätzliches Kapital nur zu höheren Zinsen zur Finanzierung verfügbar ist.

**Auswirkungen von Investitionsentscheidungen**

- **Langfristige Auswirkung der Investitionen**

  Einmal gefällte Investitionsentscheidungen können in der Regel nicht oder nur unter erheblichen finanziellen Verlusten korrigiert oder rückgängig gemacht werden.

- **Erhöhung der Fixkosten bei Sachinvestitionen**

  Eine zusätzliche Investition bedingt erhöhte Fixkosten, die gegenüber Beschäftigungsschwankungen des Betriebes starr sind.

- **Knappheit des Kapitals**

  Fehlinvestitionen bedeuten immer Verzicht auf andere, rentablere Investitionsmöglichkeiten.

## B.3.2 Investitionsrechnung und Investitionsprozess

Die Begriffe Investitionsrechnung, Investitionsplanung und Investitionsprozess sind zwar eng miteinander verbunden, aber trotzdem nicht gleichbedeutend. Die Investitionsrechnung wird als Instrument im Rahmen der Investitionsplanung eingesetzt, die wiederum eine Phase innerhalb des Investitionsprozesses darstellt. Systematisch lässt sich der Investitionsprozess einteilen in

- die Planungsphase,
- die Realisations- oder Durchsetzungsphase und
- die Kontroll- und Überwachungsphase,

wobei die Planungsphase weiter in die nachfolgenden Planungsstufen untergliedert werden kann:

**Planungsphase mit Ziel- und Problemanalyse**
Alle möglichen Investitionsalternativen sind zusammenzustellen.

**Suchphase**
Die realisierbaren Alternativen sind herauszusuchen.

**Bewertungsphase**
Zusammenstellung der Daten und Bewertung der Alternativen in monetärer sowie nicht monetärer Hinsicht durch Investitionsrechnungen

**Entscheidungsphase**
Entscheidung über die zu realisierende Investition unter zusätzlicher Berücksichtigung von **nicht** quantifizierbaren Faktoren.

Der Investitionsentscheidungsprozess beginnt mit der Investitionsanregung, die durch ein neu auftretendes Problem wie z.B. zu geringe Kapazitäten, eine neue rechtliche Regelung über den Umweltschutz oder Wahrnehmung einer neuen Aufgabe ausgelöst werden kann. Danach verschafft sich der Investor einen Überblick über die relevanten externen und internen Daten, aufgrund derer eine Investitionsentscheidung veranlasst wird. Der Investor sucht anschließend nach alternativen Möglichkeiten um das bestehende Problem zu lösen. Die Alternativen werden dann im Hinblick auf die Ziele des Investors qualitativ und quantitativ bewertet. Bei der **quantitativen Bewertung** kommt es zum **Einsatz von Investitionsrechnungen,** wobei jede Alternative nach derselben Investitionsrechnungsmethode beurteilt werden muss. Im Rahmen der **qualitativen Bewertung** werden die Daten einbezogen, die sich nur schwer oder gar nicht monetär bewerten lassen. Einen Ansatz bilden **Nutzen-Kosten-Untersuchungen** wie z.B. Nutzwertanalysen (Scoring-Modelle), die in Kap. B.7 dargestellt sind. Mittels einer Nutzwertanalyse lassen sich auch die Ergebnisse der monetären und nicht-monetären Bewertungen verknüpfen. Nach der Bewertung wird eine Alternative ausgewählt, die realisiert werden soll, wobei zu berücksichtigen ist, dass auch die Unterlassung der Investition als Alternative gilt.

Mitarbeiter, die mit Investitionsrechnungen befasst sind, benötigen umfassende Kenntnisse über die zur Verfügung stehenden Methoden, Rechenverfahren und Anwendungsmöglichkeiten. Sie haben insbesondere im öffentlichen Bereich sämtliche Ergebnisse ihrer Überlegungen nachvollziehbar zu **dokumentieren**. Die Dokumentation soll die erforderliche Transparenz für die Entscheidung schaffen.

Nach der Entscheidung folgen die **Realisations-** und die **Kontroll- und Überwachungsphase**. Die Realisationsphase wird begleitet durch die Erstellung von genauen Zeit- und Kostenplänen. Beide Phasen sind aufgrund ihres Kontroll- und Feedbackcharakters wichtig für die ständige Verbesserung des gesamten Entscheidungsprozesses. Insbesondere die Kontroll- und Überwachungsphase mit der Durchführung von Soll-/Ist-Vergleichen wird sinnvollerweise nicht erst nach Beendigung, sondern während der Realisation durchgeführt, damit bei Abweichungen von den Planungswerten rechtzeitig geeignete Korrekturmaßnahmen eingeleitet werden.

Die obige Übersicht macht deutlich, dass die Investitionsrechnung nur eine Stufe im Rahmen von Investitionsentscheidungsprozessen ist; sie beschränkt sich auf den rechnerisch erfassbaren Teil. Zu beachten ist, dass Investitionsentscheidungen mit der Gesamtplanung insbesondere mit der **Finanzplanung** abzustimmen sind, da Investitionen einen Kapitalbedarf nach sich ziehen und deshalb vor einer Realisation zu klären ist, ob dieser gedeckt werden kann.

Da sich die Auswirkungen von Investitionsentscheidungen immer erst in der Zukunft bemerkbar machen und nicht schon zum Zeitpunkt der Entscheidung, sind sie mit **Unsicherheiten** behaftet. Problematischer als die Investitionsrechnung selbst ist die Beschaffung der hierzu notwendigen **Daten**. Es müssen neben der Anschaffungsauszahlung alle durch eine Investitionsentscheidung ausgelösten zusätzlichen Ein- und Auszahlungen bzw. Kosten und Erlöse in den Folgejahren in der Berechnung berücksichtigt werden. Das Problem der Datenbeschaffung wird umso größer, je länger der betrachtete Planungszeitraum ist. Wie solche Unsicherheiten (Risiko- und Ungewissheitssituationen) in die Berechnungen einfließen können, wird in Kap. B.9 dargestellt.

An dieser Stelle sei noch der Begriff „**Investitionscontrolling**" zur Abgrenzung von Investitionsrechnungen definiert. Während Controlling allgemein als zielbezogene Führungsunterstützung gilt, lässt sich Investitionscontrolling (als Teilbereich von Controlling) als Maßnahme zur Erfüllung von Controlling-Zielen in den Phasen der Planung, Koordination und Kontrolle von Investitionen (Unterstützung des gesamten Führungsprozesses im Investitionsbereich) interpretieren.[114] Investitions- bzw. Wirtschaftlichkeitsrechnungen stellen Instrumente für einen effektiven Einsatz des Investitionscontrollings dar.[115]

### B.3.3 Rechtliche Grundlagen für die öffentliche Verwaltung

Das Gebot der Beachtung der Wirtschaftlichkeit hat Verfassungsrang und ist in Art. 114 Abs. 2 GG geregelt. Daneben fordert § 6 Abs. 1 HGrG die Verfolgung der Wirtschaftlichkeit und Sparsamkeit beim Haushaltsvollzug in öffentlichen Verwaltungen. Nach dem Haushaltsgrundsätzegesetz, das unmittelbar für den Bund und die Länder gilt und mittelbar auch für die Gemeinden, **sind** für alle finanzwirksamen Maßnahmen **angemessene Wirtschaftlichkeitsuntersuchungen** durchzuführen (vgl. § 6 HGrG). Diese Formulierung ist so auch in § 7 Abs. 2 S. 1 BHO und in zahlreichen Landeshaushaltsordnungen zu finden. § 7 Abs. 2 S. 2 BHO schreibt zusätzlich vor, dass bei Wirtschaftlichkeitsuntersuchungen „auch die mit den Maßnahmen verbundene **Risikoverteilung** zu berücksichtigen ist." Sozialversicherungsträger als juristische Personen des öffentlichen Rechts mit Selbstverwaltung sind gemäß § 69 Abs. 3 SGB IV verpflichtet, für alle finanzwirksamen Maßnahmen angemessene Wirtschaftlichkeitsuntersuchungen durchzuführen. Finanzwirksame Maßnahmen sind u. a.[116]

- organisatorische Maßnahmen (z.B. Reorganisation der Arbeitsabläufe),
- alternative Formen der Aufgabenerledigung [z.B. Ausgliederung, Privatisierung, Öffentlich-Private Partnerschaften (ÖPP)],
- Finanzierungsalternativen,
- Rationalisierungsinvestitionen,
- neue Investitionsvorhaben,
- Beschaffung und Erwerb von beweglichen Gegenständen (z.B. Erst- und Ersatzbeschaffungen von Ausrüstungsgegenständen, Verbrauchsmaterialien, Geräten, Fahrzeugen, Mobiliar) einschließlich alternativer Beschaffungsformen (z.B. Kauf, Leasing, Miete),

---

[114] Vgl. Bieg/Kußmaul/Waschbusch, Investition, 3. Auf. 2016, S. 47.

[115] Zu den anderen Aufgabenbereichen des Investitionscontrollings vgl. Bieg/Kußmaul/Waschbusch, Investition, 3. Aufl. 2016, S. 48.

[116] Vgl. Arbeitsanleitung des Bundesfinanzministeriums: Einführung in Wirtschaftlichkeitsuntersuchungen, RdSchr. des BMF vom 12. Januar 2011, geändert durch Rundschreiben vom 2.10.2017, S. 3.

- Nutzung von Immobilien (z.B. Standortentscheidungen, Entscheidungen über die Form der Unterbringung, Baumaßnahmen),
- Öffentlichkeitsarbeit/Fachinformationen,
- Gesetze und verwaltungsinterne Regelungen mit finanziellen Auswirkungen,
- Förderprogramme und Einzelförderungen.

Die kommunalen Haushaltsverordnungen in den einzelnen Bundesländern schreiben i.d.R. vor, dass für Investitionen oberhalb der von der Gemeindevertretung festgesetzten Wertgrenzen durch einen Wirtschaftlichkeitsvergleich die für die Kommune wirtschaftlichste Lösung ermittelt werden soll. Darüber hinaus ist zwingend vorgeschrieben, dass die Haushaltswirtschaft wirtschaftlich, effizient und sparsam zu führen ist (vgl. z.B. § 13 Abs. 1 KomHVO NRW, § 75 Abs. 1 GO NRW).

Die gesetzlichen Vorschriften überlassen es nicht dem freien Ermessen der Träger der öffentlichen Verwaltung, ob sie derartige Alternativrechnungen aufstellen will, sondern verpflichten sie dazu. Für die Durchführung von Wirtschaftlichkeitsuntersuchungen muss in den Behörden der **notwendige Sachverstand** vorhanden sein, auch wenn diese Untersuchungen nicht selbst durchgeführt werden, sondern durch externe Berater. Bei der Einschaltung von externen Beratern ist der Wirtschaftlichkeitsgrundsatz ebenfalls zu beachten. Der Eigendurchführung nach entsprechender Schulung des Personals sollte grundsätzlich der Vorrang gegeben werden.

Die erhebliche Bedeutung einer Investition ergibt sich zum einen aus deren Anschaffung- oder Herstellungskosten und zum anderen aus den sich aus der Investition ergebenden Folgekosten. Wirtschaftlichkeitsuntersuchungen bilden die Grundlage für die Entscheidung über das „Ob“ (z.B. Ersatzbeschaffung ja/nein; Erforderlichkeit von neuen Investitionsvorhaben) und das „Wie“ einer Maßnahme (z.B. Kauf, Leasing, eigene Aufgabenwahrnehmung, Ausgliederung, ÖPP).

Zu bemängeln ist, dass die bewusste oder unbewusste Nichtbeachtung der genannten Grundsätze i.d.R. nicht zu strafrechtlichen oder zivilrechtlichen Konsequenzen führt, insbesondere wenn politische Entscheidungsträger gegen den Grundsatz der Wirtschaftlichkeit und Sparsamkeit verstoßen. Steuerverschwendung wird damit nicht so konsequent verfolgt wie Steuerhinterziehung, obwohl eine Steuerverschwendung letztlich die gleichen negativen Auswirkungen für die Bürger als Steuerzahler und somit für die Gemeinschaft hat. Ergänzend ist darauf hinzuweisen, dass ein Fehlen von Haushaltsmitteln keine hinreichende Rechtfertigung ist, die Auswahl der möglichen Handlungsalternativen bei Wirtschaftlichkeitsuntersuchungen von vornherein zu beschränken. So kann eine jährliche Ausgabenobergrenze für die Unterbringung einer Behörde nicht eine Mietlösung wirtschaftlich erscheinen lassen, obwohl sie – im Vergleich zu einer die Ausgabenobergrenze übersteigenden Investition (z.B. Erwerb eines Gebäudes) – unwirtschaftlich wäre.

### B.3.4 Methodenüberblick

Der Überblick zeigt die in der Betriebswirtschaftslehre gängigen Verfahren der Wirtschaftlichkeitsrechnung. Da sie sich in erster Linie auf Investitionen beziehen, werden sie in der Literatur auch als Investitionsrechnungen bezeichnet. In diesem Lehrbuch werden nicht sämtliche Verfahren ausführlich dargestellt, sondern nur einige – für öffentliche Verwaltungen (Gebietskörperschaften) besonders relevante. Zunächst werden in den Kapiteln B.4 bis B.8 Modelle der Investitionsrechnung unter sicheren Erwartungen dargestellt. Auch wenn diese Annahme nicht unbedingt der Realität entspricht, ist eine solche Vereinfachung sinnvoll, um überhaupt ein Fundament für die Methodik der Wirtschaftlichkeitsrechnung zu legen. Ist dieses Fundament gelegt, können die Modelle abgewandelt werden, indem die Annahme der sicheren Erwartungen aufgehoben wird und Entscheidungen unter Unsicherheit (Risiko- und Ungewissheitssituationen) betrachtet werden (vgl. Kap. B.9).

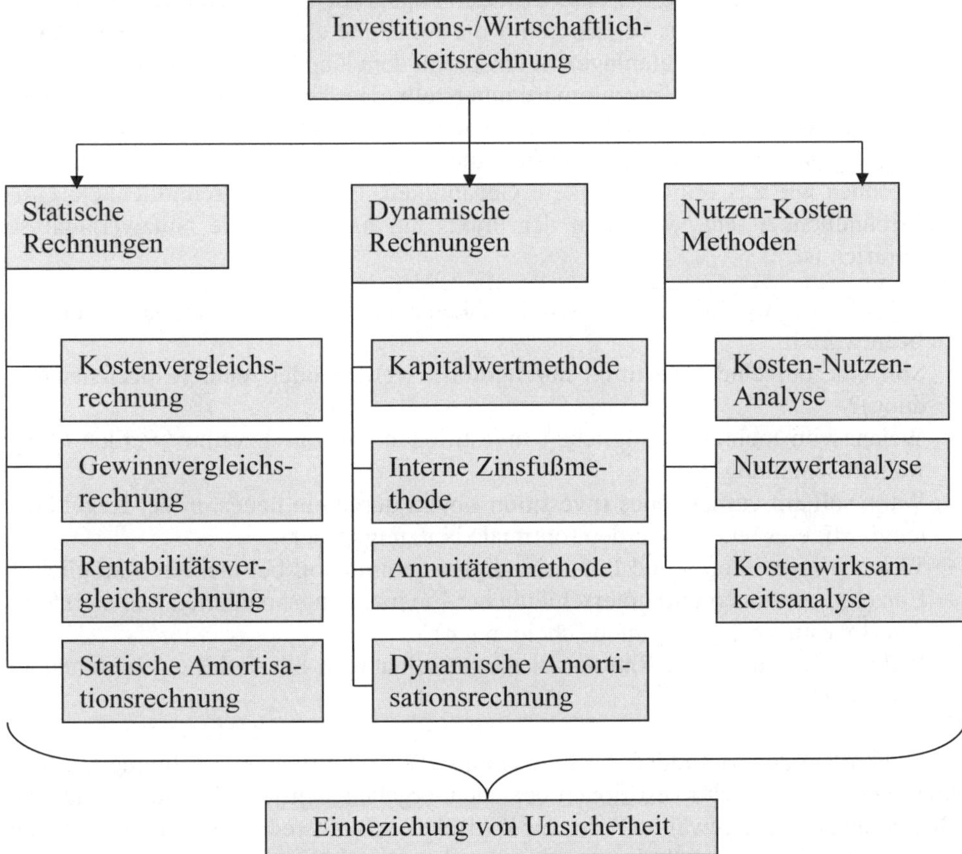


Die statischen und dynamischen Verfahren verwenden zur Entscheidungsfindung nur Geldgrößen. Die **statischen Verfahren** sind recht einfache Methoden, bei denen überwiegend auf der Basis von durchschnittlichen Kosten und Erlösen (Leistungen)

gerechnet und nur eine Periode betrachtet wird. Man geht davon aus, dass sich die jährlichen Kosten und Erlöse bis zum Ende der Nutzungsdauer nicht wesentlich ändern. Gerade bei mehrperiodigen Investitionen mit stark schwankenden Zahlungen in den einzelnen Perioden entstehen Ungenauigkeiten, da der Zeitfaktor, d.h. die Veränderung der Größen sowie die genauen Zeitpunkte nicht bzw. nur unvollkommen berücksichtigt werden. Die statischen Verfahren sind jedoch sehr beliebt, weil sie einfach zu rechnen sind und die Datenerhebung nicht kompliziert ist.

Die **dynamischen Verfahren** beziehen sich auf Ein- und Auszahlungen. Sie rechnen außerdem nicht mit Durchschnittswerten, sondern berücksichtigen den gesamten Nutzungszeitraum der Investition und die genauen Zeitpunkte der Ein- und Auszahlungen. In Abgrenzung zu den statischen Verfahren erfolgt eine explizierte Berücksichtigung des Zeitfaktors durch die Verwendung der Zinseszinsrechnung, d.h. der zeitliche Anfall von Ein- und Auszahlungsbeträgen eines Investitionsvorhabens wird durch Auf- und Abzinsung der einzelnen Zahlungsgrößen berücksichtigt. Dabei stützen sich die dynamischen Verfahren auf die Annahme eines **vollkommenen Kapitalmarkts**, d.h. der Kapitalanlagezins entspricht dem Kapitalaufnahmezins und wird als konstant betrachtet. Weiterhin wird unterstellt, dass keine Unsicherheiten bezüglich der künftigen Zinsentwicklung bestehen. Die **Nutzen-Kosten Methoden** berücksichtigen überwiegend Zielkriterien, die nicht in Geldgrößen ausgedrückt werden können wie z.B. Zuverlässigkeit, Genauigkeit, Bedienungsfreundlichkeit, Umweltfreundlichkeit etc., wobei in der Praxis am häufigsten die Nutzwertanalyse anzutreffen ist.[117]

---

**MERKE:** Die Investitions-/Wirtschaftlichkeitsrechnung versucht folgende Fragen zu beantworten:

- Soll eine einzelne Investition durchgeführt werden oder nicht (Einzelentscheidung)?
- Welche von mehreren möglichen Investitionen soll durchgeführt werden (Auswahlentscheidung)?
- Wann soll ein vorhandenes Investitionsobjekt durch ein neues, in der Regel kostengünstigeres, ersetzt werden (optimale Nutzungsdauer)?
- Welches Investitions- und Finanzierungsprogramm soll bei mehreren möglichen Einzelinvestitionen und unterschiedlicher Finanzierungsannahmen realisiert werden (Investitionsprogrammentscheidungen)?
- Welche Vorteile haben Rationalisierungsmaßnahmen bei Erfüllung bestehender Aufgaben?

---

Bei den folgenden Methoden der Investitions-/Wirtschaftlichkeitsrechnung, die sich überwiegend auf Sachinvestitionen beziehen, ergeben sich jeweils unterschiedliche Berechnungen. Die gewählte Form der Wirtschaftlichkeitsrechnung soll in Methodik und Aufwand im Verhältnis zur finanzwirksamen Maßnahme angemessen sein (**Grundsatz der Wirtschaftlichkeit der Wirtschaftlichkeitsrechnung**).

[117] Vgl. z.B. die Anwendung der Nutzwertanalyse durch die „Stiftung Warentest" bei der Beurteilung von Konsumgütern.

# B.4 Statische Wirtschaftlichkeitsrechnungen

## B.4.1 Einführung

Die statischen Verfahren der Wirtschaftlichkeits- bzw. Investitionsrechnung dienen zur Vorbereitung von Einzel- und Auswahlentscheidungen. Es wird nicht die gesamte erwartete Nutzungsdauer, sondern nur **eine Rechnungsperiode** betrachtet, wobei man von **durchschnittlichen Jahreswerten** ausgeht. Liegen bei den Zahlen erhebliche Schwankungen im Jahresvergleich vor, so sind die statischen Verfahren zur Entscheidungsfindung weniger geeignet. Zeitliche Unterschiede im Auftreten von Einnahmen und Ausgaben werden nicht berücksichtigt, so dass man folgerichtig i.d.R. mit **Kosten und Erlösen** rechnet. Da der Zeitfaktor unberücksichtigt bleibt, werden diese Verfahren als statisch bezeichnet. Hinsichtlich der verwendeten Rechengrößen und der Anzahl der Planungsperioden ergeben sich folgende Zuordnungen:[118]

| Statische Verfahren | Rechengrößen | Anzahl der Planungsperioden |
|---|---|---|
| **Kostenvergleichsrechnung** | Kosten | eine |
| **Gewinnvergleichsrechnung** | Kosten und Erlöse | eine |
| **Rentabilitätsvergleichsrechnung** | Kosten und Erlöse | eine |
| **Statische Amortisationsrechnung** | Einzahlungen u. Auszahlungen | mehrere |

Abbildung 41: Statische Verfahren der Investitionsrechnung

Mit Ausnahme der Amortisationsrechnung beziehen sich die statischen Verfahren auf die Daten der Kosten- und Leistungs-/Erlösrechnung und jeweils auf eine Periode. Es werden die Werte einer hypothetischen „**Durchschnittsperiode**" betrachtet, die sich aus den Daten des gesamten Planungszeitraums ableiten. Die statischen Rechnungen sind rechnerisch einfach durchzuführen; die benötigten Daten können aus dem internen und externen Rechnungswesen gewonnen werden.

---

**MERKE:** Statische Investitionsrechnungen berücksichtigen nicht die zeitlichen Unterschiede im Auftreten der Rechnungsgrößen. Es werden lediglich Durchschnittswerte betrachtet.

---

[118] Vgl. Wöhe, G., Einführung in die Allgemeine Betriebswirtschaftslehre, 26. Aufl. 2016, S. 477.

### B.4.2 Kostenvergleichsrechnung

Bei einer Wahlmöglichkeit zwischen mindestens zwei Alternativen bietet sich zur Entscheidung die Kostenvergleichsrechnung durch Gegenüberstellung der Kosten an. Der Investor soll sich für die kostengünstigste Investition entscheiden. Dabei ist folgendes zu berücksichtigen:

Grundsätzlich wird der Kostenvergleich auf Basis der **durchschnittlichen jährlichen Kosten** durchgeführt. In den Kostenvergleich sind sämtliche fixen und variablen Kosten, die durch das jeweilige Investitionsvorhaben zusätzlich verursacht werden, einzubeziehen. Die Kosten können zum einen aufwandsgleich (Personalkosten, Sachkosten wie Material-, Energie-, Instandhaltungs-, Raumkosten etc.) und andererseits kalkulatorischer Art sein (kalkulatorische Abschreibungen und Zinsen).

Die durchschnittlichen **Abschreibungen** ergeben sich aus der Division der Anschaffungskosten durch die Nutzungsdauer der Investition. Die Anschaffungskosten bestehen aus dem Anschaffungspreis und den Anschaffungsnebenkosten, wie sie sich aus der Finanzbuchhaltung ergeben. Die Ermittlung der **kalkulatorischen Zinsen** erfolgt nach der Durchschnittswertmethode (vgl. Kap. A.4.8).

Für die praktischen Berechnungen ist es sinnvoll, die Kosten in **fixe und variable Kosten zu differenzieren**. Kostenarten, die für alle Alternativen in gleicher Höhe anfallen, haben keinen Einfluss auf das Ergebnis der Kostenvergleichsrechnung; insofern könnten sie weggelassen werden. Zur besseren Darstellung der jeweiligen Gesamtkosten sollte in der Praxis auf ein Weglassen verzichtet werden.

Von allen möglichen Alternativen wird diejenige Maßnahme als vorteilhaft angesehen, die die geringsten durchschnittlichen Kosten pro Periode aufweist.

Die Kostenvergleichsrechnung beschränkt sich auf einen reinen Kostenvergleich. Die mit der Investition verbundenen Erlöse (Leistungen) bleiben vollkommen unberücksichtigt. Insofern eignet sich die Kostenvergleichsrechnung auch für Investitionen, die aufgrund gesetzlicher oder anderer Regelungen in jedem Fall durchgeführt werden müssen. Für die Erlöse – soweit vorhanden – wird unterstellt, dass sie bei allen Investitionsalternativen gleich hoch sind. Die Entscheidung für die kostengünstigste Alternative führt somit nicht zwingend zum Erwirtschaften eines Gewinns. Je nach Ausgangslage kann der Kostenvergleich auf der Basis von Gesamtkosten oder Stückkosten erfolgen.

---

MERKE: Mit der Kostenvergleichsrechnung werden Aussagen über die Vorteilhaftigkeit unterschiedlicher Investitionsalternativen lediglich auf Basis ihrer Kosten getroffen. Erlöse werden nicht berücksichtigt. Ausgewählt wird die Alternative mit den geringsten Kosten.

---

Die Kostenvergleichsrechnung bezieht sich in der Hauptsache auf zwei Problemkreise: auf Auswahlentscheidungen (Alternativenvergleich) und auf Ersatz- bzw. Rationalisierungsentscheidungen (Ersatzvergleich).

- Bei **Auswahlentscheidungen** (Alternativenvergleich) wird beurteilt, welche von mehreren Alternativen am kostengünstigsten ist (Bsp.: Es soll ein Auto gekauft werden; es stehen drei vergleichbare Modelle zur Auswahl). Die Investitionsmöglichkeiten schließen sich gegenseitig aus.
- Bei **Ersatz- bzw. Rationalisierungsentscheidungen** (Ersatzvergleich) muss festgestellt werden, ob eine früher vorgenommene Sachanlageinvestition bereits vor Ende ihrer wirtschaftlichen Nutzungsdauer zu einem bestimmten Zeitpunkt durch eine neue Investition ersetzt werden soll oder ob es wirtschaftlicher erscheint, den Ersatzzeitpunkt noch hinauszuschieben. In Kurzform lautet die Fragestellung also: **Sofortersatz oder Weiterbetrieb?**

### B.4.2.1 Auswahlentscheidungen (Alternativenvergleich)

Der Alternativenvergleich soll an einem einfachen Beispiel von zwei zu beurteilenden Investitionsalternativen behandelt werden:

**Beispiel:**

In der Abteilung für Lebensmitteluntersuchungen des Chemischen Untersuchungsamtes des Landkreises A soll ein neues Analysegerät angeschafft werden. Zwei Analysegeräte stehen zur Wahl. Gerät 1 ist ein Modell etwas älterer Konstruktion und kostet 62.000 € einschließlich Montage. Gerät 2 ist ein neuartiges Modell und kostet 90.000 € einschließlich Montage. Gerät 2 ist zwar in der Anschaffung teurer, verursacht beim Einsatz aber erheblich niedrigere Betriebskosten. Diese liegen bei 2,00 € pro Untersuchung, während sie bei dem etwas älteren Modell bei 3,00 € pro Untersuchung liegen. Es wird durchschnittlich mit 6.000 Untersuchungen gerechnet. Für beide Modelle wird eine Nutzungsdauer von 10 Jahren unterstellt; der Kalkulationszins beträgt 6 %. Es soll nun beurteilt werden, welches Analysegerät angeschafft werden soll.

**Ermittlung der durchschnittlichen jährlichen Kosten bei den einzelnen Kostenarten:**

- Abschreibungen pro Periode = $\frac{\text{Anschaffungswert(AW)}}{\text{Nutzungsdauer (ND)}}$

- Zinskosten pro Periode = $\frac{\text{Anschaffungswert (AW)}}{2} \cdot \text{Zinssatz (i)}$

- sonstige fixe Kosten
- variable Kosten (Leistungsmenge pro Jahr · variable Kosten je Leistungseinheit)

**Gegenüberstellung der ermittelten Kosten:**

Für Zwecke der Wirtschaftlichkeitsrechnung ist es oft sinnvoll, die Kostenarten in variable und fixe Kosten zu unterteilen. Gleichfalls sinnvoll ist die Darstellung in Tabellenform.

| Kostenvergleichsrechnung - Alternativenvergleich ohne Liquidationserlös | | |
|---|---|---|
| **Kostenarten** | **Modell 1** | **Modell 2** |
| Abschreibungen $\frac{AW}{10}$ | 6.200,- | 9.000,- |
| kalk. Zinsen $\frac{AW}{2} \cdot 6\,\%$ | 1.860,- | 2.700,- |
| variable Kosten (bei 6.000 Leistungseinheiten) | 18.000,- | 12.000,- |
| **Gesamtkosten (GK)** | **26.060,-** | **23.700,-** |
| **Stückkosten** (GK / Leistungseinheiten) | **4,34** | **3,95** |

**Beurteilung:**

Beim Kauf von Modell 2 ergeben sich die niedrigeren durchschnittlichen jährlichen Kosten. Damit ist Modell 2 die vorteilhaftere Investitionsalternative. Zu beachten ist jedoch, dass sich dieses Ergebnis nur auf die hier angegebene Leistungsmenge von 6.000 bezieht. Zu dem gleichen Ergebnis gelangt man, wenn man – wie dargestellt – die Stückkosten betrachtet. Auch hier hat Modell 2 die geringeren Kosten je Untersuchung. Ist die Leistungsmenge bei beiden Modellen nicht identisch, so führt nur der Stückkostenvergleich zum richtigen Ergebnis.

**Die kritische Menge:**

Bisher wurde im Beispiel eine vorgegebene Leistungsmenge unterstellt. Häufig ist jedoch nicht oder nicht genau bekannt, welche Leistungsmengen zukünftig zu erbringen sind. In diesen Fällen wird für die Investitionsentscheidung die kritische Menge ermittelt. Es handelt sich dabei um diejenige Leistungsmenge, bei der die Kosten der zu vergleichenden Alternativen gleich hoch sind. Die Ermittlung der kritischen Menge ist immer dann möglich, wenn eine Sachinvestition bezüglich der variablen Kosten, die andere dagegen hinsichtlich der fixen Kosten günstiger ist. Im vorgenannten Beispiel ermittelt sich die kritische Menge nach Aufstellung der Kostenfunktion $K = K_f + k_v \cdot x$ für die beiden Modelle wie folgt:

$K_1 = 6.200 + 1.860 + 3x$
$K_2 = 9.000 + 2.700 + 2x$

Zur Ermittlung der kritischen Menge x werden die beiden Kostenfunktionen gleichgesetzt:

$$6.200 + 1.860 + 3x = 9.000 + 2.700 + 2x$$
$$8.060 + x = 11.700$$
$$\mathbf{x = 3.640}$$

Die kritische Menge beträgt 3.640, d.h. bei einer Leistungsmenge von 3.640 Untersuchungen sind die Kosten beider Alternativen gleich hoch. Ist nunmehr zu erwarten, dass die geschätzte Auslastung über dieser kritischen Menge liegt, wäre Modell 2 zu bevorzugen. Muss allerdings davon ausgegangen werden, dass durch die Auslastung die kritische Menge nicht erreicht wird, wäre Modell 1 vorzuziehen. Der Grund dafür ist leicht einzusehen. Mit dem Kauf hat Modell 1 zunächst einen Kostenvorteil, da die fixen Kosten niedriger liegen als die von Modell 2. Erst mit jeder erbrachten Mengeneinheit wird dieser Kostenvorteil aufgrund der geringeren variablen Kosten von Modell 2 geringer.

Die Orientierung an der kritischen Menge hat den **Vorteil**, dass man die künftige Leistungsmenge nicht exakt vorgeben muss. Es muss lediglich abgeschätzt werden, ob ein Unter- oder Überschreiten der kritischen Menge wahrscheinlich ist, wobei davon ausgegangen wird, dass die maximal mögliche Leistungsmenge größer ist als die kritische Menge.

MERKE: Wenn keine Nutzungsmenge vorgegeben ist, kann die Vorteilhaftigkeit über die Ermittlung der kritischen Menge ermittelt werden.

**Berücksichtigung von Liquidationserlösen:**

Bisher wurde unterstellt, dass nach Ablauf der Nutzungsdauer kein Verkaufserlös (Liquidationserlös) mehr zu erzielen ist. Diese Annahme trifft ebenfalls zu, wenn zwar ein Liquidationserlös erzielt wird, in gleicher Höhe aber Kosten des Verkaufs (Abbruchs- und Reinigungskosten, Gutachtergebühren, Maklercourtage, etc.) anfallen. Rückt man von dieser Annahme ab (was insbesondere bei leicht zu liquidierenden Gegenständen des Anlagevermögens wie z.B. einem Fahrzeug der Fall sein dürfte) und geht von positiven Verkaufserlösen aus, dann sind die Liquidationserlöse (LE) bei der Ermittlung der Abschreibungen und Zinsen zu berücksichtigen:

$$\text{Abschreibungen} = \frac{\text{AW} - \text{LE}}{\text{Nutzungsdauer}}$$

$$\text{Zinsen} = \frac{\text{AW} + \text{LE}}{2} \cdot i$$

Es zeigt sich bei dieser Berechnung:

Die **Abschreibungen sinken**. Der Grund hierfür ist, dass zum Ende der Nutzungsdauer für eine Neuinvestition nur ein geringerer Betrag über die Abschreibungen „verdient" werden muss, da der Rest durch den Liquidationserlös verfügbar ist.

Die **kalkulatorischen Zinsen steigen**. Grund hierfür ist, dass der Liquidationserlös während der gesamten Nutzungsdauer gebunden ist und keiner Minderung (durch

Rückfluss von verdienter Abschreibung) unterliegt. Dies ist nachvollziehbar wenn man bedenkt, dass das gebundene Kapital in Höhe der Abschreibungen sinkt.[119]

### B.4.2.2 Ersatz- bzw. Rationalisierungsentscheidung (Ersatzvergleich)

Im Rahmen des Ersatzvergleichs stellt man sich die Frage, ob es vorteilhafter ist, das vorhandene Investitionsobjekt im Rahmen der Nutzungsdauer weiterhin zu nutzen oder ob vor Ablauf der ursprünglich geplanten Nutzungsdauer ein anderes Anlagegut angeschafft werden soll, welches das bisherige Investitionsobjekt ersetzt. Ein solcher Entscheidungsprozess ist dann durchzuführen, wenn es aufgrund der technischen Entwicklung Produkte gibt, die hinsichtlich der laufenden Kosten günstiger sind als die vorhandene Alternative. Sollte eine vorzeitige Ersatzinvestition infrage kommen, ist es manchmal aber nicht möglich, das vorhandene Investitionsobjekt zu verkaufen. In diesem Fall ist zu berücksichtigen, dass bei Erwerb des neuen Investitionsobjektes das vorhandene Anlagegut nach wie vor fixe Kosten in Form von kalkulatorischen Abschreibungen und Zinsen verursacht. Das vorhandene Anlagegut unterliegt weiterhin einer Wertminderung bis zum Ablauf der ursprünglichen Nutzungsdauer und es ist weiterhin Kapital im Investitionsobjekt gebunden, so dass Zinsen zu berücksichtigen sind. Das nachfolgende Schaubild stellt die Zusammenhänge graphisch bei einem Ersatzzeitpunkt zu Beginn des 6. Nutzungsjahres des alten Investitionsobjektes dar:

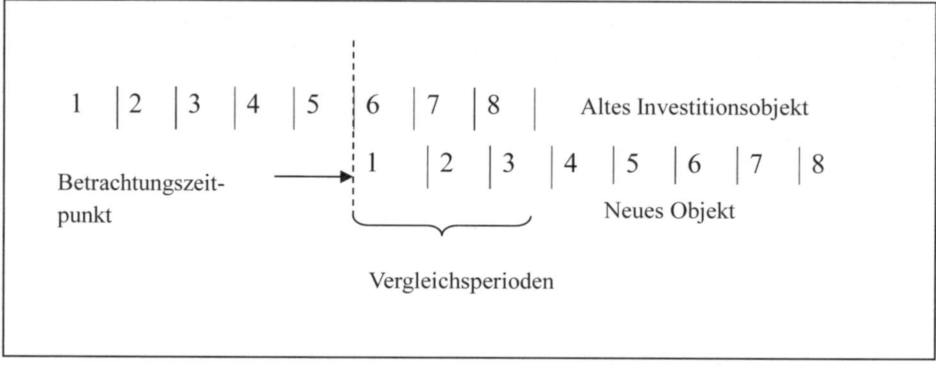


Für den Ersatzvergleich reicht es damit nicht aus, dass (wie beim Alternativenvergleich) das neue Investitionsobjekt bei der vorgesehenen Leistungsmenge kostengünstiger ist.

Der Ersatzvergleich muss mathematisch also lauten:

[119] Durchschnittlich gebundenes Kapital= (AW – LE)/ 2 + LE = (AW + LE)/2

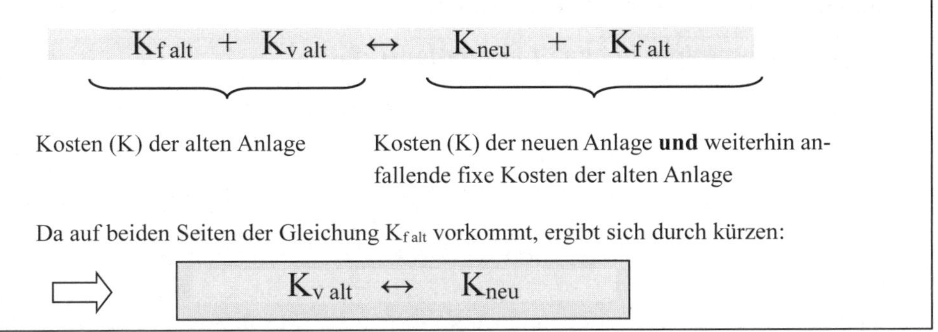


Damit sind beim Ersatzvergleich – um dies nochmals ganz deutlich zu machen – nur die variablen Kosten des alten Investitionsobjektes mit den Gesamtkosten des neuen Investitionsobjektes zu vergleichen!

In Erweiterung des Eingangsbeispiels soll der Ersatzvergleich nun dargestellt werden:

**Beispiel:**

In der Abteilung für Lebensmitteluntersuchungen des Chemischen Untersuchungsamtes des Landkreises A soll ein vorhandenes Analysegerät (Gerät 1) ersetzt werden. Gerät 1 kostete bei der damaligen Anschaffung 62.000 € einschließlich Montage. Das neue Analysegerät (Gerät 2) kostet 90.000 € einschließlich Montage. Gerät 2 ist zwar in der Anschaffung teurer, verursacht beim Einsatz aufgrund anderer Untersuchungsverfahren aber erheblich niedrigere Betriebskosten. Sie liegen bei 2,00 € pro Untersuchung, während sie bei dem älteren Gerät bei 3,00 € pro Untersuchung liegen. Es wird durchschnittlich mit 7.000 Untersuchungen pro Jahr gerechnet. Für beide Geräte wird eine Nutzungsdauer von 10 Jahren unterstellt, der Kalkulationszins beträgt 6 %. Das alte Gerät ist nicht mehr verkäuflich. Es ist zu beurteilen, ob der vorzeitige Ersatz des alten Gerätes wirtschaftlich vorteilhaft ist.

Zur Lösung bietet sich auch hier die bereits bekannte Vorgehensweise an.

**Ermittlung der durchschnittlichen jährlichen Kosten bei den einzelnen Kostenarten:**

- Abschreibungen pro Periode $= \frac{\text{Anschaffungswert(AW)}}{\text{Nutzungsdauer (ND)}}$

- Zinskosten pro Periode $= \frac{\text{Anschaffungswert (AW)}}{2} \cdot \text{Zinssatz (i)}$

- sonstige fixe Kosten
- variable Kosten (Leistungsmenge pro Jahr · variable Kosten je Leistungseinheit)

**Gegenüberstellung der ermittelten Kosten:**

| **Ersatzvergleichsrechnung ohne Liquidationserlös** | | |
|---|---|---|
| **Kostenarten** | **Gerät 1 – alt** | **Gerät 2 – neu** |
| Abschreibungen $\frac{AW}{10}$ | ----- | 9.000,- |
| kalk. Zinsen $\frac{AW}{2} \cdot 6\,\%$ | ----- | 2.700,- |
| variable Kosten (bei 7.000 Leistungseinheiten) | 21.000,- | 14.000,- |
| **Gesamtkosten** | **21.000,-** | **25.700,-** |

**Beurteilung:**

Bei der vorgegebenen Leistungsmenge von 7.000 Leistungseinheiten pro Jahr ist die Anschaffung des neuen Gerätes unvorteilhaft. Das alte Gerät sollte bis zum Ende der Nutzungsdauer eingesetzt werden.

**Die kritische Menge:**

Die kritische Menge, also die Menge an Leistungseinheiten, bei denen die Kosten gleich groß sind, ist ebenfalls beim Ersatzvergleich zu ermitteln. Zu beachten ist, dass beim alten Investitionsobjekt nur die variablen Kosten anzusetzen sind. Dies gilt damit auch bei der kritischen Menge:

$$K_{v\,alt} = K_{v\,neu} + K_{f\,neu}$$
$$k_{v\,alt} \cdot x = k_{v\,neu} \cdot x + K_{f\,neu}$$
$$x\,(k_{v\,alt} - k_{v\,neu}) = K_{f\,neu}$$

Die kritische Menge für das obige Beispiel wäre $x = \frac{11.700}{3-2} = 11.700$.

**Berücksichtigung von Liquidationserlösen:**

Im obigen Beispiel wurde unterstellt, dass beim vorzeitigen Ersatz des alten noch in Betrieb befindlichen Investitionsobjektes keine Liquidationserlöse erzielt werden bzw. diese gleich hoch sind wie eventuelle Abbruchs- oder sonstige Stilllegungskosten. Unterstellt man jedoch positive Liquidationserlöse, so sind diese zum Ersatzzeitpunkt zu berücksichtigen. Beim Ersatzvergleich ohne Liquidationserlöse zum Ersatzzeitpunkt musste das neue Investitionsobjekt auch noch die Fixkosten des alten Investitionsobjektes mit übernehmen. Erzielt das alte Investitionsobjekt aber noch

Liquidationserlöse, so fallen mit Verkauf die Fixkosten des alten Investitionsobjektes nicht mehr an. Für den Ersatzvergleich ergibt sich damit:

$$K_{f\,alt} + K_{v\,alt} \leftrightarrow K_{neu}$$

$K_{f\,alt}$ neue Basis: durchschnittliche Verringerung des Liquidationserlöses

Die Besonderheit des Ersatzvergleichs im Gegensatz zum Alternativenvergleich liegt darin, dass für das alte Gerät die durchschnittliche Verringerung des Liquidationserlöses bei der Kostenermittlung anstelle von Abschreibungen berücksichtigt wird. Die Begründung ist darin zu sehen, dass der Liquidationserlös zu Beginn der restlichen Nutzungsdauer (ND) dem Kapital entspricht, das zum Entscheidungszeitpunkt tatsächlich in der Anlage gebunden ist. Die Höhe der jährlichen **Abschreibungen** beruht hingegen auf Annahmen, die zu Beginn der Nutzungszeit gemacht wurden und nun nicht mehr aktuell sind. Die Formel zur Berechnung der durchschnittlichen Verringerung des Liquidationserlöses lautet:

$$\frac{\text{LE zum Ersatzzeitpunkt} - \text{LE zum Ende der ND}}{\text{Restnutzungsdauer}}$$

Entsprechend geht man auch bei der Berechnung des durchschnittlich gebundenen Kapitals und der **kalkulatorischen Zinsen** von den aktuellen Werten aus. Hier lautet die Formel:

$$\frac{\text{LE zum Ersatzzeitpunkt} + \text{LE zum Ende der ND}}{2} \cdot i$$

**Beispiel:**

Anhand des vorgenannten Beispiels soll die Vorteilhaftigkeit eines Ersatzes ermittelt werden, wenn für das alte Gerät 1 am Ende des 6. Nutzungsjahres von einem Liquidationserlös in Höhe von 17.000 € und zum Ende der Nutzugsdauer von 3.000 € auszugehen ist. Die Leistungseinheiten betragen pro Jahr 7.000. Für das neue Gerät 2 werden am Ende der Nutzungsdauer Liquidationserlöse in Höhe von 10.000 € erwartet.

Ermittlung der durchschnittlichen jährlichen Kosten bei den einzelnen Kostenarten und Gegenüberstellung der ermittelten Kosten ($L_E$ = Liquidationserlös zum Ersatzzeitpunkt, $L_N$ = Liquidationserlös zum Ende der Nutzungsdauer, $ND_R$ = Restnutzungsdauer):

| **Ersatzvergleichsrechnung mit Liquidationserlös** | | |
|---|---|---|
| **Kostenarten** | **Gerät 1 – alt** | **Gerät 2 – neu** |
| Abschreibungen $\frac{AW-L}{10}$ | ---- | 8.000,- |
| Verringerung Liquidationserlös ($L_E - L_N$) / $ND_R$) | 3.500,- | ---- |
| kalk. Zinsen $\frac{AW+L}{2} \cdot 6\,\%$ | ---- | 3.000,- |
| kalk. Zinsen $\frac{L_E + L_N}{2} \cdot 6\,\%$ | 600,- | ---- |
| variable Kosten (bei 7.000 Leistungseinheiten) | 21.000,- | 14.000,- |
| Gesamtkosten | 25.100,- | 25.000,- |

Die jährlichen Kosten beim alten Gerät 1 sind um 100,- € höher als beim neuen Gerät 2. Es ist damit vorteilhaft, das alte Gerät am Ende des 6. Nutzungsjahres (optimaler Ersatzzeitpunkt) zu ersetzen.

**Besonderheiten bei der Kostenvergleichsrechnung:**

- **Unterschiedliche Nutzungsdauer**
  Ein Kostenvergleich kann auch bei unterschiedlicher Nutzungsdauer durchgeführt werden. Es wird dann unterstellt, dass im Anschluss an die abgelaufene Nutzungsdauer ein weiteres identisches Investitionsobjekt gekauft wird und dieser Vorgang unendlich oft wiederholt wird. Die jährlichen Gesamtkosten sind damit bis ins Unendliche für jedes Investitionsobjekt gleich hoch.
- **Qualitätsunterschiede**
  Die Kostenvergleichsrechnung geht davon aus, dass Unterschiede in der Leistungsqualität bzw. im Nutzen nicht bestehen.
- **Unterschiedliche Mengen**
  Bei gleichen Kapazitäten oder Mengen führen Gesamt- und Stückkostenvergleich zur gleichen Entscheidung. Bei unterschiedlichen Kapazitäten oder Mengen kann der Gesamtkostenvergleich zu falschen Ergebnissen führen; es ist dann ein Stückkostenvergleich vorzunehmen.

MERKE: Für die Beurteilung der Wirtschaftlichkeit ist die Kostenvergleichsrechnung allein noch keine ausreichende Entscheidungshilfe, da sich keine absolute Vorteilhaftigkeitsaussage darüber treffen lässt, ob sich eine Investition lohnt. Es lassen sich lediglich Aussagen zu einem sparsamen Mitteleinsatz treffen.

**Probleme bei der Anwendung der Kostenvergleichsrechnung:**

1. Kurzfristigkeit des Kostenvergleichs: Die Kosten sollten nicht nur für ein Jahr, sondern über die gesamte Nutzungsdauer hinweg betrachtet werden.
2. Fehlende Aussage über die Rentabilität: Die Kostenvergleichsrechnung trifft keine Aussage über die absolute Vorteilhaftigkeit einer Investition.
3. Keine Berücksichtigung von Kostenveränderungen: Veränderungen der Kosten über den Zeitraum der Nutzung bleiben unberücksichtigt.
4. Annahme gleich hoher Erlöse der Alternativen: Da nur die Kosten verglichen werden, wird unterstellt, dass alle Alternativen gleiche Erlöse erwirtschaften.
5. Problematik der Kostenauflösung: Beim Stückkostenvergleich sind die Gesamtkosten in fixe und variable zu zerlegen; das ist für viele Kostenarten nicht ohne weiteres möglich.
6. Kostenvergleichsrechnung eignet sich nur für den Alternativen- und Ersatzvergleich, nicht für Erweiterungsinvestitionen.

### B.4.3 Gewinnvergleichsrechnung

Ein reiner Kostenvergleich eignet sich nicht mehr, wenn den betrachteten Alternativen unterschiedliche Erlöse zuzurechnen sind. In diesen Fällen müssen die Erlöse in die Berechnung einbezogen werden, was in der Gewinnvergleichsrechnung geschieht. Eine Einzelinvestition ist vorteilhaft, wenn gegenüber der bisherigen Situation ein Gewinn entsteht. Bei einer Auswahlentscheidung ist die Investitionsalternative, die den höheren Gewinn erwarten lässt, auszuwählen. Der durchschnittliche Gewinn ist hier definiert als Saldo zwischen den durchschnittlichen Erlösen (E) und den durchschnittlichen Kosten (K). Es ergeben sich mathematisch folgende Zusammenhänge:

**Gewinn = Erlös – Kosten**

$\mathbf{G = E - K}$ mit Erlös = Stückpreis · Menge, also $E = p \cdot x$

mit Kosten = $K_f + k_v \cdot x$

$\mathbf{G = p \cdot x - (K_f + k_v \cdot x)}$

$\mathbf{G = p \cdot x - K_f - k_v \cdot x}$

$\mathbf{G = p \cdot x - k_v \cdot x - K_f}$

$\mathbf{G = (p - k_v) \cdot x - K_f}$

mit Deckungsbeitrag pro Stück $db = p - k_v$

Für jede Menge kann der Gewinn nach der obigen Gewinnfunktion errechnet werden, wenn unterstellt wird, dass die produzierte Menge mit der verkauften Menge übereinstimmt.

Wie bei der Kostenvergleichsrechnung muss die Menge nicht unbedingt vorgegeben sein. In der Gewinnvergleichsrechnung kann die kritische Menge durch das Gleichsetzen von zwei Gewinnfunktionen errechnet werden. Die Differenz von Preis und variablen Stückkosten ist der Deckungsbeitrag pro Stück (db). Durch Multiplikation mit der Menge ergibt sich der gesamte Deckungsbeitrag $\mathbf{DB = db \cdot x}$

Der Deckungsbeitrag gibt an, wie viele Geldeinheiten ein Produkt zum Abdecken der Fixkosten beiträgt. Übersteigt der gesamte Deckungsbeitrag die gesamten Fixkosten, wird ein Gewinn erzielt. Es ergibt sich $\mathbf{G = DB - K_f}$.

MERKE: Die Gewinnvergleichsrechnung berücksichtigt sowohl Kosten als auch Erlöse aus der Investition. Für eine einzelne Investition lautet die Entscheidungsregel: Realisiere die Investition, wenn sich voraussichtlich ein Gewinn ergibt. Für Auswahlentscheidungen gilt: Wähle die Investition mit dem voraussichtlich maximalen durchschnittlichen Gewinn.

Wie bei der Kostenvergleichsrechnung ergeben sich bei der Gewinnvergleichsrechnung die Einschränkungen der kurzfristigen Betrachtungsweise und der fehlenden Aussage über die Rentabilität. Zusätzlich wird unterstellt, dass sich einem Investitionsobjekt neben seinen Kosten auch seine Erlöse eindeutig zurechnen lassen, was in der Praxis oft nicht möglich ist.

### B.4.4 Rentabilitätsvergleichsrechnung

Die Rentabilitätsvergleichsrechnung setzt den Gewinn einer Investition ins Verhältnis zum dafür eingesetzten (gebundenen) Kapital. Unter Gewinn ist jeweils der **zusätzliche Gewinn** zu verstehen, der durch die Investition erreicht wird. Bei Rationalisierungsinvestitionen besteht dieser zusätzliche Gewinn in der **Kostenersparnis** gegenüber der bisherigen Situation.

Zugrunde gelegt werden durchschnittliche jährliche Kosten und Erlöse sowie das durchschnittlich zusätzlich gebundene Kapital, berechnet nach der Durchschnittswertmethode (Anschaffungswert : 2). Zinsen werden weder für das Fremd- noch für das Eigenkapital berücksichtigt, da die Vorteilhaftigkeit einer Investition ohne Berücksichtigung von Finanzierungsgesichtspunkten ermittelt werden soll. Der so korrigierte Gewinn (**Brutto-Gewinn**)[120] ist also der Gewinn **vor Abzug von Fremdkapital- und Eigenkapitalzinsen** und ggfs. Steuern. Die Rentabilität zeigt damit die Ertragskraft des Betriebes unabhängig von der Höhe der Verschuldung. Die ermittelte Rentabilität gibt die **Verzinsung der Investition** an, die sich leicht mit der gewünschten Mindestverzinsung, die der Investor vorgibt, vergleichen lässt. Für die gewünschte Mindestverzinsung kann der Kalkulationszinsfuß herangezogen werden. Im Gegensatz zur Kostenvergleichsrechnung kann mit der Rentabilitätsrechnung auch die absolute Vorteilhaftigkeit einer Investition beurteilt werden.

Investitionen unterschiedlicher Laufzeit werden über die Annahme der Ketteninvestition vergleichbar gemacht, d.h. es wird angenommen, dass die identische Investition nach Ablauf der Nutzungsdauer unendlich oft wiederholt wird.

[120] Als Brutto-Gewinn wird der Gewinn vor Steuern und Zinsen bezeichnet, der Jahresüberschuss ist der Gewinn nach Steuern und Zinsen. Die aus der Bilanzanalyse bekannte Formel zur Gesamtkapitalrentabilität enthält das Verhältnis von Gewinn + Fremdkapitalzinsen zum Gesamtkapital.

**MERKE:** Die Rentabilitätsvergleichsrechnung vergleicht die Investitionsalternativen nach dem jeweiligen Verhältnis zwischen Gewinn und eingesetztem Kapital. Die Investition mit der höchsten Rentabilität ist vorzuziehen.

Die Rentabilität kann sowohl für Einzel- und Auswahlentscheidungen als auch für Erweiterungs-, Rationalisierungs- und Ersatzinvestitionen berechnet werden:

**Erweiterungsinvestition:**

Bei Erweiterungsinvestitionen und im Rahmen des Alternativenvergleichs bezieht man den Gewinn aus der jeweiligen Investition auf seinen Kapitaleinsatz. Bei der Höhe des Gewinns handelt es sich wiederum um eine Durchschnittsgröße.

**Beispiel:**

Herr M beschließt, sich als Taxifahrer selbständig zu machen. Der Erwerb eines Fahrzeuges wird mit 40.000 € veranschlagt, die Nutzungsdauer beträgt 4 Jahre; M rechnet (nach Abzug seines Unternehmerlohns) mit einem jährlichen Brutto-Gewinn von 4.000 €.

$$\text{Rentabilität in \%} = \frac{\text{durchschnittlicher Bruttogewinn vor Zinsen pro Jahr}}{\text{durchschnittlich gebundenes Kapital pro Jahr}} \cdot 100$$

$$\text{Rentabilität in \%} = \frac{4.000}{40.000:2} \cdot 100 = 20\,\%$$

**Rationalisierungsinvestition:**

Bei Rationalisierungsinvestitionen ist der Erfolg in der Kostenersparnis (Minderkosten, Bruttokostenersparnis) gegenüber der bisherigen Situation zu sehen.

**Beispiel:**

Eine Gemeinde plant den leistungsfähigen Ausbau der informationstechnischen Infrastruktur in einer Abteilung. Es wird eine Produktivitätssteigerung der Büroarbeit von 20 % der Personalausgaben in Höhe von jährlich 375.000 € erwartet. Die Nutzungsdauer beträgt 5 Jahre, der kalkulatorische Zinssatz 6 %. Die Investitionsausgabe beträgt 1.000.000 €. Laufende jährlich Betriebskosten fallen in Höhe von 120.000 € an.

**Kosten:**

| | |
|---|---|
| Abschreibung | 200.000 |
| kalk. Zinsen | ---- |
| lfd. Betriebskosten | 120.000 |
| | 320.000 |
| ·/. Personalkosteneinsparung | 375.000 |
| Kostenersparnis jährlich | 55.000 |

$$\text{Rentabilität in \%} = \frac{\text{durchschnittlicher Bruttogewinn vor Zinsen pro Jahr}}{\text{durchschnittlich gebundenes Kapital pro Jahr}} \cdot 100$$

$$\text{Rentabilität in \%} = \frac{55.000}{500.000} \cdot 100 = 11\,\%$$

Die Investition ist vorteilhaft, da die Rentabilität größer ist als der vorgegebene Kalkulationszinsfuß als Mindestverzinsung.

**Ersatzinvestition:**

**Beispiel:**

Für das Chemische Untersuchungsamt des Landkreises A soll ein neues Analysegerät mit geringeren Betriebskosten pro Untersuchung vorzeitig das vorhandene Gerät 1 ersetzen. Ein Verkaufserlös für Gerät 1 kann nicht erzielt werden. Folgende Daten liegen vor:

| | Gerät 1 (vorhanden) | Gerät 2 (neu) |
|---|---|---|
| Anschaffungswert (€) | 62.000 | 90.000 |
| Betriebskosten pro Untersuchung | 3,50 | 2 |
| Nutzungsdauer (Jahre) | 10 | 10 |
| Leistungsmenge | 7.000 | 7.000 |
| kalk. Zinssatz | 6 % | 6 % |

**Lösung:**

| | | |
|---|---|---|
| Abschreibungen | 6.200 | 6.200 (Ersatzinvestition)<br>9.000 |
| Betriebskosten | 24.500 | 14.000 |
| Summe Kosten | 30.700 | 29.200 |
| Kostenersparnis jährlich | | 1.500 |

$$\text{Rentabilität in \%} = \frac{1.500}{45.000} \cdot 100 = 3{,}33\,\%$$

Die Investition ist unvorteilhaft, da die Mindestrentabilität von 6 % nicht erreicht wird.

**Die Rentabilitätsvergleichsrechnung erfordert somit folgende Schritte:**

- **Ermittlung des Gewinns bei der Erweiterungsinvestition bzw. der Kostendifferenz zwischen Alt- und Neuanlage bei der Ersatzinvestition.**
  Unter Gewinn wird der zusätzliche Brutto-Gewinn aufgrund der Erweiterungs- oder Neuinvestition verstanden. Bei der Ersatzinvestition wird die Kostendifferenz zwischen Alt- und Neuanlage ermittelt (Brutto-Kostenersparnis).

Die Zinsen bleiben unberücksichtigt. Der Ansatz von Zinsen wäre auch unzweckmäßig. Die Rentabilität soll unabhängig von der Art der Finanzierung bestimmt werden. Zinsen dürfen auch deshalb nicht angesetzt werden, damit die Rentabilität als gesuchte Größe die durchschnittliche Verzinsung des durchschnittlich gebundenen Kapitals angeben kann.

- **Ermittlung des gebundenen Kapitals**
  Das gebundene Kapital wird für abnutzbare Anlagegüter nach der Durchschnittswertmethode bestimmt; bei nicht abnutzbaren Vermögensgegenständen gilt der volle Anschaffungswert. Für die Berechnung des Durchschnitts wird vereinfachend eine kontinuierliche Tilgung (Refinanzierung aus Abschreibungen) unterstellt.
  Das durchschnittlich gebundene Kapital unter Berücksichtigung eines Liquidationserlöses der Neuanlage (L) errechnet sich wie bei der Kostenvergleichsrechnung nach folgender Formel:[121]

$$\text{durchschnittlich gebundenes Kapital} = \frac{AW - L}{2} + L = \frac{AW + L}{2}$$

- **Feststellung des Vergleichszinssatzes**

  **Entscheidungskriterium** für die Auswahl zwischen alternativen Investitionen ist nicht allein die Ermittlung der höchsten Rentabilität (in Prozent), sondern auch zusätzlich der Vergleich mit einer erwarteten **Mindestrendite**. Die Höhe dieser Mindestrendite wird aus betriebswirtschaftlicher Sicht sinnvoll in Abhängigkeit von der Finanzierung des Objektes gesehen. Wird ein Objekt fremdfinanziert, dann muss die Rendite mindestens so hoch wie die zu zahlenden Fremdkapitalzinsen sein. Wird es dagegen komplett aus Eigenmitteln finanziert, dann muss mindestens der Zinssatz erwirtschaftet werden, den man ansonsten auf dem Kapitalmarkt erhalten hätte. Dabei sollte man jeweils die Laufzeit unterstellen, die die Investition voraussichtlich hat. Schließlich wird das ggf. höhere Risiko der Investition durch einen Zuschlag berücksichtigt.

  Bei einer Mischfinanzierung wird ein **gemischter Zinssatz nach dem wacc-Ansatz errechnet** (wacc = weighted average cost of capital). Der Vergleichszinssatz in der öffentlichen Verwaltung sollte entsprechend dem Gesamtdeckungsprinzip ein solcher Mischzinssatz sein. Die Anteile von Eigen- und Fremdkapital ergeben sich aus der Bilanz, wenn die Doppik als Buchführungssystem angewandt wird.

[121] Die Höhe des durchschnittlich gebundenen Kapitals hängt nicht vom Liquidationserlös der Altanlage ab. Ein Liquidationserlös dient der Refinanzierung der Altanlage: Im Fall der Fremdfinanzierung ist der Kredit noch nicht zurückgezahlt, bei der Eigenfinanzierung das Kapital noch nicht vollständig zurückgewonnen. Eine vollständige Refinanzierung aus Abschreibungen ist in beiden Fällen nicht mehr möglich, da sie in der Vergangenheit zu niedrig angesetzt waren.

- **Ermittlung der Rentabilität und Bildung einer Rangfolge der Alternativen nach der Höhe der Rentabilität**

  Beim Vergleich mehrerer alternativer Investitionen wird diejenige gewählt, die die höchste über der Mindestrendite liegende Verzinsung aufweist.

MERKE: Für eine einzelne Investition lautet die Entscheidungsregel nach der Rentabilitätsvergleichsrechnung: Realisiere die Investition, wenn ihre Rentabilität höher ist als die gewünschte Mindestverzinsung. Für Auswahlentscheidungen gilt: Wähle die Investition mit der maximalen durchschnittlichen Rentabilität.

**Probleme bei der Anwendung der Rentabilitätsvergleichsrechnung:**

1. Gewinnzurechnung: Es stellt sich als problematisch dar, die Erträge einzelnen Investitionsprojekten zuzurechnen.
2. Kurzfristigkeit des Vergleichs: Ein Nachteil der Rentabilitätsvergleichsrechnung ist die kurzfristige Betrachtungsweise, in der nur eine repräsentative Durchschnittsperiode betrachtet wird und somit für alle Perioden die gleichen Verhältnisse unterstellt werden.

### B.4.5 Die statische Amortisationsrechnung

Die Amortisationsrechnung ergänzt i.d.R. eine Kostenvergleichs- oder Rentabilitätsrechnung und soll das Risiko einer Investition erfassen. Eine Investition hat sich amortisiert, wenn das investierte Kapital über die Einzahlungsüberschüsse wieder zurückgeflossen ist. Diese Zeitdauer wird als **Amortisationszeit** (auch: Kapitalwiedergewinnungszeit oder pay-off Periode) bezeichnet. Dazu wird der Rückfluss (Cash-Flow) je Periode ermittelt und solange addiert, bis der Investitionsbetrag erreicht ist. Die Anzahl der erforderlichen Perioden gibt dann die Amortisationszeit an, in der die laufenden Überschüsse den einmaligen Investitionsbetrag ausgleichen. Werden nach dem Ende der Amortisationsdauer noch Einzahlungsüberschüsse erwirtschaftet, bleiben diese unberücksichtigt.

Bei annähernd **konstanten** jährlichen Rückflüssen kann die Amortisationszeit nach folgender Formel für die **Durchschnittsmethode** berechnet werden:

$$\text{Amortisationszeit} = \frac{\text{Anschaffungswert}}{\text{durchschnittlicher jährlicher Rückfluss}}$$

MERKE: Die Amortisationszeit ist die Anzahl der Jahre, die benötigt werden, um den Kapitaleinsatz einer Investition aus den Rückflüssen wiederzugewinnen. Die Berechnung basiert im Gegensatz zu den anderen statischen Verfahren auf Zahlungsströmen.

Bei **stark schwankenden** Rückflüssen werden die voraussichtlichen Überschüsse solange addiert (kumuliert), bis der Anschaffungswert erreicht ist. In diesem Jahr hat sich die Investition dann amortisiert (sog. **Kumulationsmethode** der Amortisationsrechnung). Nachstehend wird die Durchschnittmethode betrachtet.[122]

Der jährliche Rückfluss kann entweder erfolgsorientiert vereinfacht aus dem **Gewinn zuzüglich der Abschreibungen**[123] oder zahlungsorientiert aus der **Differenz zwischen Einzahlungen und Auszahlungen** ermittelt werden. Die Erhöhung um die Abschreibungen ist erforderlich, da Abschreibungen als Aufwand bei der Gewinnermittlung berücksichtigt werden, aber keine laufenden Auszahlungen darstellen und damit nicht in die Berechnung des Rückflusses eingehen. Wenn der durchschnittliche Rückfluss aus dem Gewinn abgeleitet wird, sind dem Gewinn die Abschreibungen somit hinzuzurechnen. Die Amortisationsrechnung lässt sich grundsätzlich für folgende Entscheidungssituationen anwenden:

- bei **Erweiterungsinvestitionen** werden die Kapitalrückflüsse aus dem Gewinn zuzüglich der Abschreibungen oder aus dem zahlungsorientierten Rückfluss pro Periode errechnet,
- bei **Ersatz- oder Rationalisierungsinvestitionen** werden die Kapitalrückflüsse aus den jährlichen Minderauszahlungen (Ausgabeersparnissen) errechnet.

**Beispiel 1:**

Die Amortisationszeit für das vorherige Beispiel „Ausbau der informationstechnischen Infrastruktur“ (Rationalisierungsinvestition) aus der Rentabilitätsrechnung beträgt:

$$\text{Amortisationszeit} = \frac{1.000.000}{55.000 + 200.000} = 3{,}9 \text{ Jahre}$$

Da die Investition zum Zweck der Rationalisierung durchgeführt wird, werden die jährlichen Kostenersparnisse und die jährlichen Abschreibungen der Neuinvestition berücksichtigt.

Die Amortisationszeit ist kürzer als die Nutzungsdauer der Investition. Damit ist die Investition vorteilhaft.

Je kürzer die Amortisationszeit ist, umso eher können Ungewissheiten der Zukunft z.B. bezüglich der Preiskomponente der Kosten ausgeschaltet werden. Dies schließt kurzfristige Risiken in der Mengenkomponente nicht aus. Ist für den Investor eine kurze Amortisationszeit wichtig, kann daraus vereinfachend geschlossen werden,

---

122 Ein Berechnungsbeispiel zur Kumulationsmethode ist enthalten in: Perridon/Steiner/Rathgeber, Finanzwirtschaft der Unternehmung, 17. Aufl. 2017, S. 45.

123 Der Rückfluss (Cash-Flow) kann in der Finanzbuchhaltung nach der sog. Praktikerformel wie folgt ermittelt werden: Jahresüberschuss + Abschreibungen/- Zuschreibungen + Zunahme der langfristigen Rückstellungen/- Abnahme der langfristigen Rückstellungen.

dass er eine geringe Risikoneigung hat. Die Amortisationszeit kann mit der vorgesehenen Nutzungszeit der Investition verglichen werden.

**Beispiel 2:**

Eine Gemeinde im Sauerland plant den Bau eines neuen Skiliftes (Erweiterungsinvestition):

| | |
|---|---|
| Anschaffungsausgaben für den Skilift | 3,0 Mio. € |
| Nutzungsdauer | 15 Jahre |
| laufende Betriebsausgaben jährlich | 400.000 € |
| Fremdkapitalzinsen jährlich | 150.000 € |
| Umsatzerlöse jährlich | 1,0 Mio. € |

Die Gegenüberstellung von Aufwand und Ertrag ergibt:

| **Aufwand** | | | **Ertrag** |
|---|---|---|---|
| Abschreibung | 200.000 | Umsatzerlöse | 1.000.000 |
| Betriebskosten | 400.000 | | |
| Zinsaufwand | 150.000 | | |
| Gewinn | 250.000 | | |
| | 1.000.000 | | 1.000.000 |

Der Rückfluss ermittelt sich aus der Summe von Gewinn und Abschreibungen und beträgt 450.000 €. Im Beispiel beträgt die Amortisationszeit 3.000.000 € : 450.000 € = 6,67 Jahre. Zum gleichen Ergebnis kommt man, wenn man den Rückfluss aus der Differenz zwischen den laufenden Einzahlungen und Auszahlungen errechnet.

**Die statische Amortisationsrechnung erfordert somit folgende Schritte:**

- **Ermittlung des jährlichen Rückflusses**

  Dafür können entweder jährlich Abschreibungen und Gewinn (unter Berücksichtigung der Fremdkapitalzinsen) addiert oder die Differenz zwischen Einzahlungen – ohne Liquidationserlös – und Auszahlungen (je Jahr) – ohne Anschaffungsauszahlung – gebildet werden. Der Rückfluss kann damit als Cash-Flow nach der direkten oder indirekten Methode ermittelt werden. Welches Verfahren man wählt, hängt von den gegebenen Daten ab.

  Für Gebietskörperschaften spielt der Erhalt von Rückflüssen aus einer Investition oft keine große Rolle, weil die Investition für die Daseinsvorsorge notwendig ist und nicht zur Erzielung von Erlösen erfolgt. Hier kann statt eines jährlichen Gewinns die durch die Anschaffungsauszahlung eintretende Kostenersparnis zuzüglich der Abschreibungen angesetzt werden.

- **Berücksichtigung von Liquidationserlösen**

  Liquidationserlöse für die Neuanlage, soweit sie erwartet werden, sind vom Anschaffungswert abzusetzen.

- **Auswahl der Investition**

  Ausgewählt wird schließlich die Investition, die die vorzugebende Amortisationszeit am weitesten unterschreitet. Dabei gibt es keine Regeln, wie diese Vorgabezeit ermittelt werden soll. Sie beruht also auf einer subjektiven Vorgabe des Investors. Da die Schätzungen der Einzahlungen und Auszahlungen bzw. des Gewinns ungewisser werden je länger der Planungszeitraum ist, wird ein Investor mit geringer Risikoneigung eine kurze Amortisationszeit als Mindestzeit vorgeben. Diese kann absolut oder relativ zur Nutzungsdauer bemessen sein. Die vorzugebende Amortisationszeit darf die erwartete Nutzungsdauer der Investition nicht überschreiten.

Bei der **dynamischen Variante** der Amortisationsrechnung werden die zukünftigen Rückflüsse in ihrer abgezinsten Form (vgl. Kap. B.5.6) berechnet und von der Anschaffungsausgabe abgezogen. Unter sonst gleichen Umständen ist hier die Amortisationsdauer länger, weil zusätzlich die Verzinsung der ausstehenden Beträge zum Kalkulationszinssatz berücksichtigt wird.

---

MERKE: Die Amortisationsdauer ist die Rückflusszeit, in der die gesamte Anschaffungsauszahlung durch Einzahlungsüberschüsse gedeckt wird. Für eine einzelne Investition lautet die Entscheidungsregel: Realisiere die Investition, wenn ihre Amortisationsdauer kürzer ist als die vom Investor als maximal zulässig angesehene Dauer. Für Auswahlentscheidungen gilt: Wähle die Investition mit der kürzesten Amortisationsdauer. In beiden Fällen darf die Amortisationsdauer nicht länger sein als die voraussichtliche Nutzungsdauer.
Die Amortisationsrechnung ist **keine** eigenständige Investitionsrechnung, sondern als Ergänzung zu den bisher erläuterten Verfahren zu betrachten.

---

**Probleme bei der Anwendung der Amortisationsrechnung:**

1. **Nutzungsdauer der alternativen Anlagen muss gleich sein:** Bei unterschiedlicher Nutzungsdauer bleiben Erträge unberücksichtigt, die das Ergebnis des Vergleichs in Frage stellen.
2. **Problem der Gewinnzurechnung:** Wie bei der Rentabilitätsrechnung lassen sich Erträge den einzelnen Investitionsobjekten nicht ohne weiteres direkt zurechnen.
3. **Keine Aussage über die Rentabilität:** Die Beurteilung der Wirtschaftlichkeit einer Investitionsalternative hinsichtlich ihrer Rentabilität ist nicht möglich. Eine kurze Amortisationszeit ist keine Garantie für die Vorteilhaftigkeit einer Investition.
4. **Missachtung von Erträgen nach der Amortisationszeit:** Erträge, die nach der Amortisationszeit durch das Investitionsobjekt erwirtschaftet werden, bleiben unberücksichtigt. Investitionsobjekte, die eine längere Laufzeit

aufweisen und erst nach einer gewissen Zeit hohe Überschüsse erwirtschaften, erscheinen dann unvorteilhafter als solche Objekte, die kurze Laufzeiten haben und zu Beginn höhere Überschüsse abwerfen.

### B.4.6 Gesamtbeurteilung statischer Verfahren

Bei den statischen Verfahren der Investitionsrechnung werden in der Regel Kosten und Erlöse berücksichtigt, die sich aus der Erfolgsrechnung ableiten. Es handelt sich um einperiodige Verfahren, da nur Durchschnittsgrößen in die Rechnungen eingehen. Häufig wird dabei aus Vereinfachungsgründen nur das erste Jahr nach der Anschaffung des Investitionsgegenstandes analysiert. Für die restlichen Jahre werden die gleichen Verhältnisse unterstellt. Diese Unterstellung ist bedenklich, da bei den meisten Sachinvestitionen die Instandhaltungsaufwendungen mit dem Alter des Investitionsobjekts steigen. Schwankungen im Zeitablauf können sich auch bei den Erlösen, den Personalkosten, bei der Beschaffung von Roh-, Hilfs- und Betriebsstoffen oder der Leistungsmenge ergeben.

In diesen Fällen ist die gesamte Nutzungsdauer einer Investition zu betrachten. Zinseffekte des unterschiedlichen zeitlichen Anfalls der Zahlungen müssen durch entsprechendes Ab- bzw. Aufzinsen berücksichtigt werden.

Der Vorteil der statischen Verfahren liegt in der Einfachheit der Berechnung und des relativ geringen Aufwands bei der Ermittlung der Durchschnittsgrößen. Sie sind in erster Linie geeignet für solche Maßnahmen, bei denen der Zeitaspekt eine untergeordnete Rolle spielt und die nur ein geringes finanzielles Volumen umfassen.

# B.5 Dynamische Investitionsrechnungen

## B.5.1 Finanzmathematische Grundlagen

Die bisher betrachteten statischen Verfahren bezogen sich auf eine Betrachtungsperiode, in der mit durchschnittlichen jährlichen Größen gerechnet wurde. Es spielte keine Rolle, ob die Zahlungen sofort oder erst zu einem späteren Zeitpunkt anfielen. Der Zeitfaktor der Zahlungen blieb unberücksichtigt. Dynamische Verfahren der Investitionsrechnung berücksichtigen die Zeit insofern, indem sie unterstellen, dass der Höhe nach gleiche Einzahlungen oder Auszahlungen, die aber zu unterschiedlichen Zeitpunkten anfallen, einen voneinander abweichenden Wert haben (**Zeitpräferenz**). Sie lassen sich vergleichbar machen, indem Zins- und Zinseszinseffekte durch sog. Ab- bzw. Aufzinsen der Zahlungen eingebaut werden. Voraussetzung für das Verstehen der dynamischen Rechnungen sind Kenntnisse über einfache finanzmathematische Zusammenhänge, die auch im Bank- und Versicherungswesen von erheblicher Bedeutung sind.

Investitionen lassen sich grundsätzlich durch einen Zahlungsstrom darstellen, der mit einer Anfangsauszahlung in Höhe der Investitionssumme beginnt und in den Folgejahren des Nutzungszeitraumes Folgeein- und Folgeauszahlungen auftreten. Bei Anwendung dynamischer Berechnungsverfahren werden alle voraussichtlichen Zahlungen innerhalb des Nutzungszeitraumes erfasst. Dies ist sinnvoll, da die Auszahlungen für die Investition, die laufenden Folgeauszahlungen sowie die erwarteten Mehreinzahlungen oder Einsparungen im Laufe der Nutzungsdauer meist in jährlich **unterschiedlicher** Höhe anfallen.

Da man Geldmittel verzinslich anlegen kann, ist dem Investor ein Kapitalzufluss (Einzahlung) im ersten Jahr lieber als ein gleichhoher Kapitalzufluss im zweiten oder späteren Jahr. Bei Kapitalabflüssen verhält es sich umgekehrt. Hier sind für den Investor Auszahlungen in späteren Jahren weniger schlimm als in früheren Jahren.

**Beispiel:**

Ein Investor erwartet aus den beiden Investitionen $I_1$ und $I_2$, die die gleiche Anschaffungsauszahlung verursachen, folgende Einzahlungen:

| Investition | Periode 1 | Periode 2 | Periode 3 | Periode 4 | durchschnittl. Überschuss |
|---|---|---|---|---|---|
| $I_1$ | 200 | 1000 | 1800 | 2600 | + 1400 |
| $I_2$ | 2600 | 1800 | 1000 | 160 | + 1390 |

Nach den statischen Methoden müsste man sich für $I_1$ entscheiden, da der durchschnittliche Überschuss höher ist. Betrachtet man die zeitliche Struktur der

Einzahlungen, wird man sich für $I_2$ entscheiden, weil man hohe Rückflüsse in der Gegenwart hohen Rückflüssen in einer fernen Zukunft vorzieht. Die statischen Methoden vernachlässigen die unterschiedlichen zeitlichen Strukturen bei den Zahlungen.

Daraus lässt sich schließen, dass Zahlungen, die zu unterschiedlichen Zeitpunkten anfallen, nicht addiert oder subtrahiert werden dürfen. Will man sie vergleichbar machen, muss man die Zeitpräferenz des Investors berücksichtigen, die sich im Zinsfaktor i niederschlägt. Der **Zinssatz i** wird in den Berechnungen in seiner Dezimalschreibweise verwandt, d.h. bei einer Zinsangabe von z.B. 4 % wird mit dem Dezimalwert von 0,04 gerechnet. Im Regelfall bezieht sich der Zinssatz in den Investitionsrechnungen auf ein Jahr, so dass von einem jährlichen Zinssatz gesprochen wird.

### B.5.1.1 Zinseszinsrechnung

Im Rahmen der Zinseszinsrechnung[124] wird unterstellt, dass die Zinsen auf ein Anfangskapital $K_0$ die Berechnungsbasis für die Zinsen des jeweiligen Folgejahres erhöhen, indem sie jährlich zum Jahresende dem Kapital zugeschlagen werden. Anfangskapital und die Zinszahlungen aus den jeweiligen Perioden ergeben zusammen das Endkapital $K_n$.

**Beispiel:**

Welchen Endwert $K_n$ erreicht ein Geldbetrag $K_0$ = 10.000 €, der für n = 6 Jahre angelegt wird, wobei die Zinsen jeweils am Jahresende dem Kapital zugeschlagen werden? Der Zinssatz sei i = 4 %.

Die Lösung des Beispiels erfolgt mit Hilfe des Aufzinsens von $K_0$. Durch das **Aufzinsen** wird ermittelt, wie viel ein Geldbetrag unter Berücksichtigung von Zinsen und Zinseszinsen zu einem **späteren** Zeitpunkt wert ist. Dabei werden die Zinsen, die dem Anleger für die vergangenen Zinsperioden zustehen, jeweils dem Kapital zugeschlagen und erhöhen damit in der nächsten Periode die Berechnungsgrundlage. Das Guthaben zum Jahresende bei einer einjährigen Geldanlage kann ermittelt werden, indem das Anfangskapital mit dem Faktor (1+Zinssatz) bzw. (1+i) multipliziert wird. Bei einer mehrjährigen Geldanlage (n = Anzahl der Jahre) muss entsprechend n-mal mit dem Faktor (1+i) multipliziert werden, was mathematisch dem Ausdruck $(1+i)^n$ entspricht. In allgemeiner Form ergibt sich folgende **grafische Darstellung**:

124 Die einfache Zinsrechnung, bei der bei einer mehrjährigen Geldanlage die Zinsen der vorherigen Perioden nicht mitverzinst werden, soll hier nicht weiter behandelt werden, da die einfache Zinsrechnung in der Praxis der Investitionsrechnungen keine Bedeutung hat.

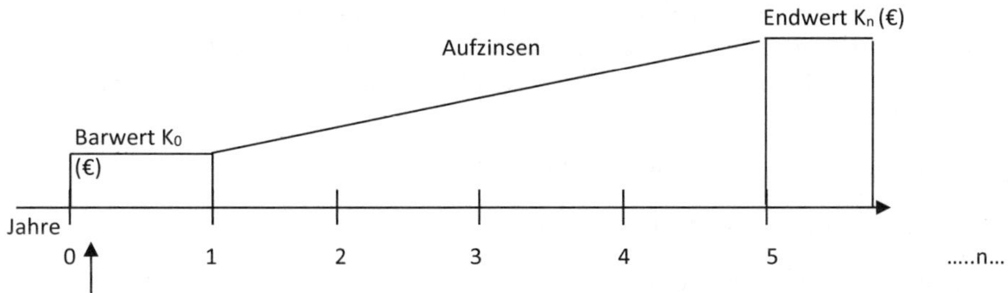


**rechnerische Lösung:**

Damit sich sofort das Endkapital errechnen lässt, muss das Anfangskapital mit dem Faktor (1 + i) multipliziert werden (eine Multiplikation nur mit dem Faktor i ergibt lediglich die Höhe der Zinsen).

Endwert = Anfangswert · Aufzinsungsfaktor (6 J., 4 %),

mit i = Zinssatz, n = Anzahl der Jahre, $K_n$ = Endwert, $K_0$ = Anfangswert

Der Ausdruck (1+i) wird als Zinsfaktor bezeichnet, der Ausdruck $(1+i)^n$ ist der **Aufzinsungsfaktor** für n Jahre. Er ergibt sich aus finanzmathematischen Tabellen oder kann mit dem Taschenrechner ermittelt werden.

$$K_n = K_0 \cdot (1+i)^n = 10.000 \cdot (1+0{,}04)^6 = 10.000 \cdot 1{,}04^6$$

$$K_6 = 10.000 \cdot 1{,}265319$$

$K_6$ = 12.653,19 €, d.h. nach 6 Jahren kann man über 12.653,19 € verfügen.

Sind die Zinssätze nicht für alle Perioden t gleich, dann wird für jede Periode ein separater Faktor bestimmt. Die Aufzinsung erfolgt, indem das Anfangskapital mit allen periodenspezifischen Faktoren multipliziert wird. Es gilt dann:

$$K_n = K_0 \cdot (1+i_1) \cdot (1+i_2) \cdot (1+i_3) \ldots \cdot (1+i_t)$$

Die Zins- und Zinseszinsrechnung befasst sich damit im Grundsatz mit zwei Fragestellungen:

- Wie hoch ist der Wert, den eine heute geleistete Zahlung in der Zukunft hat?
- Welchen Wert hat eine erst in der Zukunft liegende Zahlung heute?

Auf das Beispiel bezogen besagt die erste Variante für den Investor, dass er für das zum heutigen Zeitpunkt angelegte Kapital in sechs Jahren 12.653,19 € erhält, was sich durch ein **Aufzinsen** des angelegten Kapitals errechnen lässt. Im umgekehrten Falle lautet die Frage, wie hoch muss das Anfangskapital sein, wenn der Investor in sechs Jahren 12.653,19 € erhalten will. Die Lösung wäre dann 10.000 €. Dieses Verfahren nennt man **abzinsen** oder diskontieren. Durch das Abzinsen (diskontieren) wird ermittelt, wie viel ein Geldbetrag unter Berücksichtigung von Zinsen und Zinseszinsen zum **heutigen** Zeitpunkt (zum Bezugszeitpunkt) wert ist. Oder einfacher: Durch das Abzinsen wird ein zukünftiger Betrag wertmäßig in einen auf die Gegenwart bezogenen Betrag umgerechnet. Dabei bezeichnet man das Ergebnis einer solchen Abzinsung als **Barwert**. Die obige Gleichung lässt sich wie folgt nach dem Anfangswert auflösen:

Anfangswert · Aufzinsungsfaktor = Endwert

Anfangswert = Endwert · $1/(1+i)^n$ = Endwert · $(1+i)^{-n}$

Anfangswert = Endwert · Abzinsungsfaktor oder

$K_0 = K_n \cdot (1+i)^{-n}$

Der Ausdruck $(1+i)^{-n}$ ist der **Abzinsungsfaktor**, der aus finanzmathematischen Tabellen abzulesen ist.[125]

---

**MERKE:** Der Kehrwert des Aufzinsungsfaktors wird als Abzinsungsfaktor bezeichnet. Durch die Abzinsung wird – unter Berücksichtigung von Zins und Zinseszins – der gegenwärtige Wert eines zukünftigen Geldbetrages bestimmt. Das Ergebnis der Abzinsung wird allgemein als Barwert des zukünftigen Geldbetrages bezeichnet.

---

**Beispiel:**

Welcher Betrag muss heute angelegt werden, um in 6 Jahren unter Berücksichtigung von Zins- und Zinseszinsen bei einem Zinssatz von 4% ein Guthaben von 10.000 € zu erreichen?

Anfangswert = Endwert · Abzinsungsfaktor

$K_0 = K_n$ · Abzinsungsfaktor (6 J, 4 %)

$K_0 = K_n \cdot 1{,}04^{-6} = 10.000 \cdot 0{,}7903 = 7.903$ €

Das Ergebnis $K_0$ wird als **Barwert** bezeichnet, d.h. der Investor muss heute 7.903 € anlegen.

### B.5.1.2 Rentenberechnung

Im Rahmen der Zinseszinsrechnung wurde im letzten Kapitel der gegenwärtige Wert eines zukünftigen Betrages (Barwert) bzw. der künftige Wert eines gegenwärtigen Betrages (Endwert) ermittelt. Ermittelt wurde also ein einziger Geldbetrag. Bei einer Rente geht es um mehrere in gleichen Zeitabständen und in gleicher Höhe regelmäßig auftretende Zahlungen. Ermittelt wird, welchen Gesamtwert diese einzelnen Zahlungen entweder heute (am Anfang der Rentenzahlungen) oder in der Zukunft (am

[125] Eine entsprechende Abzinsungstabelle für unterschiedliche Laufzeiten und Zinssätze findet sich im Anhang.

Ende der Rentenzahlungen) haben. Unterstellt wird wiederum, dass die Zahlungen jeweils am Jahresende fällig werden; man spricht auch von einer „nachschüssigen" Rente.

Den **Endwert einer Rente** erhält man, indem alle Raten aufgezinst und die aufgezinsten Beträge addiert werden. Bei Rentenzahlungen über einen langen Zeitraum führt diese Vorgehensweise jedoch zu einem erheblichen Rechenaufwand. In der Finanzmathematik wird deshalb mit dem sog. **Rentenendwertfaktor** gerechnet, der sich aus der Summenformel einer geometrischen Reihe ableitet. Der Endwert $K_n$ einer n-jährigen nachschüssigen Rente berechnet sich aus der Multiplikation des gleich bleibenden Rentenbetrages a mit dem Rentenendwertfaktor wie folgt:

$$K_n = a \cdot \frac{(1+i)^n - 1}{(1+i) - 1}$$

Der Rentenendwertfaktor REF (i;n) kann ebenfalls aus finanzmathematischen Tabellen im Internet entnommen werden.

**Beispiel:**

Ein Sparer zahlt jährlich am Ende des Jahres 2000 € auf sein Konto ein. Er erhält von der Bank 4 % Zinseszinsen. Welchen Betrag hat er nach fünf Jahren auf seinem Konto?

$$K_n = a \cdot \frac{(1+i)^n - 1}{(1+i) - 1} = 2000 \cdot \frac{1{,}04^5 - 1}{1{,}04 - 1} = 2000 \cdot \frac{1{,}2167 - 1}{0{,}04} = 10.835\ €$$

Mit Hilfe der Rentenendwertformel lässt sich auch berechnen, wieviel man jährlich als konstante Rate auf ein Konto einzahlen muss, um einen bestimmten Endwert zu erhalten. Dazu muss die Formel nach a aufgelöst werden:

$$a = K_n \cdot \frac{(1+i) - 1}{(1+i)^n - 1}$$

**Beispiel:**

Welchen Betrag muss der Sparer jährlich am Ende des Jahres auf sein Konto einzahlen, wenn er bei 4 % Zinseszinsen nach fünf Jahren 10.000 € auf seinem Konto haben will?

$$a = K_n \cdot \frac{(1+i) - 1}{(1+i)^n - 1} = 10.000 \cdot \frac{0{,}04}{1{,}04^5 - 1} = 10.000 \cdot \frac{0{,}04}{1{,}2167 - 1} = 1.845{,}87\ €$$

In der Investitionsrechnung und in anderen Anwendungen der Rentenrechnung entsteht häufig die Frage nach dem gegenwärtigen Wert einer Rente, den man als **Barwert einer Rente** bzw. Rentenbarwert bezeichnet. In einem ersten Schritt wird der Rentenendwert für die gleichbleibenden nachschüssigen Rentenzahlungen ermittelt. Im zweiten Schritt wird dieser Endwert auf den Zeitpunkt, in dem die

Rentenzahlungen beginnen, abgezinst. Zur Berechnung des **Rentenbarwertes** ergibt sich dann folgende Formel:

$$K_0 = a \cdot RBF = a \cdot \frac{(1+i)^n - 1}{i \cdot (1+i)^n}, \text{ mit RBF = Rentenbarwertfaktor}$$

Der Rentenbarwertfaktor in Abhängigkeit vom Zinssatz i und den Jahren n ergibt sich ebenfalls aus finanzmathematischen Tabellen.

**Beispiel:**

Ein geschiedener Unterhaltspflichtiger muss für seine bei der Mutter lebende Tochter jährlich 4.800 € Unterhalt zahlen. Der Unterhalt ist für eine Zeit von 15 Jahren jeweils am 31. 12. nachträglich zu überweisen. Die jährliche Unterhaltszahlung soll durch eine einmalige Zahlung abgelöst werden. Welcher Betrag ist der Tochter anzubieten, damit sie sich auf der Grundlage eines Zinssatzes von 5 % wirtschaftlich nicht schlechter stellt?

$$K_0 = 4.800 \cdot \frac{(1+0{,}05)^{15} - 1}{0{,}05 \cdot (1+0{,}05)^{15}} = 4.800 \cdot 10{,}3797 = 49.822{,}56 \text{ €}$$

Die 15-jährige Unterhaltszahlung kann beim Zinssatz von 5 % durch eine einmalige Zahlung von 49.822,56 € abgelöst werden.

**Der Sonderfall des Rentenbarwertes: Ewige Rente**

Die Rentenberechnung stellt auf endlich lange fließende Zahlungen ab. Bei unendlichen Zahlungen wird von einer ewigen Rente gesprochen. Die Formel für den Kapitalwert vereinfacht sich, da die Laufzeit n gegen unendlich geht und somit mathematisch der Grenzwert des Rentenbarwertes ermittelt wird.

$$\lim_{n \to \infty} \frac{(1+i)^n - 1}{(1+i)^n \cdot i} = \lim_{n \to \infty} \frac{1 - \frac{1}{(1+i)^n}}{i} = \frac{1}{i}$$

$$K_0 = a \cdot \frac{1}{i} \qquad \text{mit a = konstante Rentenzahlung}$$

Den Barwert einer ewigen Rente erhält man somit, indem die konstante Rentenzahlung durch den als Dezimalzahl ausgedrückten Zinssatz dividiert wird.

**Beispiel:**

Aus einem Grundstücksverkauf erhält der Verkäufer bis in alle Ewigkeit an jedem Jahresende 2.500 € ausgezahlt. Wie hoch ist der Betrag, den der Käufer heute bei einem Zinssatz von 6 % anlegen muss um diese Zahlungen auf Dauer zu garantieren?

$$K_0 = a \cdot \frac{1}{i} = 2.500 \cdot \frac{1}{0{,}06} = 41.677 \text{ €}$$

Der Barwert beträgt 41.677 €, d.h. wenn heute dieser Betrag angelegt wird und ein Zinssatz von 6 % unterstellt wird, ist exakt in Höhe der jährlichen Zinsgutschrift die Zahlung der 2.500 € auf Dauer garantiert.

### B.5.1.3 Annuitätenrechnung

Die Rentenberechnung im vorherigen Abschnitt unterstellte einen vorgegeben gleich bleibenden Rentenbetrag, woraus entweder der Rentenbarwert oder der Rentenendwert ermittelt wurde. Im Rahmen der Annuitätenrechnung ist die Fragestellung umgekehrt. Aus **einem vorgegebenen Betrag** sollen **gleich bleibende Zahlungen a** bestimmt werden, d.h. es soll eine Einmalzahlung in eine Zahlungsreihe umgerechnet werden. Aus der Formel zur Berechnung des Rentenbarwertes kann durch Auflösung nach dem Faktor a die gesuchte Größe, nämlich die Annuität errechnet werden:

$$K_0 = a \cdot \frac{(1+i)^n - 1}{i \cdot (1+i)^n}$$

$$a = K_0 \cdot \frac{i \cdot (1+i)^n}{(1+i)^n - 1}$$

Der Ausdruck $\frac{i \cdot (1+i)^n}{(1+i)^n - 1}$, der vom Zinssatz i und der Laufzeit n abhängt, wird als Annuitätenfaktor oder Kapitalwiedergewinnungsfaktor bezeichnet. Er ist der Kehrwert des Rentenbarwertfaktors. Durch Multiplikation des Annuitätenfaktors mit dem Anfangskapital lässt sich also das Anfangskapital auf jährlich gleich bleibende Zahlungen a mit einer Laufzeit von n Jahren verteilen.

Der Annuitätenfaktor in Abhängigkeit vom Zinssatz i und den Jahren n ergibt sich wiederum aus finanzmathematischen Tabellen oder lässt sich als Kehrwert des Rentenbarwertfakors schnell aus der Tabelle für Rentenbarwertfaktoren errechnen.

**Beispiel 1:**

Welchen gleich bleibenden Betrag (Annuität) kann man drei Jahre hintereinander jeweils zum Jahresende vom Bankkonto abheben, wenn zu Beginn des ersten Jahres ein Anfangskapital von 20.000 € mit einer Verzinsung zu 6% angelegt wird?

$$a = K_0 \cdot \frac{i \cdot (1+i)^n}{(1+i)^n - 1} \text{ bzw. } a = K_0 \cdot \frac{1}{\text{RBF (3J;6\%)}} = 20.000 \cdot \frac{1}{2{,}6730} = 7.482{,}23\ €$$

**Probe:** Die Aufzinsung der Annuität von 7.482,23 € mit dem Rentenbarwertfaktor 2,6730 ergibt wieder das Anfangskapital von 20.000 €.

**Beispiel 2:**

Ein Arzt, der eine Lebensversicherung abgeschlossen hat, möchte seine im 70. Lebensjahr fällige Versicherungssumme nicht in einer Summe ausgezahlt haben, sondern zieht eine Verrentung vor. Welche Jahresrente wird ihm die Versicherungsgesellschaft anbieten, wenn die Versicherungssumme auf 500.000 € lautet, eine statistische Restlebenserwartung von 10 Jahren anzusetzen ist und mit einem Kalkulationszinsfuß von 6 % gerechnet wird?

$$a = K_0 \cdot \frac{1}{\text{RBF (10J;6\%)}} = 500.000 \cdot \frac{1}{7{,}3601} = 67.934\ €$$

Der Begriff „Annuität" ist auch aus dem Kreditwesen bekannt. Dort ist die Annuität ein über die gesamte Laufzeit des Kredites gleich bleibender Jahresbetrag, der sich aus Zinsen und Tilgung zusammensetzt, wobei sich die Zusammensetzung aus Zinsen und Tilgung verändert. Am Anfang der Laufzeit des Kredites ist der Zinsanteil hoch und der Tilgungsanteil niedrig. Mit zunehmender Tilgung verringern sich die jährlichen Zinsen.

**Beispiel 3:**

Eine Hypothekenbank bietet ein Darlehen über 200.000 € mit einer Laufzeit von 20 Jahren zu einem Zinssatz von 7 % an.

Wie hoch ist die jährlich zu zahlende Annuität und wie hoch sind im ersten und zweiten Jahr der Zins- und der Tilgungsanteil, wenn die Zinsen jeweils nur auf die Restschuld berechnet werden?

$$a = K_0 \cdot \frac{1}{\text{RBF (20J;7\%)}} = 200.000 \cdot \frac{1}{10{,}5940} = 18.878{,}61\ €$$

Die Zinsen betragen im ersten Jahr 7 % von 200.000 €, also 14.000 €. Die Differenz zur Annuität ist die Tilgungsleistung in Höhe von 4.878,61 €.

Im zweiten Jahr betragen die Zinsen 7 % von 195.121,39 €, also 13.658,50 €. Die Differenz zur Annuität ist eine Tilgungsleistung in Höhe von 5.220,11 €.

MERKE: Rente oder Annuität heißt eine in gleichen Zeitabständen regelmäßig wiederkehrende gleichhohe Zahlung. Ermittelt wird die Annuität durch Multiplikation des Anfangskapitals mit dem sogenannten Wiedergewinnungsfaktor (Annuitätenfaktor). Der Annuitätenfaktor ist der Kehrwert des Rentenbarwertfaktors.

### B.5.2 Gemeinsamkeiten der dynamischen Verfahren

Bei den dynamischen Rechnungen werden die voraussichtlichen Ein- und Auszahlungen eines Investitionsvorhabens über die gesamte Nutzungsdauer hinweg untersucht, wobei der jeweilige zeitliche Anfall der Zahlungsströme bewertet wird. Es werden **keine kalkulatorischen Kosten** betrachtet, wie das etwa bei der Kostenvergleichsrechnung der Fall ist. Es ergeben sich folgende Bestimmungsfaktoren für die dynamischen Rechnungen:

- **Zahlungsströme:**
  Die Durchführung von Investitionen verursacht Auszahlungen, die über den betrieblichen Umsatzprozess als Einzahlungen wieder zurückfließen. Zu den Zahlungsströmen gehören die Investitionsauszahlung, auszahlungsgleiche Aufwendungen (z.B. Personal- und Materialaufwendungen) und einzahlungsgleiche Erträge (z.B. Umsatzerlöse).[126] Es werden keine durchschnittlichen Periodenwerte ermittelt; vielmehr werden die zeitlichen Unterschiede im Entstehen der Zahlungen für den gesamten Betrachtungszeitraum rechnerisch berücksichtigt. Bei den Zahlungsströmen wird von einem Modell der Sicherheit ausgegangen; es wird also unterstellt, dass alle künftigen Zahlungen bekannt sind bzw. zuverlässig geschätzt werden können. Bei **Rationalisierungsmaßnahmen** können statt Einzahlungen auch **Ersparnisse** angesetzt werden.

- **Zahlungszeitpunkt:**
  Neben der Höhe der Zahlungsströme sind auch die Zeitpunkte, zu denen die Zahlungsströme fließen, bedeutsam und vorhersehbar; Zahlungsströme einer Periode heißen **Zahlungsreihen**. Zur Vereinfachung werden die Zahlungen nicht tagesgenau, sondern nach Jahren dargestellt. Bei Investitionen wird unterstellt, dass die Anschaffungsauszahlung unmittelbar vor Beginn des ersten Jahres (im Zeitpunkt $t = 0$) anfällt. Die durch die Investition ausgelösten Zahlungen fallen jeweils am Ende der folgenden Jahre ($t = 1, 2, \ldots, n$) an, d.h. es handelt sich um eine **„nachschüssige" Rechnung**. Die Einzahlungen und Auszahlungen der einzelnen Jahre können saldiert werden, um Einzahlungs- bzw. Auszahlungsüberschüsse am Periodenende zu erhalten. Ein in der letzten Periode anfallender Liquidationserlös oder entsprechende Entsorgungs- bzw. Abbruchkosten sind am Ende der letzten Periode gesondert zu berücksichtigen.

- **Bezugszeitpunkt:**
  Alle Zahlungen werden durch Auf- bzw. Abzinsen auf einen gemeinsamen Bezugszeitpunkt ausgerichtet. Wird als Bezugszeitpunkt das Ende des Planungszeitraums gewählt, sind alle Zahlungen aufzuzinsen, um den Endwert einer Investition zu ermitteln. Wird als Bezugszeitpunkt der Anfang des Planungszeitraums gewählt, sind alle Zahlungen abzuzinsen (Ermittlung der einzelnen Barwerte der Zahlungen). Die Summe der Barwerte ergibt den Kapitalwert. In

[126] Zu Abgrenzungseinzelheiten vgl. Blohm/Lüder/Schäfer, Investition, 10. Aufl. 2012, S. 122.

der Praxis werden i.d.R. die Kapitalwerte berechnet, d.h. die Zahlungen werden auf den Anfang des Planungszeitraums abgezinst.

- **Kalkulationszinsfuß:**
  Der Kalkulationszinsfuß hat die Aufgabe, mit Hilfe der Abzinsung die Zahlungsreihen auf den gleichen Zeitpunkt, nämlich dem Beginn des Planungszeitraums, zu beziehen. Seine Höhe orientiert sich an vier Daten: Kapitalmarktzins, branchenüblicher Zins, Durchschnittsrentabilität bestimmter Anlagen, Fremdkapitalzinssatz. Dem Kalkulationszinsfuß kommt dabei besondere Bedeutung zu: Er soll innerhalb der Investitionsrechnung sicherstellen, dass eine **Mindestverzinsung** erreicht wird, die der Investor als Untergrenze der Wirtschaftlichkeit ansieht. Der Kalkulationszinsfuß für eine Investition muss also so hoch sein wie der Zins, der mit einer anderen, zurzeit möglichen, risikogleichen Kapitalanlage zu erhalten wäre.
  Die Höhe des Kalkulationszinssatzes hat in entscheidender Weise Einfluss auf das Ergebnis der Investitionsrechnung und damit auf die Entscheidung des Investors. Da Investitionen im Regelfall sowohl durch Eigenkapital als auch durch die Aufnahme von Fremdkapital finanziert werden, ist es sinnvoll, einen im Verhältnis von Eigenkapital und Fremdkapital gewichteten **Mischzinssatz** zu ermitteln. In den dynamischen Investitionsrechnungen wird unterstellt, dass der Investor während der gesamten Nutzungsdauer der Investition zum Kalkulationszinssatz in beliebiger Höhe Geldmittel anlegen oder aufnehmen kann; man spricht hier auch von den Prämissen des sog. **vollkommenen Kapitalmarktes**.

---

MERKE: Dynamische Investitionsrechnungen erfassen exakt die zeitlich unterschiedlichen Ein- und Auszahlungen aus einer Investition, indem sie unter Berücksichtigung von Zinseszinsen Eingang in die Bewertung finden.

---

Dynamische Verfahren der Investitionsrechnung sind die Kapitalwertmethode, die Methode des internen Zinsfußes, die Annuitätenmethode und die dynamische Amortisationsrechnung. Sie werden nachfolgend dargestellt.

### B.5.3 Kapitalwertmethode

Die Kapitalwertmethode (auch: Discounted-Cash-Flow-Methode = DCF-Methode) ist die gebräuchlichste der dynamischen Investitionsrechnungen. Sie dient zur Prüfung der Vorteilhaftigkeit von Investitionen und beruht auf einer einfachen Idee: Sie vergleicht die gesamten Einzahlungen mit den gesamten Auszahlungen eines Investitionsvorhabens. Dazu sind alle Ein- und Auszahlungen auf den Zeitpunkt der Leistung der Investitionsauszahlung, dem sog. Bezugszeitpunkt (t = 0) mit dem Kalkulationssatz abzuzinsen (zu diskontieren).

Wie bei den anderen dynamischen Investitionsrechnungen wird die Existenz eines **vollkommenen Kapitalmarktes** angenommen, auf dem zum Kalkulationszinssatz in beliebiger Höhe finanzielle Mittel angelegt oder aufgenommen werden können.

Bei einer Investition steht der Investor immer vor der Frage, ob diese vorteilhaft ist oder nicht; dazu müssen über die gesamte Nutzungsdauer die Einzahlungen mit den Auszahlungen verglichen werden. Es genügt nicht, diesen Vergleich in der Weise durchzuführen, dass Ein- und Auszahlungen addiert und gegenübergestellt werden, sondern Beträge, die erst in der Zukunft fällig werden, sind entsprechend niedriger zu bewerten (time is money). Der Wertunterschied zwischen gegenwärtigen und zukünftigen Beträgen kommt im Zinssatz zum Ausdruck, der das Maß für die Zeitpräferenz darstellt.

---

MERKE: Eine Investition ist dann lohnend, wenn der Gegenwartswert (Barwert) aller Einzahlungen $E_0$ bei dem vom Investor angesetzten Zinssatz mindestens so groß ist wie der Gegenwartswert (Barwert) der Auszahlungen $A_0$.
Es muss also gelten: $E_0 \geq A_0$ oder $E_0 - A_0 \geq 0$

---

Um Rechenarbeit zu sparen, kann auch direkt der Barwert aller positiven und negativen **Einzahlungsüberschüsse** berechnet werden. Die Einzahlungsüberschüsse erfassen, anders als die Rückflüsse, auch die Anschaffungsauszahlung und einen eventuellen Liquidationserlös. In den folgenden Beispielen wird unterstellt, dass der Kalkulationszinssatz für alle Perioden gleich hoch ist:

**Beispiel:**

Die Stadt A beabsichtigt eine Investition. Zur Entscheidungsfindung soll der Kapitalwert ermittelt und als Entscheidungskriterium herangezogen werden. Die Investitionsauszahlung hat ein Volumen von 100.000 €. Das Investitionsobjekt ist 5 Jahre nutzbar, ein Liquidationserlös fällt nicht an, der Kalkulationszinssatz beträgt 6 %. Die prognostizierten Einzahlungen und Auszahlungen, die jeweils zum Jahresende anfallen, stellen sich wie folgt dar:

| Jahr | Einzahlungen | Auszahlungen |
|---|---|---|
| 1 | 70.000,- | 50.000,- |
| 2 | 80.000,- | 60.000,- |
| 3 | 90.000,- | 60.000,- |
| 4 | 100.000,- | 70.000,- |
| 5 | 90.000,- | 50.000,- |

**Lösung:**

| Jahr | Abzinsungsfaktor bei 6 % | Einzahlungen | | Auszahlungen | | Einzahlungsüberschüsse | |
|---|---|---|---|---|---|---|---|
| | | Zeitwerte | Barwerte | Zeitwerte | Barwerte | Zeitwerte | Barwerte |
| 0 | 1 | | | 100.000,00 | 100.000,00 | -100.000,00 | -100.000,00 |
| 1 | 0,9434 | 70.000,00 | 66.038,00 | 50.000,00 | 47.170,00 | 20.000,00 | 18.868,00 |
| 2 | 0,8900 | 80.000,00 | 71.200,00 | 60.000,00 | 53.400,00 | 20.000,00 | 17.800,00 |
| 3 | 0,8396 | 90.000,00 | 75.564,00 | 60.000,00 | 50.376,00 | 30.000,00 | 25.188,00 |
| 4 | 0,7921 | 100.000,00 | 79.210,00 | 70.000,00 | 55.447,00 | 30.000,00 | 23.763,00 |
| 5 | 0,7473 | 90.000,00 | 67.257,00 | 50.000,00 | 37.365,00 | 40.000,00 | 29.892,00 |
| Barwertsumme | | | 359.269,00 | | 343.758,00 | | **15.511,00** |

| | | |
|---|---|---|
| | Barwert aller Einzahlungen | 359.269,00 € |
| ./. | Barwert aller Auszahlungen | 343.758,00 € |
| = | Kapitalwert: | 15.511,00 € |

Die Investitionsauszahlung zum Zeitpunkt t = 0, was dem Beginn der ersten Periode entspricht, geht unverändert in die Berechnung ein, weil mathematisch stets gilt: $(1+i)^0 = 1$. Die Zahlungen am Ende der ersten Periode t = 1 werden für ein Jahr abgezinst, die Zahlungen am Ende der zweiten Periode t = 2 für zwei Jahre usw. Der Zinssatz i ist der Kalkulationszinssatz und stellt die gewünschte Mindestverzinsung des Investors dar.

Der Kapitalwert ist positiv (größer als 0); die Investition ist damit als vorteilhaft zu betrachten, d.h. die effektive Verzinsung der Investition ist höher als der Kalkulationszinssatz von 6 %. Die Investition erbringt einen über die Anschaffungsauszahlung und die Verzinsung hinausgehenden Zahlungsüberschuss mit einem Barwert von 15.511 €.

In der Lösung wurden die Einzahlungen und Auszahlungen zuerst getrennt abgezinst. In der alternativen Darstellung wurden, um Rechenarbeit zu sparen, sofort die Einzahlungsüberschüsse abgezinst. Beide Varianten führen zum gleichen Ergebnis.

Die mathematische Definition des Kapitalwertes lautet:

$$C_0 = -A_0 + \sum_{t=1}^{n} \frac{(E_t - A_t)}{(1+i)^t} \quad \text{bzw.} \quad C_0 = -A_0 + \sum_{t=1}^{n} \frac{Z_t}{(1+i)^t}$$

Dabei gilt: $C_0$ = Kapitalwert der Investition, $A_0$ = Anschaffungsauszahlung, $A_t$ = Auszahlungen der Periode t, $E_t$ = Einzahlungen der Periode t, t = Zeitindex, n =

Nutzungsdauer, $Z_t$ = Einzahlungsüberschüsse der Periode t (positive oder negative Differenzen zwischen Einzahlungen und Auszahlungen).

Wird im letzten Jahr noch ein **Liquidationserlös** $L_n$ erwartet, ergibt sich folgende abgewandelte Formel:

$$C_0 = -A_0 + \sum_{t=1}^{n} \frac{Z_t}{(1+i)^t} + \frac{L_n}{(1+i)^n}$$

**Beispiel:**

Die Pflege der städtischen Fahrzeuge erfolgte bisher durch Fremdfirmen. Es ist geplant, diese Arbeiten künftig selbst durchzuführen. Die anzuschaffende automatische Autowaschanlage soll 500.000 € kosten. Der Liquidationserlös, der nach Ablauf der Nutzungsdauer erzielt werden kann, beträgt 30.000 €. Während der Nutzungszeit fallen Betriebs- und Instandhaltungsausgaben von 100.000 € im ersten Jahr an, die jährlich um 10.000 € ansteigen. Durch den Kauf der Waschanlage werden künftig Auszahlungen an Fremdfirmen in Höhe von 250.000 € jährlich vermieden. Die Stadt rechnet mit einem Kalkulationszinssatz von 6 %.

Die Ersparnisse können mit Einzahlungen gleichgesetzt werden. Es ergibt sich folgende Lösung:

| Jahr | Abzinsungsfaktor bei 6 % | Einzahlungen Zeitwert | Auszahlungen Zeitwert | Einzahlungsüberschüsse Zeitwerte | Einzahlungsüberschüsse Barwerte |
|---|---|---|---|---|---|
| 0 | 1 | | 500.000,00 | -500.000,00 | -500.000,00 |
| 1 | 0,9434 | 250.000,00 | 100.000,00 | 150.000,00 | 141.510,00 |
| 2 | 0,8900 | 250.000,00 | 110.000,00 | 140.000,00 | 124.600,00 |
| 3 | 0,8396 | 250.000,00 | 120.000,00 | 130.000,00 | 109.148,00 |
| 4 | 0,7921 | 250.000,00 | 130.000,00 | 120.000,00 | 95.052,00 |
| 5 | 0,7473 | 250.000,00 | 140.000,00 | 110.000,00 | 82.203,00 |
| Kapitalwert | | | | | **52.513,00** |

Die Investition lohnt sich, da der Kapitalwert positiv ist. Es gilt allgemein:

| Kapitalwert | Beurteilung |
|---|---|
| Kapitalwert = 0 | Die vom Investor gewünschte Mindestverzinsung (vgl. Kalkulationszinssatz) wird gerade erreicht. Die Investition bringt gegenüber der Geldanlage keinen Vorteil. |
| Kapitalwert > 0 | Die vom Investor gewünschte Mindestverzinsung wird überschritten. Die Investition ist absolut vorteilhaft. Bei mehreren Investitionsalternativen ist diejenige am günstigsten, die den größten positiven Kapitalwert besitzt. |
| Kapitalwert < 0 | Die vom Investor gewünschte Mindestverzinsung wird nicht erreicht. Die Investition ist abzulehnen bzw. die angesetzte Mindestverzinsung ist zu überdenken. |

Werden nur Auszahlungen oder negative Kapitalwerte (Auszahlungen sind höher als Einzahlungen) betrachtet, so ist die Alternative mit dem betragsmäßig niedrigsten negativen Kapitalwert vorteilhafter (z. B. ist –10 > –100). Auch eine Alternative mit negativem Kapitalwert kann somit die wirtschaftlichste aller relevanten Handlungsalternativen sein. Die **relative** Wirtschaftlichkeit der Variante mit dem am wenigsten negativen Kapitalwert stellt den Regelfall in der öffentlichen Verwaltung dar, wenn es um Investitionen zur Daseinsvorsorge geht. Daneben ist die Kapitalwertmethode einzusetzen, wenn es generell um eine Entscheidung zwischen den Alternativen Kauf oder Leasing bzw. Miete von Vermögensgegenständen geht.

**Für die Kapitalwertmethode lässt sich somit zusammenfassen:**

- Es wird unterstellt, dass der Investor die von einem Investitionsobjekt in der Zukunft verursachten Ein- und Auszahlungen sicher ermitteln und der Investition zurechnen kann.
- Es liegt ein vollkommener und für den Investor unbeschränkter Kapitalmarkt vor, d.h. es kann Kapital in beliebiger Höhe zum Kalkulationszinssatz sowohl angelegt als auch aufgenommen werden.
- Es wird unterstellt, dass die Anschaffungsauszahlung zum Beginn des ersten Jahres und die weiteren Einzahlungen und Auszahlungen zum Ende der jeweiligen Periode eintreten.
- Die Einzahlungen und Auszahlungen werden zeitlich zu einer Zahlungsreihe geordnet.
- Die Zahlungsreihe beginnt im Regelfall mit dem Entscheidungszeitpunkt für die Investition und endet mit dem letzten Jahr der Nutzung der Investition oder mit einem vom Investor festgesetzten zeitlichen Horizont.
- Die Zeitwerte der einzelnen Einzahlungen und Auszahlungen werden auf den Entscheidungszeitpunkt - Bezugspunkt - ($t_0$) abgezinst; es werden also die Barwerte ermittelt.
- Die Barwerte der Auszahlungen werden von den Barwerten der Einzahlungen abgezogen; alternativ können sofort die Einzahlungsüberschüsse abgezinst werden. Statt Einzahlungen können auch Einsparungen angesetzt werden.
- Der Kapitalwert wird ermittelt.
- Ein Investitionsobjekt ist vorteilhaft, wenn sein Kapitalwert größer 0 ist, d.h. die Verzinsung der Investition ist höher als der Kalkulationszinssatz.
- Die Entscheidungsregel für eine einzelne Investition lautet: Führe die Investition durch, wenn sie bei den gegebenen sicheren Daten einen positiven Kapitalwert aufweist!
- Beim Vergleich mehrerer Investitionen gilt diejenige Investition mit dem höchsten positiven Kapitalwert als die vorteilhafteste Variante. Die Entscheidungsregel lautet dann: Wähle die Investition, die bei den gegebenen sicheren Daten den höchsten Kapitalwert aufweist!
- Müssen öffentliche Verwaltungen aus Gründen der Daseinsvorsorge Investitionen vornehmen, bei denen keine Einzahlungen bzw. Einsparungen

auftreten, kann die relative Wirtschaftlichkeit durch die Kapitalwertmethode beurteilt werden.
- Es können Alternativinvestitionen miteinander verglichen werden, die sich nicht nur in der zeitlichen Struktur ihrer Zahlungsströme unterscheiden, sondern auch in Bezug auf ihre Nutzungsdauer und die Höhe ihrer Zahlungsströme.

MERKE: Als Kapitalwert $C_0$ eines Investitionsprojektes bezeichnet man die Summe aller mit dem Kalkulationszinssatz i auf den Zeitpunkt $t_0$ abgezinsten Zahlungen des Projektes.

**Sonderfall Rentenbarwert:**

Eine Vereinfachung bei der Berechnung nach der Kapitalwertmethode ergibt sich, wenn die Einzahlungsüberschüsse (Z) in **gleicher Höhe** über eine bestimmte Anzahl von Jahren anfallen. Solche konstanten Einzahlungsüberschüsse nennt man auch **Renten**. Der Kapitalwert lässt sich dann mit dem **Rentenbarwertfaktor (RBF)** ermitteln. Diese Variation wird praktisch relevant, wenn etwa zwischen einer einmaligen Anschaffungsauszahlung und gleichbleibenden Raten in einem Miet- oder Leasingvertrag entschieden werden soll. Die Formel für den Rentenbarwert (ohne Liquidationserlös) lautet:

$$C_0 = -A_0 + Z \cdot \frac{(1+i)^n - 1}{i \cdot (1+i)^n}$$

Der Faktor, mit dem Z multipliziert wird, ist der Rentenbarwertfaktor.

**Beispiel:**

Wie hoch ist der Kapitalwert, wenn im Eingangsbeispiel in allen fünf Jahren je 28.000 € Einzahlungsüberschüsse anfallen?

$C_0 = -100.000 + 28.000 \cdot \text{RBF (5 Jahre, 6\%)}$

$C_0 = -100.000 + 28.000 \cdot 4{,}2124 = -100.000 + 117.947{,}20 = 17.947{,}20$

Der Kapitalwert beträgt 17.947,20€ und ist höher als im vorherigen Beispiel mit den unterschiedlich hohen Einzahlungsüberschüssen. Denn dort ist die zeitliche Verteilung schlechter, weil in den ersten beiden Jahren geringere Beträge zurückfließen und die in der Zukunft liegenden höheren Rückflüsse durch das Abzinsen stärker abgewertet werden und daher mit weniger Gewicht in das Ergebnis eingehen.

Rechnet man für einen unendlich langen Zeitraum (unbegrenzte Nutzungsdauer) mit einem konstanten Einzahlungsüberschuss Z, wie das z.B. häufig beim Erwerb von Unternehmen unterstellt wird, so wird der Kapitalwert dieser „**ewigen Rente**" wie folgt bestimmt:

$$C_0 = -A_0 + Z \cdot \frac{1}{i} = -A_0 + \frac{Z}{i}$$

**Beispiel:**

Eine Gemeinde plant den Erwerb eines Grundstückes zum Preis von 1 Mio. €. Das Grundstück kann anschließend auf Dauer für jährlich 70.000 € verpachtet werden. Der kalkulatorische Zinssatz beträgt 6 %. Ist der Grundstückskauf für die Gemeinde vorteilhaft?

$$C_0 = -1.000.000 + 70.000 \cdot \frac{1}{0{,}06} = -1.000.000 + \frac{70.000}{0{,}06} = 166.667\ €$$

Da der Kapitalwert positiv ist, lohnt sich die Investition. Würde ein Unternehmen handeln, das nach Maximierung des sog. **Shareholder Value** (= Reinvermögenserhöhung) strebt, beziffert der Kapitalwert exakt den Betrag, um den sich der Shareholder Value bei Durchführung der Investition erwartungsgemäß ändert.

**Sonderfall Alternativenvergleich mit unterschiedlicher Nutzungsdauer:**

Beim Alternativenvergleich wird unter zwei oder mehreren Investitionen diejenige mit dem höchsten Kapitalwert ausgewählt. Sind die Nutzungszeiten der Vergleichsobjekte nicht gleich lang, so wird unterstellt, dass sich an die jeweilige Alternative eine identische Folgeinvestition anschließt. Die sich ergebenden Ketten werden so lange fortgesetzt, bis sich ein identischer Endzeitpunkt ergibt. Dann werden für beide Ketten die Kapitalwerte bestimmt.

MERKE: Die Höhe des Kapitalwertes einer Investition und damit ihre Vorteilhaftigkeit hängt ab von der Höhe der Ein- und Auszahlungen, ihrer zeitlichen Verteilung und dem gewählten Zinssatz.
Je höher der Kalkulationszinssatz, desto geringer ist der Kapitalwert einer zukünftigen Investition. Steigende Kapitalkosten i bremsen die Investitionstätigkeit der Unternehmen.

**Probleme bei der Anwendung der Kapitalwertmethode**

1. **Zurechenbarkeit der Zahlungsströme:** Besonders bei den Einzahlungen ist es häufig nicht möglich, eine verursachungsgerechte Zuordnung vorzunehmen.
2. **Ungewissheit der Zahlungsströme:** Wie alle Investitionsrechenverfahren unterstellt die Kapitalwertmethode eine vollkommene Sicherheit über die in der Zukunft eintretenden Zahlungsströme.
3. **Unterschiedliche Nutzungsdauer:** Bei unterschiedlicher Nutzungsdauer verschiedener Alternativen wird unterstellt, dass sich an die jeweilige Alternative eine identische Folgeinvestition anschließt. Dies entspricht oft nicht der Realität.
4. **Konstanter Kalkulationszinssatz:** Im Laufe der Zeit verändern sich die Zinssätze für Eigen- und Fremdkapital und damit auch der Kalkulationszinssatz. Die Zinsentwicklungen lassen sich nicht vorhersagen.

### B.5.4 Annuitätenmethode

Die Annuitätenmethode stellt das Ergebnis der Kapitalwertmethode – den Kapitalwert – als jährlichen Überschuss (**Periodenerfolg**) dar. Insofern ist sie nur eine **Zusatzrechnung zur Kapitalwertmethode**. Um den jährlichen Überschuss zu ermitteln, ist der errechnete Kapitalwert **auf die Jahre der Nutzung gleichmäßig zu verteilen.** Die Verteilung erfolgt durch Multiplikation des Kapitalwertes einer Investition mit dem sog. Kapitalwiedergewinnungsfaktor (**Annuitätenfaktor**). Im Wesentlichen handelt es sich bei der Annuitätenmethode also um eine geänderte Darstellungsform des Kapitalwertes. In der Fachliteratur[127] spricht man davon, dass der Kapitalwert in

- äquivalente (der Kapitalwert der neuen Zahlungsreihe muss dem Kapitalwert der ursprünglichen Zahlungsreihe entsprechen),
- äquidistante (die Zahlungen müssen in gleichen zeitlichen Abständen erfolgen),
- und uniforme (die Zahlungen der neuen Reihe müssen alle gleich groß sein)

Periodenzahlungen umgewandelt wird.

Die Annuität sagt somit aus, welchen konstanten Betrag ein Investor innerhalb der als bekannt vorausgesetzten Nutzungsdauer der Investition jeweils am Ende der einzelnen Periode entnehmen könnte, ohne dass dadurch die Rückgewinnung des durch die Investition gebundenen Kapitals zum Kalkulationszinssatz beeinträchtigt würde.[128]

Die rechnerische Ableitung der Annuität geht von folgenden Beziehungen aus:

Kapitalwert = Rentenbarwertfaktor · konstanter Einzahlungsüberschuss (Rückfluss) bzw.
Kapitalwert = Rentenbarwertfaktor · Annuität

Annuität = Kapitalwert · $\frac{1}{\text{RBF}}$

Der Faktor $\frac{1}{\text{RBF}}$ wird als Annuitätenfaktor bezeichnet.

Der Annuitätenfaktor ist der Kehrwert des Rentenbarwertfaktors.

**Beispiel:**

Eine Investition mit einer Anschaffungsauszahlung von 90.000 € in t = 0 führt im ersten Jahr zu Einzahlungsüberschüssen von 40.000 € und im zweiten Jahr zu Einzahlungsüberschüssen von 70.000 €. Der Investor, der mit einem Zinssatz von 6 % rechnet, will wissen, welchen Betrag die Investition jährlich nachschüssig abwerfen

[127] Vgl. Bieg/Kußmaul/Waschbusch, Investition, 3. Aufl. 2016, S. 104, Mindermann, Torsten, Investitionsrechnung, S. 39.

[128] Vgl. Bieg/Kußmaul/Waschbusch, Investition, 3. Aufl. 2016, S. 105.

muss, damit die Anschaffungsauszahlung nach zwei Jahren zurückgeflossen ist und die gewünschte Verzinsung erreicht wird. Da es neben der Anschaffungsauszahlung noch Folgezahlungen in den beiden Jahren danach gibt, ist anhand der Einzahlungsüberschüsse zuerst der Kapitalwert zu ermitteln.

**Schritt 1: Ermittlung des Kapitalwertes der Investition:**

Kapitalwert $C_0 = -90.000 + 40.000 \cdot 0{,}9434 + 70.000 \cdot 0{,}8900 = +10.036$ €

**Schritt 2: Ermittlung der Annuität** (mit Hilfe des Rentenbarwertfaktors):

$$\text{Annuität} = C_0 \cdot \frac{i \cdot (1+i)^n}{(1+i)^n - 1} = 10.036 \cdot \frac{1}{\text{RBF (2J;6\%)}} = 10.036 \cdot \frac{1}{1{,}8334} = 5473{,}98\ €$$

Der durchschnittliche jährliche Rückfluss beträgt 5.473,98 €. Die Investition ist vorteilhaft, da bereits der Kapitalwert > 0 ist.

Weist die betrachtete Investition in allen zukünftigen Zeitpunkten einen konstanten Einzahlungsüberschuss Z (**Rente**) auf, so berechnet sich die Annuität (AN) nach der Formel:

$$\text{Annuität} = Z - \frac{A_0}{\text{RBF}}$$

Bei einer **ewigen Rente** vereinfacht sich die Annuität weiter zu:

$$\text{Annuität} = Z - A_0 \cdot i$$

Bei der Beurteilung einer einzelnen Investition können Kapitalwert- und Annuitätenmethode nie zu einem unterschiedlichen Ergebnis führen. Somit gilt bei einer **Einzelinvestition**: Die Investition ist vorteilhaft, wenn ihre Annuität positiv ist. Bei einer **Auswahlentscheidung** zwischen mehreren Investitionen gilt: Wähle die Investition mit der höchsten (positiven) Annuität. Zusätzlich ist darauf zu achten, dass alle Investitionsalternativen die gleiche Nutzungsdauer haben, damit der Kapitalwert nicht auf unterschiedliche Zeiträume verteilt wird.

MERKE: Eine Investition ist vorteilhaft, wenn die Annuität größer 0 ist. Werden mehrere Investitionen verglichen, ist die Investition mit der höchsten Annuität zu wählen. Die Annuität lässt sich interpretieren als gleichbleibender Betrag, der bei Durchführung der Investition neben Verzinsung und Tilgung in jeder Periode der Nutzungsdauer entnommen werden könnte.

Während der Kapitalwert in der Praxis oft schwierig zu interpretieren ist, kommt die Annuität dem Denken in jährlichen Zahlungen entgegen:

Der Kapitalwert zeigt den Totalerfolg von Investitionen auf. Die Annuität bezieht sich auf den Periodenerfolg, d.h. der Kapitalwert wird unter Berücksichtigung von Zinsen und Zinseszinsen gleichmäßig auf die Perioden der Nutzungsdauer verteilt.

**Probleme bei der Anwendung der Annuitätenmethode**

1. **Zurechenbarkeit der Zahlungsströme:** Vielfach ist es nicht möglich, einzelnen Investitionsalternativen die Einzahlungs- und Auszahlungsströme verursachungsgerecht zuzuordnen.
2. **Ungewissheit der Zahlungsströme:** Wie alle Investitionsrechenverfahren unterstellt auch die Annuitätenmethode vollkommene Information über die in der Zukunft liegenden Einzahlungs- und Auszahlungsströme.

## B.5.5 Methode des internen Zinsfußes

Bei der Kapitalwertmethode werden die zukünftigen Zahlungen auf den Gegenwartswert abgezinst. Dazu wird mit einem gegebenen kalkulatorischen Zinssatz gerechnet, der sich am Eigenkapitalzinssatz und am Fremdkapitalzinssatz orientiert. Bei Investitionen ist es jedoch nicht immer möglich genau festzustellen, in welchem Umfang eigenes Kapital und Fremdkapital eingesetzt werden und welcher Zinssatz dafür berücksichtigt werden soll. Da das Ergebnis aber entscheidend von der Höhe des Zinssatzes abhängt, kann man alternative Zinssätze auswählen um zu erkennen, bis zu welchem Zinssatz die Investition als vorteilhaft anzusehen ist. Einfacher ist es jedoch, den internen Zinsfuß zu ermitteln. **Der interne Zinsfuß ist der Zinssatz, der zu einem Kapitalwert von 0 führt.**

$$C_0 = -A_0 + \sum_{t=1}^{n} \frac{Z_t}{(1+i)^t} + \frac{L_n}{(1+i)^n} = 0$$

Ergibt die Kapitalwertmethode einen Kapitalwert von 0, bedeutet dies, dass die vom Investor gewünschte Verzinsung gerade erreicht ist. Das heißt, die Investition verzinst sich gerade zum gewünschten Zins. Ist der Kapitalwert größer 0, ist die tatsächliche Verzinsung der Investition größer als die gewünschte Mindestverzinsung. Ist der Kapitalwert kleiner 0, liegt die tatsächliche Verzinsung unter der Mindestverzinsung. Weitere Aussagen zum Zinssatz sind aus dem Ergebnis der Kapitalwertmethode nicht ableitbar.

Die **Methode des internen Zinsfußes** dient der Ermittlung der voraussichtlichen effektiven Verzinsung der Investition innerhalb der Nutzungsdauer. Eine Investition sollte dann realisiert werden, wenn ihre Verzinsung höher ist als die Finanzierungskosten bzw. die Rendite einer alternativen Anlage. Bei einem einmaligen Einzahlungsüberschuss oder bei mehrmaligen gleich hohen Einzahlungsüberschüssen ist die Berechnung relativ einfach. Aus der Tabelle der Abzinsungsfaktoren kann bei vorgegebener Nutzungsdauer der Zinssatz herausgesucht werden, der dem Quotienten von Anschaffungsauszahlung und jährlichem Rückfluss am nächsten kommt. Dieser Zinssatz entspricht dann dem internen Zinsfuß.

**MERKE:** Die Methode des internen Zinsfußes ermittelt den Zinssatz, bei dem der Kapitalwert einer Investition gleich 0 ist. Der interne Zinsfuß gibt die Verzinsung (Rendite, Rentabilität, Effektivverzinsung) der Investition an. Je höher der interne Zinsfuß ist, desto vorteilhafter ist das Projekt.

- **einmaliger Einzahlungsüberschuss beim Rückfluss**

**Beispiel:**

Wählen Sie aus zwischen einem Sparbuchzins von 5 % oder dem folgenden Angebot der Bank: Sie legen 10.000 € für 2 Jahre fest an und erhalten danach 11.881 € Rückzahlung. Welches Angebot ist besser?

$$\text{Abzinsungsfaktor} = \frac{\text{Anschaffungsauszahlung}}{\text{Einzahlungsüberschuss (Rückfluss)}}$$

$$= \frac{10.000}{11.881} = 0{,}8417$$

$$\text{Interner Zinsfuß} = 9\ \%\ (\text{vgl. Tabelle Abzinsungsfaktoren})$$

Besitzt eine Investition nur eine Investitionsauszahlung zu Beginn und **einen** zukünftigen Rückfluss, so errechnet folgende Formel direkt den internen Zinsfuß, wobei die Anschaffungsauszahlung in $t_0$ erfolgt, die Einzahlung in $t_n$ und n für das Jahr der zukünftigen Einzahlung steht:

$$\text{Interner Zinsfuß} = \sqrt[n]{\frac{\text{Einzahlungsüberschuss}}{\text{Anschaffungsauszahlung}}} - 1$$

$$= \sqrt[2]{\frac{11.881}{10.000}} - 1 = 0{,}09 = 9\ \%$$

Die Festgeldanlage für zwei Jahre erbringt somit eine interne Verzinsung von 9 % und liegt damit über dem Sparbuchzins.

- **mehrmaliger, gleich hoher Einzahlungsüberschuss beim Rückfluss**

**Beispiel:**

Eine Investition von 1 Mio. € führt zu gleich hohen Rückflüssen in Höhe von jährlich 250.000 €. Die Nutzungsdauer der Investition beträgt 5 Jahre. Wie hoch ist die interne Verzinsung?

$$\text{Rentenbarwertfaktor} = \frac{\text{Anschaffungsauszahlung}}{\text{jährlicher Einzahlungsüberschuss (Rückfluss)}}$$

$$= \frac{1.000.000}{250.000} = 4{,}0 = 8\ \% \text{ (vgl. Tabelle Rentenbarwertfaktoren)}$$

Bei einer Nutzungsdauer von 5 Jahren kommt der Tabellenwert von 3,9927 dem Wert 4 am nächsten, was dann einer internen Verzinsung von 8 % entspricht.

- **unterschiedliche Einzahlungsüberschüsse beim Rückfluss**

Weist eine Investition eine Zahlungsreihe mit nur **zwei** aufeinander folgenden Perioden auf, so kann der interne Zinsfuß nach der aus der Mathematik bekannten pq-Formel errechnet werden.

**Beispiel:**

Sie überlegen, eine Investition über 50.000 € zu tätigen, die im ersten Jahr einen Rückfluss von 40.000 € und im zweiten Jahr einen Rückfluss von 30.000 € erzielt. Wie hoch ist die interne Verzinsung?

Um den Kapitalwert auszurechnen, wird die Zahlungsreihe umgewandelt und gleich 0 gesetzt.

$$\text{Kapitalwert} = -50.000 + \frac{40.000}{(1+i)^1} + \frac{30.000}{(1+i)^2} = 0$$

Wird der Term (1+i) = x gesetzt, so ergibt sich:

$$-50.000 + \frac{40.000}{x} + \frac{30.000}{x^2} = 0$$

Wird dieser Term mit $x^2$ multipliziert

$$-50.000x^2 + 40.000x + 30.000 = 0$$

und anschließend durch (– 50.000) dividiert, so erhält man die Gleichungsform für die Anwendung der pq-Formel:

$$x^2 - 0{,}8x - 0{,}6 = 0$$

$$x_{1,2} = -\frac{p}{2} \pm \sqrt{\frac{p^2}{4} - q}$$

$$x_{1,2} = +\frac{0{,}8}{2} \pm \sqrt{\frac{(-0{,}8)^2}{4} + 0{,}6}$$

Es ergeben sich zwei Werte für x, nämlich $x_1 = 1{,}27178$ und $x_2 = -0{,}47178$. Da der negative Wert keine Rolle spielt, ergibt sich für $x_1 = (1+i) = 1{,}27178$ und für $i = 0{,}27178$ = **27,18 %**

Mathematisch schwierig zu berechnen ist der Fall, wenn der Betrachtungszeitraum **mehr als zwei Perioden** umfasst. Für die Praxis wurde deshalb eine sogenannte „**Näherungsformel**“ entwickelt, die das Ergebnis annähernd berechnen kann. Dazu werden für zwei Versuchszinssätze die zugehörigen Kapitalwerte ermittelt, wobei die Zinssätze so gewählt werden müssen, dass sich jeweils ein positiver und ein negativer Kapitalwert ermitteln lässt. Durch wiederholtes Verkleinern der Intervalle verbessern sich die Ergebnisse. Grafisch ergibt sich die Lösung recht einfach im Schnittpunkt der Verbindungslinie beider Punkte mit der Ordinate. Das Ergebnis wird umso genauer, je näher die Kapitalwerte, die bei der Interpolation verwendet werden, bei 0 liegen.

**grafische Lösung:**

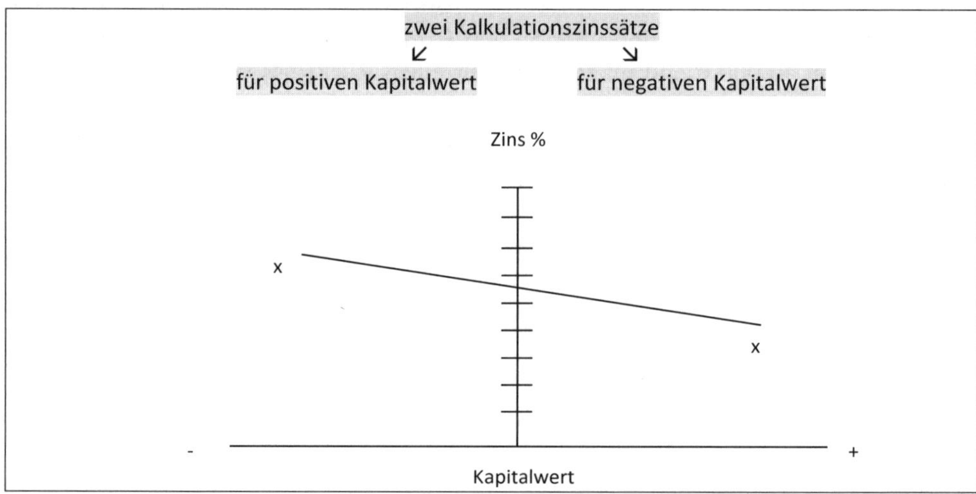


**rechnerische Lösung (Näherungsformel):**

$$\text{Int. Zins} = \text{Kalk. Zins mit pos. KW} - \text{pos. KW} \cdot \frac{\text{kalk. Zins mit } \swarrow \ \searrow \ \text{neg. KW} - \text{pos. KW}}{\text{neg. KW} - \text{pos. KW}}$$

Als mathematische Formel ergibt sich:

$$\text{Interner Zinsfuß } r = i_1 - C_{01} \cdot \frac{i_2 - i_1}{C_{02} - C_{01}}$$

Mit $i_1$ als Kalkulationszins, der einen positiven Kapitalwert ergibt, $i_2$ als Kalkulationszins, der einen negativen Kapitalwert ergibt, $C_{01}$ als positiven und $C_{02}$ als negativen Kapitalwert.

**Beispiel:**

Mit Hilfe der Methode des internen Zinsfußes soll über die Anschaffung eines Fahrkartenautomaten entschieden werden. Die Anschaffungskosten betragen 10.000 €, die jährlichen Betriebskosten 1.900 €; an Personalkosten können jährlich 3.500 € eingespart werden. Am Ende der 8–jährigen Nutzungsdauer wird mit einem Wiederverkaufserlös von 1.200 € gerechnet. Der kalkulatorische Zinssatz beträgt 6 %.

Es sind die Kapitalwerte für zwei unterschiedliche Versuchszinssätze zu berechnen, um anschließend über die lineare Interpolation den internen Zinsfuß zu bestimmen. Erhält man für einen Zinssatz von z.B. 6 % einen positiven Kapitalwert, so erhöht man den Zinssatz bis man einen negativen Kapitalwert erhält. Die Lösung wird umso genauer, je näher die Versuchszinssätze am internen Zinsfuß liegen. Die Ersparnisse können hier mit Einzahlungen gleichgesetzt werden. Im Beispiel ergibt sich ein jährlicher Einzahlungsüberschuss von 1.600 €.

Kapitalwert $C_{02}$ für 8 % = – 10.000 + 1.600 · 5,7466 + 1.200 · 0,5403 = – 157 €

Kapitalwert $C_{01}$ für 6 % = – 10.000 + 1.600 · 6,2098 + 1.200 · 0,6274 = + 689 €

$$\text{Interner Zinsfuß } r = 6 - 689 \cdot \frac{8-6}{-157-689} = 6 + 1{,}6288 = 7{,}6\ \%$$

Nach der Methode des internen Zinsfußes beträgt die tatsächliche Verzinsung des eingesetzten Kapitals ca. 7,6 %. Diese liegt über der angestrebten Mindestverzinsung von 6 %. Die Investition ist damit vorteilhaft und sollte durchgeführt werden. Ggf. wiederholt man die Interpolation im kleineren Intervall, d.h. die beiden Versuchszinssätze liegen enger zusammen, um die Näherungslösung zu verbessern.[129]

**MERKE:** Zur Beurteilung der Vorteilhaftigkeit einer einzelnen Investition vergleicht man die interne Verzinsung mit dem Kalkulationszinssatz i. Die Entscheidungsformel lautet:
Int. Zins > i ⟶ Investition vorteilhaft
Int. Zins = i ⟶ Entscheidungsindifferenz
Int. Zins < i ⟶ Investition unvorteilhaft
Stehen mehrere Investitionen zur Wahl, sollte sich der Investor für die Investition mit der höchsten internen Verzinsung entscheiden.

Die angestrebte Mindestverzinsung, die dem Kalkulationszinssatz entspricht, ist abhängig davon, ob ein Investitionsobjekt fremd- oder eigenfinanziert bzw. gemischt

[129] Der interne Zinsfuß lässt sich auch mit Hilfe eines Tabellenkalkulationsprogramms (z.B. Microsoft Excel) ermitteln.

finanziert wird. So lohnt sich bei einer vollen Fremdfinanzierung die Investition nur, wenn die Kreditzinsen niedriger sind als der interne Zinsfuß.

**Probleme bei der Anwendung der Methode des internen Zinsfußes**

- Ergänzend zu den Aussagen zur Kapitalwertmethode ist festzustellen, dass der interne Zinsfuß allein nicht aussagefähig ist.
- Für Zahlungsreihen, in denen keine Anschaffungsauszahlung vorliegt (z.B. Zahlung in jährlichen Raten) ergibt sich rechnerisch ein interner Zinsfuß von „unendlich“. Dies stellt keine sinnvolle Entscheidungsgrundlage dar.
- Die Methode lässt sich sinnvoll nur bei einer „Normalinvestition“ anwenden, d.h. nach einer Anschaffungsausgabe kommt es immer zu positiven jährlichen Einzahlungsüberschüssen.

## B.5.6 Dynamische Amortisationsrechnung

Bei der dynamischen Amortisationsrechnung wird die Zeit betrachtet, nach der sich eine Investition amortisiert hat. Im Gegensatz zu der statischen Amortisationsrechnung berücksichtigt die dynamische Amortisationsrechnung den unterschiedlichen zeitlichen Zahlungsanfall durch Diskontierung der Zahlungen zum Kalkulationszinssatz. Es wird die Zeitdauer gesucht, bei der der Barwert der Zahlungsüberschüsse Z der Anschaffungsauszahlung $A_0$ entspricht. Dies ist der Fall, wenn die Summe der Barwerte der Zahlungsüberschüsse – also der Kapitalwert – den Wert 0 annimmt. Es gilt:

$$A_0 = \sum_{t=1}^{n} Z \cdot (1+i)^{-t} = C_0 = 0$$

Wie bei der statischen Investitionsrechnung ist eine Investition überhaupt als vorteilhaft zu betrachten, wenn die Amortisationsdauer geringer als die Nutzungsdauer der Investition ist. Bei Auswahlentscheidungen ist die Investition mit der kürzesten Amortisationsdauer auszuwählen, sofern diese kleiner ist als die Nutzungsdauer als Höchstdauer.

Formal entspricht die dynamische Amortisationsrechnung der internen Zinsfußmethode. Für das Investitionsbeispiel aus Kap. B.5.3 ergibt sich folgende Rechnung:

| Jahr | Abzinsungsfaktor 6 % | Einzahlungsüberschüsse Zeitwerte | Einzahlungsüberschüsse Barwerte | kumulierte Barwerte |
|---|---|---|---|---|
| 0 | 1 | -100.000,00 | -100.000,00 | -100.000 |
| 1 | 0,9434 | 20.000,00 | 18.868,00 | -81.132 |
| 2 | 0,8900 | 20.000,00 | 17.800,00 | -63.332 |
| 3 | 0,8396 | 30.000,00 | 25.188,00 | -38.144 |
| 4 | 0,7921 | 30.000,00 | 23.763,00 | -14.381 |
| 5 | 0,7473 | 40.000,00 | 29.892,00 | 15.511 |
| Barwertsumme | | | **15.511,00** | |

Die jährlich abgezinsten Einzahlungsüberschüsse werden solange dem negativen Einzahlungsüberschuss (=Anschaffungsauszahlung) hinzugerechnet, bis die kumulierten Rückflüsse die Höhe der Anschaffungsauszahlung erreicht haben. Die Amortisationsdauer liegt demnach zwischen vier und fünf Jahren. Eine genauere Ermittlung bzw. lineare Interpolation erfolgt nach der Formel:

$$\text{Amortisationszeit} = t^* + \frac{\text{Kapitalwert}_{t*}}{\text{Kapitalwert}_{t*} - \text{Kapitalwert}_{t*+1}}$$

Es wird der Abstand des negativen Kapitalwerts in $t^*$ von 0 (und damit der zur Amortisation erforderliche Barwertbeitrag) in Relation gesetzt zur Differenz der Kapitalwerte in $t^*$ sowie $t^{*+1}$

$$4 + \frac{14.381}{-14.381 - 15.511} = 4{,}48 \text{ Jahre}$$

Die Rechnung lässt sich vereinfachen, wenn in den einzelnen Perioden mit gleich hohen Einzahlungsüberschüssen Z gerechnet wird, also eine sog. **endliche Rente** vorliegt. Es gilt wiederum die Kapitalwertformel:

$$C_0 = -A_0 + Z \cdot \frac{(1+i)^n - 1}{i \cdot (1+i)^n}$$

Nach einer Umformung ergibt sich:

$$\frac{A_0}{Z} = \frac{(1+i)^n - 1}{i \cdot (1+i)^n}$$

Die rechte Seite der Gleichung stellt den Rentenbarwertfaktor dar, der sich aus Division der Anschaffungsauszahlung durch den konstanten Zahlungsüberschuss ergibt. Die Amortisationsdauer kann dann aus der Tabelle der Rentenbarwertfaktoren bei vorgegebenem Kalkulationszinssatz entnommen werden. Wenn volle Jahre als Entscheidungsgrundlage nicht ausreichend sind, kann der genaue Zeitpunkt wiederum durch **lineare Interpolation** zwischen zwei Tabellenwerten spezifiziert werden.

MERKE: Eine Einzelinvestition ist nach der dynamischen Amortisationsrechnung vorteilhaft, wenn die Amortisationsdauer kürzer ist als die vom Investor vorgegebene Höchstamortisationsdauer. Bei Auswahlentscheidungen ist die Investition vorzuziehen, die die kürzeste Amortisationsdauer hat.

Die dynamische Amortisationsdauer ist unter sonst gleichen Umständen länger als die statische, weil zusätzlich die Verzinsung der ausstehenden Beträge zum Kalkulationszinssatz berücksichtigt wird.

**Probleme bei der Anwendung der dynamischen Amortisationsrechnung:**

- Wie bei der statischen Amortisationsrechnung, jedoch ist die Berücksichtigung der Zeitpräferenz (dynamische Komponente) sinnvoller.
- Langfristige Investitionen mit hohen Anfangsauszahlungen werden tendenziell schlechter gestellt.

- Zahlungen nach der errechneten Amortisationsdauer bleiben unberücksichtigt, was zu falschen Entscheidungen führen kann.
- Mit Hilfe der dynamischen Amortisationsrechnung kann weder eine absolute noch eine relative wirtschaftliche Vorteilhaftigkeit (Rentabilität) festgestellt werden. Die Amortisationszeit ist somit neben den anderen Investitionsrechnungsverfahren lediglich eine **ergänzende Entscheidungshilfe** bei der Beurteilung von Investitionsobjekten.

## B.5.7 Investitionsrechnung auf einem unvollkommenen Kapitalmarkt

### B.5.7.1 Merkmale des unvollkommenen Kapitalmarkts

Die vorstehend beschriebenen dynamischen Verfahren der Investitionsrechnung gingen von der Prämisse eines vollkommenen Kapitalmarktes aus, auf dem unbeschränkt Kapital zu einem einheitlichen Kalkulationszinssatz angelegt und aufgenommen werden konnte. Diese Annahme liegt in der Realität grundsätzlich nicht vor. Auf einem unvollkommenen Markt gibt es keinen einheitlichen Zinssatz, zu dem in beliebiger Höhe Geld am Kapitalmarkt aufgenommen und angelegt werden kann. Bei den **dynamischen Endwertverfahren** wird unterstellt, dass ein Kalkulationszinssatz in Form von zwei **unterschiedlichen Soll- und Habenzinssätzen für Kapitalaufnahme bzw. Kapitalanlage** in beliebiger Höhe existiert (sog. gespaltener Kalkulationszinssatz). Dynamische Endwertverfahren sind die Vermögensendwertmethode und die Sollzinssatzmethode. Statt einer Abzinsung der Zahlungen auf den Zeitpunkt t=0, also der Ermittlung eines Barwertes, erfolgt eine **Aufzinsung aller Zahlungen auf das Ende des Planungszeitraums**.

### B.5.7.2 Vermögensendwertmethode

Die Vermögensendwertmethode ist ein dynamisches Verfahren der Investitionsrechnung, bei der sämtliche Zahlungen einer Investition auf das Ende des Planungszeitraums bezogen werden. Es liegen **unterschiedliche** Soll- und Habenzinssätze vor. Als Zielgröße wird durch Aufzinsen aller Zahlungen auf das Ende des Planungszeitraums der Vermögensendwert ermittelt. Sofern Soll- und Habenzinssatz übereinstimmen, kann die Vorteilhaftigkeit wie in Kap. B.5.3 nach der Kapitalwertmethode beurteilt werden. Geht man davon, was der Realität entsprechen dürfte, dass der Sollzinssatz über dem Habenzinssatz liegt, so gilt eine Einzelinvestition als vorteilhaft, wenn ein positiver Vermögensendwert errechnet wurde; es wird dann eine Rendite erwirtschaftet, die über dem Zinssatz für die Aufnahme von Kapital liegt. Bei einer Auswahlentscheidung zwischen mehreren Investitionsalternativen ist die Investition mit dem höchsten positiven Vermögensendwert die vorteilhafteste.

Für die Berechnung werden zwei Varianten unterschieden:

- die Vermögensendwertmethode mit Kostenausgleichsverbot und

- die Vermögensendwertmethode mit Kostenausgleichsgebot.

Aufgrund der Existenz zweier Zinssätze ist die Frage zu klären, mit welchem Anteil positive Nettozahlungen (Einzahlungsüberschüsse) zur Tilgung von Verbindlichkeiten und vorhandene Guthaben zur Finanzierung negativer Nettozahlungen (Auszahlungsüberschüsse) herangezogen werden.

Geht man von einem **Kontenausgleichsverbot** aus, d.h. dass weder eine Tilgung aus positiven Nettozahlungen noch eine Finanzierung negativer Nettozahlungen aus vorhandenem Guthaben während des Planungszeitraums erfolgen, ist jeweils ein Konto für die positiven Nettozahlungen (**Vermögenskonto**) und die negativen Nettozahlungen (**Verbindlichkeitskonto**) zu führen. Auf dem Vermögenskonto $V^+$ gebuchte positive Nettozahlungen $Z_t^+$ der jeweiligen Periode t werden bis Ende des Planungszeitraums n (Nutzungsdauer der Investition) mit dem Habenzinssatz $i_H$ verzinst, die auf dem Verbindlichkeitskonto $V^-$ gebuchten negativen Nettozahlungen $Z_t^-$ mit dem Sollzinssatz $i_S$. Die Aufzinsung einer Zahlung im Zeitpunkt t erfolgt jeweils über n-t Perioden. Erst am Ende der Planungsdauer erfolgt eine Verrechnung beider Konten zur Ermittlung des Vermögensendwertes. Die formale Darstellung ergibt:

$$V_n^+ = \sum_{t=1}^{n} Z_t^+ \cdot (1 + i_H)^{n-t}$$

$$V_n^- = \sum_{t=0}^{n} Z_t^- \cdot (1 + i_S)^{n-t}$$

$$\text{Vermögensendwert} = V_n^+ + V_n^-$$

**Beispiel:**

Es wird auf das Eingangsbeispiel in Kap. B.5.3 zur Kapitalwertmethode verwiesen. Eine Modifizierung erfolgt nur in Bezug auf den Zinssatz, der sich aufteilt in einen Sollzinssatz von 8 % und einen Habenzinssatz von 4 %. Für die Investition soll der Vermögensendwert nach der Methode des Kostenausgleichsverbots berechnet werden.

$$V_5^+ = 20.000 \cdot 1{,}04^4 + 20.000 \cdot 1{,}04^3 + 30.000 \cdot 1{,}04^2 + 30.000 \cdot 1{,}04 + 40.000$$

$$= 149.544 \text{ €}$$

$$V_5^- = -100.000 \cdot 1{,}08^5 = -146.930 \text{ €}$$

$$\text{Vermögensendwert} = V_5^+ + V_5^- = 2.614 \text{ €}$$

Die Investition ist vorteilhaft, da der Vermögensendwert positiv ist.

Nach den Annahmen des **Kostenausgleichsgebots** werden positive Nettozahlungen in voller Höhe zur Tilgung verwendet, falls Schulden vorhanden sind. Vorhandenes Vermögen ist – wenn erforderlich – in voller Höhe zur Finanzierung negativer Nettozahlungen einzusetzen. Da sofort der Ausgleich zwischen Vermögen und Verbindlichkeiten erfolgt, muss nur ein Konto für das **Geldvermögen V** geführt werden, auf dem die positiven und negativen Nettozahlungen gebucht werden. Die Verzinsung erfolgt am jeweiligen Periodenende zum Sollzinssatz bei einem negativen

Geldvermögen und zum Habenzinssatz bei positivem Geldvermögen. Die Lösung des Beispiels lässt sich am besten in Tabellenform vornehmen:

| t | Zinsen | Nettozahlung | Geldvermögens-änderung | Geldvermögen |
|---|---|---|---|---|
| 0 | 0 | -100.000,00 | -100.000,00 | -100.000,00 |
| 1 | -8.000,00 | 20.000,00 | 12.000,00 | -88.000,00 |
| 2 | -7.040,00 | 20.000,00 | 12.960,00 | -75.040,00 |
| 3 | -6.003,20 | 30.000,00 | 23.996,80 | -51.043,20 |
| 4 | -4.083,45 | 30.000,00 | 25.916,55 | -25.126,65 |
| 5 | -2.010,13 | 40.000,00 | 37.989,87 | 12.863,22 |

Der Vermögensendwert beträgt nach der Methode des Kostenausgleichgebots 12.863,22 €. Die Investition ist damit vorteilhaft.

### B.5.7.3 Sollzinssatzmethode

Die Sollzinssatzmethode ermittelt einen kritischen Sollzinssatz, bei dem der Vermögensendwert einer Investition gleich 0 ist. Bei vorgegebenen Habenzinssatz gibt der kritische Sollzinssatz die Verzinsung des zu jedem Zeitpunkt gebundenen Kapitals an. Das Verhältnis beider Methoden entspricht weitgehend dem der Methode des internen Zinsfußes zur Kapitalwertmethode. Die Berechnung des kritischen Sollzinssatzes erfolgt analog mit Hilfe von zwei Versuchszinssätzen und durch Interpolation. Unter der Annahme, dass zu einem gegebenen Sollzinssatz jederzeit unbeschränkt finanzielle Mittel aufgenommen werden können, gilt folgende Regel:

**MERKE:** Eine Einzelinvestition ist vorteilhaft, wenn ihr kritischer Sollzinssatz größer ist als der Sollzinssatz. Bei einer Auswahlentscheidung ist die Alternative vorzuziehen, die den größten kritischen Sollzinssatz aufweist, wobei gleichzeitig der tatsächliche Sollzinssatz kleiner als der größte kritische Sollzinssatz sein muss.

In der Fachliteratur werden noch Spezialfälle der Sollzinssatzmethode mit unterschiedlichen Annahmen über die Finanzierung von Auszahlungsüberschüssen und die Verwendung von Einzahlungsüberschüssen behandelt. Es sind dies

- die TRM-Methode (Sollzinssatzmethode von Teichroew/Robichek/Montalbano) mit der Annahme eines Kontenausgleichsgebots,
- die VR (Vermögensrentabilitäts)-Methode mit der Annahme eines Kontenausgleichsverbots und

- die Baldwin-Methode mit der Annahme eines Kontenausgleichsverbots.[130]

Beispielhaft dargestellt sei hier die **Baldwin-Methode**. Nach dieser Methode werden die **Investitionsauszahlung** und ein eventueller Liquidationserlös von den übrigen Zahlungen getrennt und mit einem Habenzinssatz auf den Beginn des Planungszeitraums **abgezinst**. Die **Rückflüsse** – unabhängig davon, ob sie negativ oder positiv sind – werden mit dem Habenzinssatz auf das Ende des Planungszeitraums **aufgezinst**. Der kritische Sollzinssatz ist dann derjenige Zinssatz, mit dem die Barwertsumme aus Investitionsauszahlung und Liquidationserlös auf das Ende des Planungszeitraums aufgezinst werden muss, damit die Barwertsumme gerade dem Endwert der Rückflüsse entspricht.

Formal kann die Baldwin-Methode in folgender Weise dargestellt werden:

$$\sum_{t=1}^{n} E_t \cdot (1+i_H)^{n-t} - \sum_{t=1}^{n} A_t \cdot (1+i_H)^{n-t} =$$

$$\left[\sum_{t=0}^{n} I_t \cdot (1+i_H)^{-t} - L_n \cdot (1+i_H)^{-n}\right] \cdot (1+r_B)^{-n}$$

$$r_B = \sqrt[n]{\frac{\sum_{t=1}^{n} E_t \cdot (1+i_H)^{n-t} - \sum_{t=1}^{n} A_t \cdot (1+i_H)^{n-t}}{\sum_{t=0}^{n} I_t \cdot (1+i_H)^{-t} - L_n \cdot (1+i_H)^{-n}}} - 1 \qquad \text{mit:}$$

$E_t$ = positiver Rückfluss in der Periode t
$A_t$ = negativer Rückfluss in der Periode t
$I_t$ = Investitionsauszahlung der Periode t
$L_n$ = Liquidationserlös
$i_H$ = Habenzinssatz
$r_B$ = kritischer Sollzinssatz nach Baldwin
n = Nutzungsdauer

**Beispiel:**

Es gelten nach wie vor die Zahlungen aus dem Eingangsbeispiel in Kap. B.5.3 zur Kapitalwertmethode. Der Barwert der Investitionsauszahlung beträgt 100.000 €; ein Liquiditätserlös ist nicht vorhanden, so dass keine Abzinsung mit dem Habenzinssatz von 4 % (siehe obiges Beispiel) erfolgen muss. Zu beachten ist, dass nach der Baldwin-Methode weder die Investitionsauszahlung noch ein Liquiditätserlös mit den Einzahlungsüberschüssen derselben Periode verrechnet werden.

Der Endwert der Einzahlungsüberschüsse beträgt

$20.000 \cdot 1{,}04^4 + 20.000 \cdot 1{,}04^3 + 30.000 \cdot 1{,}04^2 + 30.000 \cdot 1{,}04 + 40.000 = 149.544$ €

[130] Zu den unterschiedlichen Berechnungen vgl. Bieg/Kußmaul/Waschbusch, Investition, 3. Aufl. 2016, S. 126; Blohm/Lüder/Schäfer, Investition, 10. Aufl. 2012, S. 93 f.

Der kritische Sollzinssatz nach Baldwin beträgt

$$\sqrt[5]{\frac{149.544}{100.000}} - 1 = 0{,}0838 = 8{,}38\,\%$$

Der kritische Sollzinssatz liegt geringfügig über dem vorgegebenen Sollzinssatz. Unter der Annahme, dass zu jedem gegebenen Sollzinssatz jederzeit unbeschränkt finanzielle Mittel aufgenommen werden können, bedeutet das Ergebnis, dass die Investition vorteilhaft ist.

Insgesamt anzumerken, dass die dynamischen Endwertverfahren zusätzliche Unsicherheitsfaktoren beinhalten. Es müssen z.B. vorab Überlegungen zu einem möglichen Kostenausgleich (Verbot, Gebot) angestellt werden, die im Zeitablauf dann auch tatsächlich einzuhalten wären. Teilweise sind die Annahmen ökonomisch unsinnig, wenn z.B. bei der Kostenausgleichsverbotsregel der Sollzinssatz über dem Habenzinssatz liegt, was der Realität entsprechen dürfte. Gegenüber den Barwertverfahren sind die endwertorientierten Verfahren nur dann vorzuziehen, wenn eine sehr große Spanne zwischen Soll- und Habenzins existiert.[131]

### B.5.8 Zusammenfassung

**Checkliste zur Eignung von statischen und dynamischen Rechnungen:**[132]

| **Investitionsvolumen:** | **Punkte** |
|---|---|
| Anschaffungsauszahlung bis 20.000 € | 0 |
| Anschaffungsauszahlung bis 200.000 € | 20 |
| Anschaffungsauszahlung über 200.000 € | 30 |
| **Schätzgenauigkeit der Zahlungen für die ersten fünf Jahre:** | |
| recht genau | 20 |
| einigermaßen genau | 10 |
| nur sehr grob | 0 |
| **Konstanz der Zahlungen im Zeitablauf:** | |
| ziemlich konstant | 0 |
| mäßig schwankend | 10 |
| sehr stark schwankend | 20 |
| **Fristigkeit (voraussichtliche Nutzungsdauer der Investition):** | |
| bis zu 2 Jahre | 0 |
| bis zu 4 Jahre | 20 |
| über 4 Jahre | 30 |

[131] Vgl. Perridon/Steiner/Rathgeber, Finanzwirtschaft der Unternehmung, 17. Aufl. 2017, S. 89.

[132] Modifiziert entnommen aus: Däumler/Grabe, Grundlagen der Investitions- und Wirtschaftlichkeitsrechnung, 12. Aufl. 2007, S. 201; Kußmaul, Betriebswirtschaftslehre für Existenzgründer, 7. Aufl. 2011, S. 240.

| **Zinssatz bei der Berechnung:** | |
|---|---|
| 0 Prozent | 0 |
| ca. 5 Prozent | 20 |
| ca. 10 Prozent | 30 |
| **Mathematikanwendung:** | |
| nur einfache Methoden nach den vier Grundrechenarten | 0 |
| auch finanzmathematische Methoden | 20 |
| Investitionsprogramme mit Hilfe der EDV | 30 |

**Auswertung:** 0 bis 40 Punkte: Der Einsatz einer statischen Methode bietet sich an. Über 40 Punkte: Der Einsatz einer dynamischen Methode bietet sich an.

**Zusammenfassung der finanzmathematischen Grundlagen:**

| $K_n = K_0 \cdot (1 + i)^n$ |
|---|
| **Abzinsung einer einmaligen Zahlung**<br>Barwert = Endwert · Abzinsungsfaktor<br>$K_o = K_n \cdot \frac{1}{(1+i)^n}$ |
| **Ermittlung des Barwertes von periodischen konstanten Zahlungen**<br>Barwert = Annuität · Rentenbarwertfaktor<br>$K_o = a \cdot \frac{(1+i)^n - 1}{(1+i)^n \cdot i}$ |
| **Ermittlung der Annuität**<br>Annuität = Barwert · Annuitätenfaktor<br>$a = K_o \cdot \frac{(1+i)^n \cdot i}{(1+i)^n - 1}$ |
| **Ermittlung des Endwertes von periodischen konstanten Zahlungen**<br>Endwert = Annuität · Endwertfaktor<br>$K_n = a \cdot \frac{(1+i)^n - 1}{i}$ |

Aus der obigen Tabelle lässt sich erkennen:

- Der Abzinsungsfaktor ist der Kehrwert des Aufzinsungsfaktors,
- Der Rentenbarwertfaktor stellt die Summe der aufaddierten Abzinsungsfaktoren dar.
- Der Annuitätenfaktor ist der Kehrwert des Rentenbarwertfaktors.

Bei einem angenommenen Kalkulationszinssatz von 6 % lassen sich unter Anwendung der finanzmathematischen Tabellen u.a. folgende ökonomischen Fragestellungen beantworten:

**Zusammenfassung von ökonomischen Fragestellungen:**[133]

| Ökonomischen Fragestellung | Ergebnis |
|---|---|
| **Aufzinsungsfaktor**<br>Wie hoch ist der Endwert eines in $t_o$ verfügbaren Betrages $K_o$ = 1000 in $t_1$, $t_2$ und $t_3$? | 1.060,-<br>1.123,60<br>1.191,-- |
| **Abzinsungsfaktor**<br>Wieviel zahlt ein Investor in $t_o$ für das Recht, einen Betrag von 1000 in $t_1$, $t_2$ oder $t_3$ zu erhalten? | 943,40<br>890,-<br>839,60 |
| **Rentenbarwertfaktor**<br>Wieviel zahlt ein Investor in $t_o$ für das Recht, drei Jahre lang eine Rente von 1000 pro Jahr zu erhalten? | 2.467,30- |
| **Annuitätenfaktor**<br>Welchen gleichbleibenden Jahresbetrag kann ein Rentenempfänger erwarten, wenn er in $t_o$ eine Einmalzahlung $K_o$ = 1000 für zwei oder drei Jahre verrenten lässt? | 545,43 bei 2 Jahren<br>374,11 bei 3 Jahren |

[133] In Anlehnung an: Wöhe, G., Einführung in die Allgemeine Betriebswirtschaftslehre, 26. Aufl. 2016, S. 485.

# B.6 Berücksichtigung von Steuern in der Investitionsrechnung

Bisher wurde in den Investitionsrechnungen unterstellt, dass der Investor keine ertrags- bzw. gewinnabhängigen Steuern zu zahlen hat bzw. dass die Steuern für die Entscheidung über Investitionen keine Rolle spielen. In der Unternehmenspraxis wirkt sich aber das Vorhandensein von Steuern auf die Vorteilhaftigkeit von Investitionen sowohl hinsichtlich der absoluten Höhe als auch der zeitlichen Struktur der Zahlungsströme aus einer Investition aus. Eine besondere Rolle spielen Steuern ebenfalls bei bestimmten Investitionsüberlegungen, wie z.B. der Wahl zwischen Kauf und Leasing. Auch wenn Gebietskörperschaften i.d.R. keine Ertragsteuern zahlen, wird auf die Darstellung dieses Kapitels nicht verzichtet, um die Auswirkungen von Entscheidungen der Gebietskörperschaften, z.B. der Kommunen bezüglich des Hebesatzes für die Gewerbesteuer auf das Investitionsverhalten von ortsansässigen bzw. ansiedlungswilligen Unternehmen, zu verdeutlichen.

Grundsätzlich wird zwischen gewinn**un**abhängigen und gewinn**ab**hängigen Steuern unterschieden. Bei Letzteren ist die Höhe des Gewinns für die Steuerzahlung relevant.

**Gewinnunabhängige Steuern** sind Substanz- oder Verbrauchsteuern (z.B. Grundsteuer, Kfz-Steuer). Diese Steuerzahlungen sind Auszahlungen, die bei der Prognose der Zahlungsreihe analog zu anderen betrieblichen Auszahlungen geplant werden müssen. Die **Umsatzsteuer** ist ebenfalls eine gewinnunabhängige Steuer, die letztlich vom Endverbraucher getragen wird. Bei den vom Unternehmen vereinnahmten Umsatzsteuerzahlungen handelt es sich um durchlaufende Posten, die um die gezahlte Umsatzsteuer (Vorsteuer) vermindert und an das Finanzamt abgeführt wird. In der Investitionsrechnung ist die Umsatzsteuer daher nicht zu berücksichtigen. Bei Unternehmen und Gebietskörperschaften, die nicht zum Vorsteuerabzug berechtigt sind, erhöhen sich z.B. beim Erwerb von Sachanlagen durch die in Rechnung gestellte Umsatzsteuer die Anschaffungskosten und damit die Anschaffungsauszahlung sowie die Abschreibungen der Folgejahre. Die Anschaffungskosten erhöhen sich zudem durch die **Grunderwerbssteuer**, die bei Kauf von Grundstücken einmalig anfällt und auch zu den gewinnunabhängigen Steuern zählt.

**Gewinnabhängige Steuern** sind die Ertragsteuern wie Einkommensteuer, Körperschaftsteuer und Gewerbesteuer. Sie mindern die zukünftigen Einzahlungsüberschüsse. Steuerbemessungsgrundlage sind allerdings nicht die Einzahlungsüberschüsse, sondern der steuerpflichtige Gewinn. Daher werden die Steuerzahlungen in der Investitionsrechnung üblicherweise durch ein Näherungsverfahren bestimmt. Hierzu werden die betrieblichen Einzahlungsüberschüsse um die steuerrechtlich relevanten Abschreibungen vermindert. Die Differenz wird anschließend mit dem durchschnittlichen Ertragssteuersatz des Unternehmens multipliziert, um die ertragsabhängigen Steuerzahlungen zu ermitteln. Die Einzahlungsüberschüsse nach Steuern errechnen sich schließlich als Differenz zwischen den Einzahlungsüberschüssen vor

Steuern und den Steuerzahlungen. Die Einzahlungsüberschüsse nach Steuern werden dann mit einem Kalkulationszinssatz nach Steuern abgezinst, um den **Kapitalwert unter Berücksichtigung von Steuern** zu ermitteln. Bei anderen Investitionsrechenverfahren erfolgt die Berücksichtigung von Steuern in analoger Weise, indem sowohl die jährlichen Erfolgsgrößen als auch der Kalkulationszinssatz um steuerliche Auswirkungen korrigiert werden. Der Kalkulationszinssatz wird aus dem Grunde korrigiert, weil Fremdkapitalzinsen einen steuerlichen Entlastungseffekt haben.

MERKE: Die Einbeziehung der Ertragsteuern in die Kapitalwertmethode hat nicht nur Auswirkungen auf die periodischen Zahlungsreihen, sondern auch auf den Kalkulationszinssatz.

Um die Rechenarbeit zu vereinfachen erfolgt die Berücksichtigung der Steuern in einem sog. **Standardmodell**, welches auf den folgenden Annahmen beruht:

- Auf einem vollkommenen Kapitalmarkt herrscht ein einheitlicher konstanter Kalkulationszinssatz, d.h. es können Gelder in beliebiger Höhe zum Zinssatz i angelegt oder aufgenommen werden.
- Es gibt nur eine einzige allgemeine Ertragssteuer,[134] die alle Anlagemöglichkeiten mit einem proportionalen Steuertarif (**s**) erfasst.
- Die Steuerzahlungen erfolgen zeitgleich mit der Entstehung der Steuerschuld am Ende der Periode. Bei Verlusten (V) leistet das Finanzamt eine (unbegrenzte) Steuerrückzahlung in Höhe von $s \cdot V$ zum Ende der Verlustperiode.
- Mit Ausnahme der Anschaffungsauszahlung werden alle anderen Zahlungen sofort ertragswirksam erfasst, d.h. alle Auszahlungen werden als Aufwendungen und alle Einzahlungen als Erträge erfasst. Die Anschaffungsauszahlung führt erst in nachfolgenden Perioden in Form von Abschreibungen zu Aufwendungen.
- Zinsaufwendungen mindern in voller Höhe und Zinserträge erhöhen in voller Höhe den steuerpflichtigen Gewinn.

Beispielhaft angenommen sei, dass der Kalkulationszinssatz vor Steuern 6 % beträgt (i = 0,06) und dass der Tarif der allgemeinen Gewinnsteuer bei 40 % liegt (s = 0,40). Bei Fremdfinanzierung mindern die Fremdkapitalzinsen als Betriebsausgaben (steuermindernder Aufwand) den steuerpflichtigen Gewinn. Die Kapitalkosten nach Abzug von Steuern belaufen sich auf 3,6 % (= Nettokapitalkosten).

Wird das Investitionsvorhaben mit Eigenkapital finanziert, stellt der Investor folgende Überlegung an: Beim Unterlassen der Investition wird das verfügbare Eigenkapital zu 6 % brutto am Kapitalmarkt angelegt. Die Zinserträge aus angelegten Mitteln unterliegen voll der Besteuerung von 40 %. Der Nettoertrag der

[134] Zu differenzierten Berechnungen, die Kapitalertragssteuersatz und Gewerbesteuersatz (ermittelt aus Steuermesszahl und Hebesatz der Gemeinde) sowie Solidaritätszuschlag separat berücksichtigen vgl. Bieg/Kußmaul/Waschbusch, Investition, 3. Aufl. 2016, S. 166.

„Unterlassungsalternative“ liegt also bei 3,6 %. Bei Durchführung der betrieblichen Investitionsalternative verzichtet der Investor auf den Nettoertrag der „Unterlassungsalternative“. Seine Nettokapitalkosten liegen damit auch im Falle der Eigenfinanzierung bei 3,6 %.

Bezeichnet man die Gewinnsteuerbelastung einer Planperiode t mit $S_t$, dann erfasst man den Zahlungsstrom des (gewerbebetrieblichen) Investitionsobjektes mit:

$E_t - A_t - S_t$

Dem zu beurteilenden Investitionsobjekt werden also Zahlungen nach Abzug von Gewinnsteuern zugerechnet. Der Vorteilhaftigkeitsvergleich zwischen Realisieren und Unterlassen würde verzerrt, wenn

- Nettoerträge der betrieblichen Investition ($E_t - A_t - S_t$) mit
- Bruttoerträgen der alternativen Kapitalanlage

verglichen würden. Die Nettoerträge der (gewerbebetrieblichen) Investition müssen vielmehr an den Nettokapitalkosten gemessen werden. Als Kalkulationszinssatz im Steuerfall $i_s$ gilt deshalb:

$i_s = i - i \cdot s = i \cdot (1 - s)$

mit $i_s$ = Kalkulationszinssatz nach Steuern, i = Kalkulationszinssatz vor Steuern, s = Ertragssteuersatz

Werden die o. g. Werte in die Gleichung eingesetzt, ergibt sich

$i_s = 0{,}06 \cdot (1 - 0{,}4) = 0{,}036$ also 3,6 %.

Sowohl bei Eigen- als auch bei Fremdfinanzierung sind die Nettozahlungsströme der Investition mit dem Nettokalkulationszinsfuß $i_s$ zu diskontieren. Die am Periodenende fällige Gewinnsteuerzahlung $S_t$ (steuerliche Belastung) ergibt sich grundsätzlich aus dem **Produkt von Steuersatz** s **und Bemessungsgrundlage** $B_t$.

$S_t = B_t \cdot s$

Im Standardmodell wird die Bemessungsgrundlage $B_t$ nicht nach dem real geltenden Steuerrecht ermittelt. Man unterstellt vielmehr, dass $B_t = E_t - A_t - AfA_t$ gilt.

Man geht also von der wirklichkeitsfernen Fiktion aus, dass die Gewinnsteuerbemessungsgrundlage dem Einzahlungsüberschuss abzüglich der steuerlichen Abschreibungen $AfA_t$ entspricht. Die folgende Gleichung zeigt die Zusammenfassung der obigen Beziehungen zur Berechnung des Kapitalwertes nach Steuern:

$$\textbf{Kapitalwert nach Steuern} = -A_0 + \Sigma\, [E_t - A_t - s \cdot (E_t - A_t - AfA_t)] \cdot (1 + i_s)^{-t}$$
$$= -A_0 + \Sigma\, [Z - s \cdot (Z - AfA_t)] \cdot (1 + i_s)^{-t}$$

**mit** $Z = E_t - A_t$

Die Gleichung stellt die gängige Formel zur Berechnung des Kapitalwertes nach Steuern dar, wenn es keinen Liquidationserlös am Ende der Nutzungsdauer gibt. Die Vorteilhaftigkeitskriterien im Kaptalwertmodell mit Steuern sind die gleichen wie beim Modell ohne Steuern. Die Höhe des Kapitalwerts verändert sich jedoch gegenüber der Situation ohne Steuern.

**Beispiel:**

Die Ausgangsdaten entsprechen dem Fallbeispiel zur Kapitalwertmethode aus Kap. B.5.3. Die Lösung ergab bei einem Abzinsungsfaktor von 6 % einen positiven Kapitalwert von 15.511 €. Es soll nun der Kapitalwert nach Steuern berechnet werden. Der Ertragssteuersatz für ein Unternehmen möge 40 % betragen und setzt sich aus dem Körperschafts- und Gewerbesteuersatz zusammen, wobei sich der Gewerbesteuersatz aus der Steuermesszahl und dem Hebesatz der Gemeinde errechnet. Der Kalkulationszinssatz im Steuerfall beträgt $i_s = i \cdot (1 - s) = 0{,}06 \cdot (1 - 0{,}40) = 0{,}036$ also 3,6 %. Es wird eine lineare Abschreibung unterstellt.

| Jahr | Anschaffungsausz. $A_0$ | Zahlungsüberschüsse Z | AfA | Steuerzahlung | Zahlungsüberschuss nach Steuern | Abzinsungsfaktor | Barwerte nach Steuern |
|---|---|---|---|---|---|---|---|
| 0 | -100.000 | | | | | | -100.000 |
| 1 | | 20.000 | 20.000 | 0 | 20.000 | 0,9653 | 19.306 |
| 2 | | 20.000 | 20.000 | 0 | 20.000 | 0,9317 | 18.634 |
| 3 | | 30.000 | 20.000 | 4.000 | 26.000 | 0,8993 | 23.382 |
| 4 | | 30.000 | 20.000 | 4.000 | 26.000 | 0,8681 | 22.571 |
| 5 | | 40.000 | 20.000 | 8.000 | 32.000 | 0,8379 | 26.813 |
| **Kapitalwert nach Ertragssteuern** | | | | | | | **10.706** |

Ergebnis: Durch die Steuerzahlung hat sich der Kapitalwert auf 10.706 € verringert.

Wird eine degressive Abschreibung unterstellt, verändert sich ebenfalls der Kapitalwert nach Steuern. So kann sich hier durchaus ein positiver Kapitalwert ergeben, auch wenn die Berechnung bei linearer Abschreibung zu einem negativen Kapitalwert geführt hat.[135]

Wie gezeigt, verschlechtert sich grundsätzlich der Kapitalwert einer Investition durch die Berücksichtigung der Ertragssteuerzahlung. Es sind jedoch auch Fälle möglich, in denen ein negativer Kapitalwert vor Steuern durch die Steuerberücksichtigung zu einem positiven Kapitalwert nach Steuern führen kann. Es handelt sich dann um ein sog. **Steuerparadoxon**. Die Ursache hierfür liegt in der zeitlichen Struktur der Steuerzahlungen.[136]

---

135 Ein Berechnungsbeispiel enthält: Mindermann, T., Investitionsrechnung, 2015, S. 58.

136 Ebenda mit Berechnungsbeispiel, S. 63.

# B.7 Nutzen-Kosten-Untersuchungen

## B.7.1 Einführung

Die bisher dargestellten statischen und dynamischen Wirtschaftlichkeitsrechnungen sind einzelwirtschaftliche Verfahren, die nur **interne**, d.h. auf das jeweilige Unternehmen oder die Gebietskörperschaft bezogene Wirkungen hinsichtlich ihrer Kosten und Erlöse bzw. Auszahlungen und Einzahlungen berücksichtigen. Die Nutzen-/Kosten-Untersuchungen sollen im Gegensatz dazu zusätzlich **externe** Effekte (also gesellschaftliche und/oder volkswirtschaftliche Wirkungen) einbeziehen. Zur Beurteilung einer Investition sind sämtliche positiven und negativen Effekte zu erfassen, und zwar unabhängig davon, bei wem sie entstehen. Man spricht auch von gesamtwirtschaftlichen Verfahren.

Es sollen auch solche Faktoren in das Kalkül einbezogen werden, für die es keine direkten in Geld bewerteten Kosten und Erlöse bzw. Auszahlungen und Einzahlungen gibt, wie z.B. die Auswirkungen von Investitionen auf die Umwelt oder das Betriebsklima. Unter dem Oberbegriff Nutzen-/Kosten-Untersuchungen lassen sich die folgenden Verfahren zusammenfassen:

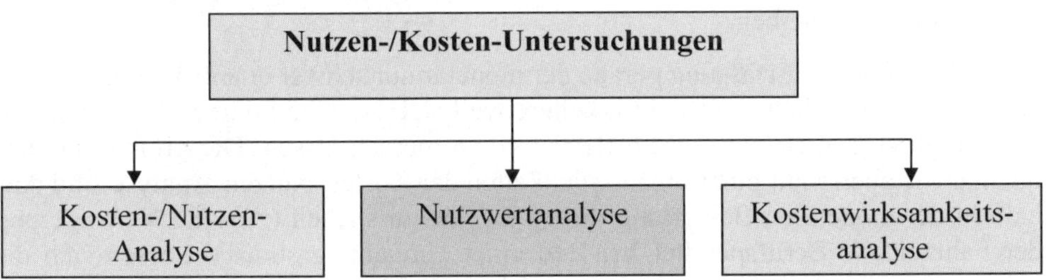


Die Bereiche, für die Nutzen-/Kosten-Untersuchungen in Gebietskörperschaften erforderlich sind, reichen von Wasser- und Forstwirtschaft über das Sozial-, Gesundheits-, Sport- und Bildungswesen, die innere und äußere Sicherheit sowie über Inklusion und Integration, Wirtschaftsförderung und Entwicklungspolitik bis hin zu Verkehrsprojekten. Die Durchführung von Nutzen-/Kosten-Untersuchungen im Bund und den Bundesländern sind in den jeweiligen Verwaltungsvorschriften der Bundes-/Landeshaushaltsverordnungen (BHO-VV/LHO-VV) verbindlich geregelt. Während die Kosten-/Nutzen-Analyse alle Vor- und Nachteile monetär bewerten will, misst die Nutzwertanalyse den Nutzen über Zielerreichungsgrade. Die Kostenwirksamkeitsanalyse erfasst die Nachteile monetär (Kosten) und geht über die Nutzwertanalyse insofern hinaus, als Kosten und Nutzen in Form von Quotienten zueinander ins Verhältnis gesetzt werden. Nachfolgend werden die verschiedenen Methoden im Überblick dargestellt:

### B.7.2 Kosten-Nutzen-Analyse

Die Kosten-Nutzen-Analyse ist eine Methode der Investitionsrechnung, die sämtliche positiven wie negativen Wirkungen einer Investition in Geldgrößen ausdrückt. Dabei sind tatsächliche, berichtigte oder angenommene Marktpreise zugrunde zu legen. Zu den **direkten** monetären Kosten zählen hier entgegen des betriebswirtschaftlichen Kostenbegriffs die einmalige Investitionsausgabe und die laufenden abgezinsten Betriebskosten etc. im gesamten Nutzungszeitraum. Es werden nicht nur die direkt monetär messbaren Faktoren berücksichtigt, sondern sowohl förderliche wie auch nachteilige Zusammenhänge zwischen dem Investitionsvorhaben und anderen Bereichen.

Gerade Investitionsentscheidungen im öffentlichen Bereich haben in der Regel mehrere Zielkomponenten, die nicht direkt in Geldgrößen ausgedrückt werden können. Hierunter sind beispielsweise Sachverhalte zu fassen wie Sozialverträglichkeit, Umweltverträglichkeit oder das Entstehen von Arbeitsplätzen durch eine öffentliche Investition. Im Rahmen der Kosten-Nutzen-Analyse ist es möglich, auch diese monetär nur schwer quantifizierbaren Größen mit in die Entscheidung einzubeziehen. Man spricht von **indirektem** Nutzen und indirekten Kosten. Hierfür werden **Schätzungen vorgenommen und in Geldgrößen transformiert**. Diese Zusammenhänge sind gerade bei öffentlichen Großprojekten von entscheidender Bedeutung und dürfen nicht unberücksichtigt bleiben.

Die Bewertung und Erfassung gerade der monetär nur schwer quantifizierbaren Größen führt zu erheblichen Schwierigkeiten, weil sich etwaige Folgewirkungen allenfalls langfristig in Bezug auf die Betriebsziele messen lassen. Die größten Fehlerquellen wie auch Manipulationsmöglichkeiten der Kosten-Nutzen-Analyse sind deshalb in der monetären Bewertung dieser Effekte zu suchen (z.B. die Verringerung der Fahrzeit für Berufspendler bei Bau einer Umgehungsstraße). Lassen sich die Wirkungen einer Investition überhaupt nicht in Geldgrößen ausdrücken, so sind sie nach Abschluss der mathematischen Darstellung der Kosten-Nutzen-Analyse quasi „unter dem Strich" so präzise wie möglich als „**intangible Effekte**" aufzulisten (z.B. die Zerstörung des Landschaftsbildes durch den Bau der Umgehungsstraße).[137]

Die **Vorteilhaftigkeit** einer Investition wird bei der Kosten-Nutzen-Analyse anhand des auf den Entscheidungszeitpunkt **abgezinsten Nettonutzens** beurteilt. Der Nettonutzen ergibt sich als Differenz zwischen bewerteten und abgezinsten Nutzen und Kosten einer Investition. Eine Investition gilt dann als vorteilhaft, wenn der Nettonutzen gleich oder größer 0 ist. Bei einem Vergleich mehrerer Investitionsobjekte ist die Investition mit dem höchsten positiven Nettonutzen vorzuziehen. Unter Berücksichtigung der intangiblen Effekte (Intangibles) kann sich jedoch eine andere Rangfolge ergeben. Alternativ wird auch der **Nutzen-Kosten-Quotient**, der den

[137] Vgl. Blohm/Lüder/Schäfer, Investition, 10. Aufl. 2012, S. 176.

abgezinsten Nutzen im Verhältnis zu den abgezinsten Kosten darstellt, errechnet. Die Investition ist dann vorteilhaft, wenn der Quotient größer als 1 ist.[138]

Auf jeden Fall muss sichergestellt sein, dass ein Dritter anhand der Aufzeichnungen, Berechnungen der Kosten und des Nutzens sowie der Datenquellen in der Lage ist, die gesamte Kosten-Nutzen-Analyse nachzuvollziehen.

**Beispiel: Einführung von Home-Office in der öffentlichen Verwaltung (Zahlen sind fiktiv)**

| | **Kosten**<br>Plan in € | **Nutzen**<br>Plan in € | |
|---|---|---|---|
| **Direkte Kosten** | | | **Direkter Nutzen** |
| Systementwicklung | | 210.000 | EDV-Rechenzentrum-Entlastung |
| anteilig | 850.000 | 2.100.000 | Personalreduzierung |
| Telekommunikationsanlagen | 120.000 | 340.000 | Raumkostenreduzierung |
| Hardware | 525.000 | | |
| Ausbildungskosten | 350.000 | | **Indirekter Nutzen** |
| Zinsen | 35.000 | 300.000 | Effizienzsteigerung |
| Systempflegekosten | 220.000 | | |
| | | | **schwer quantifizierbarer Nutzen** |
| **indirekte Kosten** | | 120.000 | Verbesserung des Büroservice |
| Sozialverträglichkeit/ | | 210.000 | geringere Umweltbelastung |
| Abfindungen | 1.275.000 | 85.000 | bessere Vereinbarkeit: Familie, Beruf |
| | | 100.000 | Image einer modernen, leistungsfähigen Verwaltung |
| **schwer quantifizierbare Kosten** | | | |
| Reibungsverluste Umorganisation | 150.000 | | |
| Präsenz der Mitarbeiter | 50.000 | | |
| | **3.575.000** | **3.465.000** | |

Der Nutzen ist im obigen Beispiel geringfügig niedriger als die Kosten. Diese „knappen“ Unterschiede kommen auch dadurch zustande, dass 515.000 € Nutzen aus der Kategorie „schwer quantifizierbarer Nutzen“ stammen, jedoch nur 200.000 € „schwer quantifizierbare Kosten“ veranschlagt werden.

Das Bild wird also netto zu 315.000 € von einem Überschuss aus „schwer quantifizierbarem Nutzen“ gegenüber den „schwer quantifizierbaren Kosten“ beeinflusst.

[138] Vgl. Westermann, Georg, Kosten-Nutzen-Analyse, 2012, S. 30.

Wer die Sache kritisch betrachtet, wird hier schnell das Argument finden, dass die Kosten durchaus wesentlich höher sein können als der Nutzen.

**Probleme bei der Anwendung der Kosten-Nutzen-Analyse:**

1. Grundsätzlich ist positiv zu beurteilen, dass man bei diesem Verfahren versucht, alle Projektwirkungen in Geldgrößen auszudrücken. Somit ist die Vergleichbarkeit der Entscheidungsfolgen aufgrund eines einheitlichen monetären Maßstabs gewährleistet.

2. Auf der anderen Seite ergeben sich Schwierigkeiten bei der monetären Bewertung der Kosten und des Nutzens. Sofern keine Marktpreise vorliegen, muss man auf Hilfsgrößen zurückgreifen. Ergibt sich z.B. durch den Bau einer Umgehungstraße eine Zeitersparnis für die Autofahrer und /oder eine Verringerung der Verkehrstoten, so stellt sich die Frage nach dem Wert eines Menschenlebens oder dem Wert der eingesparten Zeit. Als Kosten könnte die Zerstörung des intakten Landschaftsbildes durch den Bau der Umgehungsstraße oder die negativen Auswirkungen auf die Luftqualität angesehen werden. Erkennbar ist, dass in bestimmten Bereichen auf eine Bewertung in Geldeinheiten verzichtet werden sollte. Diese Bereiche lassen sich nur verbal beschreiben, damit sie als Zusatzangabe zur mathematischen Kosten-Nutzen-Analyse bei der Entscheidungsfindung berücksichtigt werden können.

3. Hinzuweisen ist auch auf den Kalkulationszinssatz, der das Rechenergebnis in jedem Fall entscheidend beeinflusst und dessen Auswahl stets ein großes Problem darstellt.[139]

4. Von der Kosten-Nutzen-Analyse kann man keine eindeutigen Ergebnisse erwarten, bei denen sich weitere Überlegungen erübrigen. Die Analyse macht aber die Beurteilung der einzelnen Projektalternativen und die ihr zugrundeliegenden Daten und Wertungen transparent, nachvollziehbar und damit überprüfbar. Damit ist die Kosten-Nutzen-Analyse eine Entscheidungshilfe. Die kritische Bewertung der Ergebnisse und die eigentliche Entscheidung bleiben der Management-Ebene vorbehalten.

5. Bei der Kosten-Nutzen-Analyse ist darauf zu achten, dass keine reinen Umverteilungswirkungen (**pekuniäre Effekte**) angesetzt werden. Beispielsweise könnten an der neuen Umgehungsstraße eine Raststätte oder Imbissstände entstehen, was aber zu weniger Umsätzen oder Schließungen bei den bisherigen Gaststätten im Ort führt (insgesamt wird nicht mehr „gegessen und getrunken“).

[139] Für den Bund setzt das Bundesfinanzministerium den Kalkulationszinssatz für Investitions- und Wirtschaftlichkeitsrechnungen regelmäßig durch Rundschreiben fest. Zuletzt (Mai 2018) betrug der Zinssatz 0,6 %.

### B.7.3 Nutzwertanalyse

Die Nutzwertanalyse als eine spezielle Form der Kosten-Nutzen-Analyse **verzichtet auf eine monetäre Bewertung nicht-monetärer Größen**. Die unterschiedlichen Investitionsalternativen werden durch die Ermittlung von Nutzwerten verglichen und bewertet. Bei der Nutzwertanalyse werden mehrere, entsprechend ihrer Bedeutung für den Entscheidungsträger gewichtete Zielgrößen berücksichtigt. Die Erfüllung der einzelnen Ziele durch die unterschiedlichen Alternativen ist jeweils zu messen und in Form von Teilnutzwerten anzugeben. Die Teilnutzwerte werden unter Berücksichtigung von Gewichtungen durch Multiplikation zu einem Gesamtnutzwert für jede Alternative zusammengefasst. Der Entscheidungsträger muss hierzu wissen, welches relative Gewicht er den einzelnen Zielen im Rahmen des betrieblichen Zielsystems beimisst. Es ist sinnvoll, die Gewichte so festzulegen, dass sich eine Summe von 100 ergibt.

Die im Rahmen der Nutzwertanalyse erforderlichen Bewertungen können durch eine einzelne Person (Individualbewertung) oder durch mehrere Personen (Kollektivbewertung) erfolgen.

Bei der Durchführung der Nutzwert-Analyse müssen alle möglichen Alternativen, die in den Entscheidungsprozess mit einzubeziehen sind, präzise identifiziert werden.

**Beispiel:**[140]

Im Rahmen einer Nutzwertanalyse soll die Vorteilhaftigkeit von drei Standortalternativen in den Gemeinden A, B und C für ein ansiedlungswilliges Unternehmen veranschaulicht werden. Als Oberziel wird die Auswahl des optimalen Standorts angenommen. Die zweite Zielebene besteht aus vier Unterzielen (Grundstück, Arbeitskräfte, Versorgung und Verkehr sowie den Bedingungen der jeweiligen Gemeinde hinsichtlich der Gewerbesteuer und der Förderangebote). In der dritten Zielebene werden die vier Unterziele jeweils durch eine Gruppe von Zielkriterien konkretisiert.

Die Durchführung einer Nutzwertanalyse umfasst folgende Schritte:[141]

(1) Festlegung und Gewichtung der Bewertungskriterien

Die Kriterien, die zur Beurteilung der Maßnahme dienen, sind festzulegen und entsprechend ihrer Bedeutung zu gewichten (Summe der Gewichte = 100) und zu dokumentieren. Die einzelnen Bewertungskriterien sollen sich nach Möglichkeit nicht überschneiden, da ansonsten eine unbeabsichtigte Mehrfachanrechnung erfolgen könnte. Die einzelnen Kriterien sollten sich zudem nicht widersprechen. Der je Kriterium benutzte Maßstab zur Beurteilung ist so genau wie möglich festzuhalten.

[140] Vgl. Götze, U., Investitionsrechnung, 7. Aufl. 2014, S. 197 (mit Änderungen).

[141] Vgl. Arbeitsanleitung des Bundesfinanzministeriums: Einführung in Wirtschaftlichkeitsuntersuchungen, RdSchr. des BMF vom 12. Januar 2011, geändert durch Rundschreiben vom 2.10.2017, S. 20.

(2) Beurteilung der Handlungsalternative

Für jede Handlungsalternative wird beurteilt, ob ein Kriterium zutrifft, teilweise zutrifft oder nicht zutrifft. Entsprechend sind zwischen 0 und 10 Punkte zu vergeben. Es ist empfehlenswert, die Beurteilung von mindestens zwei Personen(-gruppen) unabhängig voneinander durchführen zu lassen und die Ursachen von ggf. auftretenden Abweichungen zu ermitteln und zu dokumentieren.

(3) Berechnung des Ergebnisses

Der Teilnutzen einer Handlungsalternative hinsichtlich eines Kriteriums ergibt sich durch Multiplikation der Punkte mit deren Gewichtung. Der Nutzwert einer Handlungsalternative errechnet sich aus der Addition aller zugehörigen Teilnutzen und dient als Vergleichsmaßstab zur Bewertung der Alternativen untereinander.

**Nutzwert-Analyse**

| Zielkriterien im Hinblick auf | Gewichtung | | Zielerreichungsgrad | | | Nutzwert | | |
|---|---|---|---|---|---|---|---|---|
| | 20 | | A | B | C | A | B | C |
| 1. das Grundstück | | | | | | | | |
| 1.1 Grundstücksgröße | | 6 | 10 | 2 | 0 | 60 | 12 | 0 |
| 1.2 Grundstückspreis | | 10 | 4 | 4 | 6 | 40 | 40 | 60 |
| 1.3 Erschließung | | 4 | 10 | 2 | 8 | 40 | 8 | 32 |
| 2. das Arbeitskräfteangebot | 35 | | | | | | | |
| 2.1 Arbeitskräftepotential | | 21 | 2 | 6 | 9 | 42 | 126 | 189 |
| 2.2 Arbeitsmarktkonkurrenz | | 14 | 4 | 8 | 10 | 56 | 112 | 140 |
| 3. Versorgung und Verkehr | 25 | | | | | | | |
| 3.1 Verkehrsanbindung | | 10 | 6 | 4 | 8 | 60 | 40 | 80 |
| 3.2 Spediteure | | 5 | 4 | 0 | 10 | 20 | 0 | 50 |
| 3.3 Lieferpotential | | 6 | 6 | 10 | 2 | 36 | 60 | 12 |
| 3.4 Bankdienstleistungsangebot | | 4 | 8 | 8 | 8 | 32 | 32 | 32 |
| 4 Bedingungen der Gemeinde | 20 | | | | | | | |
| 4.1 Fördermaßnahmen | | 12 | 4 | 8 | 4 | 48 | 96 | 48 |
| 4.2 Gewerbesteuerhebesatz | | 8 | 6 | 10 | 4 | 48 | 80 | 32 |
| Gesamtnutzwert | 100 | 100 | | | | 482 | 606 | 675 |

Zielerreichungsgrad: 0 = nicht geeignet; 1-2 = weniger geeignet; 3-4 = mit Einschränkungen geeignet, 5-6 = geeignet; 7-8 = gut geeignet; 9-10 = optimal geeignet
Nutzwert: Zielerreichungsgrad · Gewicht

Alternative C ist vorzuziehen, da der Nutzwert von 675 am höchsten ist.

Die Nutzwertanalyse kann in der öffentlichen Verwaltung insbesondere dort angewandt werden, wo nicht monetäre Auswirkungen zu bewerten sind, wie z.B.[142]

[142] Vgl. Schmidt, J., Wirtschaftlichkeit in der öffentlichen Verwaltung, 6. Aufl. 2002, S. 137.

- bei Organisationsfragen (Welcher Verwaltungsträger, welche Behörde oder welche Organisationeinheit soll eine bestimmte Aufgabe wahrnehmen?),
- bei IT-Vorhaben (soll ein Rechenzentrum eingeschaltet werden oder soll arbeitsplatzbezogene IT-Technik eingesetzt werden?),
- bei der Auswahl zur Beschaffung von Standardsoftware,
- bei Fragen der Privatisierung (soll eine öffentliche Aufgabe privatisiert werden?),
- bei der Bewerberauswahl im Personalbereich,
- bei der Standortwahl von Behörden.

Bei Investitionsentscheidungen darf der Nutzwert in der Regel nicht das einzige Entscheidungskriterium sein. Daneben sollte eine Ermittlung der finanziellen Wirkungen einer Investition durchgeführt werden, z.B. durch eine Kapitalwertrechnung. Kommen dabei Nutzwertanalyse und Kapitalwertrechnung zu unterschiedlichen Ergebnissen bezüglich der Vorteilhaftigkeit, so ist ein Paarvergleich durchzuführen.[143]

**Probleme bei der Anwendung der Nutzwertanalyse:**

1. Grundsätzlich ist positiv zu beurteilen, dass bei diesem Verfahren komplexe Entscheidungsprobleme in mehrere Teilaspekte zerlegt und übersichtlich und nachvollziehbar untersucht und bewertet werden. Die subjektiven Wertvorstellungen der Entscheidungsträger bei der Zielauswahl, der Festlegung der Zielgewichte sowie die Bewertung der Zielerträge werden offengelegt.
2. Auf der anderen Seite können sich die subjektiven Wertvorstellungen der Entscheidungsträger von denen anderer Personen durchaus unterscheiden. So kann eine Veränderung der Gewichtung einzelner Zielkriterien durchaus zu einer veränderten Vorteilhaftigkeit führen.
3. Die Bewertung in Nutzwerte und nicht in Geldgrößen ist weniger transparent.
4. Die Annahme, dass die einzelnen Zielkriterien sich nicht überschneiden dürfen, trifft nicht immer zu. Eine vollständige Nutzenunabhängigkeit dürfte in der Praxis selten vorkommen, da vielfach komplementäre und konkurrierende Ziele vorliegen.

[143] Vgl. Blohm/Lüder/Schäfer, Investition, 10. Aufl. 2012, S. 165.

### B.7.4 Kosten-Wirksamkeits-Analyse

Die Kosten-Wirksamkeits-Analyse[144] ist das umfassendste Verfahren zur Wirtschaftlichkeitsuntersuchung. Anders als bei den einzelwirtschaftlichen Verfahren findet im Allgemeinen eine gesamtwirtschaftliche Betrachtung statt, das heißt, alle positiven wie negativen Wirkungen der Maßnahme sind in Ansatz zu bringen, unabhängig davon, wo und bei wem sie anfallen. Je nach dem Grad der Erfassbarkeit und der Möglichkeit zur Monetarisierung lassen sich die aufzunehmenden Positionen gliedern in:[145]

- **direkte Kosten/Nutzen**, die aufgrund verfügbarer Marktpreise direkt ermittelbar sind,
- **indirekte Kosten/Nutzen**, die erst über Vergleichsabschätzungen monetär zu ermitteln sind und
- **nicht monetarisierbare Kosten/Nutzen**, die über eine Vorteils-/Nachteilsdarstellung oder eine Nutzwertanalyse zu bewerten sind.

Zeitlich unterschiedlich anfallende Kosten und Nutzen sind durch die Berechnung von Kapitalwerten zu berücksichtigen. Vorrangig sollte jedoch geprüft werden, ob nicht sämtliche Kosten und Nutzen in Geldeinheiten bewertet werden können.

Anders als bei der Nutzen-Kosten-Analyse oder der Nutzwertanalyse, die jeweils einen einzelnen Wert als Ergebnis ermitteln, müssen bei der Kosten-Wirksamkeits-Analyse die Kosten der einzelnen Alternativen dem dazugehörigen Nutzwert (Wirksamkeitsgrad) gegenübergestellt werden. Die Methode eignet sich für die Bewertung von Maßnahmen, bei denen viele Vor- und Nachteile, die sich direkt oder indirekt auf einzelne Personen oder auf einen Personenkreis auswirken können, dargestellt werden. Als Beispiel sei hier der Bau eines Flughafens mit den monetär erfassbaren Kosten (Gebäudeerstellung, Grundstückskauf, Landebahnen, Lärmschutzmaßnahmen, laufende Betriebskosten etc.) und den Intangibles (Gesundheitsbeeinträchtigungen bei den Anwohnern, Zeitersparnis bei Reisen, Schaffung neuer Arbeitsplätze, Auswirkungen auf die regionale Entwicklung etc.) genannt.

In der öffentlichen Verwaltung empfiehlt sich die Kosten-Wirksamkeits-Analyse somit vor allem in den Bereichen Raumplanung, Verkehrsplanung und Umweltschutz. Dort müssen Planungen und Maßnahmen beurteilt werden, bei denen es in der Regel nicht möglich ist, den gesamten Umfang monetär zu bewerten.

Bezüglich der Beurteilung der Kosten-Wirksamkeits-Analyse kann auf die entsprechenden Ausführungen zur Kosten-Nutzen-Analyse und zur Nutzwertanalyse verwiesen werden, da die Kosten-Wirksamkeits-Analyse eine Mischform der beiden erstgenannten Verfahren ist.

---

[144] In der Arbeitsanleitung des Bundesfinanzministeriums: Einführung in Wirtschaftlichkeitsuntersuchungen, RdSchr. des BMF vom 12. Januar 2011, geändert durch Rundschreiben vom 2.10.2017, S. 21 werden Kostenwirksamkeitsanalysen als „gesamtwirtschaftliche Nutzwertanalysen“ bezeichnet.

[145] Ebenda, S. 21.

# B.8 Investitionsprogrammentscheidungen

Bei den bisherigen Investitionsrechnungen wurden im Wesentlichen folgende starke Vereinfachungen unterstellt:

**(1)** Es gibt **einen vollkommenen Kapitalmarkt**, auf dem beliebige Beträge zum einheitlichen Zinssatz geliehen bzw. angelegt werden können.

**(2)** Es ist möglich, einer zu beurteilenden Sachinvestition anteilige **Auszahlungen**, vor allem aber anteilige **Einzahlungen zuzuordnen**.

**(3)** Investitionsentscheidungen können projektbezogen und isoliert von anderen Investitionsentscheidungen betrachtet werden.

In der Realität liegen diese Vereinfachungen jedoch nicht vor. Es existiert ein unvollkommener Kapitalmarkt, auf dem Abhängigkeiten zwischen Investitions- und Finanzierungsentscheidungen bestehen. **Investitionsentscheidungen** können **nicht** mehr **isoliert** getroffen werden. Je niedriger die Finanzierungskosten i, desto höher wird ceteris paribus das Investitionsvolumen. Je erfolgversprechender („rentabler") die Investitionsprojekte, desto höher wird ceteris paribus das Fremdfinanzierungsvolumen, weil Investitionen mit hoher interner Verzinsung auch bei teurer Kreditaufnahme noch lohnenswert sind. Damit diese Abhängigkeiten berücksichtigt werden können, muss das gesamte **Investitionsprogramm in Zusammenhang mit dem Finanzierungsprogramm** festgelegt werden.

Die Verfahren zur Investitions- und Finanzplanung beruhen entweder auf sukzessiven Planungsmodellen, die sich an das sog. **Dean-Modell** anlehnen, oder auf simultanen Planungsmodellen, bei denen die Optimierung mit Hilfe der linearen Programmierung erfolgt. Dabei geht man grundsätzlich von der Annahme **sicherer Erwartungen** aus.

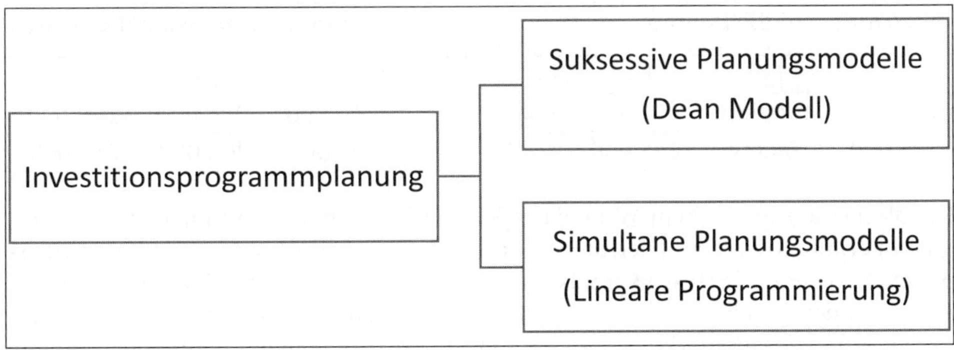


Abbildung 42: Investitionsprogrammplanung

Betrachtet wird eine Situation, in der verschiedene Investitions- und Finanzierungsprojekte zur Auswahl stehen, aus denen das optimale Programm zusammengestellt werden soll. Im Dean-Modell werden dabei zur Vereinfachung folgende Prämissen angenommen:

- **Einperiodigkeit**, d.h. alle Investitions- und Finanzierungsprojekte sind nach einer Periode vollständig abgewickelt und führen dabei nur zu Periodenbeginn (Zeitpunkt t = 0) und Periodenende (t = 1) zu Zahlungen.
- **Teilbarkeit**, d.h. die Investitions- und Finanzierungsprojekte sind bis zu einem gegebenen Gesamtumfang durchführbar und beliebig in kleine Teilprojekte teilbar.
- **Unabhängigkeit**, d.h. die Realisierung der einzelnen Projekte ist jeweils unabhängig davon, ob ein bestimmtes anderes Projekt durchgeführt wird oder nicht. Die Finanzierungsmittel müssen nur insgesamt ausreichen, um die Investitionszahlungen abzudecken.

Das **Dean-Modell** basiert auf folgender Erfahrung: Die in ein Investitionsprogramm aufzunehmenden einzelnen Investitionsobjekte haben eine unterschiedliche **interne Verzinsung**. Die verschiedenen Finanzierungsalternativen sind mit unterschiedlichen **Finanzierungskosten** verbunden. Dean sortiert die Investitions- und Finanzierungsalternativen nach ihrer **Vorteilhaftigkeit** und erstellt eine **Rangfolge** der

- **Investitionsalternativen nach abnehmenden internen Zinsfuß r sowie der**
- **Finanzierungsalternativen nach zunehmenden Finanzierungskosten i.**

Aus der Ordnung der Investitionsalternativen ergibt sich eine **Kapitalnachfrage (Kapitalbedarfs-)kurve**, aus der Ordnung der Finanzierungsalternativen ergibt sich eine **Kapitalangebotskurve**.

**Beispiel:**[146]

Einem Investor bieten sich folgende einjährige Investitions- und Finanzierungsmöglichkeiten (Ein- und Auszahlungen) an:

| **Investitionsmöglichkeiten** | | | **Finanzierungsmöglichkeiten** | | |
|---|---|---|---|---|---|
| $I_1$ | $I_2$ | $I_3$ | $F_1$ | $F_2$ | $F_3$ |
| –100.000 | –100.000 | –150.000 | +100.000 | +200.000 | +200.000 |
| +108.000 | +104.000 | +165.000 | –105.000 | –206.000 | –214.000 |

Es soll nun auf grafischem Wege das optimale Investitions- und Finanzierungsprogramm ermittelt werden. Hierfür sind vorab die internen Zinssätze der Investitionsprojekte sowie die Effektivverzinsungen der Finanzierungsprojekte zu berechnen. Aufgrund der beliebigen Teilbarkeit aller Projekte kann aus den jeweiligen Verzinsungen eine Vorteilhaftigkeitsrangfolge für die Aufnahme in das optimale Programm

[146] Zahlenbeispiel entnommen aus: Mindermann, T., Investitionsrechnung, 2015, S. 120.

abgeleitet werden. Dabei nimmt im Gegensatz zu den Investitionsprojekten die Vorteilhaftigkeit bei den Finanzierungsprojekten mit steigendem Zinssatz ab.

Die interne Verzinsung der **Investitionsmöglichkeiten** ergibt:

$I_1$ : 108.000 /100.000 – 1 = 8 % (Rang 2)

$I_2$ : 104.000 /100.000 – 1 = 4 % (Rang 3)

$I_3$ : 165.000 /150.000 – 1 = 10 % (Rang 1)

Die **Finanzierungskosten** betragen nach zunehmenden Zinsen:

$F_1$: 105.000 /100.000 – 1 = 5 % (Rang 2)

$F_2$: 206.000 /200.000 – 1 = 3 % (Rang 1)

$F_3$: 214.000 /200.000 – 1 = 7 % (Rang 3)

Graphisch lässt sich die Lösung bestimmen, indem die Kapitalangebots- und die Kapitalnachfragekurve gemeinsam in einem Diagramm dargestellt werden. Die **Kapitalnachfragekurve** gibt ausgehend von den zur Wahl stehenden Investitionsprojekten an, wieviel Kapital in Abhängigkeit von der Höhe der Finanzierungskosten in Anspruch genommen wird; die **Kapitalangebotskurve** stellt das gesamte Kapitalangebot in Abhängigkeit vom Zinssatz dar.

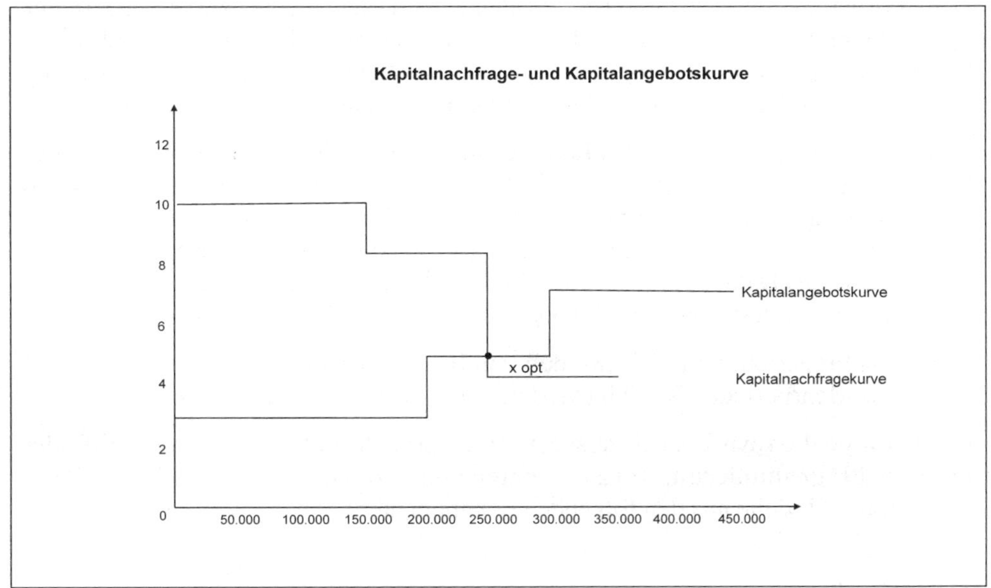


Abbildung 43: Kapitalnachfrage- und Kapitalangebotskurve

Für das optimale Programm muss gelten, dass sich Kapitalnachfrage und -angebot ausgleichen. Beginnend mit dem Investitionsprojekt mit Rang 1 werden nun solange Investitionsprojekte in das optimale Programm aufgenommen, wie deren Verzinsung höher ist als die der notwendigen Finanzierungsprojekte. Dies ist bis zum

Schnittpunkt von Kapitalnachfrage- und der Kapitalangebotskurve der Fall, so dass sich hier das optimale Investitions- und Finanzierungsmodell ergibt. Zu realisieren sind alle Projekte links vom Schnittpunkt. Im Beispiel sollte der Investor die Investitionen 3 (–150.000) und 1 (–100.000) vollständig durchführen. Die Finanzierung sollte über die Finanzierungsmöglichkeiten 2 vollständig (+200.000) und 1 teilweise (+50.000) erfolgen.

Aus der Grafik kann auch der Zinssatz abgelesen werden, bei dem sich Kapitalnachfrage- und Kapitalangebotskurve schneiden (hier: 5 %). Dieser Zinssatz stellt einen kritischen Zinssatz dar, für den gilt:[147]

- Investitionsprojekte (Finanzierungprojekte) werden vollständig realisiert, wenn die Verzinsung größer (kleiner) ist als der kritische Zinssatz;
- Investitionsprojekte (Finanzierungprojekte) werden teilweise realisiert, wenn die Verzinsung dem kritischen Zinssatz entspricht;
- Investitionsprojekte (Finanzierungprojekte) werden gar nicht realisiert, wenn die Verzinsung kleiner (größer) ist als der kritische Zinssatz.

Kritisch anzumerken ist insbesondere, dass das Dean-Modell nur eine einperiodige Planung voraussetzt sowie eine beliebige Teilbarkeit der Investitions- und Finanzierungsmöglichkeiten unterstellt. Beides entspricht nicht der Realität. Von Vorteil ist, dass kein einheitlicher Kalkulationszinssatz vorgegeben werden muss und eine einfache Lösung möglich ist. Das Dean-Modell kann deshalb keine exakte, sondern nur eine näherungsweise Antwort auf die Frage nach der Vorteilhaftigkeit einer Investition bzw. eines Investitionsprogramms geben. Sind die Investitionsprojekte nicht beliebig teilbar, so kann das Optimalprogramm nicht mehr grafisch abgeleitet werden.

**Simultane Investitions- und Finanzierungsplanungsmodelle** sollen an dieser Stelle nur kurz charakterisiert werden.[148] Mit ihrer Hilfe können die Investitions- und Finanzierungsprojekte ermittelt werden, deren Kombination dem Betrieb den **höchsten Gewinn** versprechen. Die Ergebnisse der Produktions- sowie der Absatzplanung werden dabei als Datum vorausgesetzt. In der Literatur gibt es verschiedene Ansätze zur simultanen Investitions- und Finanzierungsplanung. Bekannt sind hier

- das Einperioden-Modell (Modell von H. Albach) und
- das Mehrperioden-Modell (Modell von H. Hax/H.M. Weingarten).

In allen Modellen wird dabei versucht, eine optimale Entscheidung mit Hilfe der **linearen Programmierung** (lineare Optimierung) zu erreichen. Grundsätzlich bestehen diese Modelle aus den folgenden Komponenten:

[147] Vgl. Götze, U., Investitionsrechnung, 7. Aufl. 2014, S. 321.

[148] Berechnungsbeispiele für ein- und mehrperiodige Modelle vgl. u.a.: Bieg/Kußmaul/Waschbusch, Investition, 3. Aufl. 2016, S. 224 f.; Blohm/Lüder/Schäfer, Investition, 10. Aufl. 2012, S. 269 f.; Mindermann, T., Investitionsrechnung, 2015, S. 123 f.

- **Entscheidungsvariablen** als gesuchte zu optimierende Größen,
- **Zielfunktion**, die die Zahlungsströme der Investitions- und Finanzierungsalternativen beschreibt. Als Zielkriterium wird entweder eine Endvermögen- oder eine Kapitalwertmaximierung festgelegt.
- **Nebenbedingungen**, die Liquiditäts- und Projektmengenrestriktionen beschreiben,
- **Nichtnegativitätsbedingungen** stellen sicher, dass die Entscheidungsvariablen einen positiven Wert oder 0 aufweisen.

Die Lösung der Modelle erfolgt in der Regel mit Hilfe des **Simplexalgorithmus** unter Einsatz von IT-Software.

Anzumerken ist, dass die Modelle zur simultanen Investitionsprogrammplanung mit **hohem Rechenaufwand** verbunden sind und tiefergehende mathematische Kenntnisse voraussetzen. Durch den Einsatz einer geeigneten Software lässt sich der Aufwand jedoch minimieren.

# B.9 Berücksichtigung der Unsicherheit in der Investitionsrechnung

## B.9.1 Formen der Unsicherheit

Investitionsentscheidungen beruhen im Allgemeinen nicht, wie bisher angenommen, auf sicheren Daten (Inputgrößen), sondern auf Daten, die zukünftige Entwicklungen betreffen und somit oft unsicher sind. Bei der Kapitalwertmethode gelten die Einzahlungen und Auszahlungen in den Folgejahren, die Nutzungsdauer der Investition und der Kalkulationszinsfuß als unsichere Inputgrößen. So sind beispielsweise die zukünftigen Einzahlungen von der Entwicklung der Konjunktur, die zukünftigen Auszahlungen von der Entwicklung der Lohnkosten bzw. der Preise am Beschaffungsmarkt abhängig. In der Zukunft sind also **verschiedene Umweltzustände** denkbar, die die Einzahlungen und Auszahlungen, aber auch den Zinssatz oder die Nutzungsdauer beeinflussen. Durch die Investitionsrechnung soll nun die Unsicherheit der zukünftigen Größen so berücksichtigt werden, dass der Investor eine rationale Investitionsentscheidung treffen kann. Unsichere Situationen werden im Allgemeinen in Risiko- und Ungewissheitssituationen unterteilt:

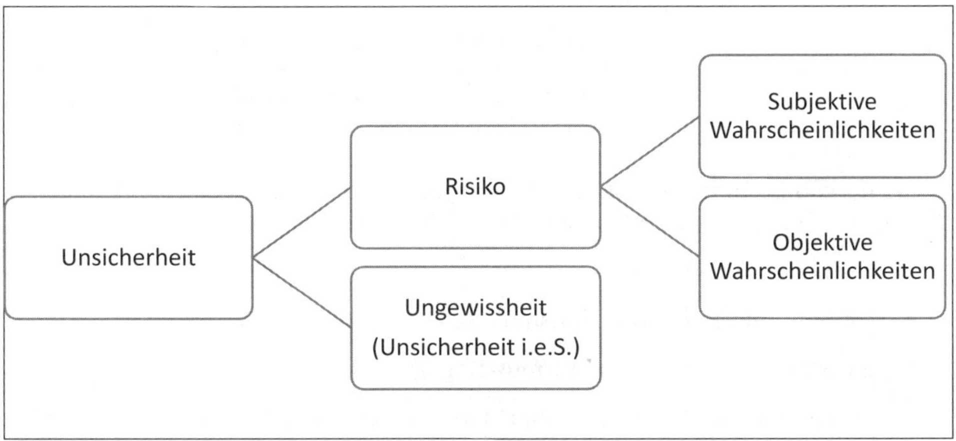


Abbildung 44: Unsicherheitssituationen

Bei **Risikosituationen** können entweder objektiv ermittelte oder subjektiv geschätzte Wahrscheinlichkeiten den unsicheren Zuständen zugeordnet werden. Subjektive Wahrscheinlichkeiten beruhen auf Schätzungen des Investors, objektive Wahrscheinlichkeiten auf statistisch nachgewiesenen Beobachtungen. Von **Ungewissheitssituationen** spricht man, wenn der Investor zwar in der Lage ist, die unsicheren Zustände zu benennen, die eintreten könnten, er aber nicht in der Lage ist, diesen Zuständen Wahrscheinlichkeiten zuzuordnen.

Im Allgemeinen werden Entscheidungsregeln bei Ungewissheit (Unsicherheit i.e.S.) und Entscheidungsregeln bei Risiko unterschieden.

### B.9.2 Entscheidungsregeln bei Ungewissheit

Wie erwähnt liegen Ungewissheitssituationen vor, wenn eine Handlung zu mehreren möglichen Ergebnissen führen kann, die dem Grunde nach bekannt sind, denen aber **keine Eintrittswahrscheinlichkeiten** zugeordnet werden können. Vereinfachend wird angenommen, dass eine endliche Anzahl von Handlungsalternativen und von Umweltzuständen vorliegt. Die Entscheidungssituation kann dann mit Hilfe einer Entscheidungsmatrix veranschaulicht werden, die sich wie folgt darstellen lässt, wenn der Kapitalwert (KW) als einzige Zielgröße verwendet wird, wobei hier vier Umweltzustände (U) und vier Investitionsalternativen (A) unterstellt sind:

| Umweltzustände / Alternativen | $U_1$ | $U_2$ | $U_3$ | $U_4$ |
|---|---|---|---|---|
| $A_1$ | $KW_{11}$ | $KW_{12}$ | $KW_{13}$ | $KW_{14}$ |
| $A_2$ | $KW_{21}$ | $KW_{22}$ | $KW_{23}$ | $KW_{24}$ |
| $A_3$ | $KW_{31}$ | $KW_{32}$ | $KW_{33}$ | $KW_{34}$ |
| $A_4$ | $KW_{41}$ | $KW_{42}$ | $KW_{43}$ | $KW_{44}$ |

Mit Hilfe von bestimmten Entscheidungsregeln kann der Investor eine Alternative auswählen. Zu den Entscheidungsregeln bei Ungewissheit gehören

- das Dominanzprinzip,
- die Maximin-Regel (Pessimismus-Regel),
- die Maximax-Regel (Optimismus-Regel),
- die Hurwicz-Regel (Pessimismus-Optimismus-Regel),
- die Laplace-Regel (Regel des unzureichenden Grundes) und
- die Savage-Niehans-Regel (Regel des kleinsten Bedauerns).

Auf die Darstellung der einzelnen Unterschiede bei den Regeln wird hier verzichtet. Hierzu sei auf die Fachliteratur verwiesen.[149]

[149] Vgl. z.B. Bieg/Kußmaul/Waschbusch, Investition, 3. Aufl. 2016, S. 195 f; Mindermann, T., Investitionsrechnung, 2015, S. 130 f.; Wöhe, G., Einführung in die Allgemeine Betriebswirtschaftslehre, 26. Aufl. 2016, S. 92.

### B.9.3 Entscheidungsregeln bei Risiko

#### B.9.3.1 Erwartungswert (μ-Prinzip)

Wenn Eintrittswahrscheinlichkeiten für die möglichen Umweltzustände bekannt sind, lässt sich der Erwartungswert jeder Investitionsalternative als Auswahlkriterium berechnen. Der Erwartungswert kann ermittelt werden, indem die den Umweltentwicklungen zugeordneten Kapitalwerte mit den dazugehörigen Wahrscheinlichkeiten multipliziert und dann addiert werden. Das Erwartungswertprinzip (μ-Prinzip, gesprochen: „mü“ als Buchstabe des griechischen Alphabets) wird auch als Bayes-Prinzip[150] bezeichnet. In allgemeiner Form gilt:

$$\mu_i = \sum_{j=1}^{n} KW_{ij} \cdot p_j$$

mit $\mu_i$ = Erwartungswert der Alternative i, $p_j$ = Wahrscheinlichkeit des Eintritts von Zustand j, $KW_{ij}$ = Ergebniswert j bei der Alternative i, wobei hier der jeweilige Kapitalwert als Ergebniswert betrachtet wird.

Der Entscheidungsträger wählt diejenige Alternative, bei der der Erwartungswert am größten ist. Als Nachteil ist jedoch anzumerken, dass beim Erwartungswertprinzip die persönliche Risikoeinstellung des Investors keine Rolle spielt. Es wird eine **Risikoneutralität** unterstellt, was in der Praxis selten der Fall sein dürfte. Es muss also zusätzlich berücksichtigt werden, wie stark die tatsächlich eingetretenen Werte von den Erwartungswerten abweichen können.

#### B.9.3.2 Erwartungswert und Standardabweichung (μ, σ-Prinzip)

Soll zusätzlich das mit der Investition verbundene Risiko berücksichtigt werden, ist die Verwendung eines Risikomaßes erforderlich. Hierfür gibt es in der Statistiklehre die Varianz $\sigma^2$ und die Standardabweichung (Streuung) σ („sigma“ als Buchstabe des griechischen Alphabets).

Die **Varianz** wird nach folgender Formel berechnet:

$$\sigma_i^2 = \sum_{j=1}^{n} p_j \cdot \left(KW_{ij} - \mu_i\right)^2$$

Die Varianz ist dabei definiert als die Summe der mit den Wahrscheinlichkeiten bewerteten quadrierten Abweichungen der jeweiligen Einzelergebnisse vom Erwartungswert. Die Quadrierung der Abweichungen ist hierbei notwendig, damit sich die Abweichungen nicht gegenseitig aufheben und dadurch Aussagekraft verloren geht. Um den Effekt der Quadrierung wieder „messbar“ zu machen, wird aus der errechneten Varianz die Wurzel gezogen, um die Standardabweichung zu erhalten.

Die **Standardabweichung** errechnet sich nach folgender Formel:

[150] Nach dem englischen Mathematiker T. Bayes.

$$\sigma_i = \sqrt{\sum_{j=1}^{n} p_j \cdot (KW_{ij} - \mu_i)^2}$$

Die Standardabweichung misst die Streuung der Ergebniswerte vom Erwartungswert aus. Das Investitionsrisiko ist umso höher, je größer der Wert der Standardabweichung bzw. der Varianz ist. Dabei kann es sich nicht nur um eine negative Abweichung handeln, sondern auch um eine positive (für den Investor günstige) Entwicklung, die eher als Chance zu beurteilen ist.

Das μ, σ-Prinzip berücksichtigt also nicht nur die aus der Investition erwarteten Überschüsse in Form des Erwartungswertes, sondern auch die Streuung der Überschüsse um den Erwartungswert. Der Investor muss also abwägen zwischen

- einem hohen erwarteten Überschuss verbunden mit einem höheren Risiko oder
- einem geringen Überschuss mit niedrigerem Risiko.

**Beispiel:**

Zwei Investitionen A und B führen jeweils mit einer Wahrscheinlichkeit von 1/3 zu folgenden Rückflüssen:[151]

| **Situation** | **1** | **2** | **3** |
|---|---|---|---|
| Investition A | **30** | **15** | **45** |
| Investition B | **60** | **70** | **−40** |

$$\mu_A = \frac{1}{3} \cdot 30 + \frac{1}{3} \cdot 15 + \frac{1}{3} \cdot 45 = 30$$

$$\mu_B = \frac{1}{3} \cdot 60 + \frac{1}{3} \cdot 70 + \frac{1}{3} \cdot (-40) = 30$$

Beide Alternativen führen zum gleichen Erwartungswert, obwohl die erreichbaren Auszahlungen völlig unterschiedlich sind. Der Erwartungswert ist somit kein Maß, mit dem das Risiko abgebildet werden kann. Dazu muss die Varianz $\sigma^2$ bzw. die Standardabweichung $\sigma$ berechnet werden.

$$\sigma_A^2 = \frac{1}{3} \cdot (30 - 30)^2 + \frac{1}{3} \cdot (15 - 30)^2 + \frac{1}{3} \cdot (45 - 30)^2 = 0$$

$$\sigma_A^2 = \frac{1}{3} \cdot 0 + \frac{1}{3} \cdot 225 + \frac{1}{3} \cdot 225 = 150$$

$$\sigma_A = \sqrt{\sigma_A^2} = 12{,}25$$

151 In Anlehnung an: Burger/Keipinger, Investitionsrechnung, 2016, S. 98.

$$\sigma_B^2 = \frac{1}{3} \cdot (60 - 30)^2 + \frac{1}{3} \cdot (70 - 30)^2 + \frac{1}{3} \cdot (-40 - 30)^2$$

$$\sigma_B^2 = \frac{1}{3} \cdot 900 + \frac{1}{3} \cdot 1600 + \frac{1}{3} \cdot 4900 = 2466{,}67$$

$$\sigma_B = \sqrt{\sigma_B^2} = 49{,}67$$

Investition A weist ein geringeres Abweichungsrisiko vom Erwartungswert in Form der Varianz bzw. der Standardabweichung auf.

Die Standardabweichung misst somit die Streuung der Einzelergebnisse um den Erwartungswert. Bei gleichem Erwartungswert wird sich der Investor für die Alternative mit der geringeren Standardabweichung, also dem geringeren Risiko entscheiden; bei gleicher Standardabweichung wird er sich für die Alternative mit dem höchsten Erwartungswert entscheiden. Im Rahmen einer dynamischen Rechnung wird – wie bereits erwähnt – häufig der abgezinste Erwartungswert als Kapitalwert berücksichtigt.

Das Abwägen ist abhängig von der individuellen Risikoeinstellung des Investors. Zur Lösung werden Präferenzwerte anhand einer **Präferenzfunktion** berechnet, die die Risikoeinstellung des Investors ausdrückt. In der Fachliteratur wird u.a. die folgende Risiko-Präferenzfunktion vorgeschlagen:[152]

$\Phi\ (\mu, \cdot \sigma) = \mu + \alpha \cdot \sigma$

Der Faktor α („alpha“ als erster Buchstabe des griechischen Alphabets) gibt die Risikoeinstellung des Investors wieder:

$\alpha > 0$ bedeutet risikofreudig,

$\alpha < 0$ bedeutet risikoscheu,

$\alpha = 0$ bedeutet risikoneutral.

[152] Vgl. Bieg/Kußmaul/Waschbusch, Investition, 3. Aufl. 2016, S. 192; Mindermann, T., Investitionsrechnung, 2015, S. 142.

### B.9.4 Spezielle Methoden zur Erfassung der Unsicherheit

In diesem Abschnitt sollen Methoden dargestellt werden, die zur Vorbereitung von Investitionsentscheidungen unter Berücksichtigung der Unsicherheit geeignet sind. In der Fachliteratur werden vor allem folgende Verfahren vorgeschlagen[153]

- Korrekturverfahren,
- Sensitivitätsanalysen,
- Entscheidungsbaumverfahren und
- Portfoliotheoretische Ansätze.

Im Folgenden werden das Korrekturverfahren, die Sensitivitätsanalyse und das Entscheidungsbaumverfahren im Überblick dargestellt.

#### B.9.4.1 Korrekturverfahren

Beim Korrekturverfahren werden einige unsichere Ausgangsdaten einer Investitionsrechnung durch pauschale **Risikozuschläge** bzw. **Risikoabschläge** verändert (korrigiert). So können entsprechend dem Prinzip der Vorsicht bei der Kapitalwertmethode die geschätzten Einzahlungen (Rückflüsse) aus einer Investition um einen Risikoabschlag vermindert, die geschätzten Auszahlungen um einen Risikozuschlag erhöht, der Kalkulationszinssatz erhöht oder die voraussichtliche Nutzungsdauer verkürzt werden. Folgende Formen des Korrekturverfahrens sind in der Praxis anzutreffen:

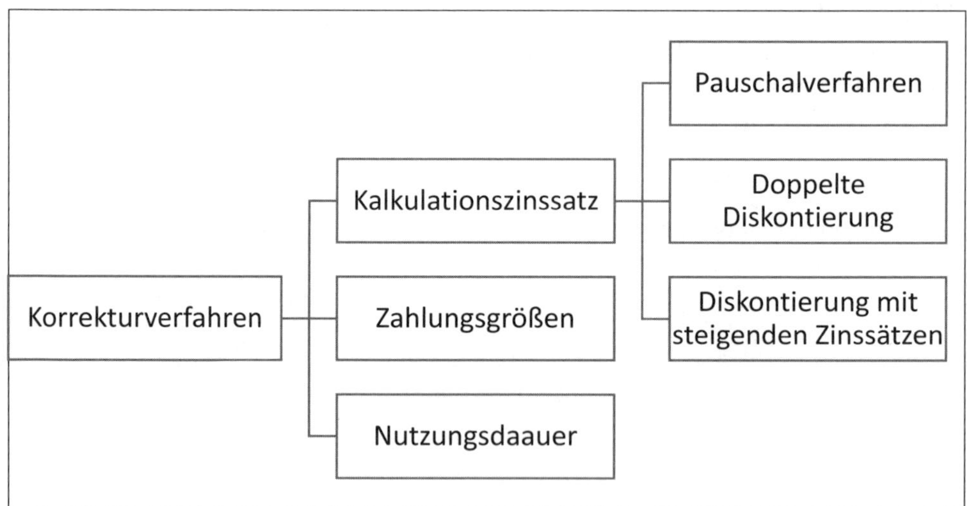


Abbildung 45: Korrekturverfahren

[153] Vgl. Wöhe, G., Einführung in die Allgemeine Betriebswirtschaftslehre, 26. Aufl. 2016, S. 503.

Mit den korrigierten Daten wird dann der Kapitalwert errechnet. Wenn die Investition auch mit den korrigierten Daten einen positiven Kapitalwert aufweist, gilt sie als vorteilhaft.

In der Praxis wird häufig ein Risikozuschlag beim Kalkulationszinssatz angesetzt, um die Unsicherheit zu berücksichtigen. Durch den höheren Abzinsungsfaktor verringert sich ceteris paribus der Kapitalwert einer Investition. Dies wird im folgenden am Pauschalverfahren gezeigt, bei dem der Kalkulationszinssatz um einen bestimmten konstanten Risikozuschlag pauschal erhöht wird:

**Beispiel:**[154]

Eine Investition i.H.v. 50.000 € mit einer Nutzungsdauer von vier Jahren führt zu Einzahlungsüberschüssen in den Folgejahren i.H.v. 24.000 €, 22.000 €, 16.000 € und 6.000 €.

| **Jahr** | **Abzinsungsfaktor 6 %** | Einzahlungsüberschüsse | |
|---|---|---|---|
| | | **Zeitwerte** | **Barwerte** |
| 0 | 1 | -50.000,00 | -50.000,00 |
| 1 | 0,9434 | 24.000,00 | 22.641,60 |
| 2 | 0,8900 | 22.000,00 | 19.580,00 |
| 3 | 0,8396 | 16.000,00 | 13.433,60 |
| 4 | 0,7921 | 6.000,00 | 4.752,60 |
| Barwertsumme | | | **10.407,80** |

Die Barwertsumme beträgt **10.407,80.** Zur Berücksichtigung der Unsicherheit wird nun der Kalkulationszinssatz durch einen Risikozuschlag auf 8 % erhöht.

| **Jahr** | **Abzinsungsfaktor 8 %** | Einzahlungsüberschüsse | |
|---|---|---|---|
| | | **Zeitwerte** | **Barwerte** |
| 0 | 1 | -50.000,00 | -50.000,00 |
| 1 | 0,9259 | 24.000,00 | 22.221,60 |
| 2 | 0,8573 | 22.000,00 | 18.860,60 |
| 3 | 0,7938 | 16.000,00 | 12.700,80 |
| 4 | 0,7350 | 6.000,00 | 4.410,00 |
| Barwertsumme | | | **8.193,00** |

Der Kapitalwert ist somit durch den vorgenommenen Risikozuschlag gesunken.

Bei der **doppelten Diskontierung** werden die Einzahlungsüberschüsse einer Investition zweimal abgezinst. Zuerst erfolgt eine Abzinsung mit dem üblichen Kalkulationszinssatz, um die zeitlichen Unterschiede der Zahlungen zu berücksichtigen. Danach erfolgt eine zweite Abzinsung zur Berücksichtigung der Unsicherheit.

Bei einer **Diskontierung mit steigenden Zinsätzen** will man die Tatsache berücksichtigen, dass die Unsicherheit der Zahlungen zunimmt, je weiter sie in der Zukunft liegen.

[154] Beispiel und Daten in Anlehnung an Mindermann, T., Investitionsrechnung, 2015, S. 147.

Korrekturverfahren sind damit relativ einfach und kostengünstig durchzuführen. Sie sind aber mit erheblichen Problemen verbunden:

**Probleme bei der Anwendung von Korrekturverfahren:**

1. Die unsicheren Einflussfaktoren werden nicht analysiert.
2. Die Höhe der Risikozuschläge bzw. Risikoabschläge wird willkürlich festgelegt.
3. Durch die Korrektur mehrerer Einflussgrößen ergibt sich ein nicht mehr überschaubarer Kumulationseffekt, d.h. lukrative Investitionen werden unter Umständen „totgerechnet".
4. Das Korrekturverfahren eignet sich nur bedingt für die Praxis, wenn sich wegen nur kleinerer Vorhaben ein höherer Planungsaufwand nicht lohnt.

### B.9.4.2 Sensitivitätsanalyse

Die Sensitivitätsanalyse ergänzt die Investitionsrechnung, um unsichere Größen einzugrenzen und abzusichern. Sie untersucht, wie weit eine Inputgröße von ihrem ursprünglichen Wert abweichen darf, ohne dass sich das Ergebnis ändert, d.h. die Investitionsentscheidung stabil bleibt. Eine typische Fragestellung ist z.B., wie hoch Absatzmenge oder Preis für ein Produkt mindestens sein müssen, damit sich für eine Investition ein positiver Kapitalwert ergibt. Auch die Berechnung der kritischen Menge in der Kostenvergleichsrechnung kann als Sensitivitätsanalyse bezeichnet werden.

Der interne Zinsfuß stellt beispielsweise den kritischen Wert für die Inputgröße „Kalkulationszins" einer einzelnen Investitionsentscheidung dar. Solange der Kalkulationszinssatz unter dem internen Zinsfuß liegt, ist der Kapitalwert unter sonst gleichen Umständen positiv. Übersteigt er dagegen den internen Zinsfuß, wird der Kapitalwert negativ.

In der Praxis sind insbesondere die folgenden drei Formen der Sensitivitätsanalyse anzutreffen:

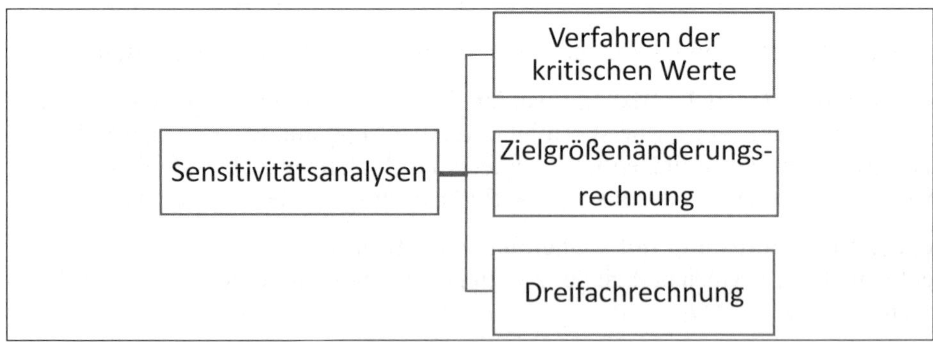


Abbildung 46: Formen der Sensitivitätsanalyse

**MERKE:** Bei der Sensivitätsanalyse wird überprüft, inwieweit Veränderungen wesentlicher Ausgangsdaten einer Investition das ursprüngliche Ergebnis der Investitionsrechnung ändern. Daneben lassen sich kritische Werte bestimmen, ab denen sich eine Investition nicht mehr lohnt, also z.B. der Kapitalwert negativ wird.

Das **Verfahren der kritischen Werte** untersucht die Frage, wie weit der Wert einer oder mehrerer Einflussgrößen vom geplanten Wertansatz abweichen darf, damit die Investition gerade noch vorteilhaft ist. Erfolgt eine Investitionsentscheidung nach der Kapitalwertmethode, dann ist die Investition vorteilhaft, wenn der Kapitalwert positiv ist, d.h. einen Kapitalwert von mehr als Null erreicht. Folgende vier Schritte müssen durchgeführt werden:[155]

1. Auswahl der als unsicher geltenden Einflussgrößen (z.B. Absatzmenge, Absatzpreis, Höhe der variablen Stückkosten, Höhe der Fixkosten, die jeweils nicht unterschritten bzw. überschritten werden dürfen);
2. Aufstellen der Kapitalwertfunktion unter Berücksichtigung der Abhängigkeiten zwischen den Einflussgrößen;
3. Kapitalwert gleich Null setzen;
4. Auflösen der Kapitalwertgleichung nach der jeweils gesuchten Einflussgröße und Bestimmung des kritischen Wertes.

**Beispiel:**[156]

Ein Investor will seine Produktion ausweiten und eine neue Produktionsanlage für 1.000.000 € Anschaffungsauszahlung $A_0$ kaufen. Bei seiner Planung geht er von folgenden Daten aus:

| | |
|---|---|
| - durchschnittliche Absatzmenge x pro Jahr | 75.000 |
| - angestrebter Verkaufspreis p pro Stück | 25 € |
| - variable Kosten $k_v$ pro Stück | 10 € |
| - jährliche Fixkosten $K_f$ | 450.000 € |
| - voraussichtliche Nutzungsdauer n | 3 Jahre |
| - Kalkulationszinssatz i | 8 % |

Zu berechnen sind die kritischen Werte für die Absatzmenge, den Absatzpreis, die variablen Stückkosten und die Fixkosten, weil diese Einflussgrößen als unsicher gelten. Da ein Liquidationserlös nach den Daten des Sachverhalts vernachlässigt werden kann und die Zahlungen für die drei Jahre konstant sind, ergibt sich die folgende Formel für den Kapitalwert:

Kapitalwert $C_0 = -A_0 + [x \cdot (p - k_v) - K_f] \cdot \text{RBF (3 Jahre, 8 \%)}$

Kapitalwert gleich 0 setzen ergibt:

$0 = -A_0 + [x \cdot (p - k_v) - K_f] \cdot \text{RBF (3 Jahre, 8 \%)}$

[155] Vgl. Blohm/Lüder/Schäfer, Investition, 10. Aufl. 2012, S. 231.
[156] Beispiel und Daten in Anlehnung an Mindermann, T., Investitionsrechnung, 2015, S. 152.

Die Kapitalwertgleichung wird schrittweise nach den einzelnen Einflussgrößen Absatzmenge x, Absatzpreis p, variable Stückkosten $k_v$ und Fixkosten $K_f$ aufgelöst. Die Lösungen (die Annuitätenfaktoren wurden gerundet) ergeben:

$$x = \frac{A_0 \cdot \frac{1}{RBF(3\,J., 8\,\%)} + K_f}{p - k_v} = \frac{1.000.000 \cdot 0{,}3880 + 450.000}{25 - 10} = 55.867$$

$$p = \frac{A_0 \cdot \frac{1}{RBF(3\,J., 8\,\%)} + K_f}{x} + k_v = \frac{1.000.000 \cdot 0{,}3880 + 450.000}{75.000} + 10 = 21{,}17\ €$$

$$k_v = p - \frac{A_0 \cdot \frac{1}{RBF(3\,J., 8\,\%)} + K_f}{x} = 25 - \frac{1.000.000 \cdot 0{,}3880 + 450.000}{75.000} = 13{,}83\ €$$

$$K_f = x \cdot (p - k_v) - A_0 \cdot \frac{1}{RBF(3\,J., 8\,\%)} = 75.000 \cdot (25 - 10) - 1.000.000 \cdot 0{,}3880$$

$$K_f = 1.125.000 - 388.000 = 737.000\ €$$

Die kritische Menge x sowie der kritische Preis p dürfen nicht unterschritten werden. Die kritischen variablen Stückkosten $k_v$ und die kritischen Fixkosten $K_f$ dürfen nicht überschritten werden.

Für die meisten Inputgrößen lassen sich wie dargestellt die kritischen Werte durch entsprechende Formelumstellungen ermitteln. Nicht möglich ist dies beim Kalkulationszinssatz und bei der Nutzungsdauer, da beide Größen in der Kapitalwertformel nicht isoliert werden können. Die kritischen Werte für diese Größen entsprechen dem internen Zinsfuß (vgl. Kap. B.5.5) bzw. der dynamischen Amortisationszeit (vgl. Kap. B.5.6).

Im Rahmen der **Dreifachrechnung** wird der Kapitalwert je einmal nach einer optimistischen, einer wahrscheinlichen und einer pessimistischen Zukunftseinschätzung berechnet, wobei prozentuale Auf- oder Abschläge von den Ausgangswerten der Einflussgrößen vorgenommen werden. Entscheidend ist, dass **alle unsicheren Größen gleichzeitig geändert** werden. Bei der Dreifachrechnung gilt eine Investition stets als vorteilhaft, wenn sie auch bei pessimistischer Zukunftseinschätzung noch vorteilhaft ist. Dagegen ist eine Investition stets unvorteilhaft, wenn sie selbst bei optimistischer Zukunftseinschätzung unvorteilhaft ist. In den anderen Fällen hängt die Entscheidung, ob die Investition durchgeführt wird, von der Risikoeinstellung des Investors ab.

| | optimistisch | wahrscheinlich | pessimistisch | Entscheidungsregel |
|---|---|---|---|---|
| **Kapitalwertvorzeichen** | + | + | + | Investition durchführen |
| **Kapitalwertvorzeichen** | + | + | – | Entscheidung nach Ermessen des Investors |
| **Kapitalwertvorzeichen** | + | – | – | Entscheidung nach Ermessen des Investors |
| **Kapitalwertvorzeichen** | – | – | – | Investition unterlassen |

Abbildung 47: Risikoeinstellungen

Die Dreifachrechnung ist dann sinnvoll, wenn

- Risiko und Chance ungleich eingeschätzt werden,
- mehrere Einflussgrößen unsicher sind oder
- das Ausmaß von Risiko und Chance abgebildet werden soll.[157]

Eine **Zielgrößenänderungsrechnung** beantwortet die Frage, wie sich der Wert der Ergebnisgröße verändert, wenn nur **eine** Einflussgröße variiert wird. Beispiel: Wie verändert sich der Kapitalwert, wenn die Nutzungsdauer um 20 % verkürzt wird oder sich die Fixkosten um 20 % erhöhen.

**Probleme bei der Anwendung von Sensivitätsanalysen:**

1. Sensitivitätsanalysen lösen das Problem der Entscheidung bei Unsicherheit nicht. Aus ihnen sind keine Entscheidungskriterien ableitbar.
2. Die Sensitivitätsanalyse liefert keine Anhaltspunkte, mit welcher Wahrscheinlichkeit die untersuchten Abweichungen auftreten können. Das Risiko einer falschen Entscheidung lässt sich jedoch besser erkennen.

Sensitivitätsanalysen sind im Bereich von **Unternehmensbewertungen** üblich. Kapitalanlagegesellschaften oder Banken fügen ihren Bewertungen bei Anlässen wie Börsengang, Kapitalerhöhung, Firmenübernahmen u.a. in der Regel eine Sensitivitätsanalyse hinzu, wobei meist der Kapitalzinsfuß und die Wachstumsrate des Unternehmens variiert werden.

[157] Vgl. Mindermann, T., Investitionsrechnung, 2015, S. 155 mit weiteren Verweisen.

### B.9.4.3 Entscheidungsbaumverfahren

Das Entscheidungsbaumverfahren ist geeignet für die Lösung komplexer Entscheidungen bei Unsicherheit. Es geht davon aus, dass wichtige Entscheidungen in mehreren Stufen getroffen werden. Nach einer Investitionsentscheidung am Anfang gibt es noch weitere **Folgeentscheidungen**, die die Vorteilhaftigkeit der ursprünglichen Entscheidung beeinflussen. Die Folgeentscheidungen hängen von bestimmten Entwicklungen in der Zukunft ab.

Zentraler Gedanke des Entscheidungsbaumverfahrens ist, dass nicht nur eine Entscheidung am Anfang getroffen werden muss, die dann für alle Zeiten gilt, sondern mehrere Entscheidungen in der Folgezeit, die zum Teil ursprüngliche Entscheidungen revidieren können (z.B. Entscheidungen über Preise oder Ansatzmengen). Es können damit die Auswirkungen unterschiedlicher Entscheidungssituationen auf die erwarteten Zahlungsströme bestimmt werden. Die grafische Darstellung von ursprünglicher Investitionsentscheidung mit unterschiedlicher von der jeweiligen Entwicklung abhängiger Folgeentscheidungen wird mit einem sog. **Entscheidungsbaum** vorgenommen.

Den alternativen Folgeentscheidungen werden jeweils bestimmte Wahrscheinlichkeiten zugeordnet; anschließend wird der **Erwartungswert** berechnet. Der Erwartungswert ist das Produkt aus Ereignis und zugehöriger Wahrscheinlichkeit. Die Berechnung der Erwartungswerte setzt allerdings voraus, dass die (Zwischen-) Ergebnisse der Alternativen nummerisch bewertet werden können. Das Entscheidungsbaumverfahren ermöglicht dann die Lösung mehrstufiger Entscheidungen. Es ist der optimale Weg durch den Entscheidungsbaum zu finden, der zur besten Zielgröße z.B. zum höchsten Erwartungswert führt.

Die Entscheidungsbaumanalyse erfolgt in verschiedenen Schritten:

- Ermittlung und Darstellung der Struktur der Entscheidungsalternativen,
- Ermittlung und Zuordnung der jeweiligen Wahrscheinlichkeiten mit den zugehörigen Einzahlungen und Auszahlungen der einzelnen Ereignisse,
- Auswertung der Ergebnisse und Bestimmung der optimalen Entscheidungsalternative, wobei als Entscheidungskriterium meist der **Erwartungswert des Kapitalwerts** errechnet wird.

#### Darstellung der Alternativen

Zur Darstellung der Alternativen werden zwei Symbole verwendet und durch Kanten/Linien („Äste“) zu einem auf der Seite liegenden Baum verknüpft:

□ Entscheidungspunkte (-knoten): welche Alternative zum Tragen kommt, wird durch Entscheidung bestimmt.

○ Ereignispunkte (-knoten): der Eintritt der Alternative ist zufällig, hängt also von Wahrscheinlichkeiten und nicht von der eigenen Entscheidung ab.

Ausgangspunkt ist immer eine Entscheidung zwischen Alternativen; folgen (zeitgleich) hinter dem Entscheidungspunkt Ereignispunkte, denen erneut Ereignis- oder Entscheidungspunkte folgen, dann liegt ein mehrstufiges Entscheidungsproblem vor.

Mit Hilfe des **Roll-back-Verfahrens** lässt sich das Entscheidungsproblem lösen. Man geht von den Ergebnissen der letzten Periode aus und ermittelt für jeden Entscheidungsknoten der letzten Periode den Zielbeitrag aller Handlungsalternativen, gewichtet mit den Eintrittswahrscheinlichkeiten. Im weiteren Verlauf wird für jeden Entscheidungsknoten nur noch die Alternative mit dem höchsten Zielbeitrag berücksichtigt; die schlechteren Alternativen werden nicht mehr betrachtet. Anschließend sind die Alternativen der Vorperiode in gleicher Weise zu bewerten. Bei mehr als zwei Perioden ist das Vorgehen solange zu wiederholen, bis der Entscheidungsknoten der Periode Null erreicht ist.

MERKE: Ein **Entscheidungsbaum** ist eine graphische Darstellung eines mehrstufigen Entscheidungsprozesses, der aus einem Ausgangsknoten, Entscheidungsknoten, Ereignis-/Zufallsknoten und Endknoten besteht. Die einzelnen Knoten/Symbole sind mit Kanten/Linien verbunden und mit Aktionsmöglichkeiten sowie Ereigniszuständen und deren Wahrscheinlichkeiten beschriftet.
Das Entscheidungskriterium basiert auf der Maximierung des Erwartungswertes. Die Berechnung der optimalen Alternative erfolgt rekursiv nach dem Roll-back-Verfahren.

**Beispiel:**

Der Investor A beabsichtigt eine Betriebserweiterung. Die Investitionsauszahlung beträgt 250.000 €. Die Wahrscheinlichkeit für eine gute Auftragslage beträgt 20%, die Wahrscheinlichkeit für eine schlechte Auftragslage beträgt 80%. Bei guter Auftragslage erwartet A Einzahlungsüberschüsse aus dem laufenden Geschäft von 500.000 € im ersten Jahr. Im Falle einer schlechten Auftragslage schätzt A, dass er ohne weitere Maßnahmen lediglich 100.000 € erzielen kann. Für den Fall einer schlechten Auftragslage könnte A eine Werbekampagne starten, die Auszahlungen von 50.000 € auslöst, um die Verkaufszahlen seiner Produkte zu erhöhen. A erwartet dadurch mit einer Wahrscheinlichkeit von 60% 500.000 € und nur noch mit 40% geringere Zahlungsüberschüsse von 100.000 €.

**Lösung:**
Ein risikoneutraler Investor entscheidet sich für diejenige Alternative mit dem höchsten Erwartungswert. Die Unterlassungsalternative (keine Investition) impliziert keinen weiteren Zahlungsstrom, für die Realisierung der Investition ist hingegen ein Kapitaleinsatz von 250.000 € erforderlich. Bei guter Auftragslage beträgt der Rückfluss die Differenz aus den Einzahlungsüberschüssen des laufenden Geschäfts und den getätigten Investitionsauszahlungen, also 500.000 € – 250.000 € = 250.000 €. Bei schlechter Auftragslage hat der Entscheidungsträger die Möglichkeit, eine Werbekampagne durchzuführen oder keine weiteren Maßnahmen zu treffen. Da auch hier die Alternative mit dem höchsten Erwartungswert ausgewählt wird, wird der Erwartungswert der Werbekampagne $\lfloor 0{,}6 \cdot 200.000 + 0{,}4 \cdot (-200.000) =$

40.000 ] mit den Rückflüssen ohne weitere Maßnahmen (−150.000) verglichen. Da die Werbekampagne einen höheren Erwartungswert aufweist, wird bei schlechter Auftragslage immer eine Werbekampagne durchgeführt und somit beträgt der Erwartungswert bei schlechter Auftragslage 40.000 €. Der Erwartungswert für die Durchführung der Investition beträgt somit 0,2 · 250.000 € + 0,8 · 40.000 € = 82.000 €. Verglichen mit der Unterlassungsalternative, welche keine zusätzlichen Rückflüsse impliziert, entscheidet sich ein risikoneutraler Entscheidungsträger für die Investition.

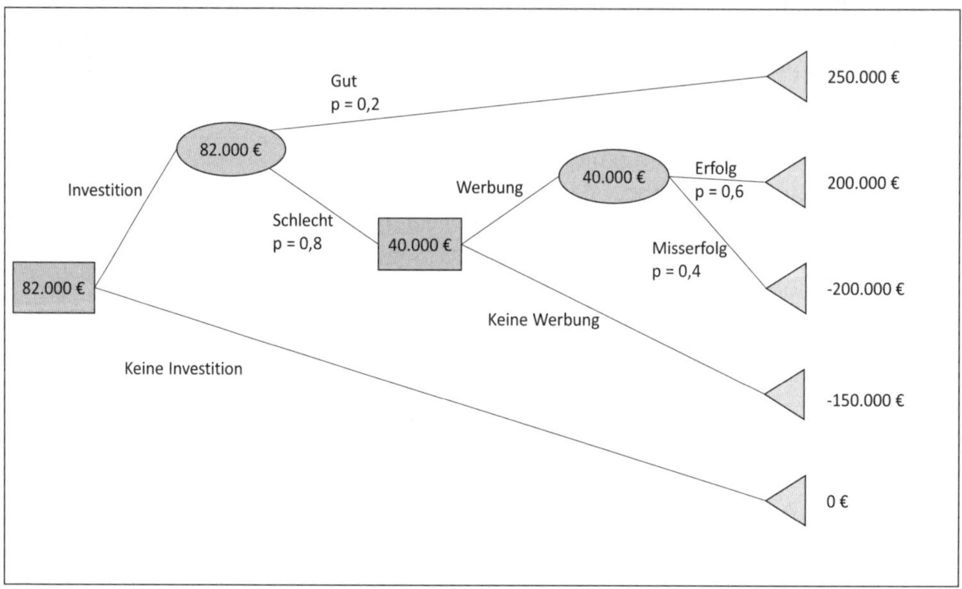


Die Wahrscheinlichkeiten sind im obigen Beispiel frei gewählt. In der Praxis müssten sie entweder aufgrund von Stichproben ermittelt oder geschätzt werden, sofern sie sich nicht nach der klassischen Wahrscheinlichkeitslehre errechnen lassen. Bei kleineren Investitionen ist eine Entscheidung nach dem Erwartungswert ausreichend. Bei Großinvestitionen sollte das Risiko mit in die Berechnung einfließen. Zur Messung des Risikos lassen sich wiederum die Standardabweichung bzw. die Varianz berechnen.

**MERKE:** Zentraler Gedanke des Entscheidungsbaumverfahrens ist, dass nicht nur eine Entscheidung am Anfang getroffen werden muss, die dann für alle Zeiten gilt, sondern mehrere Entscheidungen in der Folgezeit, die zum Teil ursprüngliche Entscheidungen revidieren können. Es können damit die Auswirkungen unterschiedlicher Entscheidungssituationen auf die erwarteten Zahlungsströme bestimmt werden. Es ist der optimale Weg durch den Entscheidungsbaum zu finden, der zur besten Zielgröße z.B. zum höchsten Erwartungswert führt.

**Probleme bei der Anwendung der Entscheidungsbaumtechnik:**

1. Ein Entscheidungsproblem muss so strukturiert sein, dass es in Entscheidungen und daraus resultierende Ereignisse aufteilbar ist.
2. Die Zuordnung von Wahrscheinlichkeiten zu den Ereignissen ist mit erheblichen Unsicherheiten behaftet.
3. Vorteilhaft ist, dass die Struktur eines Entscheidungsproblems aufgezeigt wird und Chancen und Risiken berücksichtigt werden können.
4. Von Nachteil ist der hohe Darstellungsaufwand.

### B.9.4.4 Portfoliotheoretische Ansätze

Die ursprünglich aus dem Bereich Finanzwirtschaft stammende Portfolioanalyse[158] kann zur Beurteilung des Einflusses von Investitionsvorhaben auf die gesamte Risikostruktur eines Unternehmens eingesetzt werden. Durch eine gezielte **Diversifikation (Streuung von Risiken)** lässt sich das Gesamtrisiko i.d.R. verringern. So könnte ein Energieversorger gleichzeitig in Sonnen- und Windenergie investieren; ist das Wetter langfristig heiß und trocken, lohnen sich Investitionen in Solaranlagen mehr, während sich bei stürmischer Witterung mit wenig Sonnenschein Investitionen in Solaranlagen als Fehlinvestitionen erweisen können und Investitionen in Windenergie höhere Gewinne versprechen.

Der risikomindernde Effekt der Diversifikation kann mit portfoliotheoretischen Berechnungen erfasst werden. Es kann hierbei gezeigt werden, dass das Gesamtrisiko des Portefeuilles geringer ist als die gewogene Summe der Risiken der einzelnen Investitionsalternativen. Die Ansätze können auch im Bereich der strategischen Planung angewendet werden. Sie eignen sich insbesondere dazu, für verschiedene Produkte oder Aufgabenbereiche Strategien abzuleiten, die die Erreichung der langfristigen strategischen Ziele einer Institution unterstützen. Auch für Organisationen der öffentlichen Verwaltung ist es notwendig, die eigene Kompetenz und Positionierung kritisch zu überprüfen und strategische Ziele für Dienstleistungen und Prozesse zu formulieren. Die Portfolioanalyse kann solche strategischen Erörterungen unterstützen.

Der Einsatz der Portfolioanalyse ist besonders dann geeignet, wenn die strategische Perspektive verschiedener Handlungsalternativen bewertet werden soll.

Zu beachten ist, dass die Handlungsspielräume in der öffentlichen Verwaltung meist eingeschränkt sind, so dass nicht alle abgeleiteten Alternativen tatsächlich durchführbar sind.[159]

[158] Zur Theorie der Portefeuille-Auswahl bei Wertpapieren vgl. Blohm/Lüder/Schäfer, Investition, 10. Aufl. 2012, S. 312 ff.

[159] In Anlehnung an: Handbuch für Organisationsuntersuchungen und Personalbedarfsermittlung, Bundesministerium des Innern, Stand: Februar 2018, S. 323.

# B.10 Unternehmensbewertung als Spezialfall der dynamischen Investitionsrechnung

Während es in der Wirtschaftlichkeitsrechnung um die Frage der Vorteilhaftigkeit von Investitionen bei gegebenen Anschaffungskosten geht, fragt die Unternehmensbewertung nach dem Wert eines Unternehmens, einer Beteiligung oder eines Unternehmensanteils, damit z.B. eine Preisforderung abgeleitet werden kann. Der Wert eines Unternehmens wird i.d.R. aus den zukünftigen finanziellen Erträgen, bewertet mit einem Kalkulationszinssatz, abgeleitet. Im Falle eines Kaufs lässt sich eine unmittelbare Parallele zur Kapitalwertmethode ziehen. Die Verfahren der Unternehmensbewertung spielen auch eine Rolle bei der steuerlichen Ermittlung des sog. Teilwertes nach § 6 EStG, bei Bewertungsfragen für die Bilanz, wenn z.B. der Wert von Beteiligungen oder Unternehmensanteilen zu ermitteln ist sowie bei Kreditwürdigkeitsprüfungen und Unternehmensfusionen.

Als Grundlage für die Unternehmensbewertung dienen entweder objektive oder subjektive Bewertungsmaßstäbe. Ein **objektiver Unternehmenswert** wird in der Regel von einem neutralen unparteiischen Gutachter erstellt, der die subjektive Interessenlage des zu bewertenden Unternehmens unberücksichtigt lässt. Man geht von der Vorstellung aus, dass ein Unternehmen einen objektiven Wert hat, der sich für jedermann in gleicher Höhe darstellt. Ein **subjektiver Unternehmenswert** zielt bewusst auf die Interessenlage und die Entscheidungssituation des Unternehmens ab. Objektive Maßstäbe werden eher bei den herkömmlichen (traditionellen) Methoden berücksichtigt, während die neueren Ansätze eher auf einen subjektiven Wert abzielen.

Für die Unternehmensbewertung gibt es kein allgemein gültiges Verfahren, mit dessen Hilfe sich der Wert eines Unternehmens eindeutig bestimmen lässt. Vielmehr bestehen verschiedene Berechnungsverfahren. Während der Marktpreis bei börsennotierten Unternehmen durch Multiplikation des Aktienkurses mit der Anzahl der Aktien ermittelt werden kann, gestaltet sich die Bewertung bei inhabergeführten kleinen und mittleren Unternehmen ungleich schwieriger. Im Folgenden werden nur einige Verfahren kurz dargestellt. Für eine umfassende Darstellung wird auf die Fachliteratur verwiesen.[160] Wirtschaftsprüfer haben Unternehmensbewertungen nach dem **Standard IDW S 1**[161] durchzuführen. Letztlich bleibt es aber den Verhandlungen zwischen Übergeber und Nachfolger überlassen, sich auf einen angemessenen Kaufpreis zu einigen. Die nachfolgende Abbildung gibt einen Überblick über die traditionellen und neueren Modelle und Verfahren zur Unternehmensbewertung.[162]

---

160 Vgl. z.B. Bieg/Kußmaul/Waschbusch, Investition, 3. Aufl. 2016, S. 255f.

161 Vgl. zu diesem Kapital IDW: IDW Standard, Grundsätze zur Durchführung von Unternehmensbewertungen (IDW S1 i.d.F. 2008).

162 In Anlehnung an: Bieg/Kußmaul/Waschbusch, Investition, 3. Aufl. 2016, S. 255f.

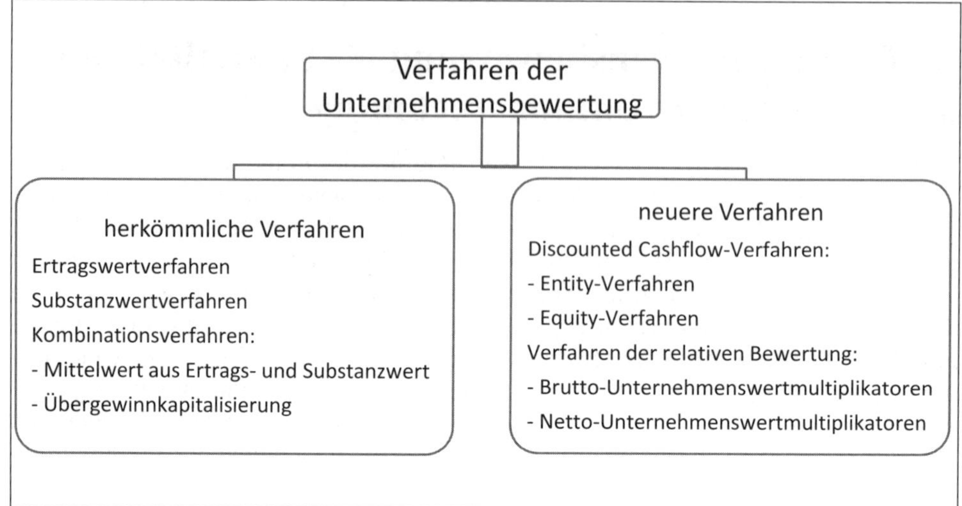


Abbildung 48: Verfahren der Unternehmensbewertung

### B.10.1 Substanzwertverfahren

Beim **Substanzwertverfahren**, das wie die anderen herkömmlichen Verfahren einen objektiven Unternehmenswert ermitteln will, wird die Summe der im Unternehmen vorhandenen Vermögensgegenstände abzüglich der Schulden ermittelt. Der Wert des Unternehmens errechnet sich danach, was ein Käufer für die Reproduktion des vorhandenen Unternehmens ausgeben müsste.[163] Die zukünftige Ertragslage bzw. zukünftige finanzielle Überschüsse bleiben unberücksichtigt.

Im ersten Schritt wird zunächst das betriebsnotwendige Vermögen (z.B. Warenbestand, Fuhrpark, Maschinen) auf Basis der Inventarliste einzeln bewertet. Dazu werden die einzelnen Gegenstände mit den Wiederbeschaffungskosten bewertet. Von dem so ermittelten Wert sind die zu übernehmenden Schulden abzuziehen. Das Ergebnis ist der sogenannte **Teilreproduktionswert**. Das Substanzwertverfahren geht also von der Fiktion aus, dass man das zu bewertende Unternehmen identisch nachbauen könnte, so wie es derzeit real existiert.

Die Inventarliste enthält wegen der Bilanzierungswahlrechte und -verbote gemäß § 248 HGB weder die vollständigen immateriellen Vermögensgegenstände noch den originären Firmenwert (Kunden- und Lieferantenbeziehung, Image, Know-How der Mitarbeiter). Daher muss im zweiten Schritt überlegt werden, wie die Werte der nicht bilanzierten bzw. bilanzierungsfähigen Vermögensgegenstände ermittelt werden können. Für die Ermittlung sind allerdings Schätzungen erforderlich, für die es keine

[163] Daneben gibt es noch den liquidationswertorientierten Substanzwert eines Unternehmens, die hier vernachlässigt wird; vgl. hierzu: Bieg/Kußmaul/Waschbusch, Investition, 3. Aufl. 2016, S. 259.

allgemein gültigen Vorgaben gibt. Werden die immateriellen Werte vollständig hinzugerechnet, ergibt sich der **Vollreproduktionswert**.

Der Vorteil der Substanzwertmethode liegt in der einfachen Anwendung, da keine Zukunftsprognosen erforderlich sind. Problematisch ist die Bewertung von immateriellen Vermögensgegenständen. Ein weiterer Mangel ist, dass keine Gesamtbewertung, sondern nur eine **Einzelbewertung** erfolgt. Entscheidend für den Wert eines Unternehmens ist aber gerade das Zusammenspiel der einzelnen Wirtschaftsgüter. Ob dieses Zusammenspiel gut oder schlecht ist, drückt sich letztlich in den künftigen Gewinnen des Unternehmens aus.

Die Substanzwertmethode wird nur in Ausnahmesituationen herangezogen. Sie ist sinnvoll, wenn im Unternehmen ein hohes Anlagevermögen vorhanden ist und immaterielle Vermögensgegenstände und Firmenwerte nur im geringen Umfang vorhanden sind. Das trifft im Regelfall für Unternehmen zu, die Aufgaben der öffentlichen Daseinsvorsorge erfüllen (z.B. im Wohnungs- und Verkehrswesen) oder karitativen Zwecken dienen.

### B.10.2 Ertragswertverfahren

Das Ertragswertverfahren ermittelt den Unternehmenswert als Barwert der zukünftig erwarteten Ertragsüberschüsse (Erträge abzüglich Aufwendungen). In der Praxis hat es sich als hilfreich erwiesen, die erwarteten Überschüsse für **zwei unterschiedliche Zukunftsphasen** zu planen und zu prognostizieren. Die zeitlich nähere Phase umfasst dabei einen Zeitraum von drei bis fünf Jahren und liefert genauere Zahlen. Die Planungsjahre der zweiten Phase schließen sich an die erste Phase an, beruhen aber auf langfristigen Fortschreibungen und Trendannahmen, die ungenauer sind. Die Überschüsse der zweiten Phase werden zuerst mit einem Risikozuschlag beim Kapitalisierungszinssatz auf den Beginn dieser Phase diskontiert und dann durch eine weitere Diskontierung mit einem nominalen Kapitalisierungszinssatz auf den Bewertungsstichtag bezogen.

Der Kapitalisierungszinssatz legt jene Verzinsung fest, die der Kapitalgeber unter Beachtung alternativer Kapitalanlagen mit vergleichbarem Risiko vom Bewertungsobjekt erwartet. Diese Zinsen stellen die Mindestverzinsung dar, die das Unternehmen erwirtschaften muss. Dabei ist die Höhe des Kapitalisierungszinssatzes von großer Bedeutung. Dieser besteht in der Regel zumeist aus zwei Komponenten, einem Basiszinssatz, der die Verzinsung einer alternativen Kapitalanlage z.B. in sicheren Staatsanleihen darstellt und einem Risikoaufschlag[164] für das interne und externe unternehmerische Risiko. Ein Nachteil dieser Methode ist die Unsicherheit über den richtig angesetzten Kapitalisierungszinssatz und über die Höhe der künftig zu erzielenden Erträge.

---

[164] Zur Ermittlung des Risikozuschlags kann auf das sog. Capital Asset Pricing Model (CAPM) zurückgegriffen werden.

Beim **Ertragswertverfahren** wird der Unternehmenswert auf Basis der zukünftigen Ertragsüberschüsse (**Ertragswert als Zukunftserfolgswert**) ermittelt. Entscheidend ist, welche Erträge das Unternehmen in den nächsten Jahren erwirtschaften kann, um somit den investierten Kaufpreis mittelfristig abzudecken. Die Ertragskraft und damit die Kapitaldienstfähigkeit sind bei einer Unternehmensnachfolge von wesentlicher Bedeutung. Der Nachfolger muss aus den erwirtschafteten Erträgen nicht nur die im Unternehmen erforderlichen Investitionen, sondern auch Zins- und Tilgungszahlungen aus der Kaufpreisfinanzierung leisten.

Die Ertragswertmethode berücksichtigt die Anlagealternativen des Käufers, der mit seinem Kapital entweder das Unternehmen erwerben oder sein Geld am Kapitalmarkt anlegen kann.

Ein vereinfachtes Ertragswertverfahren kann für Zwecke der Erbschafts- und Schenkungssteuer nach dem Bewertungsgesetz (BewG) durchgeführt werden.[165]

Formell gelten die aus den dynamischen Investitionsrechnungen bekannten Beziehungen, wobei zur Vereinfachung Gewinne und Einzahlungsüberschüsse gleichgesetzt werden können.[166]

Bei Annahme einer begrenzten Lebensdauer des Unternehmens und jährlich schwankenden Gewinnen gilt:

$$EW = \sum_{t=1}^{n} G_t \cdot (1+i)^{-t} + L_n \cdot (1+i)^{-n}$$

Bei Annahme einer begrenzten Lebensdauer des Unternehmens und jährlich konstanten Gewinnen gilt:

$$EW = G \cdot RBF + L_n \cdot (1+i)^{-n}$$

Bei Annahme einer unbegrenzten Lebensdauer des Unternehmens und jährlich konstanten Gewinnen entspricht der Ertragswert dem Barwert einer ewigen Rente:

$$EW = \frac{G}{i}$$

Mit EW = Ertragswert, RBF = Rentenbarwertfaktor, $G_t$ = Gewinn der Periode t, i = Kalkulationszinssatz, $L_n$ = Liquidationserlös, n = erwartete Lebensdauer des Unternehmens, t = Zeitindex (t= 0, 1, 2,…,n).

[165] Vgl. Bieg/Kußmaul/Waschbusch, Investition, 3. Aufl. 2016, S. 290 f.

[166] Ebenda S. 290.

### B.10.3 Kombinationsverfahren

Beim **Mittelwertverfahren** wird der Unternehmenswert (UW) als arithmetisches Mittel aus Ertrags- und Substanzwert gebildet. Es gilt:

$$UW = \frac{\text{Ertragswert} - \text{Substanzwert}}{2}$$

Beim **Verfahren der Übergewinnkapitalisierung** unterstellt man, dass ein Unternehmen langfristig nur einen Normalgewinn als Verzinsung des Substanzwertes (SW) erzielen kann. Zieht man vom nachhaltig erwarteten Zukunftsgewinn G den Normalgewinn (entspricht der landesüblichen Verzinsung des Substanzwertes) ab, errechnet sich der sog. Übergewinn:[167]

| Erwarteter Zukunftsgewinn G |
| --- |
| – Normalgewinn ($SW \cdot i$) |
| Übergewinn |

Da über die Normalverzinsung des Substanzwertes hinausgehende Gewinne als besonders stark risikobehaftet gelten, wird der Übergewinn deshalb mit einem höheren als dem normalen Zinsatz kapitalisiert.

### B.10.4 Discounted-Cash-Flow-Methode

Das Bewertungsprinzip der **Discounted-Cash-Flow-Methode (DCF-Methode)** ist dem Ertragswertverfahren ähnlich. Eine Überschussgröße wird auf den Gegenwartswert diskontiert. Im Unterschied zum Ertragswertverfahren wird bei der DCF-Methode der Zukunftserfolgswert aus den zukünftigen Cash-Flows abgeleitet. Der Cash-Flow zeigt an, welcher eigenerwirtschaftete Betrag im Unternehmen für Investitionen, Kredittilgungen, Steuern, Ausgleich von drohenden Engpässen usw. zur Verfügung steht. Der Cash-Flow kann auf unterschiedliche Weise berechnet werden. Beispielsweise kann er indirekt aus der Gewinn- und Verlustrechnung ermittelt werden oder direkt aus den Ein- und Auszahlungen. Einfach ausgedrückt ist der Cash-Flow die Differenz zwischen den unternehmensbezogenen Einzahlungen und den unternehmensbezogenen Auszahlungen innerhalb einer bestimmten Periode. Somit sagt der Cash-Flow mehr über die Finanzkraft eines Unternehmens aus als der Gewinn bzw. Ertragswert. Bei der DCF-Methode wird der ermittelte Cash-Flow in einer ersten Phase i.d.R. auf 5–10 Jahre hochgerechnet und abgezinst. In einer zweiten Phase wird mit einem langfristigen Trend gerechnet. Man unterstellt, dass der im 10. Jahr geplante Free Cashflow auch danach erwirtschaftet wird. Anstelle eines Liquidationserlöses geht der Barwert einer ewigen Rente in Höhe des Free Cashflow im 10. Jahr in die Ermittlung des Unternehmensgesamtwertes ein. Die

[167] Vgl. Wöhe, G., Einführung in die Allgemeine Betriebswirtschaftslehre, 26. Aufl. 2016, S. 523.

**Anwendungsprobleme** liegen in der **Prognose** dieser zukünftigen Einzahlungsüberschüsse und der Kalkulationszinssätze.

Der Cash-Flow wird nicht einheitlich ermittelt. Eine vereinfachte indirekte Cash-Flow-Ermittlung nennt sich „Free Cash-Flow-Konzept“:[168]

| | |
|---|---|
| | Jahresergebnis |
| + | Fremdkapitalzinsen |
| – | Unternehmenssteuer-Ersparnis infolge der Abzugsfähigkeit der Fremdkapitalzinsen (tax shield) |
| + | Abschreibungen und andere zahlungsunwirksame Aufwendungen |
| – | zahlungsunwirksame Erträge |
| – | Investitionsauszahlungen abzüglich Einzahlungen aus Desinvestitionen |
| +/– | Verminderung/Erhöhung des Nettoumlaufvermögens |
| = | **Free Cash-Flow** |

Zur Ermittlung des Gesamtunternehmenswertes UW ist nun der Free Cash-Flow mit dem unternehmensspezifischen Kapitalkostensatz zu diskontieren. Der Kapitalkostensatz $i_G$ ist als gewogener durchschnittlicher Zinssatz aus dem Fremdkapitalzinssatz $i_F$ und dem Eigenkapitalzinssatz $i_E$ zu ermitteln. Dieser Mischzinsatz wird als **Weighted Average Cost of Capital (WACC)** bezeichnet. Im **Eigenkapitalzinssatz $i_E$** wird üblicherweise ein Risikozuschlag für das allgemeine Marktrisiko und das unternehmensspezifische Risiko berücksichtigt. Das unternehmensspezifische Risiko für die Konjunkturanfälligkeit des Unternehmens wird durch den sog. Faktor ß (Beta-Faktor) gemessen, der einen Wert von > 1 (bei Konjunkturanfälligkeit) und < 1 (bei Konjunkturunabhängigkeit wie z.B. im Grundnahrungsmittelbereich) annehmen kann.[169] Im **Fremdkapitalzinssatz $i_F$** kann neben dem risikolosen Basiszinssatz ein unternehmensspezifisches Risiko für Fremdkapitalaufnahme berücksichtigt werden.

Der Unternehmensgesamtwert UW entspricht dem Marktwert des Gesamtkapitals und setzt sich aus dem Marktwert des Eigenkapitals und dem Marktwert des Fremdkapitals zusammen:

**UW = Marktwert Eigenkapital + Marktwert Fremdkapital**

Mit den unterschiedlichen DCF-Methoden will man in erster Linie den Marktwert des Eigenkapitals ermitteln. Die Ermittlung kann hierbei nach der Bruttomethode (**Entity-Methode**) oder der Nettomethode (**Equity-Methode**) erfolgen. In der Praxis

[168] IDW Standard, Grundsätze zur Durchführung von Unternehmensbewertungen (IDW S1 i.d.F. 2008, Tz. 127).

[169] Der Eigenkapitalzinssatz wird nach dem CAPM (Capital Asset Pricing Model) ermittelt. Vgl. hierzu z.B. Wöhe, G., Einführung in die Allgemeine Betriebswirtschaftslehre, 26. Aufl. 2016, S. 621.

wird die Bruttomethode häufiger angewandt. Nach dieser Methode wird der **Marktwert des Eigenkapitals** in folgenden Schritten ermittelt:

- Ermittlung des Unternehmensgesamtwertes UW durch Diskontierung des Free Cash-Flow FCF

  $UW = \sum_{t=1}^{n} \frac{FCF_t}{(1+i_G)^t}$, mit $i_G$ = Gesamtkapitalkostensatz

- Ermittlung des Marktwertes des Fremdkapitals durch Diskontierung der Fremdkapitalzinsen FKZ

  $FK = \sum_{t=1}^{n} \frac{FKZ}{(1+i_F)^t}$, mit $i_F$ = Fremdkapitalkostensatz

- Bildung der Differenz UW – FK zur Bestimmung des Marktwertes des Eigenkapitals EK

  EK = UW – FK

Die DCF-Methode ist ein rein zukunftsorientiertes Verfahren und wird vor allem in größeren Unternehmen angewandt.

Eine ausführliche Darstellung der unterschiedlichen Verfahren zur Unternehmensbewertung ist in IDW S 1 enthalten.

## B.11 Abschließende Bemerkungen zu den Investitionsrechnungen

Bei den Wirtschaftlichkeitsbetrachtungen kommen je nach Größe der Investition statische Verfahren oder dynamische Verfahren der Wirtschaftlichkeitsbetrachtung in Betracht. Bauinvestitionen haben z.B. auch gesellschaftliche und gesamtwirtschaftliche Wirkungen. Deswegen sind neben Kostenaspekten auch qualitative Nutzenfaktoren einzubeziehen. Dies kann durch Nutzen-Kosten-Untersuchungen (Ermittlung von betrieblichen und gesellschaftlichen Kosten und Nutzen) geschehen. Sie sind auf besonders komplexe Investitionsvorhaben zu beschränken, da sie einen erheblichen Aufwand verursachen. Auf der anderen Seite bestehen bei den Nutzen-Kosten-Untersuchungen viele Manipulationsmöglichkeiten, indem z.B. die Bewertung willkürlich verändert wird, um ein bestimmtes Ergebnis scheinbar zu beweisen.

Insgesamt muss sichergestellt sein, dass ein Außenstehender anhand der Aufzeichnungen, Datenquellen und Berechnungen das Ergebnis nachvollziehen kann. Eine transparente Wirtschaftlichkeitsberechnung erkennt man auch daran, dass die Problematik der Verzinsung und die Festlegung des kalkulatorischen Zinssatzes erläutert wird. Zudem wäre es hilfreich, ergänzend Sensitivitätsanalysen durchzuführen, um eine Bandbreite der Lösungen zu haben. Für den Bereich des Bundes gibt das Bundesministerium der Finanzen regelmäßig durch ein Rundschreiben die Höhe des Kalkulationszinssatzes für Investitions- und Wirtschaftlichkeitsberechnungen vor.[170] Für Wirtschaftlichkeitsrechnungen bei langfristigen Maßnahmen empfiehlt der Bund, die sog. Zinsstrukturkurven der Deutschen Bundesbank zugrunde zu legen, die täglich aktualisiert werden.

---

[170] Laut Schreiben des BMF, Referat II A 3 vom 19. 5.2015 beträgt der nominale Zinssatz z. Zt. 1,3 %.

## Literaturverzeichnis

Ballwieser/Hachmeister, Unternehmensbewertung: Prozess, Methoden und Probleme, 5. Aufl., Stuttgart 2016

Bieg/Kußmaul/Waschbusch: Investition, 3. Aufl., München 2016

Bieg/Kußmaul/Waschbusch: Finanzierung, 3. Aufl., München 2016

Bitz, Michael: Investition und Finanzierung, Kurs 40520: Investition, Studienbriefe der FernUniversität Hagen, Hagen 2015

Bitz/Ewert/Terstege: Investition, 3. Aufl., Wiesbaden 2018

Bleis/Pepels: Betriebswirtschaftslehre für Investitions- und Finanz-Ökonomen, Berlin, 2015

Blohm/Lüder/Schäfer: Investition, 10. Aufl., München 2012

Bundesbeauftragter für Wirtschaftlichkeit in der Verwaltung, Anforderungen an Wirtschaftlichkeitsuntersuchungen finanzwirksamer Maßnahmen nach § 7 Bundeshaushaltsordnung, Stuttgart 2013

Bundesfinanzministerium: Arbeitsanleitung Einführung in Wirtschaftlichkeitsuntersuchungen, RdSchr. des BMF vom 12. Januar 2011, geändert durch Rundschreiben vom 2.10.2017 (GMBl 2017 Nr. 45, S. 834)

Bundesfinanzverwaltung: Vorschriftensammlung, Haushaltsrecht, KLR-Handbuch, Standard-KLR Teil I, Stand: April 2008

Bundesministerium des Innern: Handbuch für Organisationsuntersuchungen und Personalbedarfsermittlung, Stand: Februar 2018

Burger/Keipinger: Investitionsrechnung, München 2016

Busse von Colbe/Laßmann/Witte: Investitionstheorie und Investitionsrechnung, 4. Aufl., Berlin 2015

Christ/Oebbecke: Handbuch Kommunalabgabenrecht, München 2016

Coenenberg/Fischer/Günther: Kostenrechnung und Kostenanalyse, 9. Aufl., Stuttgart 2016

Däumler/Grabe: Kostenrechnung 2, Deckungsbeitragsrechnung, 9. Aufl., Herne 2009

Däumler/Grabe, Grundlagen der Investitions- und Wirtschaftlichkeitsrechnung, 12. Aufl., Herne 2007

Deimel/Erdmann/Isemann/Müller: Kostenrechnung, Hallbergmoos 2017

Düngen/Zeiler: Rechnungswesen in der öffentlichen Verwaltung, 5. Aufl., Braunschweig 2017

Dreyhaupt/Placke: Kosten- und Leistungscontrolling auf der Basis von NKF, Stuttgart 2007

Endriss (Hrsg.): Bilanzbuchhalter-Handbuch, 10. Aufl., Herne 2015

Freidank, Carl-Christian: Kostenrechnung, 9. Aufl. München, Wien 2012

Friedl/Hofmann/Pedell: Kostenrechnung, 3. Aufl., München 2017

Götze, Uwe: Kostenrechnung und Kostenmanagement, 4. Aufl., Berlin 2007

Götze, Uwe: Investitionsrechnung, 7. Aufl., Berlin 2014

Georg, Stefan: CUT! Rezepte für ein wirkungsvolles Kostenmanagement, München 2016

Graumann, Mathias: Kostenrechnung und Kostenmanagement, 6. Aufl., Herne 2017

Haberstock, Lothar: Kostenrechnung I, 13. Aufl. Berlin 2008

Haberstock, Lothar: Kostenrechnung II – (Grenz-)Plankostenrechnung mit Fragen, Aufgaben und Lösungen, 10. Aufl. Berlin 2008

Heidler, Herbert: Öffentliches Rechnungs- und Prüfungswesen Band 1, Berlin 2018

Homann, Klaus: Kommunales Rechnungswesen, 6. Aufl., Wiesbaden 2005

Institut der Wirtschaftsprüfer – (Hrsg.): IDW Prüfungsstandards, IDW Stellungnahmen zur Rechnungslegung, Düsseldorf 2018

Isemann/Müller/Müller: Kommunale Kosten- und Leistungsrechnung, Berlin 2009

Jórasz, William, Kosten- und Leistungsrechnung, 5. Aufl., Stuttgart 2009

Klümper/Möllers/Zimmermann: Kommunale Kosten- und Wirtschaftlichkeitsrechnung, 19. Aufl., Witten 2017

Kußmaul, Heinz: Betriebswirtschaftslehre für Existenzgründer, 7. Aufl., München 2011

Langenbeck/Burgfeld-Schächer: Kosten- und Leistungsrechnung, 3. Aufl., Herne 2017

Mindermann, Torsten: Investitionsrechnung, Berlin 2015

Perridon/Steiner/Rathgeber: Finanzwirtschaft der Unternehmung, 17. Aufl., München 2017

Prokop/Borde, Kommunales Finanzmanagement, Berlin 2010

Schmolke/Deitermann: Industrielles Rechnungswesen, 44. Aufl., Braunschweig 2015

Schierenbeck, Henner: Grundzüge der Betriebswirtschaftslehre, 19. Aufl., München 2016

Schmidt, Jürgen: Wirtschaftlichkeit in der öffentlichen Verwaltung, 6. Aufl., Berlin 2002

Schuster, Falko: Kommunale Kosten- und Leistungsrechnung, 3. Aufl., München 2010

Schweitzer/Küpper/Friedl/Hofmann/Pedell: Systeme der Kosten- und Erlösrechnung, 11. Aufl., München 2016

Sprenger-Menzel/Brockhaus: Grundlagen des Controllings in Verwaltungs-, Wirtschafts- und Dienstleistungsbetrieben, 5. Aufl., Witten 2018

Weiterbildungsgesellschaft der IHK Bonn/Rhein-Sieg mbH, Skript zum Repetitorium Kostenrechnung, GReDO mbH 2008

Westermann, Georg: Kosten-Nutzen-Analyse, Berlin 2012

Wiesner, Iris (Hrsg): Kosten- und Leistungsrechnung, Wirtschaftlichkeitsrechnung, Frankfurt 2012

Wöhe: Einführung in die Allgemeine Betriebswirtschaftslehre, 26. Aufl., München 2016

Tabelle einiger Abzinsungsfaktoren für eine Laufzeit bis zu 40 Jahren

| Lauf-zeit | 3 % | 3 1/2 % | 4 % | 4 1/2 % | 5 % | 5 1/2 % | 6 % | 6 1/2 % | 7 % | 7 1/2 % | 8 % | 8 1/2 % | 9 % | 9 1/2 % | 10 % |
|---|---|---|---|---|---|---|---|---|---|---|---|---|---|---|---|
| 1 | 0,9709 | 0,9662 | 0,9615 | 0,9569 | 0,9524 | 0,9479 | 0,9434 | 0,9390 | 0,9346 | 0,9302 | 0,9259 | 0,9217 | 0,9174 | 0,9132 | 0,9091 |
| 2 | 0,9426 | 0,9335 | 0,9246 | 0,9157 | 0,9070 | 0,8985 | 0,8900 | 0,8817 | 0,8734 | 0,8653 | 0,8573 | 0,8495 | 0,8417 | 0,8340 | 0,8264 |
| 3 | 0,9151 | 0,9019 | 0,8890 | 0,8763 | 0,8638 | 0,8516 | 0,8396 | 0,8278 | 0,8163 | 0,8050 | 0,7938 | 0,7829 | 0,7722 | 0,7617 | 0,7513 |
| 4 | 0,8885 | 0,8714 | 0,8548 | 0,8386 | 0,8227 | 0,8072 | 0,7921 | 0,7773 | 0,7629 | 0,7488 | 0,7350 | 0,7216 | 0,7084 | 0,6956 | 0,6830 |
| 5 | 0,8626 | 0,8420 | 0,8219 | 0,8025 | 0,7835 | 0,7651 | 0,7473 | 0,7299 | 0,7130 | 0,6966 | 0,6806 | 0,6650 | 0,6499 | 0,6352 | 0,6209 |
| 6 | 0,8375 | 0,8135 | 0,7903 | 0,7679 | 0,7462 | 0,7252 | 0,7050 | 0,6853 | 0,6663 | 0,6480 | 0,6302 | 0,6129 | 0,5963 | 0,5801 | 0,5645 |
| 7 | 0,8131 | 0,7860 | 0,7599 | 0,7348 | 0,7107 | 0,6874 | 0,6651 | 0,6435 | 0,6227 | 0,6028 | 0,5835 | 0,5649 | 0,5470 | 0,5298 | 0,5132 |
| 8 | 0,7894 | 0,7594 | 0,7307 | 0,7032 | 0,6768 | 0,6516 | 0,6274 | 0,6042 | 0,5820 | 0,5607 | 0,5403 | 0,5207 | 0,5019 | 0,4838 | 0,4665 |
| 9 | 0,7664 | 0,7337 | 0,7026 | 0,6729 | 0,6446 | 0,6176 | 0,5919 | 0,5674 | 0,5439 | 0,5216 | 0,5002 | 0,4799 | 0,4604 | 0,4418 | 0,4241 |
| 10 | 0,7441 | 0,7089 | 0,6756 | 0,6439 | 0,6139 | 0,5854 | 0,5584 | 0,5327 | 0,5083 | 0,4852 | 0,4632 | 0,4423 | 0,4224 | 0,4035 | 0,3855 |
| 11 | 0,7224 | 0,6849 | 0,6496 | 0,6162 | 0,5847 | 0,5549 | 0,5268 | 0,5002 | 0,4751 | 0,4513 | 0,4289 | 0,4076 | 0,3875 | 0,3685 | 0,3505 |
| 12 | 0,7014 | 0,6618 | 0,6246 | 0,5897 | 0,5568 | 0,5260 | 0,4970 | 0,4697 | 0,4440 | 0,4199 | 0,3971 | 0,3757 | 0,3555 | 0,3365 | 0,3186 |
| 13 | 0,6810 | 0,6394 | 0,6006 | 0,5643 | 0,5303 | 0,4986 | 0,4688 | 0,4410 | 0,4150 | 0,3906 | 0,3677 | 0,3463 | 0,3262 | 0,3073 | 0,2897 |
| 14 | 0,6611 | 0,6178 | 0,5775 | 0,5400 | 0,5051 | 0,4726 | 0,4423 | 0,4141 | 0,3878 | 0,3633 | 0,3405 | 0,3191 | 0,2992 | 0,2807 | 0,2633 |
| 15 | 0,6419 | 0,5969 | 0,5553 | 0,5167 | 0,4810 | 0,4479 | 0,4173 | 0,3888 | 0,3624 | 0,3380 | 0,3152 | 0,2941 | 0,2745 | 0,2563 | 0,2394 |
| 16 | 0,6232 | 0,5767 | 0,5339 | 0,4945 | 0,4581 | 0,4246 | 0,3936 | 0,3651 | 0,3387 | 0,3144 | 0,2919 | 0,2711 | 0,2519 | 0,2341 | 0,2176 |
| 17 | 0,6050 | 0,5572 | 0,5134 | 0,4732 | 0,4363 | 0,4024 | 0,3714 | 0,3428 | 0,3166 | 0,2925 | 0,2703 | 0,2499 | 0,2311 | 0,2138 | 0,1978 |
| 18 | 0,5874 | 0,5384 | 0,4936 | 0,4528 | 0,4155 | 0,3815 | 0,3503 | 0,3219 | 0,2959 | 0,2720 | 0,2502 | 0,2303 | 0,2120 | 0,1952 | 0,1799 |
| 19 | 0,5703 | 0,5202 | 0,4746 | 0,4333 | 0,3957 | 0,3616 | 0,3305 | 0,3022 | 0,2765 | 0,2531 | 0,2317 | 0,2122 | 0,1945 | 0,1783 | 0,1635 |
| 20 | 0,5537 | 0,5026 | 0,4564 | 0,4146 | 0,3769 | 0,3427 | 0,3118 | 0,2838 | 0,2584 | 0,2354 | 0,2145 | 0,1956 | 0,1784 | 0,1628 | 0,1486 |
| 21 | 0,5375 | 0,4856 | 0,4388 | 0,3968 | 0,3589 | 0,3249 | 0,2942 | 0,2665 | 0,2415 | 0,2190 | 0,1987 | 0,1803 | 0,1637 | 0,1487 | 0,1351 |
| 22 | 0,5219 | 0,4692 | 0,4220 | 0,3797 | 0,3418 | 0,3079 | 0,2775 | 0,2502 | 0,2257 | 0,2037 | 0,1839 | 0,1662 | 0,1502 | 0,1358 | 0,1228 |
| 23 | 0,5067 | 0,4533 | 0,4057 | 0,3634 | 0,3256 | 0,2919 | 0,2618 | 0,2349 | 0,2109 | 0,1895 | 0,1703 | 0,1531 | 0,1378 | 0,1240 | 0,1117 |
| 24 | 0,4919 | 0,4380 | 0,3901 | 0,3477 | 0,3101 | 0,2767 | 0,2470 | 0,2206 | 0,1971 | 0,1763 | 0,1577 | 0,1412 | 0,1264 | 0,1133 | 0,1015 |
| 25 | 0,4776 | 0,4231 | 0,3751 | 0,3327 | 0,2953 | 0,2622 | 0,2330 | 0,2071 | 0,1842 | 0,1640 | 0,1460 | 0,1301 | 0,1160 | 0,1034 | 0,0923 |
| 30 | 0,4120 | 0,3563 | 0,3083 | 0,2670 | 0,2314 | 0,2006 | 0,1741 | 0,1512 | 0,1314 | 0,1142 | 0,0994 | 0,0865 | 0,0754 | 0,0657 | 0,0573 |
| 35 | 0,3554 | 0,3000 | 0,2534 | 0,2143 | 0,1813 | 0,1535 | 0,1301 | 0,1103 | 0,0937 | 0,0796 | 0,0676 | 0,0575 | 0,0490 | 0,0417 | 0,0356 |
| 40 | 0,3066 | 0,2526 | 0,2083 | 0,1719 | 0,1420 | 0,1175 | 0,0972 | 0,0805 | 0,0668 | 0,0554 | 0,0460 | 0,0383 | 0,0318 | 0,0265 | 0,0221 |

Tabelle einiger Rentenbarwertfaktoren für eine Laufzeit bis zu 40 Jahren

| Lauf-zeit | 3 % | 3 1/2 % | 4 % | 4 1/2 % | 5 % | 5 1/2 % | 6 % | 6 1/2 % | 7 % | 7 1/2 % | 8 % | 8 1/2 % | 9 % | 9 1/2 % | 10 % |
|---|---|---|---|---|---|---|---|---|---|---|---|---|---|---|---|
| 1 | 0,9709 | 0,9662 | 0,9615 | 0,9569 | 0,9524 | 0,9479 | 0,9434 | 0,9390 | 0,9346 | 0,9302 | 0,9259 | 0,9217 | 0,9174 | 0,9132 | 0,9091 |
| 2 | 1,9135 | 1,8997 | 1,8861 | 1,8727 | 1,8594 | 1,8463 | 1,8334 | 1,8206 | 1,8080 | 1,7956 | 1,7833 | 1,7711 | 1,7591 | 1,7473 | 1,7355 |
| 3 | 2,8286 | 2,8016 | 2,7751 | 2,7490 | 2,7232 | 2,6979 | 2,6730 | 2,6485 | 2,6243 | 2,6005 | 2,5771 | 2,5540 | 2,5313 | 2,5089 | 2,4869 |
| 4 | 3,7171 | 3,6731 | 3,6299 | 3,5875 | 3,5460 | 3,5052 | 3,4651 | 3,4258 | 3,3872 | 3,3493 | 3,3121 | 3,2756 | 3,2397 | 3,2045 | 3,1699 |
| 5 | 4,5797 | 4,5151 | 4,4518 | 4,3900 | 4,3295 | 4,2703 | 4,2124 | 4,1557 | 4,1002 | 4,0459 | 3,9927 | 3,9406 | 3,8897 | 3,8397 | 3,7908 |
| 6 | 5,4172 | 5,3286 | 5,2421 | 5,1579 | 5,0757 | 4,9955 | 4,9173 | 4,8410 | 4,7665 | 4,6938 | 4,6229 | 4,5536 | 4,4859 | 4,4198 | 4,3553 |
| 7 | 6,2303 | 6,1145 | 6,0021 | 5,8927 | 5,7864 | 5,6830 | 5,5824 | 5,4845 | 5,3893 | 5,2966 | 5,2064 | 5,1185 | 5,0330 | 4,9496 | 4,8684 |
| 8 | 7,0197 | 6,8740 | 6,7327 | 6,5959 | 6,4632 | 6,3346 | 6,2098 | 6,0888 | 5,9713 | 5,8573 | 5,7466 | 5,6392 | 5,5348 | 5,4334 | 5,3349 |
| 9 | 7,7861 | 7,6077 | 7,4353 | 7,2688 | 7,1078 | 6,9522 | 6,8017 | 6,6561 | 6,5152 | 6,3789 | 6,2469 | 6,1191 | 5,9952 | 5,8753 | 5,7590 |
| 10 | 8,5302 | 8,3166 | 8,1109 | 7,9127 | 7,7217 | 7,5376 | 7,3601 | 7,1888 | 7,0236 | 6,8641 | 6,7101 | 6,5613 | 6,4177 | 6,2788 | 6,1446 |
| 11 | 9,2526 | 9,0016 | 8,7605 | 8,5289 | 8,3064 | 8,0925 | 7,8869 | 7,6890 | 7,4987 | 7,3154 | 7,1390 | 6,9690 | 6,8052 | 6,6473 | 6,4951 |
| 12 | 9,9540 | 9,6633 | 9,3851 | 9,1186 | 8,8633 | 8,6185 | 8,3838 | 8,1587 | 7,9427 | 7,7353 | 7,5361 | 7,3447 | 7,1607 | 6,9838 | 6,8137 |
| 13 | 10,6350 | 10,3027 | 9,9856 | 9,6829 | 9,3936 | 9,1171 | 8,8527 | 8,5997 | 8,3577 | 8,1258 | 7,9038 | 7,6910 | 7,4869 | 7,2912 | 7,1034 |
| 14 | 11,2961 | 10,9205 | 10,5631 | 10,2228 | 9,8986 | 9,5896 | 9,2950 | 9,0138 | 8,7455 | 8,4892 | 8,2442 | 8,0101 | 7,7862 | 7,5719 | 7,3667 |
| 15 | 11,9379 | 11,5174 | 11,1184 | 10,7395 | 10,3797 | 10,0376 | 9,7122 | 9,4027 | 9,1079 | 8,8271 | 8,5595 | 8,3042 | 8,0607 | 7,8282 | 7,6061 |
| 16 | 12,5611 | 12,0941 | 11,6523 | 11,2340 | 10,8378 | 10,4622 | 10,1059 | 9,7678 | 9,4466 | 9,1415 | 8,8514 | 8,5753 | 8,3126 | 8,0623 | 7,8237 |
| 17 | 13,1661 | 12,6513 | 12,1657 | 11,7072 | 11,2741 | 10,8646 | 10,4773 | 10,1106 | 9,7632 | 9,4340 | 9,1216 | 8,8252 | 8,5436 | 8,2760 | 7,7794 |
| 18 | 13,7535 | 13,1897 | 12,6593 | 12,1600 | 11,6896 | 11,2461 | 10,8276 | 10,4325 | 10,0591 | 9,7060 | 9,3719 | 9,0555 | 8,7556 | 8,4713 | 8,2014 |
| 19 | 14,3238 | 13,7098 | 13,1339 | 12,5933 | 12,0853 | 11,6077 | 11,1581 | 10,7347 | 10,3356 | 9,9591 | 9,6036 | 9,2677 | 8,9501 | 8,6496 | 8,3649 |
| 20 | 14,8775 | 14,2124 | 13,5903 | 13,0079 | 12,4622 | 11,9504 | 11,4699 | 11,0185 | 10,5940 | 10,1945 | 9,8181 | 9,4633 | 9,1285 | 8,8124 | 8,5136 |
| 21 | 154150 | 14,6980 | 14,0292 | 13,4047 | 12,8212 | 12,2752 | 11,7641 | 11,2850 | 10,8355 | 10,4135 | 10,0168 | 9,6436 | 9,2922 | 8,9611 | 8,6487 |
| 22 | 15,9369 | 15,1671 | 14,4511 | 13,7844 | 13,1630 | 12,5832 | 12,0416 | 11,5352 | 11,0612 | 10,6172 | 10,2007 | 9,8098 | 9,4424 | 9,0969 | 8,7715 |
| 23 | 16,4436 | 15,6204 | 14,8568 | 14,1478 | 13,4886 | 12,8750 | 12,3030 | 11,7701 | 11,2722 | 10,8067 | 10,3711 | 9,9629 | 9,5802 | 9,2209 | 8,8832 |
| 24 | 16,9355 | 16,0584 | 15,2470 | 14,4955 | 13,7986 | 13,1517 | 12,5504 | 11,9907 | 11,4693 | 10,9830 | 10,5288 | 10,1041 | 9,7066 | 9,3341 | 8,98,47 |
| 25 | 17,4131 | 16,4815 | 15,6221 | 14,8282 | 14,0939 | 13,4139 | 12,7834 | 12,1979 | 11,6536 | 11,1469 | 10,6748 | 10,2342 | 9,8226 | 9,4376 | 9,0770 |
| 30 | 19,6004 | 18,3920 | 17,2920 | 16,2889 | 15,3725 | 14,5337 | 13,7648 | 13,0587 | 12,4090 | 11,8104 | 11,2578 | 10,7468 | 10,2737 | 9,8347 | 9,4269 |
| 35 | 21,4872 | 20,0007 | 18,6646 | 17,4610 | 16,3742 | 15,3906 | 14,4982 | 13,6870 | 12,9477 | 12,2725 | 11,6546 | 11,0878 | 10,5668 | 10,0870 | 9,6442 |
| 40 | 23,1148 | 21,3551 | 19,7928 | 18,4016 | 17,1591 | 16,0461 | 15,0463 | 14,1455 | 13,3317 | 12,5944 | 11,9246 | 11,3145 | 10,7574 | 10,2472 | 9,7791 |

## Sachverzeichnis